中国混凝土与水泥制品协会泡沫混凝土分会推荐读物

高性能泡沫混凝土保温制品实用技术

闫振甲　何艳君　编著

中国建材工业出版社

图书在版编目（CIP）数据

高性能泡沫混凝土保温制品实用技术/闫振甲，何艳君编著．—北京：中国建材工业出版社，2015.6

ISBN 978-7-5160-1165-2

Ⅰ．①高… Ⅱ．①闫…②何… Ⅲ．①泡沫混凝土-建筑材料-保温材料-普及读物 Ⅳ．①TU528.2-49 ②TU55-49

中国版本图书馆 CIP 数据核字（2015）第 052337 号

内　容　提　要

本书是一本泡沫混凝土建筑保温制品生产与应用技术普及型读物。全书共分 17 章。前 10 章为建筑保温制品生产技术基础，详细介绍了产品的生产原材料、设备、工艺、影响因素、生产误区等技术要素。后 7 章是各种制品生产与应用的分述，详细介绍了高性能保温板、自保温砌块、自保温墙板及屋面板、有机无机复合保温制品、保温装饰一体化板、小型自保温墙板、填芯复合砌块等各种产品的生产技术。本书基本涵盖了各个生产要素及当前主要的泡沫混凝土建筑保温制品，是一本技术全面、实用性强、可操作性好的专业参考书。

目前我国泡沫混凝土正处于由单一建筑保温板向多品种制品发展的转型期。许多企业正在向自保温砌块、自保温墙板、装饰保温一体化板等转型发展。本书对引导企业成功转型，在技术上提供了及时的保证，这对企业的健康发展具有重要指导意义。

本书主要面向生产一线技术人员，也可供相关领域科研人员及大专院校师生参考。

高性能泡沫混凝土保温制品实用技术

闫振甲　何艳君　编著

出版发行：中国建材工业出版社

地　　址：北京市海淀区三里河路 1 号

邮　　编：100044

经　　销：全国各地新华书店

印　　刷：北京鑫正大印刷有限公司

开　　本：787mm×1092mm　1/16

印　　张：21.75

字　　数：542 千字

版　　次：2015 年 6 月第 1 版

印　　次：2015 年 6 月第 1 次

定　　价：88.00 元

本社网址：www.jccbs.com.cn　　微信公众号：zgjcgycbs

广告经营许可证号：京海工商广字第 8293 号

本书如出现印装质量问题，由我社网络直销部负责调换。联系电话：（010）88386906

序

近年来，泡沫混凝土保温制品产业得到了快速发展。但由于生产企业规模较小、产品技术含量偏低，受政策的影响，行业经历了过山车式的起伏跌宕。虽然发展遇到了暂时的困难，但泡沫混凝土保温制品以其防火、保温、节能、隔声、低碳、利废、经济、耐久等优势，仍具有光明的发展前景。广大生产企业应当坚定信念，坚持科技创新，提高装备的自动化水平，生产质优价廉的产品来驱动泡沫混凝土行业的可持续发展。历来每一项科学技术、新兴产业几乎都是在曲折中前进的，正是不断的挑战激发了技术的创新与突破，才有了人类社会的不断进步。当下，调整产业结构，寻求转型发展，正是泡沫混凝土保温制品行业突破瓶颈、快速前进的必经之路。

好雨知时节，闫振甲教授的新书《高性能泡沫混凝土保温制品实用技术》在行业转型发展的关键节点，为我们指引了方向。该书是行业第一本全面论述泡沫混凝土保温制品生产与应用技术的著作，提出了由单一的保温板产业向保温制品多元化发展的转型思路。在阐述了理论基础的同时，更加注重和突出实用性和可操作性，内容涵盖了物理发泡和化学发泡工艺，详尽地介绍了多种新型保温制品的生产与应用技术，是一部既有理论知识，又有丰富的生产、应用经验的著作，对于泡沫混凝土的研究、生产与应用具有很高的参考价值和指导意义。同时该书也能够激发企业进行自主技术创新，开发新产品，对行业调整产业结构、转型升级起到一定的启示和推动作用。

闫振甲教授是我国泡沫混凝土行业的奠基人之一，在泡沫混凝土行业默默耕耘数十载，润物无声，其为人、其治学，尤其是不断创新、不断开拓的精神，为行业树立了榜样。闫振甲教授在百忙工作之余，笔耕不辍，善于总结经验教训，著书立说。在行业发展的转捩点上，闫振甲教授撰写了本书，为行业同仁指明了方向，足见其对泡沫混凝土行业的挚爱与深情，在这份深厚的感情之外，我们感受到更多的是他对泡沫混凝土行业发展的责任感和奉献精神！在本书即将付梓之时，我谨代表中国混凝土与水泥制品协会泡沫混凝土分会以及行业同仁向闫振甲教授表示诚挚的感谢，同时也向本书的顺利出版表示祝贺，希望本书的出版能够助推泡沫混凝土保温制品行业的健康快速发展。

是为序。

建筑材料工业技术情报研究所副所长
（国家）建筑材料工业技术监督研究中心副主任
中国混凝土与水泥制品协会泡沫混凝土分会秘书长

2015年4月

前　言

我国泡沫混凝土制品一直以建筑保温制品为主。从1951年至今，已有60多年的历史。1951—1961年的10年为第一个发展阶段，这一阶段基本以研究为主，生产方面只有少量砌块用于建筑。1962—1982年的20年为停滞期，其研究与生产基本上完全停止。1983—2010年的27年为重新起步发展期，这一期间，我国泡沫混凝土制品仍以研究为主，且大多集中于泡沫混凝土砌块与墙板两个方面，始终没有形成产能，也没有获得实际上的规模化应用。2011年以来，我国泡沫混凝土保温制品进入高速发展阶段，曾获得爆炸式增长。

目前，我国泡沫混凝土行业仍处于快速发展阶段，其产品的整体产量和应用量年增长率在20%以上，远高于全国经济发展速度，也远高于建筑材料行业的其他产业的发展速度，是发展速度最快的建筑材料行业之一。

在我国泡沫混凝土整体仍然快速发展的同时，我们也不能不看到，泡沫混凝土建筑保温制品的局部发展却遇到了困难。相对于2011—2013年，进入2014年以后，泡沫混凝土保温制品的发展速度明显放缓。其中，保温板的产销量下降60%以上。泡沫混凝土保温板市场在有机保温材料的挤压下，急剧萎缩，企业受到了巨大的生存压力。在这种情况下，行业及时调整产业结构，实行快速产业转型，由单一的保温板产业向多元化产业发展，不但是明智的选择，也是必须的。在行业协会的指导下，目前，泡沫混凝土建筑保温制品产业正在进行战略性产业结构调整，大多数企业都在向自保温砌块、泡沫混凝土墙板、装饰保温一体化板、有机无机复合保温产品、小型墙板等产品转型，保温板也在进行产品的升级换代，由低性能产品向高性能产品发展。一场新的产业创新已拉开了序幕，预计在2～3年内将形成新产业发展高潮。可以肯定地讲，泡沫混凝土保温制品在经历一段产业调整之后，还会较快地发展。作为一个低碳节能的新兴行业，泡沫混凝土保温制品仍大有可为，大有前景。

保证泡沫混凝土产业成功转型的核心因素，不是市场，市场有着对各种自保温新产品的超大需求。其核心因素之一是各种新产品的生产技术，没有坚实的技术支撑，任何转型都难以实现。而目前，我们行业在转型中所缺乏的，恰恰是技术。如今对许多新产品，企业还了解不多，技术准备不足，在转型中感到力不从心，无从下手，这将极大地妨碍转型的成功。

事实上，泡沫混凝土行业从整体看，连年在高速发展中，始终在患着技术缺乏症。发展速度越快，这种技术缺乏症越明显。2011年以来的爆发式增长，使泡沫混凝土行业在技术准备严重不足的情况下，仓促应战，设备、工艺极不完善就匆匆忙于投产，结果造成产品质量无法提高，产量难以保障，根本无法满足建筑保温对产品技术性能及供应量的要求。2013年后的泡沫混凝土保温板市场萎缩有很多因素，但不可否认，我们行业技术底子薄，技术力量弱，技术准备不足，难以为高品质产品提供保障，应该是最重要的因素之一。试想，如果我们的保温产品在质量、性能上及产量上均有竞争力，也不至于有了市场也无法长期据有。行业要强身健体，技术是基础营养。夯实技术基础，既是行业的要务，也是每个急于转型的企业的要务。

笔者作为从业时间较长的泡沫混凝土研究者，我们感到有责任、有义务促进目前企业的转型升级，从技术上为大家提供尽可能多的保障。为此，我们在大家最需要技术的转型关头，倾尽自己的经验，并融合了广大研究人员及生产者的经验，编写了这本泡沫混凝土保温制品技术普及性著作，希望能够对各企业的升级转型有所帮助。假若本书能起到一些抛砖引玉的作用，就是我们最大的欣慰。作为实用技术读物，本书注重实用性、可参考性、通俗性、浅显性，强调实践经验，而不过多地进行原理性理论探讨。因此本书更适合一线生产者、管理者参阅，当然，也可供科研工作者及大专院校的师生在研究中借鉴。

由于本书所介绍的均是新产品，其生产工艺设备及技术指标仍在不断地改进和完善，再加上作者所了解的相关情况也不十分全面，因此，书中的谬误和疏漏在所难免，无法尽善，敬请读者谅解并指正。书中所介绍各种产品的技术指标，若将来有了行业或国家标准，应以标准为准。

在本书即将付印之时，十分感谢曾帮助我们取得生产数据的房立军，以及帮助我们整理书稿的丁跃国、任晓娟、孟琳娜等人，是他们辛勤的付出，才保证了本书的顺利成稿。

感谢中国建材工业出版社为我们提供了出版机会，正是他们的积极努力，才促成了本书的顺利出版，在此，谨向他们表示谢意。

闫振甲

2015年1月于北京

目　　录

第1章　概　　论

第2章　胶凝材料及选用

第3章　辅助胶凝材料的性能与选用

第4章　发泡剂和泡沫剂

第5章 外加剂及辅料

第6章 产品设计

第7章 配合比设计技术

第8章 生产工艺

第9章 生产设备及生产线

第 10 章 生产影响因素及误区

第 11 章 高性能保温板生产与应用技术

第 12 章　自保温砌块生产技术

第 13 章　自保温墙板、屋面板

第 14 章　泡沫混凝土结构复合保温制品

第 15 章　泡沫混凝土保温装饰一体化板

第 16 章 小型自保温墙板

第 17 章 填芯复合砌块

中国建材工业出版社
China Building Materials Press

第1章 概 论

1.1 泡沫混凝土的概念

泡沫混凝土保温制品是泡沫混凝土的主导产业。要了解泡沫混凝土保温制品，首先就要了解泡沫混凝土的概念。因为，人们对这一概念有不同的见解，至今难以统一。若不界定泡沫混凝土的概念，本书既涉及化学发泡，也涉及物理发泡，其制品属不属于泡沫混凝土，就成了疑问。因此，我们必须先把这个最基本的问题讨论明白。本节重点介绍和讨论这一概念。

1.1.1 混凝土的化学发泡与物理发泡

通过一种人为的技术手段，在混凝土或水泥内部形成多孔结构，降低密度，改变性能，优化功能的工艺方式，称之为水泥发泡或混凝土发泡。

其发泡方式有化学发泡与物理发泡两种。

1. 物理发泡概念

物理发泡严格地讲可称之为制泡。“发”的意义为“生成”，“发泡”意为“生成气泡”。而物理发泡的气泡不是通过物质的化学发应生成的，而是通过机械手段将表面活性剂或表面活性物质的水溶液制备出泡沫所形成的。物理发泡的泡沫剂，在我国前些年曾称之为发泡剂。它是一类可用于制备泡沫混凝土的化学物质，溶于水后能降低液体表面张力，通过物理机械方法产生大量均匀稳定的泡沫。将泡沫加入到由水泥基胶凝材料（如有必要可加入掺合料、集料、外加剂、纤维等）制成的浆体中，经混合搅拌成为泡沫混凝土料浆，再经浇注成型、养护而成泡沫混凝土。

2. 化学发泡概念

混凝土或水泥的化学发泡是采用化学反应的技术手段，在混凝土或水泥制品的内部，形成比较均匀的多孔结构的工艺。能够与混凝土或水泥拌合物中的某些成分发生化学反应从而产生大量气体，并使这些气体在混凝土或水泥拌合物中形成气泡，最终又使气泡形成混凝土的多孔结构的一类化学物质，我们称之为混凝土或水泥发泡剂，有人也称之为“发气剂”、“加气剂”。

化学发泡泡沫混凝土，是将水泥及其掺合料，必要时加入集料、外加剂等，加入水制成浆状拌合物，然后再加入发泡剂搅拌均匀，使之在浇注成型后产生气体而发泡，硬化后所形成的硬化体。

3. 物理发泡与化学发泡的不同特点

（1）原理不同

通过化学反应产生气体而使混凝土拌合物内部形成气泡，而物理制泡工艺则是利用表面活性剂降低水的表面张力，使水膜在制泡机的作用下，包覆空气而形成气泡，再用混泡机把气泡引入混凝土拌合物内。

（2）工艺不同

化学发泡混合到混凝土拌合物内的是化学发泡剂，是先混合后发泡；而物理制泡工艺混合到混凝土拌合物内的则是气泡集合体（泡沫），是先制泡而后混泡。

（3）浆体变化不同

用于化学发泡的混凝土拌合物，在加入发泡剂后，随发泡开始，其体积逐渐膨胀增大；而物理制泡工艺在泡沫混合到混凝土拌合物内后，体积即达最大，不再膨胀增大，有时还会缩小。

（4）孔形不同

物理发泡形成的气孔细小，很难形成均匀的5mm以上的大孔，化学发泡则既可形成细孔，也可形成3～10mm的大孔。

4. 物理发泡与化学发泡的优缺点

物理发泡与化学发泡既有各自的优点，也有各自的不足。在有些时候，适合选择化学发泡，而另一些时候，又适合选择物理发泡，应根据工艺需要选择。

（1）物理发泡的优点和缺点

物理发泡的优点是：

①不产生面包头，节省材料，浇注后即可刮平。

②浇注后泡沫浆体较稳定，模车可移动，不易塌模，有利于自动化生产线模车运行，塌模造成的废品率很低，一般不须另加稳泡剂。

③可以泵送远距离大高度浇注，方便生产和施工。

④生产环境条件要求较低，0℃以上40℃以下均可生产，对环境温度变化不是特别敏感，所以可野外施工，尤其适合现浇施工。

⑤工艺易控制，不易出现塌模等生产事故。

⑥生产综合成本较低。这是由发泡剂使用成本低、没有面包头、外加剂少、废品率低等原因造成的。

⑦外加剂少，用或不用，配比简单易掌握。

⑧可以大体积浇注。

⑨综合性能优于化学发泡，尤其是同等密度时，导热系数比化学发泡低，保温性能更好，产品的防水性、抗冻性、力学性能等均优于化学发泡。

物理发泡的缺点是：

①气孔细小，外观不好，卖相不如化学发泡。即使泡沫剂可形成大气泡，混泡机也会将其在混泡过程中破碎为小气孔。

②硬化慢，有缓凝性。这是因为泡沫剂影响水泥等胶凝材料的化学反应速度。

③超低密度产品生产时，由于泡沫过多，浆体失去流动性，浇注困难。

（2）化学发泡的优点和缺点

化学发泡的优点是：

①气孔圆，气孔均匀，可制出3～10mm大孔，外观好。

②浆体稀，水灰比较大，搅拌和浇注方便，有时可自流平。

③浆体浇注后的发泡膨胀性，容易使浆体充满密闭外壳或模具，不会造成空壳，有成型

优势，而物理发泡浇注密闭外壳或模具，则易造成空壳。

④凝结硬化快于物理发泡。

化学发泡的缺点是：

①产生面包头，需要切去，浪费材料。

②浇注稳定性差，易塌模，废品率高，需使用稳泡剂。

③工艺不易控制，对环境温度要求较严格，相同发泡剂加量，气温不同则发泡高度不相同。

④不能泵送，不能现浇施工，也不能大体积浇注。

⑤综合成本高于物理发泡。

⑥化学发泡的综合性能不如物理发泡，尤其是保温性能不如物理发泡，生产保温产品没有优势，其他性能也不如物理发泡。

1.1.2　泡沫混凝土概念的不同见解

本书之所以在这里讨论泡沫混凝土的概念，是因为近几年不少人对泡沫混凝土的概念发生了异议，有不同的见解。

笔者于2006年编著出版的《泡沫混凝土实用生产技术》一书，曾确定过泡沫混凝土的概念。在书中，笔者根据泡沫混凝土几十年来的发展历史，以及国际上对泡沫混凝土的传统定义，把泡沫混凝土界定在物理发泡成型工艺的范围内，没有把化学发泡成型工艺包括在内。这是受传统习惯和当时化学发泡应用及研究不多的现实情况影响所造成的，有历史局限性。

时过10年，我国泡沫混凝土的发展发生了翻天覆地的变化，成为世界上产销量第一的国家。在无机A级防火保温产品需求的刺激下，2011年以化学发泡工艺生产泡沫混凝土保温板，突然爆发为主流工艺，其产品也成为泡沫混凝土的第一大产品。而目前全国大部分企业和从业人员，均将这种采用化学工艺生产的多孔混凝土保温板，称之为“泡沫混凝土保温板”。其中，已出台的一些地方标准及正在起草的相关标准中，也大多称这种产品为“泡沫混凝土保温板”。目前，大多数人已经习惯和认同了这种归类和泡沫混凝土的名称。

在2012年之后，随泡沫混凝土更大规模的发展，其新的生产工艺越来越多，物理、化学相结合的新工艺，蒸养后线切割的新工艺，镁质水泥与其他水泥复合的新工艺，碱矿渣发泡工艺、地聚物质发泡工艺等，相继出现并快速发展。工艺的多样性已突破原有泡沫混凝土的概念。各种新工艺生产的新产品，目前均称为泡沫混凝土，又与原有的产品概念不符。于是，原有概念的局限性就造成了许多争议。

一些专家学者从严谨性、概念准确性、定义合理性考虑，认为目前泡沫混凝土概念混淆，对产品定性不准，不够科学。一部分企业的技术人员和管理人员也对此表示赞同。他们的意见归纳起来有以下三点：

（1）化学发泡生产的多孔混凝土不属于泡沫混凝土，不适宜使用泡沫混凝土的名称和标准。

其理由是，泡沫混凝土之所以称之为“泡沫”混凝土，是因为它采用的是物理制泡形成的“泡沫”来最终形成多孔混凝土的气孔的。而化学发泡工艺，是发泡而不是制泡，它在混凝土浆体内产生的是气泡而非“泡沫”。“泡沫”是名词，而不是动词，而“发泡”是动词而非名词。因此，化学发泡工艺生产的多孔混凝土应称之为发泡混凝土才更加科学。发泡混凝土与泡沫混凝土的气孔形态有一定差异、生产工艺不同，因此，二者不是同一种材料。所以，化学发泡工艺生产的多孔混凝土不能归属于泡沫混凝土，应重新定义。

（2）目前的泡沫混凝土和发泡混凝土不能归属于“混凝土”，而应当归属于“泡沫水泥”或“发泡水泥”。

其理由是，目前除掺加有陶粒、砂子、聚苯颗粒等极少数产品外，大多数泡沫混凝土或发泡混凝土均不掺用粗集料，基本以水泥、矿渣微粉等胶凝材料为主，不符合混凝土的技术特征。混凝土是要有集料做骨架的。尤其是目前的保温板，均没有使用粗集料，实际是水泥制品，不是混凝土制品，称“泡沫混凝土保温板”是不科学的，较科学的概念和名称应该是“发泡水泥保温板”。应该依据掺不掺粗集料，采用制泡工艺还是发泡工艺，将目前所谓的“泡沫混凝土”重新划分为四种材料，而不能混用一个“泡沫混凝土”的模糊概念。这四种材料是：泡沫水泥、泡沫混凝土、发泡水泥、发泡混凝土。

（3）化学发泡生产的轻质多孔混凝土，属于加气混凝土。

其理由是，化学发泡生产泡沫混凝土的发气原理与加气混凝土相同，是属于加气范围与泡沫无关。因此，凡采用化学发泡的混凝土或水泥材料，均为加气混凝土。

这一观点使许多泡沫混凝土变为“加气混凝土”，许多小企业就借此浑水摸鱼，把自己化学发泡生产的泡沫混凝土冒充加气混凝土销售，造成了市场混乱。

1.1.3　泡沫混凝土新概念的讨论界定

1. 关于确定新概念的几点意见

上述对泡沫混凝土概念及相关材料能否归属的争议，笔者认为是正常的，也是积极的、有益的，这对我们泡沫混凝土材料会有更科学、更完整、更深入的认识。无疑，它对推动泡沫混凝土的发展也是有积极作用的。

但是，过分的学术性争论也是不利的。如果大家的意见不能很快统一，就会导致企业无所适从，不知道自己生产的到底是什么材料，该采用什么标准，给行业发展造成负面的影响。而且，大量泡沫混凝土冒充加气混凝土，不但扰乱了市场，而且会造成工程隐患。因此，尽快给泡沫混凝土界定一个各方都可以接受的、相对合理的概念，是十分必要的，也是紧迫的。

在此，笔者呼吁业内人士以行业发展大局为重，求同存异，放弃学术性概念争议，取得泡沫混凝土概念的统一。笔者无权也无资格做不同意见的裁决者。在此，为了行业发展大局，笔者仅就自己征求一些企业和专家们的广泛意见，给泡沫混凝土暂时界定一个新概念。若将来全国有了比较权威的统一意见，再按其执行。笔者在《泡沫混凝土实用技术》一书中，曾提出泡沫混凝土概念界定的三个原则，即：（1）人们的传统习惯；（2）多数人的看法；（3）泡沫混凝土大多数产品的技术特征，少数特殊产品应作为例外。笔者的这一主张得到了业内大多数专家的认同。遵照上述原则，对于泡沫混凝土新的概念，笔者的意见如下：

（1）泡沫混凝土应有一个更丰富，更符合时代和发展要求的新概念，泡沫混凝土在我国的高速发展，新工艺的不断产生，使原有的概念已不适应新的发展要求，含义过于狭窄，用于现有许多产品不够准确。

（2）化学发泡生产的多孔混凝土可以归于泡沫混凝土

由于化学发泡作用不产生泡沫，而是产生气体直接在混凝土中形成气孔。所以，从学术的严谨角度来讲，化学发泡生产的多孔混凝土不应称为“泡沫混凝土”。但从人们已约定成俗的归类方法和命名角度，以及与物理制泡形成的多孔混凝土从内部结构、外观、性能、用途等方面相近的角度，综合考虑，可以将化学发泡生产的多孔混凝土归属于泡沫混凝土这一概念。我们在这一点上，应从实际出发，而不必过分追求学术概念和“泡沫”的文字含义。

（3）“泡沫水泥”、“发泡水泥”应当归属于泡沫混凝土

泡沫水泥、发泡水泥等以水泥为主体的胶凝材料、不掺粗集料的多孔混凝土，也属于混凝土。它们使用了粉煤灰、钢渣微粉、矿渣微粉、煤矸石粉等各种细集料，从严格意义上讲，同样符合混凝土材料的特点。细集料毕竟也是集料。前苏联泡沫混凝土权威专家 A. T. 巴拉诺夫在 1956 年出版的《泡沫混凝土和泡沫硅酸盐》一书中，对泡沫混凝土所下的定义是：“泡沫混凝土是用水泥净浆或砂浆经过混合而得的材料”。其所称的水泥净浆，显然没有集料，但仍称为泡沫混凝土。况且目前许多泡沫混凝土已掺用了砂子、陶粒、聚苯颗粒、玻化微珠等粗集料，其产品的多孔材料技术特征与泡沫混凝土没有本质的区别。所以我们不可拘泥于只有使用了集料的水泥材料才属于混凝土的这一片面的理解。

（4）化学发泡的泡沫混凝土不可归于加气混凝土

化学发泡的混凝土，虽然在发泡原理上与加气混凝土相同，但由于绝大多数不是采用硅质铝质材料铝粉发泡的蒸压工艺，其工艺差别很大，产品性能差异也很大，所以它不能归于加气混凝土，产品也很难达到加气混凝土的标准。为避免其搅乱加气混凝土市场，应将其归于泡沫混凝土。

2. 泡沫混凝土新概念

根据上述几点意见，这里，笔者在此对泡沫混凝土提出一个新的宽泛概念，这一概念如下。

泡沫混凝土是一大类以胶凝材料为基料，采用化学发泡或物理发泡工艺，所制成的含有大量微小均匀独立气孔的轻质多孔材料的总称。

胶凝材料基料可以是水泥（含通用水泥、硫铝酸盐水泥、镁质水泥、碱矿渣水泥等），或蒸压硅酸盐、石膏、地聚合物等其中的一种或多种复合。

化学发泡工艺是采用可以通过化学反应方法产生大量气体的化学发泡剂，将其加入由胶凝材料、活性掺合料、功能材料、外加剂和水制成的浆体中，使浆体发气膨胀，再经浇注成型和养护硬化，形成多孔轻质材料。

物理发泡工艺是采用可以降低水的表面张力的表面活性剂或表面活性物质作为泡沫剂，经机械方法将泡沫剂水溶液制成泡沫，再将泡沫加入到由胶凝材料、活性掺合料、功能材料、外加剂和水制成的浆体中，使浆体的体积增大，再经浇注成型和自然养护或加热升温养护，在需要时，也可使用蒸汽养护、蒸压养护等其他各种养护方式。

泡沫混凝土材料的共同技术特点是以胶凝材料为基料，采用化学或物理的发泡方式在材料内形成气孔，具有相似的内部孔结构及外观气孔形态，并且有相近或相同的物理性能及功能。

从本质上讲，泡沫混凝土也是一种加气混凝土，与加气混凝土具有许多共同的技术特

征。也可以说泡沫混凝土是广义的加气混凝土，而现有的加气混凝土是狭义的加气混凝土，特指采用硅质铝质材料和蒸压工艺，铝粉发泡的一类多孔材料。可以说，泡沫混凝土与加气混凝土没有实质上的区别和严格的界限，无法将二者彻底分开。但为了从现实出发，便于生产者、经营者、管理者，在市场经营活动中和生产技术控制中，将现有的泡沫混凝土与现有加气混凝土区别开来，可以将泡沫混凝土限定在现有狭义加气混凝土的范围之外。即，除现有狭义加气混凝土之外的通过化学、物理发泡制取的多孔水泥混凝土，多孔硅酸盐混凝土、多孔地聚物混凝土等，均属于泡沫混凝土。

1.2 泡沫混凝土保温产品的优势

1.2.1 有机保温的火灾隐患

几千年来，我国建筑的保温隔热性一直很差，夏季降温能耗及冬季取暖能耗居高不下的局面始终难以改变。这一方面是经济发展水平的制约，但更重要的是受技术发展的制约。

为改变我国老百姓的居住环境，使老百姓不但有房住，还要住的冬暖夏凉，舒适度提高，使老百姓的住房水平与我国高速发展的经济相适应，同时也为了应对世界范围的能源危机，降低建筑夏天空调电扇降温及冬季供暖能耗（约占全社会总能耗的30%），在改革开放伊始，原建设部就高瞻远瞩，提出了以建筑保温隔热为核心的建筑节能决策，这一决策后来被提升为国家基本国策之一。这既是社会经济发展、技术发展水平的必然结果，也是能源危机所迫。

原建设部提出建筑节能之初，我国当时还没有成熟的建筑保温技术，而国外以聚苯薄抹灰系统为主流的建筑保温系统已基本成熟且大量应用。为应急需，原建设部就推动引进了美国专威特公司的聚苯薄抹灰建筑保温系统，并以原建设部办公大楼为示范工程，掀开了我国建筑保温的序幕。自此，在原建设部及现住建部几十年不懈努力下，以聚苯板薄抹灰为代表的建筑有机保温系统在我国全面推进，最终实现了普及性应用，成就了我国建筑保温的辉煌，使我国成为世界上建筑保温成就最大的国家之一。

在没有其他更完善、更成熟、更节能的保温系统可供选择的情况下，国家推进以聚苯板薄抹灰系统为代表的保温技术，无疑是正确的，也是必须的。

但是，随着以聚苯板薄抹灰系统为代表的有机保温系统的全面普及应用，由于聚苯板等有机泡沫保温材料的易燃性，以及施工现场管理不规范等原因，聚苯泡沫、聚氨酯泡沫等有机保温材料引发的火灾日益增多、日益严重，已构成对人民生命财产安全的重大威胁。其中，重大火灾事故就达数百起。影响最大的有：

（1）2009年12月的央视文化中心大火；

（2）2010年11月的上海教师公寓大火；

（3）2011年1月的沈阳皇朝万鑫大厦大火；

（4）2012年4月的石家庄勒泰中心大火；

（5）2009年济南奥体中心大火；

（6）2009年哈尔滨双子星座大火；

（7）2008 年南京两所大学发生火灾；

（8）2012 年 8 月的大连华信培训大厦大火。

图 1-1～图 1-4 为一些大火的照片。

图 1-1 央视文化中心火灾

图 1-2 沈阳皇朝万鑫大厦大火

图 1-3 济南奥体中心大火

图 1-4 哈尔滨双子星座大火

泡沫塑料保温材料引发的火灾与一般的建筑火灾相比，对人民大众生命财产造成的损失要更大更严重，危害性极大。这主要是泡沫塑料的轰燃性特别强，火势凶猛且蔓延超快。像沈阳皇朝万鑫大厦，只有 10 多分钟，火势就蔓延到这座几十层高的大楼各层，使消防队员根本没有时间拦截火势；再者，泡沫塑料的烟气含有大量剧毒物质，人吸上几口烟气就会死亡。上海教师公寓的几十个人死亡，大多不是被火烧死，而是被剧毒烟气毒杀。上述两个特点，决定了泡沫塑料火灾的巨大危害。这些火灾造成的生命损失、财产损失、精神损失及一系列不良社会影响，都是无法估量的。人们住在用泡沫塑料保温的住宅里，就如同住在一座活火山上，一旦爆发，就会导致家毁人亡。有机易燃保温材料造成的这种保温后遗症，随其应用规模的扩大而日益严重，令人不安，已造成严重的社会安全问题。

有机保温材料引发火灾的严峻形势，使保温材料的防火问题成为全国人民关注的焦点，保温与防火的矛盾十分突出和尖锐，如何解决这一矛盾，已经成为一个大众关注的焦点。

建筑保温与防火的尖锐矛盾，是有机保温材料引起的。因此，逐步减少有机保温材料用量，最终停止有机保温材料在建筑保温中的应用，是解决这一矛盾的关键。在减少有机保温材料使用的同时，建筑保温就要有替代的保温材料。这种有机保温材料的替代品，泡沫混凝土应该是比较理想者之一。它在防火不燃、无毒无害的同时，还具备了其他 A 级不燃保温材料更多的优势。

1.2.2 泡沫混凝土保温材料与有机保温材料相比的优势

1. 防火

泡沫聚苯、泡沫聚氨酯等其他有机保温材料，都具有易燃性，且轰燃性强，火势凶猛，难以扑救。即使是阻燃型有机泡沫材料，也仍然避免不了火灾。我国最近的一些特大火灾，其工程使用的均是阻燃泡沫塑料。另外，泡沫塑料燃烧烟雾大、毒性大，弥漫起来可达几公里。

泡沫混凝土以水泥为主料，为安全不燃材料，耐火极限大于 2 小时，可达 A 级防火标准，完全可以满足任何建筑的防火要求。以泡沫混凝土进行建筑保温，完全不会引发火灾。更大的优势是，我们研发的装配式泡沫混凝土自保温墙体，可以将钢结构完全包覆在泡沫混凝土中，将钢结构保护起来，即使发生火灾，钢结构也不易变形倒塌、解决了钢结构的防火问题，起到双重防火的作用。

2. 耐久

建筑的设计寿命一般为 50～100 年。有机保温材料都有一个不耐老化服役年限的问题，难以和建筑同寿命。目前，建筑保温相关规范对有机保温材料的设计寿命大多为 20～25 年。这就意味着保温层与建筑不能同寿命。一幢建筑至少要进行 2～4 次保温施工。这种对建筑的反复折腾，缩短了建筑的服役年限，因为每次施工都要对建筑造成损害。

泡沫混凝土耐久性大于 50 年，可与建筑同寿命，一次保温施工可使建筑终身保温，避免了多次保温施工的不足。我国黑龙江等地的泡沫混凝土屋面保温层，为 20 世纪 50 年代初期前苏联专家指导施工的工程，至今近 60 年依然完好无损，仍在使用。这充分证明了泡沫混凝土的耐久性。在规范施工的前提下，优质泡沫混凝土的服役期限完全可达 100 年，对重点建筑工程也是适用的。

另外，由于有机外墙外保温和墙体结合不好，往往引发开裂、脱落等工程事故，不但使工程的耐久性无法保证，脱落物也对人造成严重威胁。

泡沫混凝土若采用墙体自保温，不存在外保温层脱落问题。少部分采取外墙外保温，大多为锚固或干挂，不易脱落，极少数采用粘贴。由于泡沫混凝土与墙体为同性材料，粘结十分牢固，也不易脱落。

3. 隔声

泡沫聚苯板等有机保温材料的隔声性较差。以 90mm 厚泡沫聚苯夹芯墙体为例，其隔声量为 35dB，墙体两边的说话声可闻。而 90mm 厚泡沫混凝土夹芯墙体，隔声量大于 45dB，墙体两边的说话声则听不到。泡沫聚苯夹芯墙体敲打时嘭嘭响，发空，而泡沫混凝土夹芯墙体敲击时却没有那么响，也没有发空的感觉。

泡沫混凝土在闭孔率大于90%时成为优异的隔声材料，西方一些发达国家用泡沫混凝土生产隔声板。去年，我国已开始生产泡沫混凝土隔声板，其产品已经出口美国。

4. 无毒无害

泡沫聚苯、泡沫聚氨酯等有机保温材料，在生产时释放大量的有害气体，生产现场气味呛人，对空气污染严重，危害操作人员健康。其在使用前期仍有残余气味，在使用后期，其老化分解过程仍将释放有害物质。所以，其生产与使用均是不环保的。这还没有考虑其容易造成的其他污染。

泡沫混凝土基本以无机材料为主体，生产时无有害物质产生，生产现场无任何异味。其在使用过程中不会产生有害分解物，绿色环保。从建筑绿色化角度讲，也应该是建筑保温的最佳选择。

5. 不会大量消耗石油资源

建筑节能除了减排的意义之外，还有降低我国能源消耗、保护国家能源安全的意义。而泡沫聚苯等有机保温材料，大多以石油为起始原料，大量消耗石油资源，其应用将加剧能源危机。它的使用虽可使建筑节能，但原料却耗能，使节能与耗能相冲突，失去了节能的意义。泡沫混凝土的原料为水泥，不以石油、煤炭等化石能源为起始原料。水泥的生产虽也有能耗，但远低于泡沫聚苯的原料耗能及生产耗能总量。

1.2.3 泡沫混凝土保温材料与加气混凝土相比的优势

加气混凝土与泡沫混凝土比较，其明显的优势是强度比泡沫混凝土高，水泥用量少。加气混凝土的水泥用量仅5%～10%，而泡沫混凝土大多100%为水泥，至少也要50%以上的水泥。但泡沫混凝土的综合优势要远远大于加气混凝土，使它在未来的市场竞争中占有更大的市场份额。泡沫混凝土与其相比的优势有五个：

1. 可以现浇施工

加气混凝土因需蒸压，无法现场施工。泡沫混凝土一辆汽车就可把全套设备拉到现场，7个人一天可现浇100～200m^3。现浇屋面保温层、现浇地暖保温层、现浇各种自保温墙体、现浇外墙外保温墙面、现浇楼地面垫层、现浇灌芯立柱，都是泡沫混凝土的强项，且将在未来的建筑保温中大显身手。可以毫不夸张地说，将来建筑保温应用量最大的，可能是现浇泡沫混凝土。

泡沫混凝土虽然材料成本高，但由于它可以现浇，省去了大量的生产能耗与制品加工成本，且密度低，生产原材料总用量少，就把总成本降了下来，化解了它的劣势，成本反而低于加气混凝土。以自保温墙体为例，每立方米加气混凝土北京价格约为200元，加上砌筑费及运费，总成本应不会低于300元。而墙体现浇泡沫混凝土总成本仅130元/m^3，如考虑由于其密度低（加气混凝土600～700kg/m^3，现浇泡沫混凝土300～400kg/m^3），可减薄墙体，降低了保温材料用量，则现浇泡沫混凝土的墙体造价还要更低，显示出现浇保温的优势。

2. 低吸水率

加气混凝土的质量吸水率高达45%以上，这一直是它的一大劣势。这一劣势使之粉刷难，须使用界面剂。即使用上界面剂，也经常出现粉刷层的空鼓、脱皮、裂纹等工程质量问题。

泡沫混凝土却可以通过调整它的闭孔率来自由控制吸水率，其一般吸水率低于10%，超低吸水率产品则可达2%～5%，这种低吸水率的优势，不但避免了加气混凝土的上述弊端，而且还填补了泡沫混凝土在高寒地带不能应用的空白。目前，我们已在新疆、黑龙江生产使用了泡沫混凝土保温产品。严寒地区最需要建筑保温，加气混凝土却因高吸水率而难以应用。可以预测，在东北、内蒙古、青海、新疆、西藏等至今加气混凝土无法广泛应用的地区，泡沫混凝土将大有作为。

3. 低密度超轻，保温性能更优

加气混凝土密度大，一般多为500～800kg/m³，低于500kg/m³的产品极少，不能普及性稳定生产。由于工艺技术的制约，加气混凝土目前还难以稳定生产400kg/m³以下的超轻产品。而目前的建筑节能，最需要400kg/m³以下的超轻产品，因为其保温性能更优异，更有利于建筑轻型化。

目前，广泛应用的泡沫混凝土，密度一般为150～450kg/m³，正好弥补了加气混凝土性能上的不足，二者形成了市场互补和错位。

加气混凝土主导产品B05～B07级的导热系数为0.14～0.18W/(m·K)，而泡沫混凝土主导产品B02～B04级的导热系数仅为0.055～0.10W/(m·K)，只相当于加气混凝土的一半。这意味着，使用泡沫混凝土达到了建筑节能标准，墙体可比加气混凝土减薄近一倍，这可以大量节约材料并增加使用面积。

4. 工艺灵活、品种多

由于受蒸压工艺和设备的限制，加气混凝土基本以砌块和条板两大产品为主，其他种类的产品还很少，这在一定程度上缩小了它的应用范围和市场份额。

泡沫混凝土既可以进行各种保温工程现浇施工，也可采用不同工艺生产保温制品。目前，泡沫混凝土保温产品已有10多种，将来会达到几十种。泡沫混凝土对市场需求反应快，适应性强。当市场需求某种产品时，它可以很快生产出来，甚至变换一种模具，就变化出一种新产品。加气混凝土就无法如此。例如，泡沫混凝土可生产大规格夹芯屋面、墙体保温板，目前最大规格已达3000mm×6000mm，加气混凝土就不能；再如，泡沫混凝土可方便地生产出轻质灌芯产品、夹芯产品，加气混凝土也不能；另外，泡沫混凝土很容易生产出陶粒增强制品、彩色制品、异型制品等，加气混凝土则不能。这就决定了泡沫混凝土会以其生产的灵活性占有更多的应用领域。

5. 投资小，易于普及

中国现阶段的国情，决定了建筑保温材料的生产企业以中小型为主，动辄几千万元的投资，他们是无法承担的。而加气混凝土的投资一般也要千万元以上，对中小企业的实施是有难度的。

泡沫混凝土投资很小，一套现浇设备不超过10万元，就可以方便施工。保温制品生产线一般也在几十万至几百万元之间，与加气混凝土相比，要小的多。这非常有利于泡沫混凝土的推广和实施，对其在建筑保温中的普及应用创造了有利的条件。

综上所述，可以得出以下结论：加气混凝土与泡沫混凝土作为同类型保温材料，各有优势，但泡沫混凝土的优势要更多一些。在B06～B07密度等级结构材料范围，加气混凝土由于强度好，会占有优势。而在B05以下低密度保温材料等级范围，泡沫混凝土会占有优势。二者可实现市场的优势互补。从应用总量来看，泡沫混凝土在3～5年后肯定要超过加气混凝土。

6. 生产能耗低，符合低碳低污染发展方向

加气混凝土的生产采用蒸压工艺，能耗大，二氧化碳排放量大，污染空气。而泡沫混凝土大多自然养护，不存在空气污染且能耗低，符合发展方向。

7. 施工简单，没有加气混凝土空鼓开裂的弊端

加气混凝土与砂浆结核性能差，砌筑和粉刷的工艺控制困难，需多次预温，并需先涂界面剂才可粉刷，粉刷需要5～6道工序，施工成本高，速度慢，即使这么多层抹灰，也仍然经常发生粉刷层空鼓开裂等工程事故。而泡沫混凝土则与砂浆结合良好，粉刷快捷，没有空鼓开裂的弊端，工艺性能优于加气混凝土。

1.2.4 泡沫混凝土保温材料与无机纤维保温材料相比的优势

人造无机纤维保温材料包括岩矿棉、玻璃棉、硅酸铝纤维等。

目前，在建筑保温中应用量较大的主要是岩矿棉。泡沫混凝土和这类材料相比，优势更明显。虽然这类纤维材料在建筑保温中会有一定的应用，但不可能成为主导产品。

1. 低价格

无机纤维材料的价格远高于泡沫混凝土，提高了建筑保温的造价。目前，纤维棉主要应用于吸声产品，在建筑保温中由于价格高，在竞争中处于不利地位。泡沫混凝土在价格上无疑比无机纤维棉更有优势。

2. 无害化

人造无机纤维棉虽然不能与石棉画等号，但它在生产及使用过程中仍会产生纤维粉尘污染，有引发呼吸道病及肺癌的隐患。泡沫混凝土则完全无害。

3. 使用方便

人造纤维棉大多为散状材料，不易使用。有时加工为板状、粒状的产品，虽好用一些，但使用的方便性远不如泡沫混凝土。泡沫混凝土可方便地现浇或生产成各种制品，无机纤维棉则不能。

4. 低碳低能耗

人造纤维棉是岩石或矿渣等经高温（1300～1500℃）热熔后，经离心或喷吹使其纤维化而成的，能耗很高，不符合我国低碳经济的原则。从降低碳排量的基本经济走向看，国家不支持高能耗岩矿棉的生产，并存在关闭这类企业的可能。这就决定了岩矿棉不可能成为建筑保温的主体材料。泡沫混凝土的能耗较低，符合低碳经济导向，对岩矿棉等无机纤维就有了竞争力。

5. 低吸水

纤维状保温材料吸水量很高，可达自身质量的几倍。即使配合水泥或胶粘剂制成板块状制品，其吸水率也要达到50%以上，其吸水后保温性能就会大幅度下降，而泡沫混凝土保温制品吸水率小于10%，具有低吸水优势。

1.2.5 与其他无机多孔材料相比的优势

其他无机多孔材料包括块状的泡沫玻璃、泡沫陶瓷、微孔硅酸钙等产品，以及粒状的玻化微珠、膨胀珍珠岩等。这些保温产品在未来建筑保温领域都会有一定应用，但却无法和泡沫混凝土的普及性应用相比。

1. 与泡沫玻璃等块状材料相比

在这类材料中，泡沫陶瓷、泡沫铝由于产量低且价格很高。泡沫陶瓷每立方米2600元以上，不可能在建筑保温领域中广泛应用，不需细讲。泡沫玻璃已用于外墙外保温，但量很小。目前它用于建筑保温的价格约为每立方米1000～1500元。普通建筑考虑到保温造价，很难选用。预计将来在高档建筑的外保温中，可能会有少量的应用。泡沫玻璃的烧制温度为700～850℃，泡沫陶瓷则大于1000℃，其高能耗高排放也不符合低碳经济原则，为国家限制发展对象。因此，虽然它的强度、耐候性等性能优于泡沫混凝土，性价比决定了它不会成为未来建筑保温的主导材料。

2. 与微孔硅酸钙材料相比

微孔硅酸钙是以硅藻土和石灰为主要原料，加入石棉纤维增强，经高温蒸压而成的微孔板材。这种材料具有密度低（大多为100～250kg/m³）、抗压强度高（0.5～1.0MPa）、保温性好［常温导热系数0.035～0.06W/(m·K)］、耐火性好（使用温度650～1000℃）等一系列优异性能，但以下几个缺陷将大幅度限制它的广泛应用：

（1）以硅藻土为主料，其资源有限且不广，难以普及；

（2）以石棉或其他无机纤维增强，对人和环境有害；

（3）用于建筑保温的只有板材，品种单一，用量有限；

（4）价格较高，一般建筑使用不起；

（5）高温蒸压，同样存在高能耗、高碳排放问题，不宜推广。因此，它也不能成为未来建筑保温的主体，只能在钢结构防火覆盖及其他墙面覆盖中会有少量应用。

3. 与散粒状材料相比

散粒状保温材料目前已用于建筑保温的，主要是玻化微珠、玻璃微珠、膨胀珍珠岩、膨胀蛭石、超轻陶粒等。

在上述几种材料中，玻化微珠和玻璃微珠可能会成为用量较大的保温材料之一。目前它们已被开发为保温涂料、保温砂浆、保温制品等建筑保温材料。最近，山西省开发的“窑洞式保温建筑”，即是采用玻化微珠保温砂浆及混凝土建成的。未来它仍会有一定的应用，这是不容置疑的。但是，由于玻化微珠的原料是珍珠岩，玻璃微珠是以废玻璃为原料熔融喷吹而成，产量有限，且价格较高，同时，其吸水率高达40%～84%，也有严重的性能缺陷。因此，这两种材料虽会较广应用，但不可能达到泡沫混凝土的普及程度。

膨胀珍珠岩由于吸水率高达300%，制品抗冻融性差，这几年已被淘汰，逐渐被玻化微珠取代。玻化微珠实质就是球形闭孔膨胀珍珠岩。膨胀蛭石由于产量较低，资源不广，且吸水率高，虽会在建筑保温中有少量应用但不会广泛。

超轻陶粒原用于生产空芯砌块和墙板，有一定的产量，但应用不广。近几年，我们将其与泡沫混凝土相结合，开发出陶粒泡沫混凝土砌块及板材，效果良好。二者优势互补，在将来会获得一定的应用。

另外，上述散粒状保温材料均需高温烧制，其烧制温度400～1000℃，高能耗，高污染，从发展趋势看，均是国家限制发展的行业。泡沫混凝土对他们的最大的优势就在于此。

综上分析，虽然A级不燃保温材料不少，但真正性价比均适合取代有机可燃泡沫塑料的，还很少。从各方面综合比较，泡沫混凝土应该是较佳的取代材料。

因此，泡沫混凝土在目前破解建筑保温与防火的尖锐矛盾中，具有重要的地位。在目前还没有更合适有机保温材料取代品的情况下，大力发展和应用泡沫混凝土，就成为一个理想的方案。泡沫混凝土对保证我国建筑保温健康发展，具有技术进步的意义。

1.3 泡沫混凝土保温制品的发展瓶颈与产业转型

1.3.1 发展瓶颈

自 2011 年以来，以保温板为代表的泡沫混凝土保温产品在技术上突飞猛进，两年的技术进步相当于以前的几十年。2011 年，全国各企业普遍应用硫铝酸盐水泥为主料，而 2012 年就全面在硅酸盐水泥的应用上获得突破；2011 年，各企业的产品密度普遍为 240kg/m^3 以上，导热系数大于 0.07W/(m・K)，而 2012 年，则产品密度普遍下降到 200kg/m^3 以下，导热系数下降到 0.06W/(m・K) 以下。2013 年，许多企业已将产品密度降到 150kg/m^3 以下，导热系数已降至 0.052W/(m・K)。其中包括笔者在内的一些研究者，已将产品导热系数降至 0.050W/(m・K) 以下。

不论是企业数量、制品产销量和应用量，还是技术进步，2011～2013 年都是泡沫混凝土保温产品发展最快的一个繁荣时期。不少人形容这一阶段的发展为爆炸式增长。横向相比，泡沫混凝土保温产品，也是近几年发展速度最快的新型建材和水泥混凝土产业。

但令人惋惜的是，由于泡沫塑料有机保温材料的取代材料（包括泡沫混凝土）在性能上还难以满足建筑节能的要求，在产量上还不能在短时期内形成可以满足市场供应的规模，致使大批建筑保温工程在 2011～2012 年难以进行。在这种供求矛盾无法解决的情况下，公安部取消执行 2011 年 3 月 14 日的下发的通知，不再要求建筑保温材料必须达到 A 级防火的标准。所以，自 2013 年春季开始，泡沫混凝土保温板应用量开始下降，到 2013 年底，其产销量和 2012 年相比，已降低 40%左右，许多生产企业感到了沉重的市场压力，也有不少家庭作坊式企业被迫停产。可以说，2013 年 6 月以后，整个泡沫混凝土保温产业，都已面临巨大的挑战。如何尽快转型升级，创造新的市场机遇，再度赢得产业的快速发展，已经成为整个产业的新课题。这种新的发展状况，我们应该正确面对。

1.3.2 产业转型是产业发展的必由之路

面对市场在 B 级保温材料的挤压下，泡沫混凝土保温板的市场范围开始缩小。对比泡沫混凝土产业的所有从业人员，都有些着急，不知道该如何面对，失去了方向，甚至对未来产业的发展，陷入了困惑。这个产业还有没有明天的市场，该怎样去创造明天的市场，成为许多从业者关注的焦点。

作为我国泡沫混凝土事业开拓和推动者之一，笔者面对 2013 年行业出现的新情况，比一般从业人员有着更紧迫的压力，也有着更多的思考。在这里，笔者可以负责任地告诉大家：泡沫混凝土保温产品产业，明天的市场不但会有，而且还会更广阔，这个产业一定会有未来的辉煌。要实现这一切，必须从现在开始，尽快实现产业转型，推动产品升级换代，开发市场所需要的新产品，依靠技术进步，去创造市场，培育市场、赢得市场。这是整个行业发展唯一正确的道路。

1.3.3 产业转型面临的主要技术问题

泡沫混凝土保温产品遭遇目前市场缩小的情况，有着许多因素。笔者认为，其中一个最核心的因素，既不是政府政策的改变，也不是有机保温材料的竞争，而是泡沫混凝土保温产业自身存在的一些缺陷，使产业不能适应市场需求，造成目前的景况。这些缺陷如下：

1. 产品性能难以满足外墙外保温要求

2011年以前，泡沫混凝土在我国基本上以屋面现浇保温隔热层及地暖绝热层为主，其生产和应用比例，占全行业总量的95%以上。而2011年春季开始，在公安部46号文件的推动下，泡沫混凝土保温板突然呈现井喷发展，成为行业第一热点产业，在短短一年内产销量就超过了屋面及地暖现浇，几乎所有企业都被卷进了这一生产狂潮，形成了一个表面轰轰烈烈，而实际上却潜存着许多隐患。

可以说，2011年泡沫混凝土保温板爆发式发展，是不正常的。任何一个超越正常发展规律的事物，都是不可能持续的。事实上，泡沫混凝土行业是在没有充分技术准备的情况下，打了一场“遭遇战”。在2010年12月份在烟台召开的行业年会上，不论是会议发言及论文集，还是各种会议议题，都还是以屋面及地暖物理发泡现浇为主，没有人提及大力发展保温板。这充分证明大家并没有生产保温板的思想准备和技术准备。但仅仅四个月之后，形势大变，现浇主导产业转而成为制品主导产业，物理发泡主导工艺转而成为化学发泡主导工艺，屋面保温层及地暖绝热层主导应用领域转而成为外墙外保温。原料、设备、技术要求、标准体系等生产要素也都随之改变。产品是新的、工艺是新的、设备是新的、原料是新的，一切都是新的。泡沫混凝土产业大多数人都是仓促上阵，匆忙应战，在实践中学习，在学习中研发，在研发中生产。在这种情况下，虽然技术提高非常快，产品质量提高也非常快，全行业在2011～2012的两年中取得了令人惊叹的成就，但是在这么短的时间内想使工艺、设备、产品完善，造就一个成熟的产业，那显然是不可能的。根据历史的经验，一个新兴产业技术体系的成熟，一般需要5～10年。像我国加气混凝土、混凝土多孔砖、硅酸钙板等大宗建材产业的发展，都历经10多年才基本成熟。所以，要求泡沫混凝土保温板在不到两年内成熟，达到很高的技术水平，完全不现实。发展速度过猛时，来不及完善的东西就会越多。笔者认为，我国泡沫混凝土保温板技术虽然在国际上已处于前列，举世瞩目，但是，距离技术要求越来越高的建筑外墙外保温的要求，显然还有一定的差距。目前，我国泡沫混凝土保温产业的主导产品，仍是外墙保温板。满足不了外墙外保温技术要求，就必然失去了市场。

（1）导热系数偏高

目前，我们行业的技术水平，能够产业化生产的保温板，其导热系数最低0.053W/(m·K)，大多为0.053～0.062W/(m·K)。虽然在实验室，一些企业和研发机构已研发出低于0.05W/(m·K)的产品，但从原材料、设备、工艺体系来看，还不具备其产业化生产的条件。至少目前还没有哪一家企业实现低导热系数产品的产业化。而我国目前正在推广四步建筑节能，即建筑节能75%。北京等地已经推行，其他省市也将很快实施。若实施这一节能体系，对外墙保温材料的导热系数将会要求很高，导热系数大于0.05W/(m·K)的材料很难应用。最近，笔者与不少省市的政府主管部门的领导交换过意见，他们认为，按照目前泡沫混凝土导热系数指标，是很难在外墙外保温中应用的。一位严寒省区主管部门的负责人曾告诉笔者：若以导热系数0.055W/(m·K)左右计算，在他们省区，达到节能75%，泡沫混凝土保温板就需要18cm厚。这么厚的保温层，显然是行不通的。他们希望泡沫混凝土保温板的导热系数能降到0.048W/(m·K)以下，最好0.045W/(m·K)以下，接近聚苯泡沫板0.038～0.042W/(m·K)的指标。这一要求显然是合理的，必须的。但是，我们的企业却做不到，这就验证了一个事实，不是市场不需要，而是指标达不到。

（2）强度偏低

强度指标包括抗压和抗拉。一般情况下，许多企业和生产者，只注意抗压，而对抗拉关注不够。但抗压和抗拉同等重要。若抗拉不够，就难以抵抗风压，保温板很容易被大风撕裂而脱落。

从我们行业的实际水平来看，各企业实际能够产业化生产的产品，150kg/m^{3}以下密度的保温板（这是外墙外保温需要的密度），抗压强度值低于0.2MPa，抗拉强度值低于0.08MPa。而保温工程所需要的技术指标，抗压强度应大于0.2MPa，抗拉强度应大于0.10MPa。这一技术要求，就当前的生产技术水平来看，事实上是很难达到的。近两年来，不时传出一些地方泡沫混凝土保温板在大风中从墙上脱落的工程事故，其原因虽多，但强度低应该是主要因素。

建筑节能指标提高，要求保温板更低的导热系数，而低导热系数又要求低密度，低密度的产品强度又达不到要求。密度与强度的矛盾，将来会越来越突出。实现低密度下强度满足工程要求，技术难度是很大的。

（3）密度偏高

2010年以前，我国泡沫混凝土普遍的密度为400kg/m^{3}左右（用于现浇保温绝热工程），2011年降到了200～250kg/m^3（用于外墙保温板），2012年降到了180～220kg/m^3，2013年普遍下降到180kg/m^{3}以下，约在150～180kg/m^3。这一技术进步的速度还是十分惊人的。但即使如此，导热系数也大于0.050W/(m·K)，高于各地建筑节能的要求。根据作者的经验，导热系数想降到0.042～0.048W/(m·K)，泡沫混凝土的密度必须降到100～140kg/m^3，否则，就无法满足建筑节能对导热系数的要求。而眼下，能生产出100～140kg/m^{3}的低密度产品，且强度又能大于0.2MPa的企业，这是很难找到的。但这一技术不突破，市场就无法属于这个行业。

泡沫混凝土保温板产品存在的问题，远不止这三个方面，其他如吸水率、抗冻融、软化系数等指标，也都离技术要求有一定的距离。不过目前最突出的，还是密度、强度、导热系数这三个方面的技术问题。它们对泡沫混凝土保温板的市场影响最大。

2. 产品单一、不能适应新的市场需求

我国泡沫混凝土保温制品产业，主要以外墙外保温板一个产品为主。到目前为止，绝大多数企业都在生产这个产品，千军万马过独木桥。当这个独木桥2013年突然变窄之后，很多企业过不了河，被挡在了市场的岸上。这也是目前整个行业遭遇市场困惑的一个主要原因。

泡沫混凝土在我国的起步发展，是从现浇产业开始的，并持续了10多年，技术积累比较深厚。制品产业却是从2011年规模化发展起来的，至今也不过三年，技术力量、技术开发、技术积累等都比较薄弱，也可以说是严重不足。这种情况导致我国目前泡沫混凝土保温制品新产品少，品种单一，使企业投资集中，过于密集地在保温板方面建厂，形成低档次恶性竞争，已造成了不良后果。要改变这种状况，唯一的出路就是多元发展，多品种投资，拓展新市场。

其实，泡沫混凝土制品并非只有外墙保温板。在欧洲，泡沫混凝土最早起源于墙体保温砌块和屋面保温板。后来，在20世纪40～50年代，前苏联还开发了轻型屋面板、墙板、保温管道外壳、冷库墙材保温材料、耐火保温产品等，品种是很多的，应用也非常广。而我国由于发展历程太短，除了保温板，大多数企业对其他保温产品的认知几乎是一个空白。因此，目前的局面也有其历史的原因。但不管什么原因，这种单一产品的发展格局是再也不能继续下去了。

我国前些年也曾经开发过泡沫混凝土砌块，但它的产品定位不是保温，而是结构，以取代砌体材料为目的。其结果是，由于密度大、强度低、成本高，市场始终不接受，至今都没有形成产业化。因此，新产品的开发，必须定位准确，以市场为导向，否则，就不会有市场。泡沫混凝土的优势在轻质保温，新开发产品必须以突出其保温属性为原则，否则，新产品的市场也打不开。

1.3.4 转型升级的方向

笔者在2010年就曾呼吁产业转型，在2010年的行业年会上，笔者曾以《推进产业转型，促进产业快速发展》为题，做了发言，针对当时全行业以现浇为主，没有制品产业的不健康发展现状，提出行业应向以制品产业转型、向高附加值产品转型、向多元产品转型的建议。这一发言对推进产业转型起到了一定的作用，但离预期目标相差甚远，高附加值转型、多元产品转型基本没有多少效果。

时过3年，笔者在此向行业第二次提出产业转型的呼吁。笔者认为，目前行业已经再次面临产业转型的紧迫性和必要性。希望能够引起行业同仁们的高度重视，不要像2010年的呼吁被忽视。

1. 转型方向

由外墙外保温板低性能产品向高性能产品转型；由外墙外保温板单一品种向多种类保温产品转型。

2. 转型具体内容

（1）实现外墙外保温板高性能化。产品密度向140kg/m³以下降低，抗压强度仍能保证0.3MPa，导热系数达到0.048W/(m·K）以下，力争达到0.030W/(m·K）以下，抗拉强度在降低密度后仍能提高到0.12MPa。抗冻融、软化系数、碳化系数、吸水率等各项指标都在现有基础上再优化一步，达到建筑节能对保温板越来越高、越来越严的要求，让市场重新认可并接受泡沫混凝土保温板，以产品高性能稳夺未来市场。

（2）实现保温制品的多种类发展。今后，要尽快打破单一品种不利局面。具体讲，要大力向墙体、屋面、楼层、楼栏板、隔断等新的应用领域发展，多元发展，分散投资，转移产能，尽量利用原有设备转型新产品。

（3）实现保温制品由非结构保温向建筑结构自保温的方向发展，并逐步以结构自保温产品为支柱产品。结构自保温是建筑保温的发展主流方向，我们要率先主攻，率先突破，先于有机保温及其他无机保温占有市场。

3. 转型措施

（1）大力推进技术升级，尽快采用新技术，更新原有技术体系。技术升级是产业转型的保障，没有技术升级，就实现不了产业转型，要把技术升级放在首位。

（2）变以前的市场跟进式为市场引领式，不是被动的受制于市场，而要大胆地以新技术新产品去培育市场、创造市场、引领市场、开发市场。

（3）加大企业技术开发力度，加快新技术、新产品研发与推出的速度。专家作者与企业技术骨干是研发主题，应起到主力军作用，在市场转型中要勇于创新，敢闯难关，一定要在核心技术上获得突破。

（4）工艺研发、设备研发、材料研发、核心外加剂的研发，要与产品研发同步，齐头并进，否则，产品研发出来，也难以实现产业化，要让新技术、新产品最终能够产业化生产。

（5）企业要加大对技术升级的经济支持，鼓励创新，奖励技术升级成果，调动技术升级积极性。

（6）专家学者及企业骨干技术人员要多撰写引领新技术新产品开发的著作，给企业提供技术支持和启迪。本书率先在这方面给予示范，望大家也能够多拿出自己的技术升级新成果，促进产业转型，缩短转型期。

（7）建议国家主管部门给予泡沫混凝土行业产业转型、技术升级政策扶持和财政支持。

（8）建议行业协会尽快多组织产业转型的技术交流活动，对产业转型给予引领和导向。

本书就是为上述产业转型提供技术支持的，其主要内容均围绕外墙保温板技术升级，以多品种新产品技术推广为中心的，也是为这一主题服务的。

只要我们抓住产业转型、技术升级这个主线，紧盯不放，并在数年内完成转型升级目标，笔者认为：明天的建筑保温市场就一定会有泡沫混凝土保温制品广阔的空间和令人满意的经济成就。望读者朋友们一起努力。

能否尽快实现产业转型、技术升级、是目前泡沫混凝土保温产业取得市场的决定性因素。一切都掌握在我们自己手里，而不在竞争者手里。

1.4 泡沫混凝土新型建筑保温制品

1.4.1 泡沫混凝土新型建筑保温制品的定义

泡沫混凝土新型建筑保温制品，是指新近研发出来的一类建筑保温制品，包括外保温制品与自保温制品。它的主要技术特征，一是产品新颖，具有较强的创新性，代表了未来的发展方向；二是性能较高，其性能指标均高于原有的泡沫混凝土保温制品，可以满足新的建筑节能标准，达到建筑节能65%～75%的新标准。

泡沫混凝土新型建筑保温制品在产品设计、原材料、工艺、设备、配合比等方面都有一定的技术进步，形成了一套新的生产技术体系。本系列产品是泡沫混凝土产业转型的主导。

1.4.2 主要品种

本系列产品按照其在建筑上的应用部位，共分为下列四大类。

（1）外墙保温板。其几个主要品种有：①普通保温板；②保温装饰一体板；③包壳板；④特殊功能板。

（2）自保温墙体板。其几个主要品种有：①内外墙小型墙板；②内外墙用普通条板；③内外墙用夹芯条板；④内外墙包壳条板；⑤内外墙龙骨增强条板；⑥内外墙饰面条板；⑦内外墙大型板。

（3）自保温屋面板。其几个主要品种有：①普通屋面条板；②硅酸钙板夹芯复合板；③包壳条板；④龙骨增强板；⑤大型屋面板；⑥彩钢夹芯复合板；⑦网架复合板；⑧瓦形复合板。

（4）楼层板。其几个主要品种有：①加筋自保温楼层板；②龙骨增强自保温楼层板；③边框增强自保温楼层板；④硅酸钙板夹芯复合楼层板；⑤现浇用楼层保温芯板。

（5）阳台栏板。常用品种有：①包壳轻型板；②夹芯轻型板；③龙骨轻型板；④加筋轻型板。

1.4.3 泡沫混凝土新型保温制品的主要技术特点

1. 轻质性

泡沫混凝土新型保温制品的现有材料密度一般为100～500kg/m³，已广泛应用于实际工程。其中，结构保温制品类大多为100～200kg/m³，结构保温制品类多为200～500kg/m³。从发展趋向看，未来的泡沫混凝土保温材料密度将逐年下降，很有可能逐步达到80～120kg/m³。目前，我们已能在实验室制出40kg/m³的泡沫混凝土，其密度已十分接近于聚苯乙烯泡沫板。但由于强度太低，暂时还无法应用于实际工程。我们坚信，将来经过努力，100kg/m³以下超低密度泡沫混凝土应用于建筑保温工程，也会有希望。因为，技术是永远在进步的，不会停止。图1-5为泡沫混凝土轻飘水上的照片。

图1-5 泡沫混凝土轻飘水上

普通混凝土的密度大多为2200～2600kg/m³，泡沫混凝土保温产品只相当于其1/5～1/20，属于超轻质材料。在水泥混凝土及硅酸盐混凝土材料中，目前它是最轻的产品之一。表1-1为泡沫混凝土与各种轻质材料的密度比较。

表1-1 保温用泡沫混凝土与各种轻型混凝土产品的密度比较 (kg/m³)

保温泡沫混凝土	加气混凝土	陶粒混凝土	混凝土小型砌块
100～500	500～800	600～1200	900～1200

2. 保温性

泡沫混凝土内部包含大量封闭气孔，气孔内不流动的空气是很好的绝热介质，可切断热交换，从而保温和隔热。

保温用泡沫混凝土的导热系数为0.025～0.08W/(m·K)。随着其制品密度的逐步下降，将来100kg/m³左右的泡沫混凝土保温材料的导热系数，有望降至0.04W/(m·K)，甚至更低，与聚苯模塑泡沫板基本相当。目前，它的导热系数已接近泡沫聚苯。我们已成功制出导热系数仅有0.030～0.048W/(m·K)的产品，可实现工业生产。因此，它属于优质无机保温材料，保温优势突出。

图1-6为其低导热试验。用1000℃以上的气割火焰喷烧30mm厚的保温板达半个小时，手摸板的另一面，不烫手，只有30℃左右。这足以验证其良好的低导热性。

黏土砖的导热系数为0.6W/(m·K)，普通混凝土的导热系数为1.8W/(m·K)，与这些传统建材相比，泡沫混凝土的导热系数仅为其1/10～1/30，是相当低的。表1-2为保温用泡沫混凝土与其他建筑材料导热系数的比较。

表1-2　泡沫混凝土保温材料与其他建筑材料导热系数的比较

材料名称	泡沫混凝土	加气混凝土	水泥珍珠岩	岩棉板	泡沫玻璃	玻化微珠保温砂浆
密度(kg/m^3)	100～500	500～800	200～800	60～140	100～250	250～900
导热系数[W/(m·K)]	0.03～0.10	0.12～0.25	0.06～0.27	0.04～0.05	0.04～0.08	0.06～0.32

3. 防火性

泡沫混凝土保温材料为完全不燃材料。它不含有可燃物质，耐火极限可达2.5～3h。在试验中，我们把它架在熊熊燃烧的燃气灶上，连续烧烤3h之久，它的表面不见裂纹，不见粉化，除变黑之外，没有发现任何破坏现象，完全可以反映它的优异防火性。建筑火灾的持续时间，目前大多为0.5～2h，泡沫混凝土2h以上不见火裂火损，足可满足任何建筑的防火要求。经国家建材检测中心等多家权威检测部门的检测，它轻易可达A级防火要求。图1-7为其在燃气灶上烧烤2h的场景。

图1-6　保温板低导热试验

（正面1000℃以上的火烧，背面只有30℃）

图1-7　防火性能测试

（燃气灶上烧烤2h不裂、不焚化）

4. 抗震抗爆性

泡沫混凝土保温材料有着极其优越的抗震性能及抗爆性能。它内部大量的微孔，可以通过微孔吸能作用，将地震应力波及爆炸应力波的动量与能量下降和衰减。因而，国外将其大量应用于军事防护工程和弹药库的防爆墙。在一般情况下，它可以使地震或爆炸引发的应力波能量衰减50%～80%，大幅度降低其破坏性。

5. 吸声性

开孔泡沫混凝土为良好的吸声材料。其数量众多的微孔可以将入射的声波能量通过孔壁的摩擦作用，转化成热能而消耗，呈现出吸声特性。

通常把平均吸声系数大于0.2的材料称之为吸声材料，泡沫混凝土保温板虽以闭孔为主，也有一定的开孔率，它的平均吸声系数为0.3～0.4，仍属于吸声材料。因此，随着开孔率的不同，其吸声值也不同。

6. 隔声性

闭孔泡沫混凝土可以切断声能的传递。闭孔内的空气不流动，被完全封闭，就无法传递声波。用闭孔率较高的泡沫混凝土生产保温制品，就有了一定的隔声性，对降低建筑内的噪声具有较好的作用。

7. 抗电磁辐射性

电磁波污染和危害，是目前正在加剧的几大公害之一。在电磁辐射较强的地区，人们遭受的危害更大。但目前大多数建筑并没有电磁波屏蔽措施和功能。

泡沫混凝土保温材料具有电磁波屏蔽功能。它的微孔可吸收和消减电磁波。在建筑外墙粘贴一层泡沫混凝土保温板，就等于给建筑穿上了电磁辐射防护衣，大大降低了电磁波的外来危害。用泡沫混凝土保温板直接建造墙体，其防电磁波能力更强。

8. 生态环保性

泡沫混凝土保温材料以水泥、粉煤灰、无机发泡剂等为主要原材料，不含任何有害物质，无毒无味，绿色环保，废弃后还可以循环再利用，不产生二次污染。因此，它是绿色保温材料。

第 2 章　胶凝材料及选用

2.1　胶凝材料概述

胶凝材料是泡沫混凝土的主体材料，也是泡沫混凝土强度的主要来源。其他材料都是围绕胶凝材料产生效能的。因此本章重点介绍胶凝材料。

2.1.1　概念与种类

1. 胶凝材料的概念

在工程材料领域，可将石子、砂等散粒状材料或砖石等块状材料经过一系列的物理、化学作用粘合成一个整体的材料，统称为胶凝材料。胶凝材料根据其化学成分，一般可分为无机胶凝材料和有机胶凝材料两大类。

2. 胶凝材料的种类

（1）无机胶凝材料

无机胶凝材料是胶凝材料的主要品种。目前，混凝土实际应用的，大多数均为无机胶凝材料。

无机胶凝材料按其硬化条件，可进一步分为气硬性胶凝材料和水硬性胶凝材料。气硬性胶凝材料只能在空气中即干燥条件下硬化，也只能在空气中保持或继续发展其强度，如石膏、石灰等。这类材料一般只适用于地上或干燥的环境中，而不宜用于潮湿的环境中，更不能用于水中。传统镁水泥（氯氧镁和硫氧镁）也属于气硬性材料。水硬性胶凝材料则不仅能在空气中，而且能更好地在水中硬化，保持和继续发展其强度，如各个系列的水泥。它们既适用于地上，也适用于地下或水下工程。

（2）有机凝胶材料

有机胶凝材料按其来源，又可进一步分为天然有机胶凝材料（沥青）和有机合成胶凝材料（合成高分子聚合物）。沥青胶凝材料主要用于配制轻质地砰砂浆，其具有防潮、防水、耐腐蚀、有弹性和韧性及较高强度等特点。合成高分子聚合物如环氧、不饱和聚酯树脂等均可配制成树脂胶泥和树脂砂浆用作防腐地坪工程。有机凝胶材料大多只用于特殊工程。

胶凝材料的分类如图 2-1 所示。

泡沫混凝土保温制品一般采用无机胶凝材料，其常用种类为通用水泥、新型高性能硅酸盐复合水泥、镁水泥、辅助胶凝材料，包括传统型品种和新开发品种。现在多采用传统型品种，今后可能会更多地采用新开发品种。

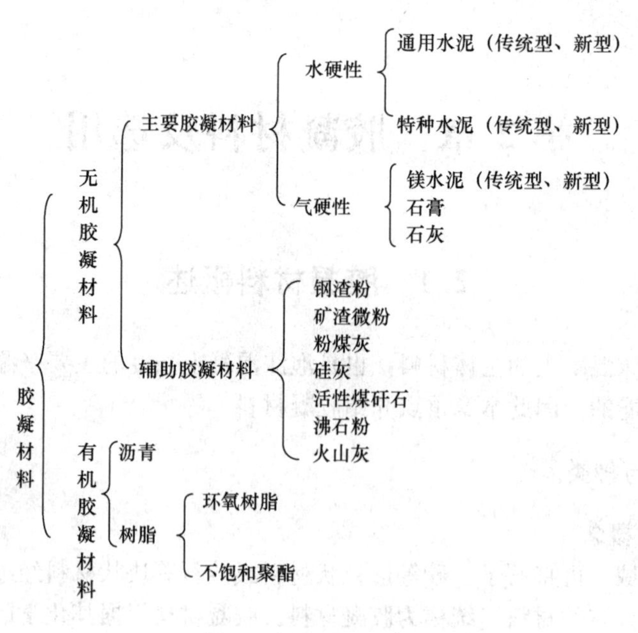

图 2-1　胶凝材料的分类

2.1.2　泡沫混凝土保温制品对胶凝材料的性能要求

1. 高强度

泡沫混凝土保温制品的一个基本技术特征就是低密度。以保温板为例，2011 年，各地企业的产品密度大多为 200～300kg/m³，而 2012 年，多数企业产品的密度已降至 160～200kg/m³。2013 年，不少企业的产品密度已降至 150kg/m³ 以下。密度的日益降低，将是泡沫混凝土保温板未来发展的基本走向。其他保温制品也会有这种态势。

泡沫混凝土保温制品的这一低密度发展趋向，是由建筑节能对保温材料的保温性能要求越来越高决定的。目前，建筑保温材料市场的竞争日益剧烈。与其他保温材料如岩棉板、真空绝热板、酚醛树脂等相比，泡沫混凝土的导热系数偏高，在竞争中处于不利地位。泡沫混凝土保温板的导热系数如果不降至 0.05W/(m·K) 以下，将对其应用规模和市场占有率产生严重影响。而导热系数的降低和保温性能的提高，只有通过降低密度来实现。泡沫混凝土的密度与导热系数虽然不是一个绝对的对应关系，但在多数情况下，是有一定对应关系的，即密度越低，导热系数越低，强度也越低。

要降低导热系数，就要降低产品的密度。根据上述的大致对应值范围，泡沫混凝土保温板未来的密度降至 150kg/m³ 以下，是必然的，也是必需的。

但随着泡沫混凝土密度的降低，其强度也随之下降。导热系数偏高，强度偏低，是目前泡沫混凝土保温制品推广应用的两大瓶颈。和其他无机多孔保温材料相比，泡沫混凝土保温板的强度明显偏低。表 2-1 是四种无机多孔保温材料的强度对比。

表 2-1　四种 250kg/m³ 无机多孔材料强度对比

材料名称	泡沫混凝土	泡沫玻璃	泡沫陶瓷	聚苯颗粒混凝土
抗压强度（MPa）	0.5～0.8	1.5～2.5	0.8～2.0	0.8～1.2

因此，从保证低密度、低导热系数的技术要求来看，提高泡沫混凝土强度是当务之急。强度问题不解决，其主导制品保温板达到超低导热系数［＜0.05W/(m·K)］就很难实现。

影响泡沫混凝土强度的因素，有工艺、设备、配比、原材料等，但原材料中的胶凝材料是最关键的一个因素。胶凝材料的强度高，泡沫混凝土保温板的强度就可以有效提高，为降低密度和导热系数提供条件。所以，高强度是泡沫混凝土保温制品对胶凝材料的第一要求，其强度越高越好。

在一般情况下，泡沫混凝土保温制品对胶凝材料的强度等级要求为：

（1）200～500kg/m^3 产品，胶凝材料抗压强度应大于 42.5MPa；

（2）150～190kg/m^3 产品，胶凝材料抗压强度应大于 52.5MPa；

（3）100～140kg/m^3 产品，胶凝材料抗压强度应大于 62.5MPa，最好大于 72.5 MPa。

（4）小于 100kg/m^3 的产品，胶凝材料的抗压强度值应大于 82.5MPa。

2. 快凝的要求

泡沫混凝土与普通混凝土胶凝体系的一个最大不同，就是它对凝结时间有一定的要求，即要求初凝时间及终凝时间均应短于普通混凝土。这实际上是对胶凝材料快凝快硬的要求。具体地讲，它要求胶凝材料具有快凝快硬性，即初凝时间在满足操作要求的情况下，应尽量小于 40min，终凝时间应尽量小于 3h。产品密度越低，要求凝结硬化越快。

泡沫混凝土在采用化学发泡时，发泡速度很快，快硬硫铝酸盐水泥，一般在加入双氧水等发泡剂后，几分钟就开始起泡，30min 就基本发泡结束。硅酸盐类水泥由于碱度高，发泡特快，一般 3～5s 就开始起泡，10min 左右就基本发泡结束。镁水泥与快硬硫铝酸盐水泥的发泡速度大体接近。

泡沫混凝土与加气混凝土有着相同的规律，即发泡速度应与凝结速度相一致。当发气速度与凝结速度不一致时就会引起塌模或发气不充分。也就是说，当发气速度快于凝结速度时，气已发完，而浆体还没有凝结到足以固定气泡的程度时，就会引起塌模；而当凝结速度快于发气速度时，当气体膨胀不足以克服浆体凝结形成的约束力，发泡就会不充分，即达不到应有的发泡体积，导致发泡失败。由于泡沫混凝土的发泡速度很快，因此，泡沫混凝土要求胶凝材料具有快凝性。目前，快硬硫铝酸盐水泥、镁水泥、专用快硬硅酸盐复合水泥可以满足这一要求。硅酸盐类六大通用水泥由于凝结慢，尚不能满足这一要求，即使加促凝剂，也难以满足凝结硬化的要求。不但增加了配合比的复杂性，而且增加了成本。所以，硅酸盐类水泥在这一方面存在很大的缺陷。用促凝剂来调整水泥的凝结时间，是一个弥补性且效果不佳的被动方案。胶凝材料本身具有快凝性，才是一个理想的主动方案。

表 2-2 是胶凝材料凝结时间对发泡稳定性的影响。试验采用了四种不同凝结速度的复合胶凝材料，其配合比及工艺条件相同。

表 2-2　胶凝材料凝结时间对发泡稳定性的影响

胶凝材料名称	复合水泥Ⅰ	复合水泥Ⅱ	复合水泥Ⅲ	复合水泥Ⅳ
初凝时间（min）	20	50	60	75
终凝时间（min）	45	70	145	155
发泡结束时间（min）	35	40	35	40
对发泡稳定性的影响	发气不足，不塌模	良好	微塌模	塌模

由上表可知，在发泡结束10～30min内胶凝材料能够终凝，则一般不引起塌模。若在发泡结束以后，胶凝材料长时间不凝结，已发起的气泡支撑不了浆体自重的挤压应力，就会造成塌模，导致浇注失败，造成废品，影响效益。因此，要求胶凝材料快凝是十分必要的。

3. 低碱度要求

这一要求主要针对化学发泡。

碱性物质是许多化学发泡剂的反应促进剂，可以加速其发气反应，缩短发气时间。因此，胶凝材料的发泡速度是与其碱含量成正比的，即含碱量越大，发泡速度越快，反应越迅猛。这就是硅酸盐类水泥高碱性导致发泡速度快、来不及操作的主要原因。

在各种胶凝材料中，硅酸盐类六大通用水泥，均含碱量较高。普通硅酸盐水泥的含碱量大多大于0.6%，所以，用其生产泡沫混凝土时发泡速度极快，给浇注带来很大的困难。它一般几秒钟就开始大量起泡，搅拌机卸浆都来不及。而快硬硫铝酸盐水泥、镁水泥等特种水泥由于碱含量略低，发气相对慢一些，但也仍然较快。

从向搅拌机中加入发泡剂，到混合均匀，再向模具内注浆浇注，从容的时间应该为2～5min，若起泡速度过快，会给混合发泡剂和浇注造成困难。因此，生产企业喜欢低碱性的胶凝材料，而不愿使用高碱性胶凝材料。

同时，过高的碱性带来的发泡速度过快，还会使发泡速度与胶凝材料的凝结速度不一致。如果发泡已经完全结束，而浆体却还没有凝结，气泡来不及被胶凝产物所固定，从而就会造成塌模。在实际生产中，由于发泡速度过快而造成的塌模现象，占有较大的生产事故比例。

因此，泡沫混凝土对胶凝材料有低碱性的要求，希望胶凝材料的碱性应低一些。从长远看，低碱度的要求还是要予以满足的。暂时无法满足的，也应该成为方向。

具体地讲，泡沫混凝土对现有各种胶凝材料的碱性要求如下：

(1) 硅酸盐类六大通用水泥碱含量≤0.6%；

(2) 快硬硫铝酸盐水泥pH值≤11；复合硫铝酸盐水泥pH值≤10.5；

(3) 镁水泥pH值≤9；

(4) 新型复合类硅酸盐水泥碱含量≤0.5%。

为适应这种低碱性的要求，在将来，硅酸盐类水泥针对化学发泡的泡沫混凝土，应重点研发低碱性水泥。其技术路线，一可以选择能够满足低碱性要求的石灰石等水泥原材料，降低其热料的碱度；二可以采用复合工艺降低水泥的碱度。笔者相信，随着泡沫混凝土生产规模的扩大，适应这一市场要求的低碱性硅酸盐水泥将来会出现，且可以满足泡沫混凝土生产的要求。

4. 低热要求

低热是指较低的水化热。

低热对泡沫混凝土的生产十分重要。众所周知，泡沫混凝土尤其是300kg/m^{3}以下的低密度泡沫混凝土导热系数很低，保温性极强。这就使制品的水化热很难向外散放，内部温升快且极易集中，最高温升可达100℃左右，尤其当成型体积较大时。过高的内部温升会加大坯体内外温差，内部热胀应力大，而外部热胀应力小，从而使坯体在热应力差的作用下，发生不同程度的热裂。

胶凝材料的水化热有较大的差别，表2-3是几种常用胶凝材料的水化热。

表 2-3　常用胶凝材料的水化热　(J/g)

普通硅酸盐水泥	矿渣硅酸盐水泥	火山灰水泥	快硬硫铝酸盐水泥	镁水泥
375～525	335～440	315～420	450～500	820～1400

为防止坯体热裂，泡沫混凝土所用的胶凝材料应具有低热性，在不影响其他工艺性能的情况下，应尽量低些。但由于受原料来源的限制，在当地或周边不可能找到完全符合低热要求的胶凝材料。所以，低热要求不能绝对化，进行硬性规定。在条件允许的情况下，其理想的水化热应控制在不大于 290J/g。若条件不允许，可适当放宽。

2.1.3　其他性能要求

除上述要求外，泡沫混凝土保温产品生产用胶凝材料，尚需满足其他一些技术要求。

1. 微膨胀性

泡沫混凝土后期易干缩开裂，为抵消其干缩，胶凝材料应具有一定的微膨胀性，尤其是中后期的微膨胀性。其自由膨胀率可控制为 28d 小于 0.3%，1d 大于 0.05%。

2. 热稳定性

其主要成分在高温下应具有较好的稳定性，300℃不分解，在 500℃左右强度不会大幅度下降。泡沫混凝土主要用于建筑保温，应有利于建筑防火，其制品在火灾中能够抵抗火场的高温，不致丧失了强度。

3. 抗碳化性

保温产品由于气孔多，二氧化碳易于沿孔隙进入制品。因而多孔材料比密实材料更易碳化。为防止制品过度碳化，胶凝材料的碳化系数应大于 0.8。这对于硫铝酸盐及镁质水泥尤其重要。

4. 耐水性

保温产品多用于外保温，受雨水及雾气的影响很大。如果制品不耐水，就会缩短使用寿命。因此要求其具有良好的耐水性。这一点，对气硬性胶凝材料异常关键。

2.1.4　传统胶凝材料的应用状况

目前，我国泡沫混凝土胶凝材料实际使用的品种主要有三个：普通硅酸盐水泥、快硬硫铝酸盐水泥、氯氧镁水泥。其中，普通硅酸盐水泥是通用水泥，快硬硫铝酸盐水泥和氯氧镁水泥为特种水泥。

上述三种水泥在我国泡沫混凝土中的应用分为三个时期。

2011 年以前，我国泡沫混凝土保温制品（以保温板为主），所使用的胶凝材料，基本以快硬硫铝酸盐水泥为主，占总应用量的 95%以上，其他胶凝材料应用很少，不足 5%。由于在 2011 年下半年，专家们提出硫铝酸盐泡沫混凝土不耐碳化，使其应用受到影响，从 2012 年开始，其应用量急剧下降，到 2013 年，其应用量已不足 10%。

2012～2013 年，基本以通用硅酸盐水泥为主。在通用硅酸盐水泥中，普通硅酸盐水泥应用最多，约占 65%，矿渣硅酸盐水泥和复合硅酸盐水泥也有应用，约占 35%。粉煤灰硅酸盐水泥及火山灰硅酸盐水泥由于强度发展慢，易引起塌模，应用较少。至今，普通硅酸盐水泥仍为泡沫混凝土生产的第一大胶凝材料。

2013年下半年开始，泡沫混凝土胶凝材料，进入了多元化应用时期。虽然普通硅酸盐水泥仍占据主导地位，但硫铝酸盐复合水泥、镁质复合水泥、聚合物复合水泥、改性硅酸盐复合水泥等新型水泥开始应用，促进了胶凝材料的高性能化。可以预见，未来的泡沫混凝土胶凝材料，一定是这种多元化、高性能化的应用和发展格局，而不会再维持普通硅酸盐水泥一统天下的局面。

2.1.5 既有胶凝材料对泡沫混凝土保温产品生产的不适应性

前述普通硅酸盐水泥、快硬硫铝酸盐水泥、氯氧镁水泥经近些年的应用，已发现它们存在许多性能上的缺陷，不适应泡沫混凝土保温产品的生产。其性能上的不适应性如下。

1. 强度低，满足不了泡沫混凝土强度要求

目前，通用硅酸盐类水泥和硫铝酸盐水泥的抗压强度，实际能应用于生产的，最高也只有50～60MPa，超过60MPa的市场上基本没有。而泡沫混凝土保温板要达到低密度时的强度要求，所使用的胶凝材料，其强度至少应大于70MPa。这一点，不论是硅酸盐通用水泥，还是快硬硫铝酸盐水泥，都很难达到。快硬硫铝酸盐水泥虽然也有72.5级、82.5级、92.5级的产品，但价格高，生产厂家少，难以成为应用主体。

2. 水化热高，热裂严重

前述三种水泥属于高水化热品种。在水化时放热容易集中，引起热裂。尤其是大体积浇筑和夏季生产，热裂极其严重。有些企业，由热裂造成的废品已达30%，基本无利润，甚至无法生产。这种情况已十分普遍，问题严重。

在三种水泥中，氯氧镁水泥的水化热为900～1400J/g，普通硅酸盐水泥为375～525J/g，快硬硫铝酸盐水泥的水化热为330～440J/g。如此高的水化热，浇注体积略大，就会造成热裂。

泡沫混凝土作为保温材料，其散热能力差，坯体中心极易造成水化热集中。大多数机械化生产企业，模具体积都比较大。自动化生产线，为提高生产效率，模具均较大，更易引发水化热在坯体中心过度集中，加剧热裂。因此，从泡沫混凝土的特点和自动化生产的发展方向看，解决水化热造成热裂，是最主要的技术问题之一。解决这一问题的主要技术瓶颈，可能就是胶凝材料的高水化热。

3. 含碱量高，发泡速度过快，工艺控制难度大

目前，我国泡沫混凝土保温制品的生产，为提高强度，大多采用化学发泡，物理发泡的应用很少。而化学发泡剂大多采用双氧水。由于碱是双氧水的分解促进剂，水泥的含碱量越大，双氧水的分解就越猛烈，发泡就越快。普通硅酸盐水泥3～5min就基本发泡过半，快硬硫铝酸盐水泥5～8min也基本发泡过半。其加入发泡剂后的搅拌时间一般只有5～10s，否则就会发生泡沫浆体溢桶事故，这给实际工艺控制造成了极大困难，尤其是自动生产线，工艺控制难度更大。

普通硅酸盐水泥和快硬硫铝酸盐水泥，是目前泡沫混凝土保温产品应用最广泛的胶凝材料，占总应用量的95%以上。而它们的含碱量均较高，若以pH值来反映它们的碱性，普通硅酸盐水泥的pH值大于14，快硬硫铝酸盐水泥大于11，这是它们发泡速度迅猛的主要原因。所以，如何使胶凝材料低碱化，也是当务之急。

4. 普通硅酸盐水泥凝结硬化慢，模具循环周期长

现在，大多数企业使用的均是42.5级或52.5级普通硅酸盐水泥，少数企业使用42.5级复合硅酸盐水泥和矿渣硅酸盐水泥。这些水泥共同的缺陷，都是凝结硬化时间长，即使加促凝剂和升温，也必须24h脱模和切割。不加促凝剂，在气温较低时，36h也不能切割。尤其是150kg/m^3以下的低密度产品，没48h是难以脱模切割的。这不但大量增加模具和场地，而且难以实现连续浇注和脱模切割，给自动化生产线设下了障碍，使生产效率降低好几倍。作为最大宗的胶凝材料，这一缺陷已影响了泡沫混凝土保温制品产业的技术进步。

5. 氯氧镁水泥弊病多，用于实际生产技术难度大

十多年来，我国的氯氧镁发泡制品专利达100多项，各项技术成果也层出不穷。但是，至今都没有一项氯氧镁发泡专利或研发成果真正规模化生产和应用。其根本原因，就是氯氧镁材料的返卤、变形、泛霜、不耐水四大弊病难以在实际生产中得以有效控制。所以，虽然氯氧镁水泥强度高达80～140MPa，又有快凝快硬、低碱性、轻质等一系列优点，也无法用于泡沫混凝土的实际生产。近年，不少企业尝试生产氯氧镁泡沫混凝土保温制品，产品难以突破技术关，最终都没有形成生产规模。

6. 硫铝酸盐水泥不耐碳化

硫铝酸盐水泥快凝快硬，发泡速度低于硅酸盐类水泥，因而受到企业欢迎，至今仍有一些企业在应用。但是，在前几年的应用实践中，硫铝酸盐泡沫混凝土的不耐碳化缺陷有一定显现，一些企业的产品表面出现了松脆发酥或粉化，使工程界为之担忧，因而近两年的应用受到影响。

2.1.6　胶凝材料技术创新的必要性与紧迫性

传统胶凝材料不适应泡沫混凝土转型升级的要求，技术创新是唯一出路。

目前，泡沫混凝土保温产品最难突破的，是其低密度（150～500kg/ m^3）与强度（抗压、抗拉）的矛盾，保证了强度就降不下来密度，降下来密度又难以保证强度。这一切的核心，就是如何保证在降低了密度和导热系数的情况下，又能保证使用强度。所以，密度、导热系数、强度这三大性能中，强度是决定性因素。有了强度，密度和导热系数就迎刃而解。也可以说，强度是泡沫混凝土首先要解决的第一技术问题。

泡沫混凝土强度的影响因素很多，诸如工艺、设备、配合比、原材料、环境条件等。但是，影响最大的因素，是胶凝材料。胶凝材料的性能，在很大程度上也就决定了泡沫混凝土保温产品强度性能的高低。要想生产高性能的泡沫混凝土，首先就要有高性能的胶凝材料。显然，现有的各种胶凝材料都无法满足泡沫混凝土保温产品的生产。在这种情况下，要实现泡沫混凝土产业的转型升级，就必须大胆技术创新，开发和推广应用各种新型胶凝材料，奠定泡沫混凝土技术升级的原材料基础。其具体思路如下。

1. 优化三大胶凝材料，全面提高其性能

（1）有条件的企业，应与当地通用水泥、镁水泥、快硬硫铝酸盐水泥三大胶凝材料生产厂家合作，对现有胶凝材料实行技术改进，共同开发，使其在不改变生产厂家主体设备，不增加大量投资的情况下，优化原材料配方、工艺，提高性能，成为高性能材料。

（2）不能实现与胶凝材料生产厂家合作开发时，则应该自行开发改进现有的胶凝材料。具体技术方案是采用复合工艺，对现有胶凝材料进行改进升级。可以在现有保温制品生产线上，配备一套粉磨机组，自行粉磨胶凝材料。在粉磨过程中进行复合改性。其熟料可以从胶凝材料厂购入，自己不生产。小企业也可以不粉磨，只增加一台混合机，购入现有的粉状原材料混合改型。

2. 研发新的胶凝材料

我国以水泥为主体的胶凝材料，正处于升级换代的预备期，其更新换代已是必然。中国建筑材料联合会已决定研发我国第二代水泥，并成立了研发机构，进入了实际研发阶段。可以预见，数年之后，我国水泥将会出现第二代产品，这是大趋势。

有条件研发的企业，应走在上述趋势前面，大力研发新型胶凝材料，从根本上解决现有胶凝材料的不足。在研发中，借鉴已有的研发成果，将会大幅度提高研发速度，快出成果。

2.2 镁质碱式盐5·1·7复合水泥

2.2.1 开发与应用状况

镁质碱式盐5·1·7复合水泥，简称为“5·1·7镁水泥”。这种2013年在我国出现的新型镁水泥，在泡沫混凝土行业具有良好的应用前景。在未来，很有希望成为几个主要胶凝材料类型之一。

1. 传统镁水泥存在的问题

镁水泥又名镁质水泥，邓德华教授于2005年又将其命名为“镁质碱式盐”。其实际应用的主要品种为氯氧镁和硫氧镁。其中，氯氧镁约占90%以上。

众所周知，以氯氧镁和硫氧镁为代表的镁水泥是我国除通用水泥之外的较大水泥种类之一。其中氯氧镁水泥在我国建材行业应用已达50多年，其高强、快硬、低碱、轻质、耐火等一系列优异性能，让人爱之不及，使许多企业乐于使用，但其返卤、变形、怕水、泛霜等一系列致命弊病，又让人惧怕和担心，使许多企业不敢使用。多年来出现的大量工程问题，使许多地方主管部门不支持其应用，甚至北京、天津等多个省区将其列入限制使用的黑名单。为解决镁水泥应用中出现的问题，笔者作为镁水泥行业的科技人员之一，也为之忧心。为了改变镁水泥的状况，笔者于2006年出版了专著《镁水泥改性与制品生产实用技术》，成为镁水泥行业的第一部应用技术专著。许多企业都把这本书作为技术培训教材，发挥了一定的技改作用。但是至今，镁水泥的弊端依然没有根本性的消除。因为许多技术措施，习惯于粗放生产的企业在生产中是难以做到的。镁水泥各种弊端，仍是其应用最大的障碍。

2. 5·1·7新型镁水泥的研发状况

为克服氯氧镁水泥的弊端，近年，我国又出现了硫氧镁水泥。它以硫酸镁取代氯化镁，解决了镁水泥因氯离子引发的返卤问题。但它使镁水泥的强度下降1～2倍，且镁水泥不耐水、变形、泛霜三大问题仍然不能解决，依旧存在。它事实上仍然不能从根本上改变镁水泥的不良性能。

值得我们兴奋的是，镁水泥的弊端终于在2013年找到了一个根除的技术途径。2013年7月，中科院青海盐湖研究所宣布，他们与德国马普固体物理实验室合作，成功解析了镁水泥新型水化产物物相的晶体结构。这一晶体结构既不是氯氧镁的5·1·8和3·1·8相，也不是硫氧镁的5·1·3和4·1·7相，而是5·1·7相。这一5·1·7相，在国际无机晶体数据库从来没有，完全是一种新的晶体结构。目前，有关该物相的晶体学数据，已经进入国际无机晶体数据库，其晶体结构已在《美国陶瓷学报》上发表。这一新型晶体将彻底改变镁水泥的性能，使镁水泥不变形、不返卤、不怕水、不泛霜，从根本上清除了其各种弊端，而保留了其高强、快硬、低碱、轻质的优异性能。这一重大技术突破，将翻开镁水泥应用的崭新一页。

5·1·7晶体结构是通过改变硫氧镁水泥的配合比、外加剂、生产工艺所获得的新晶相。这一晶相在10多年前，就已经被我国许多镁水泥专家在研究中发现。但由于从已有晶体数据库中找不到数据资料，难以确定其晶相种类。这一次的重大解析，对镁水泥高性能化指明了技术路线，加快其发展。

5·1·7晶体物相为一种层状结构，以镁氧八面体为骨架，以硫酸根为填充离子。它的主要特点是力学性能及表面耐久性优异，具有很高的稳定性。而传统氯氧镁水泥、硫氧镁水泥的5·1·8晶相和5·1·3晶相等都不具有水中稳定性，所以氯氧镁水泥只有力学性能而不具备耐久性。5·1·7镁水泥力学性能与耐久性兼具，就有了广阔的应用前景。

我国最早发现5·1·7晶相的是邓德华教授。早在2005年前所进行的实验中，他发现了镁水泥形成了一种未知晶体。之后，阮焆正教授和赵直等人，也在实验中发现了类似晶相，他们均将这一生成物称为未知晶相。虽然近10多年来，发现这一晶相者不少，但最终将其破解的是余红发教授领导的青海盐湖所研究团队，他们为新型镁水泥的正式问世做出了卓越的贡献。

5·1·7镁水泥还没有一个正式的名称。目前，有人仍称为硫氧镁水泥，有人称之为改性硫氧镁水泥或新型硫氧镁水泥。余红发教授在其最近发表的论文中，将这种以5·1·7晶相为主的镁水泥称之为“碱式盐硫酸镁水泥”，笔者认为较为合适，赞成以此命名。

笔者从事镁水泥研究和泡沫混凝土研究都已经几十年，一直想把两种材料揉合为一体，利用镁水泥的高强快硬以及低碱轻质的特性，提高泡沫混凝土的性能，弥补其不足。应该说，这是一个很好的技术方案。但氯氧镁及硫氧镁等传统镁水泥的缺陷，使这一技术方案难以实施。如今，根据已经确定的5·1·7晶相结构原理，笔者通过大量验证试验，已经基本确定了实现5·1·7晶相结构的较佳工艺方案，并成功研制出5·1·7镁水泥泡沫混凝土A级保温板、保温砌块、保温墙板等一系列新产品。2014年初，本工艺技术已应用于工业化生产，完成了从理论到产业化应用的转换，为5·1·7水泥的规模化推广创造了条件。5·1·7水泥仍然以氧化镁为主料，但不使用氯化镁为调和剂，再无返卤之忧。它只需通过复合工艺，与多种水泥、辅料、外加剂复合使用，就可以实现新型晶相结构的稳定形成。

2.2.2　碱式盐硫酸镁质水泥的特点

1. 高强度

它的强度与氯氧镁水泥相当，甚至超过了氯氧镁水泥，比硫氧镁水泥高出1～2倍。在一般情况下，它的强度可达40～60MPa，在外加剂及工艺合理的情况下，其强度最高可达110MPa，是通用硅酸盐水泥的1倍以上。

2. 高耐水

它既有气硬胶凝材料的特点，在空气中保持很高的稳定性，而且兼有水硬性胶凝材料的特点，在水中也可以保持普通硅酸盐水泥那样的水硬性。因此，它是迄今为止，唯一的一种两性胶凝材料。经水中浸泡试验，两个月后，其软化系数仍可达到0.98。在工艺合理的情况下，在水中浸泡后，其强度不但不降低，反而会有所增长，软化系数最高可达1.12，从根本上克服了镁质水泥怕水的缺点。

3. 快凝快硬

碱式盐硫酸镁水泥是典型的“双快”水泥，即快凝快硬。其凝结硬化速度与快硬硫铝酸盐水泥不相上下，初凝时间不大于45min，终凝时间不大于3h。如果调整工艺参数，还可以进一步缩短。这一点，它与传统的氯氧镁水泥基本相当，保持了原有镁水泥的凝结硬化特性。

4. 低碱性

碱式盐硫酸镁水泥比传统的低碱度的快硬硫铝酸盐水泥的碱度还要低一些。其pH值一般为8.5～9.2，而快硬硫铝酸盐水泥为10～11。这一点，它也保留了传统镁水泥的特性，开阔了其应用范围。

5. 轻质性

传统的六大通用硅酸盐水泥，其粉体松散堆积密度为1250kg/m^{3}左右，而碱式盐硫酸镁水泥粉体的松散堆积密度却只有950kg/m^3，每立方米比通用水泥低了将近300kg。因此，它具有材料本身的轻质性。镁水泥本来就属于轻质水泥，碱式盐硫酸镁水泥也具有镁水泥的共同特点。

6. 良好热稳定性

碱式盐硫酸镁水泥的热稳定性不但高于快硬硫铝酸盐水泥，也高于普通硅酸盐水泥，仅次于铝酸盐水泥。因此，它具有耐火特性。

快硬硫铝酸盐水泥的热分解温度为150℃，在300℃时已失去了大部分强度，丧失了使用性能。而碱式盐硫酸镁水泥在78℃仍能保持大部分强度，失重仅30%左右，其使用温度可达780℃，是优异的防火耐火材料。

7. 优异的抗冻融性

一般水泥制品抗冻融只能达到15～50次循环，泡沫混凝土30次循环就较难达到。而碱式盐硫酸镁水泥秉承了镁质碱式水泥的优点，其抗冻融一般可达80次循环，最高可达100次循环。因此，其制品可用于气候条件十分恶劣的严寒及高寒地区。

8. 突出的粘结性能

碱式盐硫酸镁水泥浆像氯氧镁水泥浆那样，粘结性强，对各种无机物和有机物都具有良好的粘结力。这为它与其他材料的复合创造了条件。

2.2.3 碱式盐硫酸镁水泥用于泡沫混凝土保温制品生产的优势

1. 有利于泡沫混凝土实现低密度、低导热

碱式盐硫酸镁水泥强度高，可以降低保温制品的密度和导热系数，又由于它的粘结力强，可与聚苯颗粒很好地复合，因此，可以生产泡沫混凝土聚苯颗粒保温制产品，这更有利于导热系数的降低。利用这一特性，已生产出密度100～130kg/m^3，导热系数0.030～0.048W/(m·K)的泡沫混凝土复合保温板。

2. 有利于保证泡沫混凝土的强度

由于碱式盐硫酸镁水泥胶结能力强，强度好，在降低制品密度后，仍可以保证其使用强度，解决了密度与强度的矛盾，尤其是解决了泡沫混凝土抗拉强度偏低的不足。

3. 有利于控制泡沫混凝土的发泡速度

发泡速度过快，一直是硅酸盐泡沫混凝土的一个不足，为实际生产中的工艺控制造成了不少困扰。碱式盐硫酸镁水泥的碱性低，发泡速度较慢，这对于泡沫混凝土保温制品生产的工艺控制提供了许多方便，有利于生产操作。

4. 有利于扩大保温制品的品种

碱式盐硫酸镁水泥耐高温，粘结力强，低碱性有利于采用玻纤增强。利用这一特点可开发许多复合型新产品、耐高温制品、超轻质产品等。这对扩大泡沫混凝土保温产品的应用领域，具有很大的好处。

5. 有利于泡沫混凝土在严寒地区的应用

由于严寒地区对保温制品的抗冻融性要求严格，一般要达到 50 次循环以上。而目前泡沫混凝土很难达到这一要求。因此，至今泡沫混凝土在严寒地区的应用遇到了很大的阻力，其抗冻融满足不了 50 次冻融是其原因之一。如今，利用碱式盐硫酸镁水泥的高抗冻融性，完全可以生产出高抗冻融产品。这为泡沫混凝土在严寒地区的应用创造了条件。

6. 有利于模具周转，降低投资，提高生产效率

普通硅酸盐水泥硬化慢，脱模周期长，加大了模具数量和投资，并且降低了产量。利用碱式盐硫酸镁水泥快凝快硬的特点，可以缩短模具循环周期，降低模具数量，提高生产线的产量，对自动生产线尤其有利。

7. 有利于控制热裂，降低废品率

氯氧镁水泥的水化热很高，泡沫混凝土保温制品生产过程中坯体内部温升可达 80～120℃，使坯体严重热裂，废品率很高。普通硅酸盐水泥和硫铝酸盐水泥也有类似的缺陷，而碱式盐硫酸镁水泥水化热较低，其泡沫混凝土保温制品生产过程中，其制品内部水化温升一般为 50～60℃，不易造成热裂，有利于提高成品率，解决了泡沫混凝土保温产品生产的难题。

2.2.4　5·1·7 水泥主体原料氧化镁的活性控制

镁质碱式盐水泥无论是氯氧镁、硫氧镁，还是碱式盐硫酸镁水泥，其主体原料均是氧化镁。因此，原材料的质量控制，主要是对氧化镁活性的控制。氧化镁的活性对碱式盐硫酸镁水泥的性能影响最大。

1. 氧化镁的活性含量

氧化镁的活性与氧化镁的活性含量，绝不是同一个概念。二者有相关性，但其含义却完全不同，不能相混淆。

氧化镁的活性是表示它的水化能力高低，不是一个直观的百分含量，不代表活性氧化镁含量的多少。

氧化镁的活性含量是指轻烧镁粉（即轻烧氧化镁）中活性氧化镁的含量，即有效氧化镁的含量。它是活性氧化镁所占比例在轻烧镁粉中的反映。氧化镁的活性含量代表轻烧镁粉的质量，是购买轻烧镁粉和镁水泥配比设计时的重要技术参数。没有氧化镁的活性含量，镁水泥的摩尔配比就没法设计，也无法在生产中配料。镁水泥的生产，从某种意义上讲，就是建立在氧化镁活性含量之上的。

2. 全镁和活性氧化镁的区别

在日常生产中，许多生产者往往把全镁和活性氧化镁混为一谈，当成一个相同的概念，分不清全镁和活性镁，误把全镁当做配料的依据，而不是把活性镁当作配料的依据。这是许多制品改性不成功，问题多的原因之一。

（1）全镁。全镁是指轻烧镁粉中各种镁化合物中镁的总含量，它包括活性氧化镁、死烧氧化镁（烧结后无活性的氧化镁）、氢氧化镁、未分解的碳酸镁四部分。这些镁在化验时均可成为镁的有效成分而显示出来，但它并不能代表轻烧镁粉中活性氧化镁的有效成分，其中死烧氧化镁、未分解的碳酸镁均不能参与水化反应，氢氧化镁也只能在一定条件下才有少量被水化结晶，大部分仍以游离态存在于反应体系中，当它随水泛到制品表面，则会造成泛霜。在全镁中，起水化作用的镁只有活性氧化镁，它只是全镁的一部分，它在全镁中占的比例越大，制品的性能才越好。

（2）全镁与活性氧化镁的区别。全镁与活性氧化镁的区别，就在于全镁是轻烧镁粉中有效镁和无效镁的总含量，而活性氧化镁则是轻烧镁粉中有效镁的含量。只有活性氧化镁才能决定制品的强度和性能，全镁则不能决定制品的性能。

所以在配比化验时，不能把化验出的全镁作为配料依据，而只能以活性氧化镁的含量作依据。轻烧镁粉中的全镁组成如图 2-2 所示。

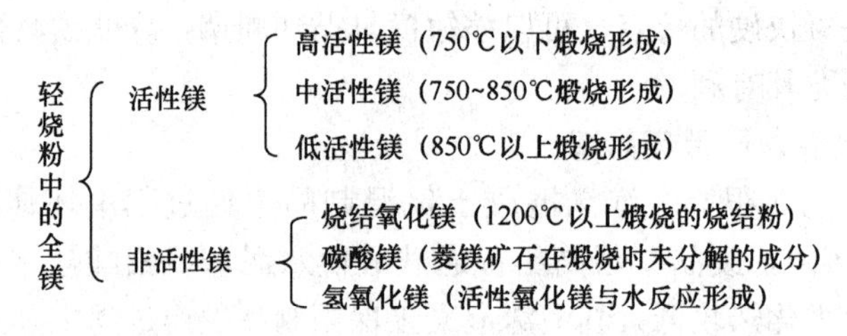

图 2-2　轻烧镁粉中的全镁组成

3. 氧化镁活性的影响因素

轻烧镁粉中氧化镁活性含量高低，有着各种各样的影响因素，并不是哪一个单方面因素的影响。现对其主要影响因素分析如下。

（1）原矿中 $MgCO_3$ 含量。活性氧化镁是菱镁矿石中 $MgCO_3$ 在高温下分解而成，所以 $MgCO_3$ 就是活性氧化镁形成的物质基础。原矿中的 $MgCO_3$ 含量越高，在适宜温度下（750～850℃）分解所形成的活性氧化镁含量就越高。原矿中 $MgCO_3$ 含量和轻烧镁粉烧成后的活性氧化镁含量，在一般情况下成正比。

（2）煅烧温度的影响。这是影响氧化镁活性含量最主要的因素。煅烧温度决定氧化镁的活性。煅烧温度低于 400℃，氧化镁的活性含量很低。当煅烧温度在 400～900℃范围内，活性氧化镁含量最高。当煅烧温度大于 900℃时，氧化镁被烧结，活性含量下降。

（3）匀化程度的影响。轻烧镁粉在煅烧之后，炉中不同部位的煅烧料的煅烧程度是不同的，特别是立窑。在窑的边部，往往温度低，煅烧程度差，未分解的 $MgCO_3$ 含量高，活性氧化镁含量低。在窑的中部，则恰恰相反。另外，由于不同批次的菱镁矿石品位不同，每一窑的煅烧料的氧化镁含量也不同，甚至每一窑不同批次的进料也不同。这就造成煅烧后的煅烧料的质量和活性氧化镁含量的差异，有时，这种差异还相当大。

（4）包装的影响。轻烧氧化镁在粉磨后的包装方式对其活性含量也有重大的影响。如果不采用内衬塑料袋密封包装，就会在储运存放过程中造成活性氧化镁含量大幅下降。下降的原因有两个。

① 活性氧化镁受潮转化为氢氧化镁。如包装袋不密封，高温煅烧的氧化镁因十分干燥而极易吸潮，在吸潮后与水作用生成 $Mg(OH)_2$，大量的活性氧化镁转化为氢氧化镁，使活性氧化镁的含量下降。

② 活性氧化镁转化为碳酸镁。在包装袋密封不好的情况下，活性氧化镁无法隔绝空气。这样，空气中的 CO_2 就会和活性氧化镁作用生成 $MgCO_3$。$MgCO_3$ 没有活性，其生成量越大，轻烧氧化镁活性越低。

(5) 存放时间的影响。在轻烧镁粉中，活性氧化镁的含量不是一个固定不变的恒定值，而是一个动态变化值。这是氧化镁很重要的一个特点。

我们平常接触到的大多数化工产品，其有效含量都是相对恒定而变化很小的。如三级纯碱的有效 Na_2CO_3 含量为 98.0%，出厂是这个值，过了几个月，仍然是这个值，基本不会有明显的变化。轻烧氧化镁则不然。它从煅烧窑卸出之后，在整个加工过程、销售存放、生产存放中，一直都在动态的变化。例如在粉磨加工时，它的活性氧化镁有效含量为 65%，在化工商店销售时，可能已只有 60%，在制品厂家使用时，或许还不到 55%。出厂时间越长，活性氧化镁的有效含量就越低，有时会低到没有使用价值，使轻烧镁粉没法再用。轻烧镁粉在存放中活性降低的规律大约是：一个月约降低 20%，两个月约降低 35%，三个月约降低 45%，半年约降低 60%以上。存放一年以上的轻烧氧化镁，其活性含量仅为 20%以下，基本已没有使用价值。一些专家在相对湿度 70%～80%，室温 15～22℃的条件下进行较精确的轻烧氧化镁的活性含量测定，结果如下：25 天 61.3%，40 天 54.0%，60 天 43.0%，80 天 39.0%，这进一步表明，氧化镁的活性含量随存放时间而降低。

存放时间影响其活性含量的原因和上述包装的影响相同，均为活性氧化镁在存放中吸潮转化为 $Mg(OH)_2$ 或碳化转化为 $MgCO_3$。

(6) 存放环境的影响。轻烧氧化镁极易受潮吸湿，产生水化反应转化为氢氧化镁。所以，它所存放的环境湿度越大，就吸潮越严重，转化为氢氧化镁的量就越大，活性下降也越大。相对干燥的存放环境，可以使其活性含量降低的幅度减小。

4. 氧化镁活性的检测方法

氧化镁的活性检测方法很多，分物理方法与化学方法两大类。物理方法的原理是建立在活性氧化镁高比表面积及高吸附理论基础之上的，其活性用被吸附物质的数量来表示，如比表面积法（氮吸附法）、碘吸附法、平均晶粒度测定法等。其优点是简便易行，缺点是准确性略差。化学方法是建立在氧化镁反应能力、反应速率、反应水化热等与其水化反应有关的原理之上的。其代表方法有加水水合法、水汽水合动力学法、柠檬酸反应动力学法、水合速率常数法、热分析动力学法、Cl^- 浓度变化法等。其中，化学方法最为常用。而化学方法中，加水水合法是各地最习惯采用的方法。近年，青海盐湖研究所余红发教授又将其改进完善，使之更为先进和科学，检测准确度提高。这里，重点介绍这一最新的加水水合法，其具体方法如下：

准确称量 2.0g（精确至 0.0001g）轻烧氧化镁试样，置于 ϕ40mm×25mm 的玻璃称量瓶中，加入 15mL 的蒸馏水，盖上盖子并稍留一条小缝，放入烘箱中于 100～110℃水化 6h，然后升温至 150℃，在此温度下烘干 3h 至恒重，然后取出在干燥器中冷却至室温，称量。

按式（2-1）算出试样中的活性 MgO 含量。

$$W = \frac{W_2 - W_1}{0.45W_1} \times 100\% \tag{2-1}$$

式中 W——轻烧镁粉中活性 MgO 的含量（%）；

W_1——轻烧镁粉试样的质量（g）；

W_2——轻烧镁粉试样水化后的质量（g）；

0.45——换算系数，H_2O 与 MgO 的分子量比值。

2.2.5 5·1·7水泥中氧化镁的技术要求

5·1·7水泥在高性能泡沫混凝土中对氧化镁的技术要求见表2-3。

表2-3 高性能泡沫混凝土对5·1·7镁水泥中氧化镁的技术要求

MgO 含量	活性 MgO 含量	游离 CaO 含量	细度	初凝	终凝	28d 抗压	28d 抗折
≥85%	≥65%	≤1.5%	180～200 目	≤45min	≤4h	≥52.5MPa	≥10MPa

（以上技术要求参考《菱镁制品用轻烧氧化镁》WB/T 1019—2002）。

2.3 新型复合硅酸盐泡沫混凝土专用水泥

2.3.1 技术原理

这一新的水泥品种，是2013年初，由笔者率先在国内研发并推出的一种硅酸盐类水泥。它是为解决现有以普通硅酸盐水泥为代表的通用硅酸盐水泥存在的硬化慢、碱度大、水化热高、强度低等不足，开发出的适合泡沫混凝土技术要求的特种专用水泥。它与传统七大通用水泥相比，最大的优点就是硬化快、低碱性、水化热低、强度高，更加符合泡沫混凝土保温制品生产的工艺特点。

笔者研发这一水泥利用的是复合原理和外加剂改性原理。

硅酸盐类通用水泥本来就有复合水泥品种。但本产品与传统的复合硅酸盐水泥有较大的不同。传统复合硅酸盐水泥的定义是：凡是由硅酸盐水泥熟料、两种或两种以上规定的混合材料，适量石膏磨细制成的水硬性胶凝材料，称为复合硅酸盐水泥（简称复合水泥），代号P·C。水泥混合材料总掺量（质量分数）应大于15%，但不超过50%。另外，其标准允许加入不超过水泥质量1%的助磨剂。而这种复合泡沫混凝土专用水泥则是由多种水泥熟料（或水泥）、多种混合材料、多种辅助材料、多种外加剂复合，是一种成分更为复杂的新型水泥。其优质性能的形成，还需要通过工艺优化调整，才能更好地实现，而不只是简单地材料复合。而工艺的调整还涉及粉磨混合等关键设备的进步，即这种水泥是通过材料复合、工艺优化调整、设备技术升级三者配合而实现的。它可以采用现有的优质熟料，通过特种工艺混磨或混合活化，就可以实现。所以，它不必建设熟料生产线，只需要一套先进的粉磨或混合活化设备就可以生产，具有简便易行的特点。因此，这种水泥完全可以由泡沫混凝土保温制品生产厂家自行生产。具体实施，可以在保温板生产线上配置一套水泥粉磨（或混合活化）设备即可。

2013年，笔者指导阳泉华通公司建材分公司水泥厂，建设了一套这种水泥的生产装置，已用于保温制品的实际生产，其后，辽宁摩立特新型建筑材料有限公司，也根据这一技术路线，研发生产了这种专用水泥。推广应用这种水泥，对泡沫混凝土保温制品的生产是很有好处的，有广阔的应用前景。

2.3.2 性能特点

泡沫混凝土专用水泥集中了各种常规水泥的优点，而最大限度地避免了它们的缺点，从而实现了高性能化。它的主要性能特点如下：

1. 高强度

专用水泥的抗压强度3d可达35MPa，28d强度大于65MPa，最高可达70MPa；抗折强度3d大于6.0MPa，28d强度大于9.0MPa。其强度大于各种通用水泥和大多数特种水泥，比强度最高的Ⅰ型硅酸盐水泥还要高，接近镁水泥。

2. 快凝

专用水泥的初凝时间小于45min，终凝时间小于90min，凝结速度快于各种通用水泥，仅次于快硬硫铝酸盐水泥和镁水泥。

3. 早强

专用水泥的3d抗压强度可达35MPa以上，7d抗压强度可达50MPa以上，早期强度发展快于各种早强型通用水泥。

4. 后强

专用水泥不但早强，而且后强。其28d以后，强度持续发展，6个月后可达75MPa以上，1年以后可达80MPa以上，以后仍继续增长，时间越长，强度越高。

5. 低热

专用水泥的水化热低于普通硅酸盐水泥和硅酸盐水泥，普通硅酸盐水泥的水化热为375～525J/g，矿渣水泥为355～440J/g，火山灰水泥为315～420J/g，专用水泥为280～310J/g。因此，专用水泥不易水化热集中。

6. 低碱

专用水泥属于低碱水泥。按国家通用水泥的相关标准，含碱量≤0.6%即为低碱水泥。专用水泥的含碱量≤0.5%，是目前碱度最低的硅酸盐类水泥品种。

7. 干缩小

专用本水泥有一定的微膨胀，可抵消部分干缩，因此它的干缩值小于一般通用水泥，尤其是小于矿渣水泥。

8. 抗碳化

专用水泥的抗碳化系数大于0.9，优于快硬硫铝酸盐水泥，不存在碳化性问题。

9. 需水量较大

专用水泥的不足之一是需水量较大，约比一般通用水泥大5%～10%。因此，制浆时的水灰比也较大。

10. 活性高、反应快

活性高既是优点，也是缺点。由于其水化活性高，水化速度快，有利于实现早强、快凝、反应充分。但同时，高活性也使它与双氧水的反应速度也快，使发泡速度难以降低到满意的程度。

11. 不耐储存，吸潮性强

这也是它的不足。在储存过程中，它比一般水泥更易吸收空气中的水汽，产生水化反应而失效，储存期相对于通用水泥短一些。一般的存放期不应超过1个月。

2.3.3 在保温制品生产中应用的优势

由于专用水泥有以上八个优点，所以它在泡沫混凝土保温制品的生产中，具有很多优势，不足则少得多，且均为次要因素，无碍其广泛应用。

1. 快凝早强有利于稳定和脱模

泡沫混凝土保温制品密度低，发泡剂加量大，反应剧烈，易引起塌模，其浇注稳定性相对较差。因而它要求水泥应快凝早强，在起泡后尽快将泡孔固定。专用水泥具有快凝性，不加促凝剂也可有效固定气孔，可解决浇注稳定性问题。另外它快凝快硬有利于缩短模具循环周期，加快模具周转，降低了投资，减少了模具静停占地面积，并使切割时间提前。

2. 后期强度持续增长保证了保温制品的使用性能

泡沫混凝土由于密度低，许多社会人士担心它的服役长期性能。专用水泥在28d后强度持续发展，多年后仍会增长。这无疑是强化了它的后期及长期使用性能，耐用性有了足够的保障，可以放心使用。

3. 低热性可防止制品热裂

热裂是目前泡沫混凝土保温制品生产中存在的问题之一。它是由于水泥的水化热较大造成的。专用水泥的水化热低于各种通用水泥，可以防止水化热过度集中，降低放热峰值。从使用实际效果看，降低了废品率，热裂问题基本解决。

4. 低碱度有利延缓发泡速度

碱是双氧水等发泡剂的促进剂，会加快发泡。因而高碱度是硅酸盐水泥的主要缺点之一。专用水泥的碱度比通用水泥低，在一定程度上延缓了发泡，方便了操作，也有利于发泡稳定性。

5. 干缩小于通用水泥，可降低干裂

干裂是泡沫混凝土保温制品生产中的第二大技术难题。专用水泥的微膨胀性可降低干缩值，减少干裂，提高成品率。

6. 抗碳化性强，有利于提高制品的耐用性

专用水泥由于碳化系数大于0.9，所以克服了硫铝酸盐水泥的缺点，既快硬又耐碳化，可打消使用者的顾虑，有利于开拓市场。

2.3.4 复合专用水泥的一些不足在使用中的弥补方案

专用水泥有很多优点，但也存在不足。如何克服其不足，要引起重视。现就其三个不足在使用中的弥补方案，提示如下。

1. 需水量大的问题

需水量大会降低强度、增加了游离水蒸发后形成的毛细孔数量，加大了后期干缩。虽专用水泥有一定的膨胀性，但干缩量随需水量的提高，可削弱膨胀抗缩效用。因此，降低其需水量是必要的技术手段。其措施为：

（1）增加粉煤灰的用量，粉煤灰有减水作用；

(2) 使用高效减水剂与粉煤灰协同。减水剂的加入量应大于0.5%，一般0.5%～1.0%。

2. 活性高，发泡反应快的问题

活性高虽促进了水化反应，赋予其快凝快硬的优点，但却同时也加快了发泡反应速度，抵消了一部分因低碱性延缓的发泡速度。这可以通过加入一定量的缓泡剂来解决。不同的配合比应选用不同的缓泡剂。

3. 易吸潮，不耐储存问题

解决的技术措施有两个：

(1) 一次进货量不要太大，少进勤进。每次进货以一个月内用完为原则。不要长期存放，这很容易做到。

(2) 购回后应防潮保存。只要防潮措施到位，不影响使用效果。严防无覆盖保存和露天存放。

2.3.5　复合专用水泥的生产

复合硅酸盐专用水泥目前普及应用的最大障碍，是就近生产与供应的问题。目前，让水泥厂生产这种专用水泥还不现实。因为，现在的水泥厂生产规模均很大，日产水泥熟料都达几千吨甚至上万吨。而泡沫混凝土保温制品作为新兴产业，还形不成在水泥厂周边区域的水泥消耗能力。如果需求量上不去，水泥厂是不肯生产这种专用水泥的。因此，目前比较现实的方法是，由发泡水泥行业内有一定能力的企业，自行组织生产，以自用为主，兼以供应周边企业。这不但便于小批量生产，也便于实施。其生产工艺及设备如下。

1. 粉磨混合法

主要设备：高细球磨机、选粉机、除尘机、混合机、储罐。

生产工艺：将外购水泥熟料（或水泥）、辅料、混合材等，分别粉磨，然后再经计量配料，进入混合机，混合为成品。

2. 粉磨法

主要设备：高细球磨机、除尘机及储罐。

生产工艺：将各物料混合粉磨或先将熟料磨细，再加入其他物料混合粉磨为成品。

3. 混合法

主要设备：具有活化功能的高效混合机及储罐（或包装机）。

生产工艺：将各物料加入混合机，混合均匀即可。

上述三种工艺中，第一种方法效果最好，其次为第二种，第三种方法效果略差，但最为简单，小企业更易实施。有经济能力的，建议采用第一种或第二种方法。采用第一、二种方法，可以外购水泥熟料，进行再加工。采用第二、三种方法，也可以直接外购水泥复合。

2.4　通用水泥的选用和改性

用于泡沫混凝土生产的传统水泥主要为七大通用水泥。七大通用水泥均属于硅酸盐系列，包括硅酸盐水泥、普通硅酸盐水泥、矿渣硅酸盐水泥、粉煤灰硅酸盐水泥、火山灰硅酸盐水泥、复合硅酸盐水泥、石灰石硅酸盐水泥。虽然通用水泥由于各自性能上的不足，难以满足泡沫混凝土的技术要求，但是从现阶段的实际出发，由于新型水泥供应不足，且人们对其应用技术的学习掌握还需要一个过程，不能完全普及，所以通用水泥还有相当规模的应用比例。即使将来新型水泥大量普及，作为方便易得的通用水泥也还仍然具有较大的应用量。因此，在介绍推荐新型水泥的同时，也有必要对通用水泥的选择和使用做一介绍，以满足仍将使用通用水泥的企业。

2.4.1 七大通用水泥的不同技术特点

通用水泥原只有六种，近年，石灰石硅酸盐水泥的生产和应用也日益增多，已成为不可忽视的品种，笔者因此将其归入通用水泥，并称为七大通用水泥。

七大通用水泥的共同点，均是以硅酸盐水泥熟料为基础，加入一定量的混合材和石膏，粉磨而成。它们之间的不同，主要是熟料种类、混合材种类和掺量、石膏的种类和掺量有一定不同而已。随着这些不同，其性能也不同，呈现不同的特点。

1. 七大通用水泥的材料组成特点

七大通用水泥材料组成见表 2-4。

表 2-4 七大通用水泥材料组成一览表

品种	代号	组分（质量分数,%）				
		熟料＋石膏	粒化高炉矿渣	火山灰质混合材料	粉煤灰	石灰石
硅酸盐水泥	P·Ⅰ	100	—	—	—	—
	P·Ⅱ	≥95	≤5	—	—	—
		≥95	—	—	—	≤5
普通硅酸盐水泥	P·O	≥80 且<95	>5 且≤20			
矿渣硅酸盐水泥	P·S·A	≥50 且<80	>20 且≤50	—	—	—
	P·S·B	≥30 且<50	>50 且≤70	—	—	—
火山灰质硅酸盐水泥	P·P	≥60 且<80	—	>20 且≤40	—	—
粉煤灰硅酸盐水泥	P·F	≥60 且<80	—	—	>20 且≤40	—
复合硅酸盐水泥	P·C	≥50 且<80	>20 且≤50			
石灰石硅酸盐水泥	P·L	≥50 且<80	—	—	—	>10 且≤20

表 2-4 中，七大通用水泥熟料采用的是硅酸盐水泥熟料。其主要矿物成分为硅酸三钙 50%～60%，硅酸二钙 20%左右，铝酸三钙和铁铝酸四钙 22%左右，其他矿物成分约 3%左右。其中，发挥胶凝强度作用的，主要是硅酸三钙，其次是硅酸二钙。而影响水化初期强度的，主要是铝酸三钙，它水化速度最快。其次是硅酸三钙，再其次是硅酸二钙。水化最慢的是硅酸二钙，它对后期强度影响较大。表中代号字母含义，分别为：P 为“波特兰（火山灰)”，O 为“普通”，S 为“矿渣”，F 为“粉煤灰”，L 为“石灰石”，C 为“复合”的英文词首。

2. 七大通用水泥的强度指标

我国原来执行的通用水泥标准为 1999 年颁布的与国际标准接轨的 GB 175—1999、GB

1344—1999 和 GB 12958—1999。2007 年颁布实施的 GB 175—2007，则把上述三个标准合并，同时进行了较大修改。新标准将通用水泥分为三类六大品种，即硅酸盐水泥为一类，普通硅酸盐水泥为一类，大掺量混合材的水泥为一类（包括矿渣硅酸盐水泥、火山灰硅酸盐水泥、粉煤灰硅酸盐水泥、复合硅酸盐水泥四个品种）。这一标准没有包括近年开始生产应用的石灰石硅酸盐水泥。由于石灰石硅酸盐水泥的混合材掺量达 20%，所以笔者将之归类于大掺量混合材水泥一类。

表 2-5 为不同等级的通用硅酸盐水泥，其不同龄期的强度指标。

表 2-5　不同等级通用水泥的强度指标

品种	强度等级	抗压强度		抗折强度	
		3d	28d	3d	28d
硅酸盐水泥	42.5	≥17.0	≥42.5	≥3.5	≥6.5
	42.5R	≥22.0		≥4.0	
	52.5	≥23.0	≥52.5	≥4.0	≥7.0
	52.5R	≥27.0		≥5.0	
	62.5	≥28.0	≥62.5	≥5.0	≥8.0
	62.5R	≥32.0		≥5.5	
普通硅酸盐水泥	42.5	≥17.0	≥42.5	≥3.5	≥6.5
	42.5R	≥22.0		≥4.0	
	52.5	≥23.0	≥52.5	≥4.0	≥7.0
	52.5R	≥27.0		≥5.0	
矿渣硅酸盐水泥、火山灰硅酸盐水泥、粉煤灰硅酸盐水泥、复合硅酸盐水泥、石灰石硅酸盐水泥	32.5	≥10.0	≥32.5	≥2.5	≥5.5
	32.5R	≥15.0		≥3.5	
	42.5	≥15.0	≥42.5	≥3.5	≥6.5
	42.5R	≥19.0		≥4.0	
	52.5	≥21.0	≥52.5	≥4.0	≥7.0
	52.5R	≥23.0		≥4.5	

3. 七大水泥的特性

七大水泥的特性见表 2-6。

表 2-6　七大水泥的特性

水泥名称	优势	不足
硅酸盐水泥	（1）强度等级高； （2）快硬、早强； （3）抗冻性好，耐磨性和不透水性强	（1）水化热高； （2）抗水性差； （3）耐蚀性差
普通硅酸盐水泥	与硅酸盐水泥相比无根本区别，但有所改变： （1）早期强度增进率略有减少； （2）抗冻性、耐磨性稍有下降； （3）低温凝结时间有所延长； （4）抗硫酸盐侵蚀能力有所增强	

续表

水泥名称	优势	不足
矿渣硅酸盐水泥	(1) 水化热低； (2) 抗硫酸盐侵蚀性好； (3) 蒸汽养护有较好的效果； (4) 耐热性比普通硅酸盐水泥高	(1) 早期强度低，后期强度增进率大； (2) 保水性差； (3) 抗冻性差
火山灰硅酸盐水泥	(1) 保水性好； (2) 水化热低； (3) 抗硫酸盐侵蚀能力强	(1) 早期强度低，后期强度增进率大； (2) 需水量大，干缩率大； (3) 抗冻性差
粉煤灰硅酸盐水泥	与火山灰硅酸盐水泥相比： (1) 水化热低； (2) 抗硫酸盐侵蚀能力强； (3) 后期强度发展高； (4) 保水性好； (5) 需水量及干缩率较小； (6) 抗裂性较好	(1) 早期强度增进率比矿渣水泥还低； (2) 其余同火山灰水泥
复合硅酸盐水泥	(1) 水化热低，不易热裂； (2) 制品耐久性好； (3) 抗干缩优于矿渣水泥、粉煤灰水泥； (4) 价格低	(1) 早期强度发展略慢； (2) 成分复杂
石灰石硅酸盐水泥	(1) 性能类似普通硅酸盐水泥； (2) 和易性好，需水量小； (3) 抗渗性、抗冻融性好； (4) 耐硫酸盐侵蚀	(1) 干缩略大于普通水泥； (2) 后期强度略低

2.4.2 七大通用水泥的选择原则

(1) 熟料在水泥中的比例应尽量高一些。因为熟料含量越高，其产品强度越高，凝结硬化越快，可以更好地满足泡沫混凝土生产中快凝快硬的要求和强度要求。一般不要选择低熟料比例的水泥。

(2) 应选择混合材品种少一些的水泥品种。混合材品种越多，其成分越复杂，对化学发泡的影响因素也越多，工艺也越不易控制。

(3) 应选择细度更好一些的水泥。水泥高细，可以更好地水化，其水化产物更多，强度及其他性能更有保证。水泥细度按比表面积最好大于 $350m^2/kg$。

(4) 在选择水泥时，应注意生产厂家原料的稳定性，尤其是混合材的稳定与助磨剂的稳定。如果厂家今天使用这一处的矿渣或粉煤灰，明天又换了另一处，或其助磨剂也老是换供应商，就会引起水泥成分的变化。水泥成分不稳定，就会造成泡沫混凝土生产时刚把配方调好，水泥的变化，使之又得重新调整。水泥不稳定，生产就难以稳定。为什么在生产中会出现水泥的牌号没变，而发泡总是不稳定，其中一个原因是水泥厂的原材料的变化。

(5) 刚制成不久（少于 7d）的水泥不能选用。因为出磨不久的水泥温度很高，使发泡速度很快甚至速凝。

（6）在水泥强度等级相同时，应尽量选择富余强度等级高的水泥。不同厂家的水泥，其富余强度有一定的差别。以 42.5 级水泥为例，有些水泥厂的水泥实际强度可达 49MPa，而有的水泥厂只有 44MPa，两者会相差 5MPa，但都是 42.5 级水泥。富余强度等级越高，泡沫混凝土保温产品的强度就越好。

（7）应尽量选择低碱、低热、凝结硬化速度更快的水泥。在同等强度时，应优先选择低碱、低热水泥和初凝及终凝时间相对短些的水泥。

（8）水泥的强度等级选择，要尽可能高些。建议选用 52.5 级。42.5 级水泥强度偏低，不建议在生产超低密度（$<150kg/m^3$）产品时使用。若生产 $200kg/m^3$ 以上密度产品，且产品厚度较大的，42.5 级也可考虑。而 32.5 级一般不可选用。

（9）在对脱模周期要求较短，或气温较低时，应选用早强型水泥，即有 R 符号的水泥。如 42.5R、52.5R 的水泥。R 是早强水泥的标准符号。

2.4.3　七大通用水泥的具体选用

1. 硅酸盐水泥的选用及改性技术措施

硅酸盐水泥应是泡沫混凝土保温产品生产时，对通用水泥的第一选择。硅酸盐水泥熟料比例最高（95%～96%），基本以熟料为主，混合材掺入量很少，P·I 型不掺混合材。因此，它具有高强、快凝两大突出优势，可以满足泡沫混凝土对强度及凝结硬化时间的要求。其水化热高且放热速度快的缺陷，可通过降低水温，加大粉煤灰或石灰石粉等填充料的掺量来调节。粉煤灰是最佳选择。要选用比表面积大于 $800m^2/kg$ 的超细品。它既降低水化热且延缓放热速率，又不影响强度及凝结的时间。如果只考虑强度，而不过度追求凝结时间，可以加入缓凝剂。

缓凝剂加量：焦磷酸钠 0.1%～0.2%，加入时应选做适应性试验，对发泡无影响时再使用。有影响时，可更换缓凝剂品种。

2. 普通硅酸盐水泥的选用及改性技术措施

普通硅酸盐水泥应是泡沫混凝土的第二选择，除了硅酸盐水泥，它应该是最佳的选择。它目前产量最大，最为方便易得，且强度等级相对略高，有 52.5 级的品种。它的熟料比例非常高，仅次于硅酸盐水泥，达 80%～81%，所以综合性能较好。从强度、凝结时间、制品的性能、成本等全面考虑，它可能是较好的选择。其不足是水化热较高，且放热速率也较快。它可以通过外掺高细粉煤灰来解决。其凝结速度达不到泡沫混凝土的要求之缺陷，可以通过加入促凝剂来解决。笔者研发的 GH-60 超快促凝剂，初凝十余分钟，终凝几十分钟，可满足调节普通硅酸盐水泥凝结时间的要求，且不降低后期强度，应是理想的外加剂，可弥补普通硅酸盐水泥之不足。

3. 石灰石硅酸盐水泥的选用及改性技术措施

石灰石硅酸盐水泥应是第三选择。它的性能与普通硅酸盐水泥相似，但和易性、抗渗性、抗冻性等优于普通硅酸盐水泥。如果它的价格与普通硅酸盐水泥相差不大或较低时，也可以优先选用。但由于它的生产不普遍，许多地方无产品供应，所以不强调使用。

4. 矿渣硅酸盐水泥的选用及改性技术措施

矿渣硅酸盐水泥应是第四选择。它的突出优点是水化热低，产品不易热裂，而且热稳定性优于普通硅酸盐水泥。因此，当浇注体积较大，想防止热裂时，可优先考虑选用。当生产要求耐热较高的产品时，也可优先选用。但由于它凝结硬化慢，对稳泡不利，且泌水性强，浆体易分层，且抗冻性差，产品抗冻融不佳，所以不建议把它作为主导型水泥品种，只能作为备选品种。由于它的价格较低，方便易得，很多企业乐于使用。如果从降低热裂的角度考虑，一定要选用，其缺陷可用如下方法弥补。

（1）硬化慢，建议加入 GH-60 促凝剂；

（2）泌水强，建议加入保水剂，或 GH-61 保水性促凝剂；

（3）抗冻差，建议加入一定量的抗冻成分。

5. 复合硅酸盐水泥的选用及改性技术措施

复合硅酸盐水泥既可以是对通用水泥的第二、三选择，也可以是第四、五选择。这种水泥很难简单地评判其选择性偏优和偏劣。由于这种水泥的混合材可以有多种，多种混合材使其成分复杂化，且熟料又少（一般低于 50%），所以它的性能随厂家不同，差距较大。

当其熟料用量超多（大于 80%），混合材偏少且只有矿渣和粉煤灰时，其性能与普通硅酸盐水泥相似，且有时优于普通硅酸盐水泥，可作为第二选择或第三选择。

当其熟料用量趋少（小于 50%），混合材偏多偏复杂（三掺、四掺）时，其性能随混合材品种的不同而各异。此时，建议将其列为第四、五选择。

我国现已生产的复合水泥千差万别，主要品种已有几十个。由于它的混合材掺量高（一般大于 50%），所以价格便宜。有些品种还很好用，所以对它应区别对待，有针对性地试用。没有副作用，或其对发泡影响较小，就可以选用。如果对发泡影响较大，硬化又慢，可以不用。

在一般情况下，这种水泥水化热低，长期强度好，耐久性好，和易性和抗渗性也好，有很多优点。其不足是硬化慢（有些细度好且早强的硬化也不慢），对发泡的影响复杂。如果从成本和其优点考虑想使用这种水泥，其缺陷的克服也可采用下列方法：

（1）硬化慢，可采用早强剂或 GH-60 促凝剂；

（2）成分复杂，可采用试配的方法，找出适应它的配合比。试配可采用正交试验法。

为便于对复合水泥的了解，现将我国复合水泥的一些品种实例及其混合材掺入情况列于表 2-7 中。需说明的是，全国的复合水泥品种不止这些，各个企业均不相同，而是一厂一品。

表 2-7 我国复合水泥的品种举例

复合水泥品种		混合材料种类及配比（%）
含矿渣的复合水泥	矿渣、石灰石复合水泥	矿渣 23±3，石灰石 5～9，窑灰 3±1 矿渣 28，石灰石 12～15
	矿渣、煤矸石复合水泥	矿渣 25～27，煤矸石 8.5～12.5，窑灰 5 矿渣 15，煤矸石 15
	矿渣、磷渣复合水泥	矿渣<15，磷渣<25
	矿渣、沸石复合水泥	矿渣 25，沸石 10
	其他含矿渣的复合水泥	矿渣 20～25，电厂炉渣 15～20 矿渣、钢渣、粉煤灰、煤渣、页岩等

续表

复合水泥品种		混合材料种类及配比（%）
硅质渣、锌粉复合水泥		硅质渣 15，铁粉 10 硅质渣 10，铁粉 10
含粉煤灰的复合水泥	粉煤灰、磷渣复合水泥	粉煤灰 25，磷渣 25
	粉煤灰、煤渣复合水泥	粉煤灰 12.5～15，煤渣 12.5～15
	粉煤灰、锰钢渣复合水泥	粉煤灰，硅锰渣
烧黏土、废渣、石灰石复合水泥		烧黏土 12～16，废渣 5～10，石灰石 3～5
彩色复合水泥		矿渣、钢渣、石灰石、白色硅酸盐水泥熟料
煤矸石、液态渣复合水泥		煤矸石 15，液态渣 15 煤矸石 20，石灰石 5

6. 火山灰水泥及粉煤灰水泥的选用及改性技术措施

这两种水泥不建议选用。其性能一般不适合于生产泡沫混凝土。因为它们的熟料量低（一般低于 60%），火山灰及粉煤灰掺量大，且这两种混合材的水化活性低于矿渣，所以这两种水泥的早期强度低，强度发展慢。这一不足很不利于发泡。一方面会引起化学发泡塌模，物理发泡沉降，而且不利于模具周转，特别不利于自动化生产线。

但是这两种水泥水化热是七大水泥中最低的，不会形成热裂，尤其适合于大体积浇注。因此，在不考虑其他因素的情况下，在大体积浇注生产发泡制品时，也是可以选用的，其不足可以采用以下技术措施。

（1）硬化慢，可与快硬硫铝酸盐水泥复合使用，或者提高水温并加入促凝剂，浇注时的环境温度大于 30℃；

（2）火山灰水泥需水量大，可加入 0.5%～1%的减水剂来解决，并与需水性小的粉煤灰复合使用。其干缩大的缺陷可加入抗缩外加剂来解决；

（3）抗冻性差，可通过加入抗冻外加剂来解决。

2.5　快硬硫铝酸盐水泥选用及改性技术

2.5.1　简介

硫铝酸盐水泥是除硅酸盐类普通水泥之外的最大的特种水泥品种。它以适当成分的石灰石、铝矾土、石膏为原料，经 1300～1350℃的低温煅烧成以无水硫铝酸钙（$C_4A_3\overline{S}$）和硅酸二钙（C_2S）为主要矿物组成的熟料，再在熟料中掺加适量石膏和石灰石等，共同粉磨所制成的具有早强、快硬、低碱度等一系列优质性能的水硬性胶凝材料，称为快硬硫铝酸盐水泥，代号 R·SAC。

快硬硫铝酸盐水泥强度等级以 3d 抗压强度表示，分 42.5、52.5、62.5、72.5 四个等级。

硫铝酸盐的常用品种有四个：快硬硫铝酸盐水泥、低碱度硫铝酸盐水泥、自应力硫铝酸盐水泥复合硫铝酸盐水泥。其中，低碱度品种主要用于 GRC（玻纤增强水泥）制品的生产，其石膏及混合材掺量大，因而碱度低；而自应力品种主要用于自应力水泥压力管的生产，含有较大的膨胀应力成分。复合硫铝酸盐水泥以前生产和应用较少，只有企业标准。近年，由于其生产应用有所增加，2013年发布实施了JC/T 2152—2012建材行业标准，会促进其发展。在四个品种中，快硬硫铝酸盐水泥是最大的一个品种，主要用于隔墙板、电杆、低温工程等。自2011年用于泡沫混凝土保温板的生产以来，它曾一度成为泡沫混凝土保温板的主要胶凝材料。但由于后来发现它的发泡制品不耐碳化，自2012年起，在泡沫混凝土保温板的生产中应用比例急剧下降，目前仅占10%左右。其未来的应用能否广泛，取决于能否解决其碳化问题。

由于硫铝酸盐水泥的四个品种，快硬硫铝酸盐水泥最适合生产泡沫混凝土保温产品，其次是复合硫铝酸盐水泥。因此，本节将重点介绍快硬硫铝酸盐水泥，并在最后对复合硫铝酸盐水泥也略作介绍。

2.5.2 快硬硫铝酸盐水泥的性能

(1) 其熟料相对密度低于硅酸盐水泥，一般为2.87～2.92g/cm^3，其磨成水泥的相对密度也比硅酸盐水泥低得多。

(2) 它的水化产物主要为钙矾石、铝胶、铁胶等。

(3) 凝结快，初凝仅30～50min，终凝40～90min，初终凝时间之差比硅酸盐水泥短得多，是常用水泥中凝结硬化最快的品种。

(4) 水化热集中。硅酸盐水泥的水化热为375～525J/g，快硬硫铝酸盐水泥水化热450～500J/g。但快硬硫铝的盐水泥放热速度快，8～48h已大部分释放，水化热易集中。

(5) 低碱性。硅酸盐水泥的pH值大多大于14，而快硬硫铝酸盐水泥仅为11。

(6) 有一定的微膨胀性，其膨胀值28d自由膨胀率为0.05%～0.15%，因此它的制品干缩较小。

(7) 抗渗、抗冻等性能均优于硅酸盐水泥，抗腐蚀系数>0.9，但抗碳化性能较差，影响了它的耐久性。

(8) 与其他品种的硫铝酸盐水泥相比，它的熟料比例大，石膏较少，因而它的后期强度持续增长，不会像低碱度硫铝酸盐水泥出现那样强度倒退，具有良好的强度储备，半年后比28d强度增长14%。

(9) 快硬。其1d抗压强度可达28d的60%，3d可达28d的86%，3d的强度相当于硅酸盐水泥的88%。

(10) 耐热性较差。它的水化产物钙矾石含有32个结晶水，在150℃左右，一部分结晶水受热后脱离。因此，当其使用温度在150℃以上时，其强度会受到影响。但其结晶水的脱离与吸附是可逆的，在受热强度下降后，遇水仍会恢复。其他水泥没有这种强度恢复特性。

(11) 早期弹性模量与其强度同步增长，使其早期具备了较高的抵抗变形的能力，可以提前脱模，有利模具周转。

(12) 低温性能好。气温达－5℃时，也不必采用任何特殊措施，仍可以正常生产和施工。

2.5.3　快硬硫铝酸盐水泥的技术指标

快硬硫铝酸盐水泥原来与铁铝酸盐水泥单列为一个水泥品种，2003 年，颁布实施了《快硬硫铝酸盐水泥》（JC 933—2003）建材行业标准。2006 年，国家又将快硬硫铝酸盐水泥，低碱度硫铝酸盐水泥、自应力硫铝酸盐水泥统一纳入新的国家标准《硫铝酸盐水泥》（GB 20472—2006）。在这一新标准中，对快硬硫铝酸盐水泥按 42.5，52.5，62.5，72.5 四个强度级别，对其强度指标做出了新的规定。其规定见表 2-8。

表 2-8　快硬硫铝酸盐水泥的强度指标　（MPa）

强度等级	抗压强度			抗折强度		
	1d	3d	28d	1d	3d	28d
42.5	30.0	42.5	45.0	6.0	6.5	7.0
52.5	40.0	52.5	55.0	6.5	7.0	7.5
62.5	50.0	62.5	65.0	7.0	7.5	8.0
72.5	55.0	72.5	75.0	7.5	8.0	8.5

《硫铝酸盐水泥》（GB 20472—2006）对快硬硫铝酸盐水泥的比表面积、凝结时间，石灰石掺量等也做了新的规定。其规定见表 2-9。

表 2-9　快硬硫铝酸盐水泥物理性能及石灰石掺量

项　目		指　标
比表面积（m^2/kg）		350
凝结时间（min）	初凝，≤	25
	终凝，≥	180
石灰石掺加量（%），不大于		15

2.5.4　快硬硫铝酸盐水泥的化学成分、矿物成分

（1）快硬硫铝酸盐水泥的化学成分见表 2-10。

表 2-10　快硬硫铝酸盐水泥的化学成分

CaO	SiO_2	Al_2O_3	Fe_2O_3	SO_3
40%～44%	8%～12%	18%～22%	6%～10%	12%～16%

其矿物组成如见表 2-11。

表 2-11　快硬硫铝酸盐水泥的矿物组成

$C_4A_3\overline{S}$	β-C_2S	C_2F	$CaSO_4$
36%～44%	23%～34%	10%～17%	12%～17%

（2）快硬硫铝酸盐水泥的水化反应。

快硬硫铝酸盐水泥加水拌合后，$C_4A_3\overline{S}$和石膏立即水化生成水化铝酸钙。在外掺石膏量不同的情况下，$C_4A_3\overline{S}$的水化反应如下。

石膏较多时：$C_4A_3\overline{S}+2C\overline{S}H_2+36H=2AH_3+C_3A\cdot 3C\overline{S}H_{32}$

不掺石膏时：$C_4A_3\overline{S}+21H=3AH_3+C_3A\cdot 3C\overline{S}H_{12}$

石膏极少时：首先生成钙矾石，后来生成低硫型硫铝酸钙。

水泥中β～C_2S在低温煅烧（1250～1350℃）形成，活性较高，水化较快，能较早地生成C-S-H (I)凝胶。水泥的早期强度是由于早期形成大量的钙矾石，以及β-C_2S形成的C-S-H (I)胶凝体填充于水化硫铝酸钙的晶体骨架中，使硬化体有致密的结构，促进了强度的进一步提高，β-C_2S形成的C-S-H (I)保证了水泥后期强度的增长。

硫铝酸盐水泥凝结时间较快，初凝一般在8～60min，终凝在10～90min，初凝与终凝的时间间隔较短，一般相差半个小时。

该水泥早期强度发展快，后期强度发展缓慢，但不倒缩。

2.5.5 快硬硫铝酸盐水泥用于泡沫混凝土保温制品生产中的优势

我国泡沫混凝土保温制品的生产，是从使用快硬硫铝酸盐水泥开始的。在2005～2011年的6年中，全国各地的企业生产泡沫混凝土保温制品时，基本上大都是采用快硬硫铝酸盐水泥。它用于泡沫混凝土保温制品的生产，有许多的优点。

1. 凝结硬化快，便于模具周转

采用硅酸盐水泥，一般在加入大量促凝成分的情况下，仍需要12～24h才能达到脱模强度，不但增加了工艺及配合比的复杂性，而且提高了产品的成本。但若采用快硬硫铝酸盐水泥，在不需加入促凝促硬成分的情况下，也可以4～5h顺利脱模，有利于简化工艺及配方，且降低产品成本，加快模具周转。这是其最突出的优势。

2. 碱度低，发泡速度略慢，有利于工艺操作和稳泡

快硬硫铝酸盐水泥的液相碱度低，pH值只有10.5～11.5，低于硅酸盐水泥。因此它的发泡速度慢，在浆体浇注后才会慢慢起泡，全部完成发泡需要10～30min。所以采用快硬硫铝酸盐水泥在工艺上很有好处，便于操作，尤其适合大型生产线的生产。由于发泡慢，水泥的凝结速度与起泡速度更便于趋向一致，不因发泡快于水泥凝结速度而导致塌模，稳泡性能优于硅酸盐类水泥。

3. 低温性能好，对生产工艺条件要求不高

硅酸盐类水泥生产泡沫混凝土保温板，对生产条件要求较高，水温大多要高于30℃，对环境温度也要求大于25℃，在自然温度较低的月份就不能常温生产，每年的生产周期短（5～10月）。而快硬硫铝酸盐水泥由于低温性能好，一般不需要热水，对环境温度的要求也不像硅酸盐水泥那么严格，在较低温度的4月和11月，在我国的寒冷地区也可生产，延长了生产周期，降低了生产条件，为生产提供了较大的便利。

快硬硫铝酸盐水泥用于生产泡沫混凝土保温制品的优势，远不止上述三个方面，例如其抗冻性、抗缩性等性能上的优势，材料密度低于硅酸盐水泥的优势等。但是，让生产保温制品的企业选择它作为第一个用于保温板的水泥品种，且至今仍有一些企业仍喜欢使用它的主要因素，是上述三个方面的优势。

2.5.6 快硬硫铝酸盐水泥的一些不足

快硬硫铝酸盐水泥在泡沫混凝土保温制品的生产初期，虽因诸多优势而成为主导水泥品种，但随着它的一些不足显现，在 2011 年 10 月份之后，逐渐减少了用量。因此，它的这些不足不能被忽略。它的一些不足如下。

1. 耐碳化性能差，影响其耐久性

这是其被大多数生产厂家否定和摒弃的关键性因素。在 2005 年～2011 年 8 月，它的这一不足还没有被人发现。但随着它的应用量的扩大，在 2011 年中期，逐步被专家们在检测和工程应用中所发现。专家们提醒各生产企业注意这一不足可能对保温工程造成的隐患及不利影响。自此，这一水泥品种的缺陷逐渐被各地企业所认知，并逐步由它转向了硅酸盐水泥。就目前的生产实际来看，在技术控制不严格的情况下，制品若在生产后长时间堆放，表面就会出现粉化层。它的碳化速度虽较缓慢，在短期内表现不明显，但随着时间的延长，就会逐步明显。从工程的安全性及耐久性考虑，确实应予以重视。

2. 快凝快硬易引发热裂

快硬硫铝酸盐水泥由于凝结硬化速度快，因而在很短的时间内就释放了它的大部分水化热。当浇注体积较大时，其浇注体中心的温度仍可剧升到 80℃以上，引发水化热过度集中，造成坯体因内外温差过大而不同程度的热裂。有些虽肉眼观察不见裂纹，但其微细裂纹也会在坯体内部产生。当然，采用硅酸盐水泥，也会有热裂产生，但现对于快硬硫铝酸盐水泥，还是快硬硫铝酸盐水泥更易在同等条件下产生热应力集中，更易热裂。

3. 供应不普遍，采购不方便

目前，国内快硬硫铝酸盐水泥的生产企业较少，总计也只有几十家，且大多集中在唐山、河南郑州周边，其他散布于湖北孝感、山西阳泉、河北石家庄、山东淄博、广西横县等地，其他地区没有。这给其他地区的使用带来很大的不便，运费高昂。若全国都采用这种水泥生产泡沫混凝土保温制品，其年产一百万吨的产量根本无法满足供应。因此，将其作为主导性原料，满足供应是有困难的。

4. 价格高，保温制品的生产成本高

快硬硫铝酸盐水泥由于矿石价格高于硅酸盐水泥，再加生产厂家少，因而使它的价格较高，目前 42.5 级主导型产品，价格大约在 500～650 元/吨，远高于硅酸盐类水泥，而 72.5～92.5 级产品，价格每吨 1200～1800 元。这就使泡沫混凝土保温制品的生产成本上升，再加上过高的远途运输费，使其缺乏使用成本的竞争力。这也是不少企业放弃它的主要因素之一。

上述几个方面是它的主要不足，其他如耐热性差、后期及长期强度增进率低于硅酸盐水泥等不足，不再一一列数，是一些较次要的因素。

2.5.7 技术评价与选用

（1）快硬硫铝酸盐水泥既有许多优点，也存在许多不足。从工艺角度考虑，它肯定是理想的胶凝材料。但从产品耐久性与产品性能考虑，若没有配套的改性技术与产品质量控制技术，它就不是生产泡沫混凝土保温制品的理想胶凝材料，关键是选用时的着眼点。

（2）快硬硫铝酸盐水泥作为主体胶凝材料单独使用，会存在不耐碳化、水化热易集中、使用成本高等不足，但若采用与其他材料内掺复合与结构复合技术，可以解决或部分解决上述不足带来的一些问题，为其应用奠定技术基础。内外复合技术将在本书的后面有关章节专门介绍，在此不细述。因此，也不能简单地将硫铝酸盐水泥从泡沫混凝土保温制品的原材料领域排除或否定，那也是不科学的。用其长而避其短，依靠技术进步来克服其不足，才是正确的态度。

（3）快硬硫铝酸盐水泥生产厂家应当组织力量进行技术攻关，在有关专家的支持下对硫铝酸盐水泥进行性能优化，在不影响其快硬、低碱、低热、微膨胀等主要性能特点的情况下，研发和生产第二代快硬硫铝酸盐水泥，进一步提高其本身的抗碳化等性能，特别是研发更加适合于泡沫混凝土保温制品生产的快硬硫铝酸盐水泥品种。

（4）快硬硫铝酸盐水泥由于一些性能的缺陷，目前不是我国泡沫混凝土保温产品生产的主导性胶凝材料。但作为一种非主导性胶凝材料，也应该允许它在一定技术条件下使用。其在泡沫混凝土领域应用的广泛程度，取决于保温制品新产品的研发、外保温体系的完善、生产设备的改进、生产工艺的进步以及水泥本身的技术创新等一系列因素。总之，它作为一种泡沫混凝土保温产品使用的水泥品种，我们应当允许其使用。

2.5.8 快硬硫铝酸盐水泥改性措施

1. 关于硫铝酸盐的抗碳化性能

任何一种水泥都存在碳化的问题，其硬化结石体都会有不同程度的碳化，俗称风化。所以，碳化问题不是快硬硫铝酸盐水泥独有的现象。在一般情况下，高强度等级的水泥抗碳化性优于低强度等级的水泥，低掺合料水泥的抗碳化性优于高掺合料水泥。在七大通用水泥中，硅酸盐水泥最耐碳化，其次是普通硅酸盐水泥和石灰石硅酸盐水泥，矿渣水泥、粉煤灰水泥、火山灰水泥、复合水泥的抗碳化性能相对差一些。因此，碳化是水泥带有普遍性的共同问题，只是快硬硫铝酸盐水泥更突出一些而已。

快硬硫铝酸盐水泥的碳化原理与七大通用水泥有一定的不同。通用水泥混凝土当CO_2渗透到混凝土内部，与碱性物质起化学反应[主要是$Ca(OH)_2$]生成碳酸盐和水，使混凝土碱度降低的现象称为碳化。其碳化主要危害，是碱度降低使钢筋的保护能力削弱，引发锈蚀。而快硬硫铝酸盐水泥的碳化，则主要是由于快硬硫铝酸盐水泥属于低碱水泥，其水化液相的pH值较低。它的水化产物中的水化硅酸钙是低钙型水化硅酸钙C-S-H（I）。这种水化硅酸钙在空气中遇到二氧化碳会发生缓慢碳化，形成球状方解石。其主要危害是制品表面“起砂”、“掉粉”等粉化（即风化）现象的发生。这种现象在通用水泥中是较少出现的，因而才引起专家的关注。

需要说明的是，快硬硫铝酸盐水泥的这种碳化现象，是本来就有的。由于普通快硬硫铝酸盐混凝土制品的表面密实度较高，为了减轻碳化，在生产时又增加了增密压实等防碳化措施，同时，其碳化过程一般十分缓慢，因而平时这种现象不明显，不被人注意，也没有发生过工程事故。采用快硬硫铝酸盐建造的许多著名工程如南极长城站、北京长城饭店、国家海洋局大楼、北京香山饭店、沈阳电信大楼、佳木斯火车站等，已使用几十年，均没有发现任何混凝土粉化现象。这说明，快硬硫铝酸盐水泥的碳化现象不是大家想象的那么可怕，是比较轻微且可以预防控制的。若用抗压强度的降低表征碳化系数，那么，常规快硬硫铝酸盐水泥的碳化系数是较高的，一般在0.9以上。表2-12是快硬硫铝酸盐水泥常规混凝土的抗碳化性能。

表2-12　硫铝酸盐水泥的抗碳化性能

水泥及生产厂家	外加剂	W/C	碳化深度（mm）	碳化强度（MPa）	对比强度（MPa）	碳化系数
天津硫铝酸盐水泥	—	0.52	1.29	49.3	51.4	0.96
	ZB-1	0.40	0.98	64.5	69.4	0.93
冷水滩硫铝酸盐水泥	ZB-1	0.30	0.26	71.8	73.6	0.98

泡沫混凝土与常规混凝土相比，不论采用何种水泥，其碳化性能都会有一定的下降。因为，泡沫混凝土为多孔材料，其表面与二氧化碳接触的面积要大得多，而且由于大量联通孔和毛细孔的存在，二氧化碳也更容易进入材料内部，增加了泡沫混凝土碳化机会。也可以说，表面多孔，内部多连通孔和毛细孔，是泡沫混凝土抗碳化性能低于常规混凝土的主要原因。在这种情况下，若采用快硬硫铝酸盐水泥，生产企业又不懂防碳化措施，就会使其碳化能力差的问题更加凸显。如果我们的生产企业能够正确的认识并高度重视快硬硫铝酸盐水泥泡沫混凝土的碳化问题，并积极有效的采取措施预防碳化，我们认为，碳化问题是能够解决的。

2. 快硬硫铝酸盐水泥泡沫混凝土抗碳化技术措施

笔者经常被企业问及“快硬硫铝酸盐水泥到底能不能用于泡沫混凝土的生产”。我们的回答是：采取技术措施，使制品达到行业标准的抗碳化系数大于0.7，就可以使用。如果粗放生产，不愿采取抗碳化措施，就会有表面粉化的隐患，就不可以使用。目前，我们行业劣质竞争盛行，许多企业根本不可能下功夫去采取抗碳化措施。在这种情况下，还是慎用快硬硫铝酸盐水泥。如果企业有较强的品质意识，能够使防碳化措施落实到位，不出现产品的粉化隐患，快硬硫铝酸盐水泥还是可以用于泡沫混凝土生产的。能否使用的关键，还是企业本身。

我们生产的快硬硫铝酸盐水泥保温板，已留样观察3年，没有发现其表面有粉化现象，各方面性能依旧。这说明，只要技术控制到位，碳化问题是可以解决的。

下面，笔者将向大家提供一些快硬硫铝酸盐水泥在泡沫混凝土领域，科学合理的使用方法及防碳化改性措施，希望能使读者从中得到一些启发和帮助，使我们行业即能够使用这种水泥，又不至于发生工程事故。

（1）减少快硬硫铝酸盐水泥的配比量

① 与硅酸盐水泥复合使用

一般，快硬硫铝酸盐水泥不可单独使用来生产泡沫混凝土，应该复合少量普通硅酸盐水泥、矿渣硅酸盐水泥、粉煤灰硅酸盐水泥、石灰石硅酸盐水泥。这些水泥的抗碳化性能好，复合这些水泥，不但可以提高强度，而且可提高抗碳化性能。通用水泥的掺量，一般为15％～20％。掺入过多，会降低产品性能。

② 与超细石灰石、石英粉等复合使用

这些掺合料既可以降低水化热，又可以提高产品的抗碳化性能。这些掺合料越细越好，最好超细。它们不但本身具有抗碳化性，而且填充堵塞毛细孔或连通孔，减少二氧化碳通道，从而提高抗碳化性能。上述各种活性或非活性掺合料的掺入量应控制为10％～30％，过量则会影响其强度，尤其是早期强度。

（2）减少连通孔和毛细孔

二氧化碳是通过孔隙，进入制品内部，侵害材料的。因此，减少连通孔和毛细孔，就可以减少二氧化碳的侵入量，从而降低碳化。

① 内掺或外喷聚合物乳液

聚合物可以包覆保护水化生成物，减少其与二氧化碳接触的机会。既可以将聚合物内掺，也可以在制品表面喷涂，其成膜后可阻止二氧化碳的侵蚀。其内掺量为水泥的0.2%～1.0%，外喷量为0.1～0.2kg/m²。

② 提高闭孔率

毛细孔和连通孔是二氧化碳向制品内部入侵的重要通道。如果提高了闭孔率，二氧化碳就难以进入制品内部，进而降低了其碳化危害。还可以通过采用优质稳泡剂及改进发泡工艺来实现。

（3）封闭制品表面，隔绝二氧化碳

这一技术措施是最有效的一个方法。具体做法，就是采取复合工艺，在制品的表面复合一层密实材料。可以在制品的正面复合，也可以在正面、反面双面复合。当然，最好采用五面、六面复合密实保护层，隔绝二氧化碳，降低其碳化几率。其中，以六面包覆复合最为理想，即把制品完全包覆起来，使之不与二氧化碳充分接触。这是最为有效的防碳化措施。其面层既可以采用3～5mm的硅酸钙板，也可以采用聚合物水泥轻集料混凝土，以及铝塑板、铝箔等。这一措施可以与表面装饰结合进行。

（4）成品不长期存放，减少碳化机会

一般应在养护28d后立即使用，不可长时间堆存。施工之后，表面应及时进行粉刷和装饰施工，用砂浆或装饰层来保护基体，减少其碳化。实践证明，存放期越长，其表面碳化越严重。在一个月之内，表面碳化基本没有影响，若几个月甚至一年以上存放，表面碳化就会明显形成。

（5）加强早期保湿养护，让制品充分水化

水泥制品水化越充分，其水化产物越多，对孔隙的填充率就越高，产品的密实度就越高，抗碳化能力就越强。因此，必须对产品在硬化脱模后，加强保湿洒水养护，或保持养护室相对湿度大于85%。事实证明，这是硫铝酸盐水泥制品最有效的抗碳化措施之一。之所以许多产品碳化比较严重，就是早期养护不到位。三天之内的养护，尤其重要。

快硬硫铝酸盐泡沫混凝土保温制品的抗碳化措施，单用其中任何一种均不理想，在实际生产中，应多措并举，尽量多采取几种措施，才会有更满意的效果。

2.5.9 复合硫铝酸盐水泥

1. 简介

复合硫铝酸盐水泥，有的生产厂家又称之为“改性硫铝酸盐水泥”。这种水泥是近几年逐渐推广起来的新的硫铝酸盐水泥品种。这种水泥自20世纪末期就开始研发，并于21世纪初有了一定的生产和应用，年产销量12～20万吨，主要集中在河北的唐山地区。最初它主要加入石灰石、粒化高炉矿渣，对硫铝酸盐水泥改性，液相碱度较高，pH值可达到11.2～11.6，因此对钢筋无腐蚀，用于生产钢筋混凝土排水管。当时，其石灰石、粒化高炉矿渣的掺量小于 20%。近年，这种水泥的复合技术有了很大的进步，复合改性的目的也有了很大的不同。其原来的目的是增加液相碱度，保护钢筋。近年，其复合技术偏重于提高混合材的掺加量，其最高已达 40%，相当于原来的一倍。另外，混合材的品种也由原来的石灰石，粒化高炉矿渣，扩大到粉煤灰、火山灰质混合材，砂岩等。最重要的是复合改性的目的由原来的提高液相碱度而保护钢筋，变为降低生产成本，提高水泥后期强度，增强水泥的耐久性，提高水泥的低碳性和绿色化程度。无疑，这是一个正确的方面。预计其将会有良好的发展前景。

早年，这种水泥只有企业标准。近年，随着其生产和应用规模的不断扩大，2012 年 12 月，国家工业和信息化部发布了建材行业标准《复合硫铝酸盐水泥》（JC/T 2152—2012）。这一标准的颁布实施，无疑会推动它的发展。

2. 概念

以硫铝酸盐水泥熟料和适量石膏，非活性混合材料及活性混合材料制成的水硬性胶凝材料，称为复合硫铝酸盐水泥，代号 CSAC。其非活性混合材料是指活性指标分别低于 GB/T 203、GB/T 18046、GB/T 1596 和 GB/T 2847 标准要求的粒化高炉矿渣、粒化高炉矿渣粉、粉煤灰、火山灰质混合材料、石灰石和砂岩。其活性混合材料是指符合 GB/T 18046 标准要求的粒化高炉矿渣、粒化高炉矿渣粉、粉煤灰、火山灰质混合材料。在复合硫铝酸盐水泥的组分中，熟料加石膏的质量分数＞60 且≤85，非活性混合材料加活性混合材料的质量分数＞15 且≤40。

3. 技术性能

（1）凝结时间：初凝不小于 25min，终凝不大于 180min。当用户有要求时，可协商确定。

（2）强度等级：本水泥分为 32.5、42.5、52.5 三个强度等级。

（3）细度：用 45μm 筛筛余表示，不大于 25%。

（4）碱度：当用户要求低碱度时，水泥加水后 1h 的 pH 值应不大于 10.5。

（5）28d 自由膨胀率：当用户要求低碱度时，水泥 28d 自由膨胀率为 0～0.15%。

（6）强度：各强度等级水泥的强度应不低于表 2-13 的数值。

表 2-13　复合硫铝酸盐水泥各强度等级水泥的强度数值　(MPa)

级别	抗压强度			抗折强度		
	1d	3d	28d	1d	3d	28d
32.5	25.0	32.5	35.0	4.5	5.5	6.0
42.5	30.0	42.5	45.0	5.0	6.0	6.5
52.5	40.0	52.5	55.0	5.5	6.5	7.0

4. 主要技术特点

（1）既有快硬性，又有耐久性

本水泥保留了快硬硫铝酸盐水泥的快硬性，其初凝及终凝时间，基本与快硬硫铝酸盐水泥相同。由于它掺用了大量的活性混合材料，大幅度提高了水泥的长期强度稳定性与抗碳化性能，克服了硫铝酸盐水泥普遍后期强度较差、长期稳定性不如硅酸盐水泥等不足，全面改善了硫铝酸盐水泥的性能。

（2）使用成本较低

快硬硫铝酸盐水泥的一个最大不足，就是它以铝矿石为主料，所以生产成本高，售价及使用成本也高。目前，42.5级快硬硫铝酸盐水泥的出厂价高达600～700元/吨，几乎是42.5级普通硅酸盐水泥的一倍。再加之生产厂家少，运距远，运费高，使用成本很高。这是硫铝酸盐水泥不能广泛应用的主要因素之一。而复合硫铝酸盐水泥由于掺用了最高40%的混合材料，熟料用量大幅下降，所以生产成本也相应下降了1/3～1/4。这为其低价进入市场创造了条件，有利于扩大应用规模。

（3）水化热低，产品不易热裂

快硬硫铝酸盐水泥在应用时的不足，是水化热高，快硬导致水化热集中，产品热裂严重。复合硫铝酸盐水泥由于熟料用量少，水化热随之降低，水化热不易集中，产品不易热裂。所以，它克服了快硬硫铝酸盐水泥的一个致命缺陷，更便于使用。

（4）熟料用量少，绿色低碳

本水泥由于掺用大量混合材，熟料用料下降，相应降低了烧制熟料的能耗，降低了碳排放。混合材料大多为固体废弃物，降低了水泥原料矿物的开采，保护了环境，增加了水泥的绿色化程度，更有利于可持续发展。

5. 在泡沫混凝土保温制品中的选用及前景

快硬硫铝酸盐水泥多年来一直是泡沫混凝土行业喜欢应用又不便应用的特种水泥品种。企业喜欢应用它，主要是它快硬，可以提前脱模，模具周转率高，生产线产量高，同时它的发泡又比硅酸盐类水泥平稳易控。企业不便使用它，主要是它水化热易集中，产品热裂严重，废品率高，另外它生产的保温产品不耐碳化，长期稳定性略差。更重要的是它售价高，运费高，使用成本高。

复合硫铝酸盐水泥在泡沫混凝中的应用优势，就在于它既有快硬硫铝酸盐水泥快硬、低碱、发泡平稳的三大优势，又克服了快硬硫铝酸盐水泥易于水化热集中，产品废品率高，长期稳定性差，使用成品高的三大不足。因此，它应该是比较理想的硫铝酸盐水泥品种，应作为泡沫混凝土保温制品的优选水泥品种之一。

目前，复合硫铝酸盐水泥的规模化推广应用，还处于刚刚起步阶段，生产厂家较少，各厂的生产规模也不大。其主要原因，是人们对这一水泥的认识还较少，不了解它的优点，应用市场还没有形成。随着行业标准的颁布实施，这一水泥将会逐渐被人们所熟悉，从而带动广泛的应用。因此，在未来，这一水泥会有良好的应用前景，尤其在泡沫混凝土领域。建议当地有这种水泥厂家的，应在泡沫混凝土保温制品中选用。

6. 使用注意事项

（1）因本水泥掺加大量的活性非活性混合材，所以企业在使用时，不能再掺用粉煤灰、矿渣粉、火山灰、石灰石粉等掺合料，否则会影响浇注稳定性，降低产品强度。硅灰可以掺用。

（2）若在不影响气泡稳定性的情况下，掺用一定量的激发剂成分，可以提高本水泥制品的后期强度。

（3）在保温制品生产过程中，待发热峰过去以后，可适当采用后期升温养护，既以提前脱模．又可以提高后期强度。

（4）适当延长搅拌时间，可以提高产品的综合性能。

（5）与硅酸盐水泥配合使用时，复合硫铝盐水泥的掺量不宜超过20%。

（6）为延缓发泡，当采用双氧水时，可要求复合硫铝酸盐水泥的pH值不大于10.5（水泥加水1h的pH值）。

（7）用于生产泡沫混凝土保温制品的复合硫铝酸盐水泥，宜选用52.5级，或者42.5级，而32.5级不可选用。

2.6　氯氧镁水泥选用及改性

2.6.1　氯氧镁水泥的概念

氯氧镁水泥是用煅烧菱镁矿石所得的轻烧镁粉或低温煅烧白云石所得的灰粉（主要成分为MgO）为胶结剂，以六水氯化镁或无水氯化镁等水溶性镁盐为调和剂，再加入水，所形成的气硬性胶凝材料。因为目前我国氯氧镁水泥大多以煅烧菱镁矿所得的轻烧镁粉和六水氯化镁作为主要原料，因此，在一般情况下，传统镁水泥就是指氯氧镁水泥，或称菱镁水泥。

氯氧镁水泥所形成的硬化体主要成分是$5Mg(OH)_2 \cdot MgCl_2 \cdot 8H_2O$和$3Mg(OH)_2 \cdot MgCl_2 \cdot 8H_2O$晶体所组成的氧化镁-氯化镁-水三元化合物结晶相复盐，另外，还有一部分$Mg(OH)_2$凝胶体。

氯氧镁水泥可以在常温常压下较快地硬化，形成脆性较大且硬度很高的人造石。利用它的这一硬化胶凝特性，可将其加工成建筑材料和装饰材料，具有广阔的应用前景。

氯氧镁水泥因硬化体所形成的人造石类似于水泥，具有水泥一样的胶凝特性，但它的性能和常规水泥有着很大的差别，使用方法完全不同，两者不是同一个概念。

2.6.2　氯氧镁水泥的主要性能

（1）气硬性。常见的胶凝材料以通用水泥为代表，均是水硬性的，即在水中可以硬化。但氯氧镁水泥却与常规水泥完全不同，它是气硬性的，在水中不硬化，这是氯氧镁水泥与常规水泥相比一个比较突出的特点。

（2）多组分。氯氧镁水泥是多组分的，单将轻烧镁粉加水是不会硬化的。它的一个组分是轻烧菱镁粉或白云石灰粉，另一个组分是镁盐调和剂，其他组分包括水和改性剂。

（3）高放热。氯氧镁水泥在硬化时要释放出很高的热量。它的放热量为1000～1350J/g MgO，最高反应体系的中心温升可达140℃，在夏季可能会超过150℃。普通水泥的水化热仅为300～400J/g水泥，氯氧镁水泥是普通水泥水化热的3～4倍。

（4）对钢材的强腐蚀性。氯氧镁水泥大多以氯化镁为调和剂，含有大量的氯离子，对钢材具有极强的腐蚀性。

（5）高强度。氯氧镁水泥可以轻易达到62.5MPa。一般的轻烧镁粉胶凝材料的抗压强度均可达到62.5MPa以上，大部分可达90MPa以上。在轻烧镁粉质量可保证、氯氧镁水泥配比合理、工艺科学的情况下，还可以达到140MPa左右。试验表明，当轻烧镁粉与无机集料之质量比为1∶1时，其1d的抗压强度可达34MPa、抗折强度9MPa。28d抗压强度可达142MPa，抗折强度达26MPa。

（6）高耐磨。它的耐磨性是普通硅酸盐水泥的三倍。我们曾用氯氧镁水泥和常规32.5

级普通硅酸盐水泥各制一块地面砖，放在一起养护 28d 后进行耐磨试验，普通硅酸盐水泥地面砖的磨坑长度为 34.7mm，而轻烧粉制成的地面砖磨坑长度只有 12.1mm，相当于水泥地面砖的 1/3，和国外的试验相吻合。因此，氯氧镁水泥特别适合生产地面砖及其他高耐磨制品，尤其是磨料磨具如抛光砖磨块等。

(7) 耐高温、低温。在各种无机胶凝材料中，只有氯氧镁水泥同时具备既耐高温、又耐低温的特性。

轻烧粉的主要成分 MgO 的耐火度是 2800℃，居所有耐火常用氧化物之首。因此，氯氧镁水泥建材制品一般均有耐高温的特性，即使复合了玻璃纤维，也可耐火－300℃以上。正是因为氯氧镁水泥的这种耐火性，它被广泛用于生产防火板。

氯氧镁水泥不但耐高温性能优异，耐低温性能也非常优异。因为氯氧镁水泥大多以氯化镁为调和剂，而氯化镁属于抗冻剂氯盐。因此，氯氧镁水泥具有了自然的抗低温性能，所以在低温下氯氧镁水泥产品也可照常生产，不需要外加防冻剂。在一般情况下，可耐－30℃的低温。

(8) 抗盐卤腐蚀。氯氧镁水泥由于是用盐卤作调和剂的（大多为氯化镁），也就是说它本身就有盐卤成分，所以它就不怕盐卤腐蚀，而且遇盐卤还会增加强度。这就使它可以克服普通水泥及混凝土制品的不足，用于高盐卤地区。

(9) 空气稳定性和耐候性。由于氯氧镁水泥是气硬性的，在终凝后只有在空气中才能继续凝结硬化，这就使它具有良好的空气稳定性，空气越干燥，它就越稳定。

试验表明，氯氧镁水泥制品在干燥空气中，其抗压和抗折强度均随龄期而增长，直至两年龄期还在增长，十分稳定。表 2-14 是在室内干燥空气养护的氯氧镁水泥强度随龄期变化的试验结果。

表 2-14 在室内干燥空气养护的氯氧镁水泥强度随龄期变化的试验结果

龄期	1d	3d	7d	14d	28d	6个月	23个月	备　注
抗压强度（MPa）	26.4	57.0	73.6	87.8	91.4	108.3	131.1	轻烧镁粉与无机集料的质量比为 1∶1
抗折强度（MPa）	6.8	9.9	13.5	18.0	16.6	19.1	未测	

由表 2-14 可知，氯氧镁水泥在干燥空气中的强度是持续增长的。

另外，由于氯氧镁水泥具有抗高、低温性能，在高温气候和严寒气候中均具有稳定性，不会因气候的变化而影响其稳定性。它的耐候性也是十分优异的。

(10) 低碱度低腐蚀性。氯氧镁水泥的碱度远低于任何品种的常规水泥。经测试，它的浆体滤液 pH 值波动在 8～9.5 之间，是很低的，接近于中性。因为氯氧镁水泥的碱度极低，只呈微碱性，对玻璃纤维和木质纤维的腐蚀性是很小的。大家知道 GRC 制品以玻璃纤维增强，植纤制品以锯末、刨花、棉秆、蔗渣、花生壳、稻壳、玉米芯粉等木质纤维下脚料增强，而玻璃纤维木质纤维都是不耐碱的材料，极其怕碱腐蚀。在高碱腐蚀下它们都会失去强度，对胶凝材料失去增强作用。所以，常规水泥因高碱就无法用玻纤及木质纤维增强。而氯氧镁水泥却以独特的微碱性优势，在 GRC 领域和植纤制品领域大显身手。这也就是它能成为无机玻璃钢的主要原因。

（11）轻质低密度。氯氧镁水泥制品的密度一般只有普通硅酸盐制品的70%，它的制品密度一般为1600～1800kg/m³，而水泥制品的密度一般为1800～2100kg/m³。因此它具有十分明显的低密度性。

（12）快凝。氯氧镁水泥具有快凝性。一般它加入调和剂后，4～8h就可达到脱模的强度。它的初凝为35～45min，终凝50～60min，相当于快硬硅胶盐水泥。快硬硅胶盐水泥的快凝是外加促凝材料形成的，生产工艺复杂，而氯氧镁水泥是材料本身自然形成的快凝性。

（13）良好的抗渗性。氯氧镁水泥在凝结硬化后，形成很高的密实度，毛细孔相对于常规水泥要少得多。因此，它在硬化后就具备良好的抗渗性，抗水系数很低，不掺用抗渗剂，它的硬化体也能达P12以上的抗渗标号。正是因为它的这种良好抗渗性，才决定了它在波瓦等屋面材料领域有着广阔的应用前景。

（14）制品高光泽。使用相同光亮度的模具，用氯氧镁水泥和常规水泥材料各制一个产品，再进行两者的光泽度对比，就会发现，氯氧镁水泥制品的光泽度比水泥制品要高的很多。

2.6.3　优点和弊端

1. 优点

（1）固体废弃物掺量大，利废率高。由于氯氧镁水泥强度极高，在大量掺入固体废弃物填充料后，它仍能满足强度的使用要求。因此，氯氧镁水泥制品一般都掺入粉煤灰、锯末、秸秆粉等，掺入量可达30%～60%。

（2）可加工性好，使用方便。氯氧镁水泥制品均有良好的可加工性，可锯、可刨、可钉、可凿、可钻、可雕刻、可粘贴，能够使用常规各种加工手段进行加工。因此，它非常适合厂内制作和现场加工安装，使用十分方便。

（3）可低温成型，四季皆可生产。氯氧镁水泥由于有良好的抗低温和抗冻性，所以它在低温下可照常生产，一般不受影响。这就有利于延长生产期。

（4）制品生产成本低，利润高。氯氧镁水泥由于强度极高，可掺用大量废弃物，就使它的材料用量减少，总成本降低，生产成本低于普通硅酸盐水泥。轻烧粉本身的价格和普通水泥差不多，但由于它的废渣掺量大，就使它的制品总成本相对低一些。

另外，由于氯氧镁水泥制品大多属于高附加值的装饰材料，就使它的利润率提高。

2. 弊端

（1）返卤。返卤就是在氯氧镁水泥制品受潮或使用环境湿度较大时，它的表面出现水珠或黏性的潮渍。这些水珠和潮渍随空气或湿度的增大而增多。当水珠或潮渍积累较多时，就会从制品上淌下来，俗称“淌潮”。

（2）耐水性差。材料的耐水性是其与水长期接触或在水的作用下继续保持其性能不变的能力。氯氧镁水泥耐水性很差，其硬化体在水中可逐渐失去强度，强度损失率可达60%～80%，使其失去使用价值。氯氧镁水泥制品在刚制成时，由于氯氧镁水泥的高强性，都具有很高的初始强度。但它在使用过程中若长期受潮或长期水浸，就会慢慢地失去强度。

氯氧镁水泥耐水性差的危害比返卤更大。因为它使制品最终失去了强度，彻底损坏。另外，如其用于建筑称重部位，还会造成安全隐患。如用于装修，将会影响装修后建筑的美观，在其解体后失去装饰作用。

（3）翘曲变形。氯氧镁水泥制品的翘曲变形表现得最为明显，一眼就可看到。一般不规则形状的立体性制品，或厚度较大而幅面较小的平板制品，其变形较小或者不变形，而大幅面薄型平板制品最容易发生翘曲变形。一般中心部位拱起，边部下翘。变形严重时，一个制品的不同部位会产生各种复杂的大幅度翘曲。长条状的氯氧镁水泥薄板更易翘曲变形，其变形呈卷曲状，以致使制品不能使用。

（4）硬化体胀裂。氯氧镁水泥硬化体的胀裂，不是经常出现的问题。和前述三大弊端相比这一弊端相对少些。它先是发生微裂纹，慢慢地微裂纹扩大加深，使制品慢慢碎裂，最终变成一堆碎块或碎片，直至完全报废。

氯氧镁水泥硬化体胀裂的主要技术表现为：凝结时间特别快；放热量大；早期强度发展快而后期强度低，并伴有标准温度裂缝形态，特别是遇水后胀裂为碎块体，且硬化中心成为粉状，毫无强度。

（5）泛霜起白。氯氧镁水泥制品的泛霜起白一般比较明显，在成型脱模或施工养护过程中，均可发生。在以后的使用过程中，还会继续不断地发生，持续时间很长，有时会长达数年。当发生泛霜起白时，制品表面轻则出现白斑，或者出现针尖大小的微小白点，重则形成一层粉状白霜，擦去后又会重新形成和出现，层出不穷，因状如白霜，故俗称“泛霜”。当制品为彩色或深色时，泛霜会更加明显，如制品为白色，则泛霜看起来似乎不太明显。

2.6.4 氯氧镁水泥的水化产物及特点

1. 水化产物

（1）氯氧镁水泥水化产物的特点

氯氧镁水泥因为形成的人造石比常规水泥强度更高，所以也更引起材料学专家学者的兴趣，一直在力图揭开它的内在秘密，以便掌握它的硬化规律。

自氯氧镁水泥发明至今的100多年里，专家学者们的大量研究结果表明，它与常规水泥水化产物的特点有着根本性的不同。氯氧镁水泥不同于硅酸盐类通用水泥。硅酸盐类通用水泥是由无水硅酸钙、铝酸钙矿物与水反应形成水化硅酸钙、水化铝酸钙等水化物，而氯氧镁水泥则是由 MgO 粉末与 $MgCl_2$ 水溶液混合后，通过化学反应在常温下形成的5·1·8相和3·1·9相水化物。

（2）氯氧镁水泥的水化产物

氯氧镁水泥的主要原料是轻烧氯氧镁水泥粉（MgO）和六水氯化镁（$MgCl_2 \cdot 6H_2O$）。当轻烧氯氧镁水泥粉和六水氯化镁水溶液混合之后，就形成了 MgO、$MgCl_2$、H_2O 三元反应体系，开始了十分复杂的化学反应。国内外的大量研究证明，常温下在 $MgO\text{-}MgCl_2\text{-}H_2O$ 三元体系中完成的化学反应，其生成物是 $5Mg(OH)_2 \cdot MgCl_2 \cdot 8H_2O$（简称5·1·8相或5相）、$3Mg(OH)_2 \cdot MgCl_2 \cdot 8H_2O$（简称3·1·8相或3相）、它们的混合物以及 $Mg(OH)_2$ 或残留的 MgO 等。其反应生成物决定了氯氧镁水泥硬化体的性能。在大于50℃的高温下形成的则是 $9Mg(OH)_2 \cdot MgCl_2 \cdot 5H_2O$（简称9·1·5相或9相）、$2Mg(OH)_2 \cdot MgCl_2 \cdot 4H_2O$（简称2·1·4相或2相）以及它们的混合物等。氯氧镁水泥硬化体成分如图2-3所示。

（3）水化产物形成的影响因素

氯氧镁水泥的水化产物不是恒定的，也不可能完全相同，它将受到一些形成条件的影响。在不同条件的影响下，就会形成不同的水化产物结构。水化产物形成的影响因素有

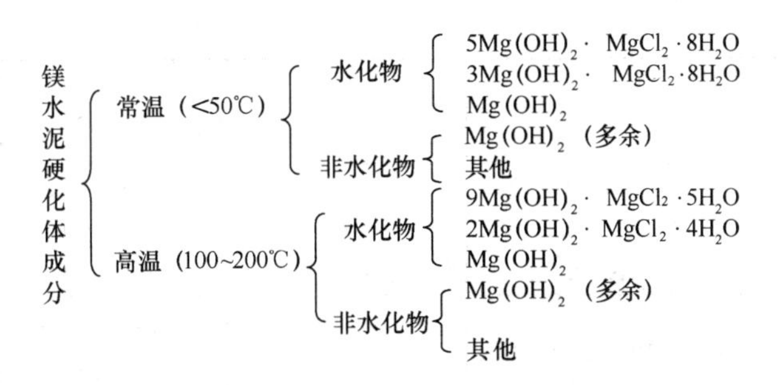

图 2-3　氯氧镁水泥硬化体成分

MgO 和 $MgCl_2$ 的摩尔配比、反应温度、氯化镁活性、杂质质量、氧化镁比表面积和工艺。其中最主要的影响条件有两个：一个是 MgO 和 $MgCl_2$ 的摩尔配比，另一个是温度。

① MgO 和 $MgCl_2$ 的摩尔配比的影响

如果 MgO 和 $MgCl_2$ 的比例失调，$MgCl_2$ 过量，它就会在水化过程中夺取 5・1・8 相的 $Mg(OH)_2$，使 5・1・8 相转变为3・1・8 相，使晶体失去稳定性，影响制品强度。不同配比的氯氧镁水泥，其水化产物的结构是完全不同的。

因此，不少专家学者都依据自己的实验，提出了各种不同的配比见解。不少专家学者认为以 MgO 和 $MgCl_2$ 配比 4～6 为宜，但也有一些专家提出 6～9 为宜，还有一些专家认为 12～14 为宜。他们认为采用合适的分子比，反应生成物才会是稳定的 5・1・8 相，并避免 3・1・8相的大量形成。

从 1944 年 FeiRnecht 到 1972 年的 Rogec 等人考察了配比大于 6 时，生成物为 3・1・8 相和 $Mg(OH)_2$。

我国 1990 年由专题委员会编著出版的《镁水泥物化基础和特征》论文选辑一书介绍，采用 X-ray 法，红外光谱法，热分析等现代物理化学分析方法，分析不同摩尔比的水化生成物，表明不同摩尔比的水化生成物是大不相同的，其分析结果见表 2-15。

表 2-15　X-ray 法分析氯氧镁水泥固化体的相组成及含量

样品编号	MgO：$MgCl_2$：H_2O（摩尔比）	3d	7d	28d	56d
1	2.17：1.1：0.99	Aw+3・1・8			
2	3：1：11 3：1：11	Aw+3・1・8 5・1・8(39.2)+ 3・1・8(60.8)	5・1・8(39.2) +3・1・8(60.8)	3・1・8(100)	3・1・8(100)
3	3.75：1：12		5・1・8(100)	5・1・8(61.8)+ 3・1・8(38.2)	5・1・8(36.4)+ 3・1・8(63.6)
4	4.01：1：12.3			5・1・8	
5	4.59：1：13.8	5・1・8		5・1・8(100)	

续表

样品编号	MgO：$MgCl_2$：H_2O(摩尔比)	3d	7d	28d	56d
6	5：1：13 5：1：24.4	5·1·8(100) 5·1·8(96.5)+Aw(3.5)	5·1·8(92.6)+Aw(7.2)	5·1·8(100) 5·1·8(96)+Aw(4)	5·1·8(100) 5·1·8(95.3)+Aw(4.5)
7	6：1：19.2	Aw+5·1·8		Aw+5·1·8+3·1·8	
8	6.47：1：28				

注：表中 A 为 MgO；Aw 为 $Mg(OH)_2$；括弧内数字是 x-ray 法半定量的百分数。

关于摩尔配比，目前专家们的意见还没有统一，说法各异。不同专家学者的见解有差异，分子比观点不同，是因为各自的实验方法不同或实验条件有异，是正常的，将来，通过实践检验和技术进步，有可能会取得统一。

② 反应温度的影响

在不同的反应温度条件下，氯氧镁水泥的水化产物晶相结构也是不同的。研究结论如下：

a. 在室温—50℃范围内，氯氧镁水泥硬化体内的结晶相是5·1·8，性能稳定，还有一定量的3·1·8相和$Mg(OH)_2$或者三者的混合物；

b. 在60～120℃范围内，结晶相是9·1·5相[$9Mg(OH)_2 \cdot MgCl_2 \cdot 5H_2O$]和2·1·4相[$2Mg(OH)_2 \cdot MgCl_2 \cdot 4H_2O$]。

③ 氧化镁活性的影响

氧化镁的活性是指它和氯化镁及其他镁盐水溶液反应的能力。氧化镁的活性越大，它的反应能力就越强。

当氧化镁的活性适中时，它所生成的反应物是稳定的5·1·8型结晶相，而当氧化镁活性过大或过小时，所生成的是3·1·8相和$Mg(OH)_2$。

因此，氧化镁的活性既不能太高，又不能太低，必须适中。它的活性将对制品性能产生重大影响。在生产时应注意这一点。

④ 杂质含量的影响

氧化镁及氯化镁的杂质含量，对氯氧镁水泥的水化反应生成物也有很大的影响。

当杂质含量过大时，水化反应能力下降，稳定的5·1·8相减小。当原料杂质含量较小时，水化反应进行较好，可以生成更多的5·1·8相，而3·1·8相及$Mg(OH)_2$减小。因此，在生产中应尽量控制原料的杂质，使其越小越好。

⑤ 氧化镁比表面积的影响

氧化镁粉磨的越细，比表面积就越大，与氯化镁水溶液的接触机会也就更多，反应也就进行得更好，生成的5·1·8相也越多。但当氧化镁的比表面积过大时，反应速度过快，使氯氧镁水泥水化不彻底，也会影响其5·1·8相的形成，而使3·1·8相及$Mg(OH)_2$增多。用于泡沫混凝土保温制品时，发泡也会很快。

因此，氧化镁的比表面积应控制在一个合适的范围内，一般细度应在4900孔/cm^2筛余量大于5%而小于25%为宜。

⑥ 工艺的影响

工艺合理，水化反应进行的好，可生成更多的5·1·8相，反之，工艺不合理，水化反应不能充分进行，就会生成大量的3·1·8相或$Mg(OH)_2$。

合理的工艺包括原料处理方法、搅拌时间及搅拌速度、搅拌机的性能、成型方式、养护方式等。

2.6.5 氯化镁

氯氧镁水泥的两大主要原料，一是轻烧氧化镁，二是它的调和剂氯化镁。

工业氯化镁，是氯化镁的一种，通常含有六个分子的结晶水，即$MgCl_2 \cdot 6H_2O$，易潮解，置于干燥空气中会风化而失去结晶水。其为单斜晶体，有咸味，有一定腐蚀性。工业氯化镁多用于制金属镁、消毒剂、冷冻盐水、陶瓷，并用于填充织物、造纸等方面。其溶液与氧化镁混合，可成为坚硬耐磨的镁质水泥。

氯化镁的用途分为以下三种：

(1) 工业氯化镁在化学工业中是重要的无机原料，用于生产碳酸镁、氧化镁等镁产品，也用作防冻剂的原料等。

(2) 在冶金工业、食品工业均有广泛用途。

(3) 工业氯化镁在建材工业中是生产轻型建材如玻纤瓦、装饰板、卫生洁具、天花板、地板砖、镁氧水泥，通风管道，防盗井盖，防火门窗，防火板，隔墙板，生产人造大理石等高层建筑用品的重要原材料。在菱镁制品中可做高质镁制瓦、高质防火板、镁制包装箱、镁制装修板、轻质墙板、磨具、炉具、烟花固引剂等。

氯化镁的化学成分见表2-16。

表2-16 氯化镁的化学成分 (%)

项目	指标	项目	指标
氯化镁 ($MgCl_2$)，≥	45.00	氯化钙 ($CaCl_2$)，≤	1.00
氯化钠 (NaCl)，≤	1.50	硫酸根离子(SO_4^{2-})，≤	3.00
氯化钾 (KCl)，≤	0.70		

2.6.6 氧化镁的选用

用于生产氯氧镁水泥的氧化镁，主要是高活性轻烧氧化镁，其有关内容已在2.2.4和2.2.5两节中作了详细的介绍，可以参看。这里的质量要求和选用方法与其大致相同，不再重述。在此，仅就氯氧镁水泥的特点补充如下。

1. 存放期长的氧化镁不可使用。

氯氧镁水泥易返卤，而存放期长的氧化镁活性已很低，更易返卤，所以存放3个月以上的氧化镁不能使用于氯氧镁发泡制品的生产。

2. 活性氧化镁应不低于65%。

3. 细度大于180目，但为防止反应过快，水化热集中，引起制品热裂，细度也不可大于325目，以180～200目为宜。

4. 应选用轻烧氧化镁，不可选用轻质氧化镁、重烧氧化镁、苦土粉（低活性品）等氧化镁，这几种产品不能混淆。

5. 辽宁海城和大石桥的轻烧氧化镁较好，其他地方较差，优选辽宁产品。

6. 应选用生产规模大，产品质量稳定的生产厂家，不可选用小厂产品，其质量难以保证。

7. 最好有活性检测手段，用检测数据指导氧化镁的选购，不可只凭感觉。

8. 少进勤进，一次不可进货太多，以防存放时间长降低活性。

9. 购回的氧化镁严密防潮覆盖，最好外套塑料袋密封。

2.6.7 氯氧镁水泥的改性

氯氧镁水泥能否用于生产发泡保温制品，主要取决于其改性能否成功。若改性技术过关，完全不会返卤、泛霜、变形、怕水。以前，氯氧镁水泥的弊病多发，皆因一些企业害怕增加成本而不顾改性，或因不懂得、不掌握先进的改性方法。

笔者几十年研究氯氧镁水泥改性，并率先在国内出版了《镁水泥改性与制品生产实用技术》，其改性技术已经有无数企业在生产中应用验证，是十分有效和可靠的，只要真正按这一改性技术体系做，是可以使氯氧镁水泥高性能化的。笔者的改性技术不同于他人的科学之处，就在于是全面改性，即多措并举，打破了别人只依靠改性剂的不足。没有改性剂不行，但只用改性剂也不行，必须材料改性、工艺改性、设备改性、配比改性、改性剂改性，各种改性手段相互配合。

全面改性的具体方法如下：

1. 材料改性

严格控制氧化镁活性，从源头把好材料关，并使用其他材料对其改性，如掺用粉煤灰、硅灰等。

2. 工艺改性

演唱搅拌时间，促进反应进行得更彻底，并控制水化热集中，加强保湿养护。

3. 设备改性

采用高速、超高速搅拌机，高速搅拌有利改性。采用精确配料设备，减少配料误差。

4. 配比改性

坚持按摩尔比配比，以氧化镁的活性含量检测数据作为配比依据，一日一检测。

5. 改性剂改性

笔者在15年前研发的改性剂，用量少（0.4%～0.5%），效果突出，改性成本低。其改性成功率可达98%（配合其他改性手段）。有些企业（如济南新方达奥公司）已使用多年，至今仍在使用。最近，其第二代已研发成功，效果更好。

第3章　辅助胶凝材料的性能与选用

3.1　概　　述

凡是能够直接或间接（活性激发）产生水化反应而具有胶凝作用，同时又具有微集料填充效应等物理作用的，可以掺加于混凝土或水泥中使用，有效增强混凝土强度并改善其他性能的一类固体废弃物材料，称为混凝土辅助胶凝材料。

辅助胶凝材料又称混凝土活性掺合料，若用于水泥生产中，则称之为水泥活性混合材。最初的混凝土只有三个组分：水泥、集料和水。后来化学外加剂在混凝土中的应用兴起后，混凝土又变成了四组分。随后，在粉煤灰、矿渣微粉等辅助材料开始加入后，混凝土则成为现在的五组分。辅助材料的掺入，原来只为了减少水泥用量，是出于经济性考虑。后来，发现辅助材料还可以改善混凝土的各种性能，使用得当，可生产高性能混凝土，有了提升混凝土品质的效能意义。现在，发现辅助材料由于多为废弃物，有利于环境，更多了一层生态意义。所以，如今辅助胶凝材料用于混凝土，具有经济、效能、生态三方面的意义。

普通混凝土出于上述三方面的意义，已大量使用辅助材料，那么，泡沫混凝土作为节能节材的新型材料，更应该大量使用活性辅助活性胶凝材料。目前，已在泡沫混凝土中使用的辅助胶凝材料有粉煤灰、矿渣粉、硅灰、煅烧煤矸石、钢渣微粉等10多种，其中，真正广泛使用的则为前三者，其他品种尚无规模化应用于实际生产中。

辅助材料均有助于混凝土强度的形成。在各种辅助材料中，有的具备一定直接胶凝性（如矿渣、钢渣），有些则是具备潜在胶凝性（如粉煤灰、火山灰、煅烧煤矸石、稻壳灰、炉渣、烧黏土等），还有一些通过物理作用或促进其他材料水化作用产生间接的胶凝性。因此，混凝土学界的一些学者和专家们又将这些辅助材料综合称之为“辅助胶凝材料”，而不是像传统的习惯，称之为“混凝土活性掺合料”。笔者认为，因辅助材料的主要作用是直接间接的胶凝性，更突出其作用，比“掺合料”准确，所以本书也称之为“辅助胶凝材料”。

在泡沫混凝土保温板的生产中，辅助胶凝材料已在配合比中占有相当大的比例，已成为主要原材料之一。在实际的应用中，辅助胶凝材料已达20%～55%，其重要性仅次于水泥。因此，本书将其列专章介绍。鉴于目前实际应用的只有粉煤灰、矿渣微粉、硅灰三种，其他尚使用不多，因为篇幅所限，本章只介绍这三种辅助胶凝材料。

3.2　用于泡沫混凝土保温制品的矿渣微粉

3.2.1　矿渣微粉的来源及制备

矿渣全称为粒化高炉矿渣，是钢铁经冶炼生铁过程中产生的副产品。在炼铁时，为了降低冶铁温度，节约能耗，在铁矿石和焦炭之外，还加入了适量的石灰石和白云石为熔剂。石灰石和白云石在高温下分解为氧化钙和氧化镁。它们与铁矿石中的杂质矿物、焦炭中的灰分等熔合反应，生成了漂浮于铁水表面的液化矿渣。液状熔融矿渣排除炉外，经水淬急冷，成为颗粒状矿渣。这种急冷水淬渣具有很高的化学活性，是理想的水泥活性混合材和活性混凝土掺合料。

粒化高炉矿渣只有在磨细后，才具有较强的水化活性，产生胶凝性。试验表明，其细度只有达到比表面积 $400m^2/kg$，才会较好的水化。因此，粒化高炉矿渣在应用前均经过烘干，粉磨，成为矿渣微粉，供应市场。因此，泡沫混凝土保温板生产企业实际使用的是矿渣微粉，而非粒化矿渣。

每冶炼 1 吨生铁，会产生 0.4 吨矿渣。随着优质铁矿石的日益短缺，铁矿石杂质量增大，导致冶铁排放的矿渣量增大。如今每生产 1 吨生铁，矿渣排放已达 0.4～0.9 吨。我国目前每年的矿渣排放量约为 2 亿多吨。其中，99.3%用于生产水泥和混凝土。水泥生产所用矿渣，每年约为 1.8 亿吨，用于混凝土掺合料的约为 0.6 亿吨。可见，矿渣已成为我国水泥及混凝土最大的辅助胶凝材料品种。随着我国钢铁产量的逐年上升，矿渣的产量和应用量仍会逐步扩大。

3.2.2 矿渣的成分与水化活性

1. 化学成分

从化学成分来看，高炉矿渣属于硅铝酸盐质材料。矿渣的主要化学成分与水泥熟料相似，只是氧化钙含量略低，即由 CaO 和 MgO（碱性氧化物）、SiO_2和 Al_2O_3（酸性氧化物）、以及 MnO、Fe_2O_3、S 等微量成分组成的硅酸盐和铝酸盐，上述四种主要成分在高炉矿渣中占 95%以上。

大量研究表明，矿渣与水泥和水混合后，其水化铝酸钙凝胶（C-A-H）产物与水泥的水化产物相同，均为水化硅酸钙凝胶（C-S-H）和水化铝酸钙。

矿渣中四种主要氧化物成分的含量随着不同钢铁厂家原材料和高炉工艺条件的差别变动范围很大，与铁矿的成分、炼铁时所加石灰石的成分及数量、所炼生铁的种类等多种因素有关。对于同一厂家而言，除非生铁成分的改变需要调整原材料和高炉操作工艺，矿渣的碱性氧化物和酸性氧化物的比例不会产生明显差别。

矿渣的化学成分对其活性指数影响较大，氧化钙、氧化铝、氧化镁含量高，对矿渣的活性有利；氧化硅含量高的矿渣黏度大，易于成粒，形成玻璃体；矿渣中的硫化钙与水作用能生成 $Ca(OH)_2$，起碱性激发剂的作用。

氧化钙与氧化铝是决定矿渣活性的主要成分之一。通常矿渣中 CaO 含量越多，活性越高。当 CaO 的含量过多时，矿渣在熔融状态下的黏度过大，在淬冷条件较差时，易于生成结晶体，对矿渣活性产生不利的影响。矿渣中 Al_2O_3 含量越多，活性越高，尤其是当 Al_2O_3 和 CaO 的含量同时都较多时，矿渣的活性最高。

矿渣中 SiO_2 的含量一般都偏多。因得不到足够的 CaO 和 MgO 与其化合，SiO_2 含量越多，矿渣的活性越差。但氧化硅对矿渣在淬冷时形成玻璃体结构有一定帮助。锰和钛的化合物在矿渣中是有害成分。钛（以 TiO_2计）在矿渣中生成钛钙石，使活性降低；锰（以 MnO 计）能和矿渣中的 S 化合生成 MnS，使有益的 CaS 减少。同时，MnO 还会使矿渣易于结晶。

2. 矿物成分

影响高炉矿渣中矿物组分的影响较多，如原料与燃料的成分、助熔剂的种类、生铁生成的环境、冷却条件等。根据大量的研究成果，高炉矿渣中含有的矿物，见表 3-1。

表 3-1　高炉矿渣中含有的矿物名称

矿物名称	化学式	矿物名称	化学式
斜硅酸二钙	$2CaO \cdot Al_2O_3 \cdot SiO_2$	硫化钙	CaS
镁方柱石	$2CaO \cdot MgO \cdot SiO_2$	硫化锰	MnS
β 型硅酸二钙	β-$2CaO \cdot SiO_2$	玻璃体	组成不定
γ 型硅酸二钙	γ-$2CaO \cdot SiO_2$	假硅灰石	α-$CaO \cdot SiO_2$
钙长石	$CaO \cdot Al_2O_3 \cdot 2SiO_2$	硅钙石	$2CaO \cdot 2SiO_2$
尖晶石	$MgO \cdot Al_2O_3$	钙镁橄榄石	$CaO \cdot MgO \cdot SiO_2$

在热熔状态下的高炉矿渣中，非常活性的硅酸根与铝酸根能与碱性氧化物（CaO、MgO 等）发生强烈的反应。环境气氛是影响高炉矿渣矿物组成的一个重要因素。在碱性高炉矿渣中，生成的强碱性正硅酸盐（$2CaO \cdot Al_2O_3$）是最普遍、最主要的组成成分。若 Al_2O_3 含量较高时，就会有硅铝酸二钙（$2CaO \cdot Al_2O_3 \cdot SiO_2$）存在。在 Al_2O_3 和 MgO 含量均较多时，还有硅铝酸二钙和镁方柱石（$2CaO \cdot MgO \cdot SiO_2$）的混合晶体存在，这种混合晶体通常称为黄长石。当有多量硫存在时，则有 CaS 出现。

在酸性高炉矿渣中，由于 SiO_2 含量较多，所以有酸性较高的矿物存在。例如除了硅铝酸二钙以外，往往还存在着多量的弱碱性的偏硅酸钙（$CaO \cdot SiO_2$）。当高炉矿渣酸性很大，而 Al_2O_3 含量也增加时，矿渣中析出的主要矿物是钙长石（$2CaO \cdot 2SiO_2$）。

根据矿石中熔剂的成分和生铁种类的不同，高炉矿渣中会含有较多量的其他矿物，正硅酸钙和偏硅酸钙矿物含量降低，而 SiO_2 与氧化物（FeO、MgO 及 MnO）形成的硅酸盐矿物增加。例如，锰铁矿渣中就存在着锰橄榄石（$2MnO \cdot SiO_2$）矿物。若矿渣中的 P_2O_5、Al_2O_3、TiO_2 含量增加时，则将形成多量的硅酸盐、磷酸盐、钛酸盐矿物。例如，高铝矿渣中就存在大量的铝酸钙（$CaO \cdot Al_2O_3$）、三铝酸五钙（$5CaO \cdot 3Al_2O_3$）、二铝酸钙（$CaO \cdot 2Al_2O_3$）；钒铁矿渣中存在着钙钛石（$CaO \cdot TiO_2$）。

高炉矿渣由于冷却条件不同，除了各种结晶的矿物之外，还有或多或少的非结晶无定形的玻璃体存在。慢冷的矿渣形成硅铝酸钙（$2CaO \cdot Al_2O_3 \cdot SiO_2$ 及 $CaO \cdot MgO \cdot 2SiO_2$ 等）和硅酸钙（$3CaO \cdot 2Al_2O_3$、α-$CaO \cdot SiO_2$、β-$2CaO \cdot SiO_2$ 及 $CaO \cdot Al_2O_3$ 等）多种矿物结晶体。其中除 β-$2CaO \cdot SiO_2$ 和 $CaO \cdot Al_2O_3$ 有极微弱的胶凝活性之外，其他都是一些惰性矿物。因此，慢冷的矿渣只能作混凝土集料或道砟等，成为硬矿渣。

3. 矿渣的水硬活性

辅助胶凝材料的活性，是指它们在有水参与的情况下，与 CaO 反应形成水硬性固体的能力。

在各种辅助胶凝材料中，矿渣是活性较高且供应量最大的品种，其利用价值也最大。它之所以成为目前水泥生产用量最大的混合材，核心也在于它的高活性及高资源量。

矿渣活性的评定方法，在我国有两种：

（1）质量系数法

质量系数法又称化学成分分析法。通常人们习惯用化学成分的相对含量进行计算、评价矿渣的质量状况，在一定程度上能够较为客观的说明矿渣的特性，是目前国内评定粒化高炉矿渣活性的主要方法之一。

我国国家标准（GB/T 203—2008）规定粒化高炉矿渣质量系数如下：

$$K=(CaO+MgO+Al_2O_3)/(SiO_2+MnO+TiO_2)$$

式中：各氧化物表示其质量分数。质量系数 K 反映了矿渣中活性组分与低活性、非活性组分之间的比例关系，质量系数 K 值越大，矿渣活性越高。用于水泥中的粒化高炉矿渣必须是 $K \geqslant 1.2$。

另外，矿渣化学成分中碱性氧化物与酸性氧化物之比值 M_o，称之为碱性系数。

$$M_o=(CaO+MgO)/(SiO_2+Al_2O_3)$$

如果：$M_o>1$ 表示碱性氧化物多于酸性氧化物，该矿渣称之为碱性矿渣；

$M_o=1$ 表示碱性氧化物等于酸性氧化物，该矿渣称之为中性矿渣；

$M_o<1$ 表示碱性氧化物少于酸性氧化物，该矿渣称之为酸性矿渣。

（2）碱性率与活性率

目前有氢氧化钠激发强度法、消石灰激发强度法、矿渣水泥强度比值 R 法等。但这些方法都存在一定的不足和局限性。近年来，国际上和国内最常用的方法是：直接测定矿渣硅酸盐水泥强度与硅酸盐水泥强度的比值来评定磨细矿渣的活性。以掺加 50%矿渣微粉的水泥胶砂强度与不掺矿渣微粉的硅酸盐水泥砂浆的抗压强度的百分比率来表示矿渣微粉的活性系数。活性指数越大，矿渣微粉活性越好。我国国家标准 GB 18046—2008 规定：对比样品的对比水泥为符合 GB 175—2007 的 P·Ⅰ型 42.5 级（原 525 号）硅酸盐水泥；试验样品由对比水泥和矿渣粉按质量比 1∶1 组成。试验砂浆配比见表 3-2。

表 3-2　试验胶砂配比

胶砂种类	水泥（g）	矿渣粉（g）	中国 ISO 标准砂（g）	水（mL）
对比胶砂	450	—	1350	225
试验胶砂	225	225		

试验方法按 GB/T 17671—1999 进行。分别测定试验样品的 7d、28d 的抗压强度 R_7（MPa）、R_{28}（MPa）和对比样品 7d 和 28d 的抗压强度 R'_7（MPa）、R'_{28}（MPa）。然后，按下式计算矿渣粉的 7d 活性指数 A_7 和 28d 活性指数 A_{28}，计算结果取整数。

$$A_7=\frac{R_7}{R'_7}\times 100\%$$

$$A_{28}=\frac{R_{28}}{R'_{28}}\times 100\%$$

在矿渣微粉的细磨研究中，某试验结果列入表 3-3。

表 3-3　矿渣粉的细度与活性指数

比表面积（m^2/kg）	活性指数（%）			
	3d	7d	28d	91d
400	60	64	98	119
600	72	83	114	129
800	99	110	127	138

由表 3-3 可见，矿渣微粉的早期强度较低，而后期强度增进率较快。随着比表面积的提高，其活性系数（强度比）相应明显提高。当矿渣粉比表面积达到 $400m^2/kg$ 时，28 天活性系数达 98%，与水泥基本相当；而当矿渣粉比表面积达到或超过 600～$800m^2/kg$ 时，其 28 天活性系数达 114%～127%，高于一般比表面积（$350m^2/kg$）水泥熟料的活性。

4. 矿渣活性的影响因素

影响矿渣活性的因素，主要有化学组成、冷却条件、玻璃体含量及粉末细度这四个方面。

（1）化学组成。CaO、Al_2O_3、SiO_2 是影响矿渣活性的最重要的三大成分，如三者含量高且比例合适，会相互反应生成硅酸盐和硅铝酸盐而赋予矿渣活性。MnO 为有害成分，它会形成低活的化合物而降低矿渣品质。

（2）冷却条件。慢冷使矿渣均衡结晶而失去活性，急冷使矿渣来不及结晶，形成大量的无定形活性玻璃体结构或网络结构，而具有了很高活性。

（3）玻璃体含量。玻璃体是矿渣活性的主要来源。它含有活性氧化铝和活性氧化硅。急冷速度越快，玻璃体含量就越高。

（4）粉磨细度。矿渣粉的活性受其细度的影响很大。试验表明，比表面积小于 $400m^2/kg$ 的矿渣活性低，大于 $400m^2/kg$ 的活性高。所以，矿渣微粉一般均粉磨为 $400m^2/kg$。

3.2.3　矿渣的选购与质量控制

在选购矿渣时，可以从以下几个方面来控制质量。

1. 外观颜色

优质矿渣为白色，以白为好。掺入粉煤灰的为灰白色或灰色，注意辨别，颜色越深越不宜选购。

2. 比表面积

矿渣的比表面积应大于 $400m^2/kg$，优质的应大于 $500m^2/kg$。在生产普通产品时，比表面积 $400m^2/kg$ 即可满足要求，而生产 $150kg/m^3$ 以下超低密度产品时，应采用大于 $500m^2/kg$ 的比表面积。

3. 活性指数及质量级别

我国矿渣微粉的质量级别从低到高分为 S75、S95、S105 三个级别，对应的矿渣微粉活性指数为 75%、95%、105%。

矿渣的活性指数是我国标准用于表征矿渣活性品质的一项重要技术指标。根据 GB/T 18046—2008 规定，矿渣粉 7d 的活性指数≥95%、75%、55%，28d 的活性指数≥105%、95%、75%。

在生产泡沫混凝土保温产品时，可选用 S95 或 S105 等级的矿渣，S75 一般不可选用。建议在生产 $150kg/m^3$ 干密度的保温产品时，选用 S105 级。它有利于保温板的早期和后期强度。

4. 流动度比

流动度比是指在相同用水量的条件下，掺 50%矿渣与不掺矿渣的基准水泥砂浆的流动度比。流动度比例越大，则表明掺矿渣混凝土工作性能就越好，对混凝土的性能有利。矿渣流动度比与其化学成分、细度、颗粒形态与级配等有关。GB/T 18046—2008 规定矿渣粉的流动度比不下于95%。颗粒粒径和级配合适的矿渣粉不会引起混凝土工作性或用水量较大的波动。

上述几项技术要求中，最重要的是比表面积与活性指数。在选购矿渣微粉时，不能只问价格，还要了解其质量情况。

表3-4为国家标准对矿渣技术指标的有关规定。

表3-4 用于水泥和混凝土中的粒化高炉矿渣粉的技术指标（GB/T 18046—2008）

项目		级别		
		S105	S95	S75
密度（kg/m³）		≥2.8		
比表面积（m²/kg）		≥500	≥400	≥300
活性指数（%）	7d	≥95	≥75	≥55
	28d	≥105	≥95	≥75
流动度比（%）		≥95		
含水量（质量分数）（%）		≤1.0		
SO_3（质量分数）（%）		≤4.0		
Cl^-（质量分数）（%）		≤0.06		
烧失量（质量分数）（%）		≤3.0		
玻璃体含量（质量分数）（%）		≥85		
放射性		合格		

3.2.4 矿渣性能对生产泡沫混凝土保温产品的影响

1. 有利影响

（1）降低水化热，有利于防止热裂

加入矿渣微粉后，水泥熟料的比例相应下降。由于水化热主要由水泥熟料产生，而矿渣微粉的水化热低于355J/g，远低于水泥。所以当矿渣微粉加入后，胶凝材料的水化热总量大大降低，这就有利于防止水化热过度集中而引发的坯体热裂。表3-5为不同矿渣微粉掺量水化热降低率。

表3-5 不同矿渣微粉掺量水化热降低率

矿渣粉掺量（%）	水化热降低率（%）						
	1d	2d	3d	4d	5d	6d	7d
0	0	0	0	0	0	0	0
30	11.7	9.3	11.4	9.5	10.7	10.1	10.0
40	29.0	18.0	16.7	12.9	13.5	12.0	11.5
50	30.9	21.9	20.6	17.8	17.9	17.1	15.7
60	49.3	39.0	35.1	33.2	31.3	28.7	27.6
70	58.6	46.3	41.2	37.8	36.1	35.7	34.5

（2）后期及远期强度持续增长，有利于增加保温产品寿命

掺有矿渣的泡沫混凝土后期及远期强度呈不断增长趋势。由于矿渣水化慢，在28d后表现出明显的后期增强效应。90d龄期时，矿渣掺量高的产品强度更高。

(3) 降低水泥碱度，有利于延缓水泥的发泡速度

矿渣的加入，可以稀释水泥的碱性，降低水泥浆体的碱度值，从而可以延缓水泥与双氧水的反应速度，有利于工艺操作。

(4) 改善泡沫混凝土微观结构，降低毛细孔率

矿渣微粉的粒度比水泥小，可发挥一定的微集料效应，填充毛细孔。更重要的是，掺入矿渣后，水化硅酸钙产物的数量增加，也对毛细孔有填充作用。这在后期表现得更为明显。毛细孔率的降低可提高保温产品的抗渗性能、抗冻性能和抗碳化性能。

2. 不利影响

(1) 水化慢，延长凝结时间，不利于浇注稳定脱模

在水泥中加入矿渣微粉后，由于矿渣水化慢，使水泥浆体的凝结时间延缓，且随矿渣掺量的增加，水泥浆体的凝结时间加长。尤其在较低温度下，这种趋势更明显，早期强度更低。

这一性能特点对泡沫混凝土十分不利。凝结慢，会使发泡速度与凝结速度不协调，造成塌模。另外，也会加长达到脱模时间，降低模具周转率，不利于工艺。矿渣微粉的这一影响，随其比表面积提高而弱化。

(2) 易泌水，影响坯体表面强度

加入粗矿渣粉后，浆体易泌水分层，对浇注稳定性不利。而加入高细或超细矿渣微粉，泌水不明显。所以宜选500m^2/kg以上比表面积的矿渣。

(3) 干缩大，不利于产品的尺寸稳定性

多数学者认为，掺加矿渣微粉会增大混凝土的干缩。Heaton的试验为：掺有40%矿渣的混凝土干缩比相应的基准混凝土高25%。泡沫混凝土无粗集料，干缩会更大。所以，应注意矿渣对保温产品干缩的影响。

3.3 用于泡沫混凝土保温制品的粉煤灰

3.3.1 来源与制备

1. 来源

燃煤中通常含有10%～40%的杂质，如黏土、页岩、石英、长石、白云石和石灰石。这些杂质决定着燃煤的等级，而燃煤的等级决定着粉煤灰的品质。由于燃烧效率的提高，绝大多数热能电厂生产的粉煤灰较细，75%或更多的粉煤灰颗粒能通过200目筛（75μm）。在发电锅炉的高温炉中，挥发性物质和炭充分燃烧，大多数矿物杂质形成灰分并随尾气排出。粉煤灰颗粒在燃烧炉中为熔融态，但在离开燃烧区后，熔融态粉煤灰被迅速冷却（如数秒内从1500℃降至200℃），固化成球形、玻璃质颗粒。有些熔融物结块成底灰，但大多数还是形成燃灰排出，这就是所谓的粉煤灰。粉煤灰从这些燃烧尾气中收集，这需要一系列的收集设备。通常，湿法收集的粉煤灰和底灰之比为70∶30，而干排为85∶15。由于其独特的矿物和颗粒特性，热能电厂生产的粉煤灰通常可以不需要任何加工而用作硅酸盐水泥的矿物掺

合料。底灰的颗粒更粗、活性更低，因而通常需要磨细以提高火山灰活性。

2. 制备

粉煤灰的收集方式有湿排和干排之分，湿排粉煤灰是用高压水泵从排灰源将粉煤灰稀释成流体，经管道打入粉煤灰沉淀池中。刚入池的粉煤灰，固液比高达 1∶(20～40)，为了能够利用，需进行脱水、烘干、磨细处理。湿排获得的粉煤灰品质差异很大，活性很低，往往难以满足现代高性能混凝土的生产要求。湿排耗用大量的水，脱水和磨细过程又要耗用大量的能源，而露天堆放占用大量的土地或湖泊，刮风天灰尘污染空气，下雨天渗漏污染地下水，造成严重的环境问题。与过去粗放的湿排不同，当今大中型电厂均采用分级电场静电收尘系统，多为三级电场，甚至四级、五级电场，得到原状干灰，即所谓的干排。四级电场收集的粉煤灰质量相当于国家标准 GB/T 1596—2005 和行业标准 DL/T 5055—2007 中Ⅰ级灰以上要求，三级电场的粉煤灰相当于Ⅱ级灰；大功率发电机组（单机 600MW），锅炉高，燃烧充分，在第二或第三电场收集的粉煤灰即可达Ⅰ级灰的标准，而且质量稳定。

3.3.2 成分

1. 粉煤灰的化学成分

粉煤灰的化学成分主要是 SiO_2、Al_2O_3、Fe_2O_3，三种氧化物含量合计占 70%以上。除此之外，还有钙、镁、钛、硫、钾、钠和磷的氧化物。表 3-6 为粉煤灰化学成分含量。

表 3-6 粉煤灰化学成分含量（质量分数%）

成分	SiO_2	Al_2O_3	Fe_2O_3	CaO	MgO	SO_3	Na_2O	K_2O	烧失量
范围	33.9～59.7	16.5～35.4	1.5～15.4	0.8～9.4	0.7～1.9	0～1.1	0.2～1.1	0.7～2.9	1.2～23.5
均值	50.6	27.2	7.0	2.8	1.2	0.3	0.5	1.3	8.2

2. 粉煤灰的矿物成分

表 3-7 为 32 个电厂 68 种典型粉煤灰的矿物成分。

表 3-7 粉煤灰的矿物成分（质量分数%）

矿物名称	石英	莫来石	赤铁矿	磁铁矿	玻璃体
范围	0.9～18.5	2.7～34.1	0～4.7	0.4～13.8	50.2～79.0
均值	8.1	21.2	1.1	2.8	60.4

粉煤灰中的晶体矿物包括：莫来石($3Al_2O_3 \cdot 2SiO_2$)、石英(SiO_2)、磁铁矿(Fe_3O_4)、赤铁矿(Fe_2O_3)、硬石膏($CaSO_4$)、少量 CaO、C_3A 和黄长石(高钙条件下)、刚玉(Al_2O_3)(高铝硅比的条件下)。

粉煤灰中的玻璃体：纯 SiO_2 慢慢冷却，结晶成为方石英，稳定的晶态为硅氧四面体。每个硅原子与 4 个氧原子相连，长程有序。

熔融 SiO_2 淬冷会形成玻璃态。短程有序，仍为硅氧四面体，与晶体相似，但发生扭曲从而长程无序。

3. 粉煤灰的颗粒特性

粉煤灰的火山灰活性通常与小于 10μm 的颗粒含量呈正比，而大于 45μm 的粉煤灰颗粒很小或不具备火山灰活性。美国、加拿大的粉煤灰中 10μm 以下颗粒含量通常为 40%～

50%，45μm 以上的颗粒含量小于 20%，平均粒径为 15～20μm。

相对于高炉矿渣等其他辅助胶凝材料，粉煤灰为球形颗粒，这对于减少混凝土拌合物的需水量和提高混凝土拌合物的工作性具有积极作用，典型的粉煤灰颗粒如图 3-1 所示。

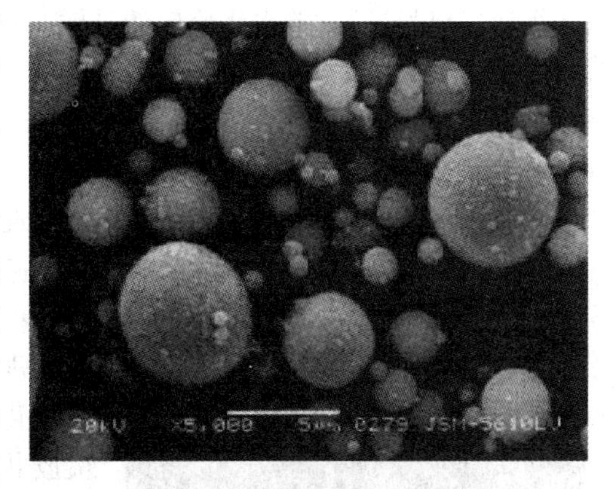

图 3-1　典型的粉煤灰颗粒

烟煤粉煤灰（低钙粉煤灰）通常比褐煤粉煤灰（高钙粉煤灰）干净得多。这是由于碱性硫酸盐附着在粉煤灰颗粒表面，而高钙粉煤灰表面含有更多的碱性硫酸盐。粉煤灰中有时含有一些大颗粒，通常含有不完全燃烧的含碳物质或熔融球形结块。有些球形粉煤灰颗粒是空心的，也有些是空的（称为漂珠），或其中还有更小的球形颗粒（称为超细空心微珠）。当粉煤灰中含有大量的碳质颗粒或破碎漂珠时，其比表面积将会提高，因而也需要增大减水剂和引气剂的掺量。

3.3.3　粉煤灰提高泡沫混凝土性能的三大效应

粉煤灰可以改善和提高混凝土的性能，对泡沫混凝土也如此。粉煤灰行业的前辈学者沈旦申教授，把粉煤灰对混凝土的作用概括为三大效应。

1. 微集料效应

粉煤灰具有微集料填充效应，能产生的致密势能，可以减少硬化混凝土的有害孔的比例，有效提高混凝土的密实性；化学作用产生的水化产物起到骨架作用，提高粘结强度，从而提高混凝土的抗裂性能。

由于粉煤灰在混凝土中活性填充行为的综合效果，粉煤灰具有致密作用。混凝土中应用优质粉煤灰，在新拌混凝土阶段，粉煤灰充填于水泥颗粒之间，使水泥颗粒“解絮”扩散，改善了和易性，增加了黏聚性和浇注密实性，从而使混凝土初始结构致密化；在硬化发展阶段，发挥物理充填料的作用；在硬化后，又发挥活性充填料的作用，改善混凝土中水泥石的孔结构。

过去，往往只注意粉煤灰的火山灰活性，其实按照现代混凝土技术来衡量，粉煤灰的致密作用的重要意义不逊于火山灰活性。因为优质粉煤灰的细度较小，颗粒强度较高，粉煤灰的致密作用对混凝土强度的发展有利。另外，粉煤灰填充效应减少了混凝土中孔隙体积和较粗放热孔隙，特别是填塞了浆体中的毛细孔的通道，对混凝土的强度和耐久性十分有利，是提高混凝土性能的一项重要技术措施。

2. 活性效应

粉煤灰火山灰活性，其反应的过程主要是：受扩散控制的溶解反应，早期粉煤灰微珠表面溶解，反应生成物沉淀在颗粒表面上，后期钙离子继续通过表层和沉淀的水化产物层向芯部扩散。

在用扫描电镜对混凝土中粉煤灰火山灰反应过程的观察中，如图 3-2 所示，发现粉煤灰微珠周围形成的水化产物和微珠颗粒之间，存在着一层 0.5～1μm 厚的水解层。钙离子通过水解层，不断侵蚀微珠表面，而水化产物则不断填实水解层。在水化初期，水解层填实的程度不高，结构疏松，这阶段的火山灰反应就对强度帮助不大。C-S-H胶凝与$Ca(OH)_2$沉淀共同组成“双膜层”，随水化反应的进展，双膜层与水泥浆体紧密结合。从强度实验结果上看，后期水解层的填实程度提高，强度也就提高了。于是粉煤灰的强度效应也就越来越明显。粉煤灰取代水泥，还减少了水泥用量，从而也减少水化热温升和干缩。因而，粉煤灰混凝土的抗裂性能也就逐渐提高。

图3-2　90d粉煤灰混凝土的SEM照片

此外，很多混凝土中还普遍掺加高效减水剂，能大大减少混凝土中因释放多余水分而留下的毛细孔通道，使水泥中硅酸钙水化产物$Ca(OH)_2$通过液相扩散到粉煤灰球形玻璃体表面发生化学吸附和侵蚀，并生成水化硅酸钙和水化铝酸钙。大部分水化产物开始以凝胶状出现，填充料混凝土内部空隙，改善了混凝土中水泥石的孔结构。这就会使水泥石中总的孔隙降低、平均孔径降低、大孔数量减少、小孔数量增加。同时，它还会使孔结构进一步细化，分布更为合理，并随龄期的增长，数量不断增加，形成网络结构，使混凝土更加致密，从而切断混凝土渗水的通道。不断进行的火山灰反应使粉煤灰混凝土的孔结构进一步优化，使得混凝土的后期强度和耐久性进一步得到提高。

3. 形态效应

水是混凝土拌制与硬化过程中不可少的组成成分之一。加入混凝土中的水有两方面的作用。一方面是满足水泥水化作用所需，这方面的水约占胶凝材料用量的20%～25%；另一方面是使所配制出来的混凝土拌合物具有一定的流动性，便于施工操作。超过水化作用所需的水在混凝土浇注工作完成以后就成了有害部分，其中大部分水分在混凝土硬化后所形成的直径较大的孔隙会给混凝土结构造成永久性伤害，降低混凝土强度、耐久性等性能。

粉煤灰具有形态效应，可以产生减水势能。粉煤灰颗粒中绝大多数为玻璃微珠，是一种表面光滑的球形颗粒。由于粉煤灰玻璃微珠的滚珠轴承作用，粉煤灰在混凝土中有减水作用。这将有利于减少混凝土的单位用水量，从而减少多余水在混凝土硬化后所形成的直径较大的孔隙。混凝土的需水量主要取决于混凝土固体材料混合颗粒之间的空隙，因此在保持一定的稠度指标的条件下，要求降低需水量，就必须减少混合颗粒之间的空隙。混凝土颗粒间隙的变化范围是20%～30%，这个百分数越大，需水量就越多。在混凝土中应用粉煤灰，虽然减水量不如表面活性外加剂，但也有相当的效果，还可以改善新拌混凝土的流变性质。为此，有人把粉煤灰叫做“矿物减水剂”。同时，在保证混凝土强度的前提下，还减少水泥用量，还可降低混凝土的绝热温升和混凝土中温度裂缝发生的概率，使混凝土更为致密。

影响混凝土工作性能的因素主要是粉煤灰的粒度。粉煤灰颗粒越细、球形颗粒含量越高，则需水量越少。粉煤灰中粒度大于45μm的颗粒越少，混凝土的工作性能越好。粒度小于45μm的球形粉煤灰颗粒可以使新拌混凝土的需水量明显降低。试验采用的Ⅰ级粉煤灰细粒粉煤灰（<45μm）替代水泥50%时，混凝土的需水量可以降低20%。球形粉煤灰颗粒对工作性能的贡献是普通水泥的1.5倍。经试验得知，用粉煤灰取代30%的水泥，胶凝材料

需水量可减少 9%左右。总之，粉煤灰具有良好的形态效应，掺入混凝土后可以提高其工作性。

3.3.4　粉煤灰对生产泡沫混凝土保温产品的影响

1. 有利影响

（1）减少用水量，增加和易性

由于粉煤灰圆颗粒有类似于轴承的润滑滚珠效能，可以对水泥起到分散解聚作用，从而降低用水量。使用粉煤灰，也可以减少减水剂的用量。加入粉煤灰后，浆体和易性增加、流动性增强，与减水剂配合，可实现浆体自流平，不会产生面包头，降低面包头造成的原材料损失。

（2）提高密实度和抗渗能力

粉煤灰的微集料效应可以填充和堵塞毛细孔，而在后期，粉煤灰产生的水化产物开始逐步填充水泥凝胶体之间的空隙，增加泡孔壁的密实度。这不但可以提高后期强度和长期强度，而且可提高抗渗能力，使水分难以进入。

（3）减少收缩，防止干裂

混凝土的干缩是由混凝土中的水分损失所引起的，因此，混凝土的干缩与用水量有关。混凝土用水量小，干燥过程中所失去的水也少，因而干缩也小。混凝土中使用具有减水作用的粉煤灰，混凝土单位用水量下降，这对减少混凝土的干缩有利。粉煤灰掺量对混凝土干缩的影响见表 3-8。混凝土的干缩率有随粉煤灰掺量的增大而降低的趋势，这是由于掺粉煤灰改善了新拌混凝土的黏聚性，减少了泌水，降低了孔隙率。

表 3-8　粉煤灰混凝土的干缩

水胶比	粉煤灰掺量（%）	干缩率（$\times10^{-6}$）				
		3d	7d	14d	28d	60d
0.35	10	31	96	198	247	292
0.34	20	28	107	194	240	283
0.33	30	30	100	176	240	266
0.30	40	22	96	168	243	279

早期的热裂与后期的干裂，是目前泡沫混凝土保温板生产中最难解决的问题。通过加入粉煤灰来减少干缩、防止干裂，无疑是一个较好的技术方案。

（4）降低水化热，减少坯体内部温升带来的风险

粉煤灰的水化热比矿渣还要低得多。因此，在水泥中加入粉煤灰，可以有效降低水化热，使坯体内部温升得到控制。在生产实践中，不加粉煤灰的普通硅酸盐水泥净浆，坯体内部最高温升峰值可达 85℃，加入 40%粉煤灰，其内部最高温升峰值可降至 44℃，坯体热裂的现象大大减少。

（5）改善混凝土的耐久性

由于粉煤灰微集料填充效应和后期持续水化能力对空隙的填充，使后期强度不断增长，密实性显著提高，毛细孔率降低，有效切断了外界有害物质进入产品内部的通路，就可以提

高对自然环境因素如水、气等影响的抵抗能力，包括抗冻性、抗裂性、抗化学侵蚀等，从而大大增加了产品的耐久性。

2. 不利影响

（1）延缓凝结速度，影响浇注稳定性与脱模时间

粉煤灰的活性低于矿渣，水化比矿渣还要慢。不经磨细的粉煤灰，在7d内基本不产生水化反应产物。因此，加入大量粉煤灰后，7d强度较低。由于粉煤灰水化慢的影响，加入粉煤灰水泥浆内，水泥的比例下降，水泥水化产物减少，因而延长了初凝与终凝时间。在发泡结束后，若水泥浆体长时间不凝结，就会导致塌模。同时，达到脱模的时间延长，也不利于模具周转，增大了模具投资和车间面积。

（2）硬化慢，影响切割

为防止坯体水化热集中引发热裂，泡沫混凝土坯体在初步硬化后要尽快切割，以利散热。但加入粉煤灰后，坯体在较长时间内才能达到硬化程度，在模内时间长。因此，加入粉煤灰的坯体推迟切割时间，影响生产效率。

3. 粉煤灰影响的综合评价

在生产泡沫混凝土保温产品时，加入一定量的粉煤灰，有利于减少水泥用量，经济效益明显。同时，加入粉煤灰，泡沫混凝土保温产品的热裂性、干缩性得到缓解，而且抗渗、抗冻、抗碳化等耐久性提高，后期强度持续增长，长期强度（180d以后）超过不掺粉煤灰的产品，其增长率达130%（掺量10%）～187%（掺量50%），确保了保温产品的使用性能。采用粉煤灰的不利影响主要是凝结硬化缓慢，这可以通过提高水温和发泡静停室的温度等技术手段来解决，不影响粉煤灰的使用。总体来看，使用粉煤灰利大于弊，其好处更多一些。因此，建议采用粉煤灰作掺合料使用，在使用时适当控制掺量即可。

3.3.5 粉煤灰质量控制与选购

1. 粉煤灰质量控制指标

（1）细度

细度是评价粉煤灰质量的第一指标。粉煤灰越细，比表面积越大，水化反应越快，活性越高，抗干缩能力越强。细度最好的是Ⅰ级灰，其次为Ⅱ级灰，Ⅲ级灰最粗。

由于粉煤灰大于45μm的颗粒大多为含碳较多的不规则颗粒和漂珠，活性较差。小于45μm的大多为玻璃微珠，活性较高。因此，我国国家标准以45μm筛余来表征其细度。具体规定为45μm筛筛余：Ⅰ级粉煤灰≤12.0%，Ⅱ级粉煤灰≤25.0%，Ⅲ级粉煤灰≤45.0%。

对于电厂没有分级的混合粉煤灰，可以磨细使用，其细度以比表面积表示，应控制为≥550m^2/kg，有条件时最好控制为≥750m^2/kg。

（2）烧失量

烧失量是指粉煤灰中未燃烧完全的有机物，包括未燃尽的炭粒。通常，烧失量越大，未燃尽炭的含量就越多。这些未燃尽炭的存在，对粉煤灰质量有很大的负面影响，进而影响混凝土质量。粉煤灰的含炭量与锅炉性质与燃烧技术有关，含炭量越高，其吸附性越大，活性指数越低。粉煤灰中的炭粒，当烧得透时，其含量可能少到1%～2%，当烧的不透时也可能高到20%以上。

炭粒粗大多孔，易吸水，烧失量大的粉煤灰其需水量一般也较大，泡沫，往往会增加泡沫混凝土用水量，造成泡沫混凝土泌水增多，干缩变大，降低了强度和耐久性。炭粒属于惰性物质，遇水后，会在颗粒表面形成一层憎水膜，阻碍了水分进一步渗透，影响了粉煤灰中活性氧化物与水泥水化产物 $Ca(OH)_2$的相互作用，不仅降低了粉煤灰的活性，而且破坏混凝土内部结构，阻碍水化物的凝胶体和结晶体生长与相互间的联结，造成内部缺陷，降低混凝土的性能，特别是混凝土的抗冻性。有关资料表明，粉煤灰的凝胶系数（反映粉煤灰胶凝活性）随着烧失量的增大（即未燃炭粒含量增多）而减小。未燃炭粒对引气剂或引气减水剂等表面活性剂有较强的吸附作用，在通常的引气剂或引气减水剂掺量下，烧失量大（含炭量高）的粉煤灰会使混凝土中的含气量、气孔大小和气泡所占的空间达不到期望值，影响混凝土耐久性。鉴于炭的种种不利影响，对于用在高性能泡沫混凝土中的粉煤灰要求烧失量含量越少越好。

烧失量的控制指标，我国国家标准《用于水泥和混凝土中的粉煤灰》（GB/T 1596—2005），提出的要求为：Ⅰ级粉煤灰≤5.0%，Ⅱ级粉煤灰≤8.0%，Ⅲ级粉煤灰≤15.0%。

（3）需水量比

需水量是指在一定的稠度下，掺 30%粉煤灰与不掺粉煤灰的水泥砂浆的用水量之比。需水量比指标，虽然在客观上反映了粉煤灰掺入泡沫混凝土中，对泡沫混凝土用水量与拌合物流动性的影响，但最终影响到混凝土的强度、抗裂性及耐久性。用于泡沫混凝土中的粉煤灰，应保证在相同流动度下，不使混凝土的拌合水量显著增加，甚至希望粉煤灰具有部分减水效果，这就要求粉煤灰的需水量比尽量小。

GB/T 1596—2005 规定，Ⅰ级粉煤灰的需水量比不大于 95%，掺入混凝土中具有减水作用，减水率一般为 10%左右。部分Ⅱ级粉煤灰也具有一定的减水作用，但减水率较小，约为 4%左右。而Ⅲ级粉煤灰不但无减水作用，还会较为显著地增加泡沫混凝土的拌合水量。

（4）活性指数

粉煤灰的活性指数是表征其活性大小的最重要指标。它是指掺粉煤灰的水泥胶砂强度与对比水泥胶砂强度的比值。

粉煤灰活性也就是它在有水存在的情况下，与 $Ca(OH)_2$反应的能力。水化产物为水化硅酸钙与水化铝酸钙。其反应过程的初始阶段，氢氧化钙侵蚀溶解粉煤灰微珠表面，反应生成物沉淀在粉煤灰颗粒表面，后期钙离子继续通过表层和沉淀层向粉煤灰颗粒内部扩散，逐步反应。这一反应可持续很多年。活性指数越低，其持续的时间越长，后期及长期强度越高。活性指数越高，其强度增长越快，持续年份短些。

GB/T 1596—2005 国家标准规定，粉煤灰的 28d 活性指数，应大于 70%。

粉煤灰的其他技术指标尚有含水量、SO_3含水量、f-CaO 含量、安定性等，但在泡沫混凝土保温产品的生产中影响不大，这里就不再详述。在一般情况下，控制以上四项指标即可。

2. 粉煤灰的选购

（1）外观

优质粉煤灰的外观为灰白色，颜色越白越好。含碳量高的粉煤灰颜色深，为灰色或灰黑色，品质较差。

(2) 细度手感

有条件的应检测其细度，若小企业无检测手段，可以用手感判别其细度。品质优异的粉煤灰应感觉到它比水泥还要细一些才好。

(3) 要求供应商提供粉煤灰品质检验报告。其各项技术指标应不低于 GB/T 1596—2005《用于水泥和混凝土中的粉煤灰》中的规定。表 3-9 为 GB/T 1596—2005 中的各项技术指标。

表 3-9 拌制混凝土和砂浆用粉煤灰技术要求

项目		技术要求		
		Ⅰ级	Ⅱ级	Ⅲ级
细度（45μm 方孔筛筛余），（不大于/%）	F类粉煤灰	12.0	25.0	45.0
	C类粉煤灰			
需水量比，不大于/%	F类粉煤灰	95.0	105.0	115.0
	C类粉煤灰			
烧失量，不大于/%	F类粉煤灰	5.0	8.0	15.0
	C类粉煤灰			
含水量，不大于/%	F类粉煤灰	1.0		
	C类粉煤灰			
三氧化硫，不大于/%	F类粉煤灰	3.0		
	C类粉煤灰			
游离氧化钙，不大于/%	F类粉煤灰	1.0		
	C类粉煤灰	4.0		
安定性（雷氏夹沸煮后增加距离），不大于/mm	F类粉煤灰	5.0		

(4) 湿排灰品质差，若不粉磨，不得用于生产泡沫混凝土保温制品。干排灰分为混排灰和分级灰。混排灰是没有分级的粉煤灰，可以选用，但加量不能太大。分级灰按细度和需水量分为三级，在生产泡沫混凝土保温制品时，160kg/m^3 以上密度产品，可选用Ⅱ级或Ⅰ级灰。在生产 150kg/m^3 以下超低密度产品时，可选用Ⅰ级灰。

(5) 磨细粉煤灰，可要求其细度达到比表面积≥750m^2/kg，至少也应达到 550m^2/kg。

(6) 美国标准 ASTM C 618 中，按 CaO 含量将粉煤灰分为 F 类和 C 类。我国标准也按 *f*-CaO 含量分为 F 类和 C 类。F 类和 C 类粉煤灰均可用于混凝土保温制品的生产，但 C 类粉煤灰发泡速度更快，但对凝结及早强有好处。

3.4 用于泡沫混凝土保温制品的硅灰

3.4.1 硅灰的来源与加工

1. 来源

硅灰又名硅粉或硅微粉，含有 80%～95%的活性二氧化硅，故名硅灰。它是指用高纯度石英（天然二氧化硅）冶炼金属硅、硅铁、硅钢或其他硅合金过程中，从电炉烟道废气中收集的超细二氧化硅粉末，其大多数粒径小于 1μm，具有很高的比表面积，主要成分为玻璃态的不定形的 SiO_2。因而它具有很高的活性。在各种辅助胶凝材料中，它的活性是最高的。

在冶炼金属硅时，石英、焦炭被投到电弧炉中，在 2000℃高温下，石英被还原为单质硅，即成为硅金属。大约有 10%～15%的硅被高温化为蒸气，变成气态，进入烟道。在烟道内随气流上升，与氧气结合成一氧化硅（SiO），逸出炉外时，SiO 遇冷空气，再与冷空气中的氧（O_2）结合成为氧化硅（SiO_2），化成固态，以粉尘的形态排出烟囱，经收尘器收集，即为硅灰。

一般生产 1t 硅金属，约排放 0.6t 硅粉；生产 1t 的硅铁合金，约排放 0.2～0.45t 硅灰，排放量相当大。

硅灰的质量与收尘方式有很大的关系。直接收集法质量差，含碳量高。间接收尘法硅灰品质优异，含碳量低。直接收集法是：硅粉在炉内通风降温，出炉温度为 200℃，然后硅粉进入集尘室，将硅粉集存起来。间接收尘法是：硅粉在 800℃高温下出炉，通过余热回收装置，逐渐降温至 150℃以下，让碳充分燃烧，然后再到集尘室，收集硅粉。

硅灰的堆积外观如图 3-3 所示。

2. 硅粉的加工

现在市场上的硅灰有的是原状态，有的是加工灰，有一定的性能差别。

原状态即将硅灰从集尘器取出，装袋出售。其松散堆积密度约为 350kg/m³。

加工灰有两种。一种是在原状态中加入不同的外加剂，供应不同的应用市场。另一种是增密硅灰，即采用机械加压及化学黏聚的方法，缩小它的体积，增大它的密度，以方便运输。增密灰的松散密度约为 500～700kg/m³。

图 3-3　硅灰的堆积外观

建议选用原状灰和增密灰，加入外加剂的硅灰不可使用。因加入的成分和加量不明，会影响泡沫混凝土稳定性。

3. 硅灰的化学成分

硅灰的主要成分是 SiO_2，一般占 90%左右，绝大部分是无定形或玻璃态的，其他成分含量较少，CaO、Al_2O_3、MgO 的含量随矿石的成分不同稍有变化，一般不超过 1%，烧失量为 1.5%～3.0%。一些地区硅灰的化学成分见表 3-10。

表 3-10　一些地区硅灰的化学成分

国家或地区	各地区硅粉的化学成分（质量分数%）							
	SiO_2	Al_2O_3	Fe_2O_3	CaO	MgO	C	R_2O	烧失量
遵义	92.40	0.80	1.10	0.50	1.10	1.00	0.30	2.2
西宁	90.09	0.99	2.01	0.81	1.17	1.00	0.45	2.95

续表

国家或地区	各地区硅粉的化学成分（质量分数%）							
	SiO_2	Al_2O_3	Fe_2O_3	CaO	MgO	C	R_2O	烧失量
唐山	92.16	0.44	0.27	0.94	1.37	1.00	0.99	1.63
甘肃	94.72	1.05	0.73	0.75	0.29	0.27	0.62	2.60
宁夏	93.57	0.43	0.53	0.28	0.73	1.19	1.05	3.02
内蒙古	92.75	0.28	0.59	0.23	0.89	1.30	1.52	3.26
贵州	94.70	0.60	0.10	0.20	0.87	1.80	0.78	2.96
挪威埃肯	88～98	<2.2	<2.2	—	<2.0	<3.45	—	—
日本某厂	89.59	1.38	2.04	0.49	0.70	1.94	2.00	—
加拿大某厂	90.3～92.4	0.54～0.61	3.86～4.54	0.7～0.83	0.41～0.52	0.88～0.98	—	—

硅合金厂的类型是影响硅灰化学成分的主要因素。同一类型硅铁合金冶炼炉所生产的硅粉，具有相对稳定的化学成分。但如生产合金的种类有所变化，或原材料方面有变化，那么所生产硅灰的化学成分也发生变化。例如，在合金中 Si 的含量较高，那么所生产出的硅灰也具有比较高的 SiO_2 含量。

4. 硅灰的结构形态

硅灰是在冶炼硅铁合金或工业硅时，通过烟道排出的硅蒸气氧化后，经特别设计的收尘器收集得到的无定形、粉末状的二氧化硅（SiO_2），分子结构如图 3-4 所示。发生在熔炉里的化学反应很复杂，但是有一个反应涉及 SiO_2 蒸气的形成。这些 SiO_2 蒸气会氧化和凝结成极小球状的非结晶二氧化硅。凝结的二氧化硅烟气，作为这个过程的副产品被从熔炉中出来的气体带走了。由于环境保护需要，要求工业烟道气体在释放到大气之前必须滤去一些特定的物质，于是在烟气通过一个过滤器时就除去其中的硅灰。

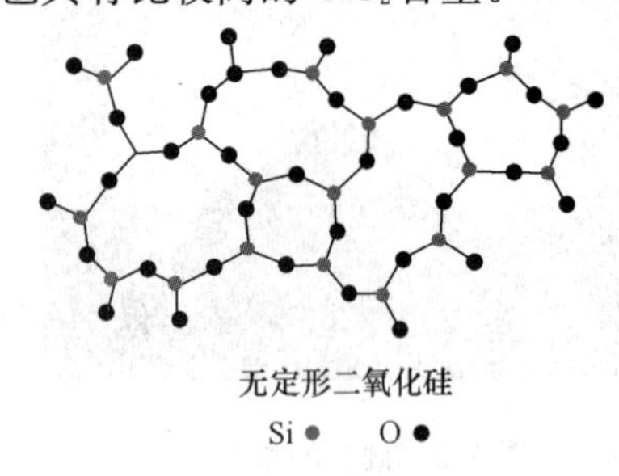

图 3-4　无定形二氧化硅分子结构示意图

5. 物理性能

（1）外观、形状、密度

硅灰一般为灰白色或青灰色，若在原料中加木屑以增加碳元素，排放的硅灰为黑色。以色白者为优，它的含碳量低。

硅灰的形状为非结晶的球形颗粒，表面光滑，在混凝土中有润滑作用，分散的硅灰颗粒形态电子显微状态如图 3-5 所示。

硅灰的密度与粉煤灰相似，为 $2200kg/m^3$。硅灰中部分粒子凝聚成层状或球状的粒子丛，粒子丛之间被吸附的空气层所填充。所以，硅灰的松散堆积密度很低，约为 200～$350kg/m^3$，为水泥的 1/3 左右，其空隙率高达 90%以上。

（2）细度

硅灰的细度可用以下三个方法来表示。

① 粒径。平均粒径 0.1μm，大多小于 1μm，仅为水泥颗粒直径的 1/100。

② 比表面积。硅灰的比表面积约为 15000～25000m^2/kg，平均 20000m^2/kg。而水泥仅为300～350m^2/kg。

③ 筛余量。45μm 水筛，筛余量大多为3%。

图 3-5　电子显微状态的硅灰颗粒形态

3.4.2　硅灰的作用原理

硅灰含有 85%的非晶态 SiO_2，具有很高的比表面积和火山灰活性，特别适合配制高强、高性能及有特殊使用要求的特种混凝土。硅灰掺入水泥混凝土中，具有良好的火山灰效应和微集料充填效应，能改善混凝土的孔结构和密实性。新拌硅灰混凝土的泌水小，和易性好，能提高混凝土的强度和抗渗能力，增强混凝土的抗冲磨、抗空蚀能力，提高混凝土抗化学腐蚀能力等。因此，硅粉的作用被发现不久，就受到世界上工程界的普遍重视与关注，广泛用于高强高性能混凝土中。

1. 微集料填充效应

混凝土在拌制混合物时，为了获得施工要求的流动性，常需要多加一些水，这些多加的水不仅使水泥浆变稀，胶结力减弱，而且多余的水分残留在混凝土中形成水泡或水道，随混凝土硬化，水分蒸发后便留下空隙。这些空隙减少了混凝土实际受力面积，而且在混凝土受力时，易在空隙周围产生应力集中。

混凝土内部泌水受集料颗粒的阻挡而聚集在集料下面形成多孔界面。在集料界面过渡区形成的 $Ca(OH)_2$要多于其他区域，$Ca(OH)_2$晶体生长在较大并有平行于集料表面的较强取向性。平行于集料表面的 $Ca(OH)_2$晶体较易开裂，比水化硅酸钙凝胶薄弱。在水泥浆与集料之间的界面过渡区，由于多孔和有很多定向排列的大 $Ca(OH)_2$晶体，而成为混凝土内部的强度薄弱区。

硅灰的颗粒可充填在水泥颗粒间的空隙上。根据硅灰和水泥的颗粒粒径及比表面积计算，每个水泥颗粒周围，大约可围绕着上万个硅灰粒子，使水泥胶体密实，硅灰的二次水化作用，生成新的物质堵塞毛细孔通道，使大孔减少，水泥胶体更加密实。混凝土中掺入一定量的硅灰后，微小的硅粉颗粒填充于水泥颗粒的空隙间，其效果如同水泥颗粒填充在集料空隙之间和细集料填充在粗集料空隙之间一样，从微观尺度上增加混凝土的密实度，提高了混凝土的强度。Mehta 等用压汞法测量砂浆的孔径分布，掺硅灰的胶体孔径大于 1000Å（1Å $=10^{-10}$m）的数量明显减少。硅灰的这种物理填充和二次水化产物的充填作用，与粉煤灰类似，称之为“微集料填充效应”。

2. 火山灰效应

硅酸盐水泥的矿物组成主要有四种成分，即 C_3S、C_2S、C_3A、C_4AF。C_3S 和 C_2S 在水泥中含量最多，遇水水化首先生成 $Ca(OH)_2$。据估算，生成的 $Ca(OH)_2$约占 C_3S 和 C_2S 总量的 40%，为水泥总量的 20%～25%。水泥在水化过程中，$Ca(OH)_2$浓度不断增加，直至达到过饱和状态，并且析出 $Ca(OH)_2$晶体，在未水化的水泥颗粒及水化产物周围形成一个半稳定状态的$Ca(OH)_2$薄层，延缓了水泥的进一步水化，有人称为潜伏期或抑制期。

掺入硅灰后，由于硅粉中含有大量的高活性SiO_2，与溶液中的$Ca(OH)_2$结合，生成水化硅酸钙(C-S-H)，降低溶液中$Ca(OH)_2$浓度，加速水泥的水化过程。水泥水化时，首先产生$Ca(OH)_2$的决定因素是C_3S。波兰研究人员曾用差热和x衍射分析对掺硅灰的C_3S浆体进行试验，经24h水化，进行x衍射分析表明，当C_3S与SiO_2之比为0.4时，C_3S的水化程度达到40%，而未掺硅灰的只有20%。很明显，硅粉加速水泥水化的原因就是由于低的C/S比，C-S-H胶体迅速形成，降低Ca^{2+}浓度，加速了C_3S的水化。

硅灰中SiO_2与水泥水化产物$Ca(OH)_2$结合，生成水化硅酸钙凝胶，并析出新的非常稳定的C-S-H晶体，减少了大晶格的$Ca(OH)_2$和钙矾石的数量，这就是通常所指的硅灰的火山灰效应。硅灰的火山灰效应能将对强度不利的氢氧化钙转化成C-S-H凝胶，并填充在水泥水化产物之间，有效地促进了混凝土强度的增长。

3.4.3 硅灰性能对泡沫混凝土保温制品生产的影响

1. 不利影响

(1) 延缓凝结时间

掺入硅灰较少时，延缓甚微，基本不明显(3%以下)，当掺量超过6%时，影响已较为明显。当掺量达到10%，已十分明显。随硅灰加入量的增大，延缓明显增加。

泡沫混凝土保温制品的生产要求浆体快凝早强，延缓凝结时间对工艺成型脱模是不利的。但只要控制掺量，这一影响不大。建议将其掺量控制在3%以下，最大5%，以减轻不利影响。

(2) 加大水化热

由于硅灰属于高活性掺合料，在水泥胶凝浆体中水化反应热裂，是胶凝系统3d和7d水化热增加，更易使早期水化热集中，引发热裂。很多人在加入硅灰后热裂加重，应予以注意。

(3) 增加自收缩

硅灰对水泥硬化浆体的自收缩有显著影响。随硅灰掺量增加，水化初期收缩明显增加。资料显示，硅灰掺量分别为3%、6%、10%时，3d的收缩率分别为0.115%、0.179%和0.191%，明显大于未掺硅灰试样的收缩率。掺有硅灰的混凝土，其7d干缩值约为普通混凝土的2倍。当硅灰掺量达6%、10%时，在水化初期迅速增加后，在3～5d之间收缩趋于平缓，但此后6～15d的收缩再次出现加速现象，且伴随硅灰掺量的增大而增大。这种收缩在60d后基本相对平缓。其早期收缩会出现收缩裂纹，形成质量事故。

硅灰加大自收缩的原理有两个：一是它的微集料效应细化了毛细孔，孔越细则孔中液体的收缩力越强；二是它消耗了水泥水化产生的$Ca(OH)_2$，由于$Ca(OH)_2$收缩小，$Ca(OH)_2$对水泥C-S-H凝胶收缩有限制作用。这种限制因素削弱，也加大了收缩。

(4) 降低和易性，增大用水量

硅粉超细颗粒填充水泥粗颗粒之间的空隙，其结果就使体系的粒度分布更合理，而且能置换出部分水泥颗粒间填充的水分。这种填充作用有助于改善混凝土的流动性。因此，改善水泥和硅灰的级配，就能使拌合物中可利用的自由水增加，达到所要求的稠度时降低需水量。但另一方面，因硅灰的比表面积大，硅灰微粒大量吸收水分和增加用水量。一般而言，掺入硅灰会降低混凝土的和易性，需要增加用水量。这可以通过掺加高效减水剂来平衡硅粉对用水量的增加。

2. 有利影响

（1）强度增长幅度大

粉煤灰、火山灰、矿渣等活性掺合料，其火山灰反应对强度的贡献主要发生在28d之后。与此不同的是，硅灰对强度的贡献主要在28d之前，28d后降低。

试验表明，硅灰掺入后，水泥3d强度降低，掺量越大降低则越大。但其早期强度增长较快，7d时抗压强度就接近纯水泥，养护28d后超过纯水泥。其掺量不能过大，当超过8%时，强度倒缩。

一般情况下，硅灰由于其很高的活性，对水泥胶凝体系的强度贡献较大。如果配合高效减水剂，其强度增加可达10%～20%。它对水泥混凝土强度的增加率，高于粉煤灰、矿渣、火山灰等。

（2）减少泌水，增加黏聚性

由于硅灰极细，加入水泥浆中后，会减少水泥颗粒之间空隙，水流动的通道减少，水泥与各种固体原料之间的接触点增多，因而减少了浆体离析和泌水，并提高浆体的黏聚性，这有利于提高浆体的稳定性和成品率。

（3）增加混凝土的密实度，提高抗渗性

硅灰由于微集料对毛细孔的填充效应及高活性水化产物对毛细孔的填充效应，可以大大增加水泥硬化体的密实度。具体到泡沫混凝土，可以提高气孔壁的密实度，不但提高强度，强化了气孔壁，而且使气孔壁毛细孔大量减少。同时，孔壁中7.5～75nm的微孔也会被硅灰填充，优化了孔结构。因此，水及水蒸气的通道被堵塞和减少，抗渗能力比不掺硅灰的提高约1倍。泡沫混凝土保温制品一般用于墙面，虽地面水不会渗透，但雨水及水蒸气还是对其有一定的影响。所以，提高抗渗性还是必要的。

（4）增强抗冻性

抗冻性的提高，是泡沫混凝土目前急需解决的技术问题。由于超低密度泡沫混凝土孔隙率较高，孔间壁毛细孔多，抗冻性就难以达到要求。由于硅灰对毛细孔的填充作用，孔间壁水泥硬化体中大于100nm的孔量减少，而介于5～50nm之间的孔量增多，水进入毛细孔的机会减少，由水引起的冰冻也就可以减少。硅灰的填充对毛细孔溶液净化，提高了毛细孔中溶液的冰点，也有利于抗冻。

（5）提高抗碳化性能

由于硅灰降低了毛细孔率，二氧化碳进入产品内部的通路减少，在一定程度上有利于提高产品的抗碳化性能。

3. 硅灰综合评价

硅灰对泡沫混凝土的有利因素多于不利因素。可以肯定地说，它是生产泡沫混凝土保温制品不可或缺的优质辅助胶凝材料。它的主要作用是提高产品28d的强度，这对低密度制品尤其重要。再者它对水泥胶凝体系的增加密实度作用及优化孔结构作用，可提高产品的抗渗、抗冻、抗碳化性能，改善产品的耐久性。所以，它可以对产品的综合性能做出重大贡献。相比之下，其对凝结的影响、早期水化热的影响，早期塑性收缩的影响等不利影响要小一些。这些不利影响可以通过技术措施解决。用其长避其短，是科学之道。

第4章　发泡剂和泡沫剂

泡沫混凝土随其发泡工艺不同，分为化学发泡工艺与物理发泡工艺。化学发泡工艺所用的发泡剂，称为泡沫混凝土用化学发泡剂。物理发泡工艺所用的发泡剂，称为泡沫混凝土用泡沫剂。

化学发泡剂与物理泡沫剂，在泡沫混凝土生产中，是仅次于胶凝材料的第二位原材料。它们是在胶凝材料硬化体中形成气孔的主要物质基础。由于化学发泡与物理泡沫的发泡原理不同。所以本章将分别予以介绍。

4.1　泡沫混凝土化学发泡剂

4.1.1　化学发泡剂

1. 概念

化学发泡剂是一类能与其他物质产生化学反应或自身在一定温度下裂解，从而产生气体的化学物质。它包括食品用发泡剂，橡胶塑料用发泡剂，油墨涂料用发泡剂，其他工业发泡剂等10多个类型，数百个品种。平常我们制作面包用的碳酸氢钠，实际上也是化学发泡剂。它会在一定温度下裂解，产生二氧化碳而使面团发泡而成为面包。水泥发泡剂与面包发泡剂的原理是类似的。

2. 发泡剂的种类

水泥化学发泡剂依产生气体而发泡的原理，可以分为两大类：热解产生气体的发泡剂与反应产生气体的发泡剂。

(1) 热解型发泡剂

热解型发泡剂均有一定的热解温度。它们在常温下稳定，不产生气体，而在温度升高到一定范围后，就会自身裂解，释放出气体。不同的热解型发泡剂，有着一定而不同的热解温度。可用于水泥发泡的热解型发泡剂，其热解温度应该在45～70℃之间为宜。45℃以下，难以保存，尤其是南方地区，夏天会使它在常温下即发气，无法使用。70℃以上，水泥浆体的温度难以达到，在实际生产中也难以应用。

比较常见的热解型发泡剂有：碳酸氢钠、碳酸氢氨、碳酸二氢钠、碳酸二氢钾等。

(2) 反应型发泡剂

反应型发泡剂很多。广泛使用的反应型发泡剂有几百种，包括了许多能与其他物质反应产生化学反应产生气体的物质。狭义的反应型发泡剂约有几十种，是一类产气量大，反应温度适宜，不需要催化剂等其他反应条件，且发泡速度适宜的物质。真正能用于水泥发泡的合适反应型发泡剂并不多，目前也只有几种而已。因此，水泥化学发泡剂其实只是狭义化学发泡剂中的一小部分。

4.1.2　泡沫混凝土用化学发泡剂

1. 概念

泡沫混凝土用化学发泡剂，是化学发泡剂的专用类别之一。它的发泡原理基本与一般化学发泡剂相同，其最主要的技术特征，就是它适用于胶凝材料的发泡条件，可以在各种胶凝材料浆体中成功发气，形成无数微小独立的气泡，并最终使其结石形成多孔结构。因此，泡沫混凝土用化学发泡剂是对一类适用于胶凝材料发气并使之最终形成气孔的化学发泡剂的总称。在加气混凝土中，又称为加气剂或起泡剂。

2. 类型

可以在胶凝材料浆体中发气并形成气孔的化学发泡剂很多。已经有过研究和应用的品种有：

（1）铝粉和铝粉膏；

（2）其他金属粉及其复合物；

（3）双氧水；

（4）碳酸氢钠与碳酸氢氨；

（5）碳化钙。

除上述所列之外，还有很多其他品种。这些品种按其化学成分分类，有如下几个类型。

（1）活泼金属：如铝粉、镁粉、铁粉、锌粉、钡粉等。其发气原理，主要是活泼金属可以与水反应，产生氢气。以镁粉为例，其反应如下：

$$Mg+2H_2O = Mg(OH)_2+H_2\uparrow$$

（2）单一化合物：如双氧水、碳化钙、过碳酸钠等。其发气原理各不相同。以碳化钙为例，它与双氧水在碱性介质下的氧化还原反应生成氢气不同，它是与水反应生成乙炔气体，其反应如下：

$$CaC_2+2H_2O = Ca(OH)_2+C_2H_2\uparrow$$

（3）多种化合物复合物：如碳酸氢氨等。这类发泡剂必须是两种以上化合物复合使用，才可以发生反应而产生气体，单一成分则不能发气。如碳酸氢钠必须与酸配合，才可以产生二氧化碳气体。其反应式如下：

$$HCl+NaHCO_3 = NaCl+H_2O+CO_2\uparrow$$

3. 品种选择与评述

虽然能够用于胶凝材料浆体中发气的化学发泡剂很多，但是，在长期的生产实践中，经验证好用的品种并不多。其大多数品种均存在发气量小、反应过快过猛而不易控制，或在使用中不安全（如碳化钙易燃易爆）等种种不足。笔者几乎尝试了上述各种化学发泡剂，除双氧水和铝粉之外，其他品种大多不是很适用。而目前在我国泡沫混凝土实际生产中应用的，大部分为双氧水，少量为铝粉，其他品种均没有真正应用。所以，笔者推荐使用双氧水与铝粉膏。

在双氧水与铝粉膏这两个品种中，就目前的技术现状和行业现状，双氧水的优势更多一些。目前，我国泡沫混凝土行业实际应用的，95%为双氧水，铝粉及铝粉膏的应用较少。所以首选品种应为双氧水，次选品种为铝粉膏。双氧水的主要优势为：

（1）价格低，每吨出厂价仅 900～980 元，经济性突出；

（2）液剂，使用方便，比铝粉膏更易计量和混合；

（3）产气量大。浓度为30%的双氧水，1g就可以产生氧气130cm³，若采用次氯酸钙增泡，1g双氧水可产氧气200cm³；

（4）方便易购，各地化工店均有销售，就地可供。我国的双氧水生产厂家也很多。

但从发展趋势上看，泡沫混凝土将逐步走向工艺多样化发展，采用水泥与蒸压硅酸钙相结合的工艺也是很有可能的。因为，随着行业的逐步发展壮大，有实力的大企业将会逐渐增多，蒸压工艺的投资瓶颈将会突破。而加气混凝土工艺在我国已经十分成熟，且生产成本低，利废率高（活性及非活性硅质材料废弃物可达70%以上，水泥可降到10%以下），产品的绿色化程度更高，可以借鉴其工艺。这种水泥与蒸压硅酸钙相结合的工艺，适合采用铝粉膏，而不适合于双氧水。因为，蒸压硅酸钙工艺的基本原理是通过硅钙反应产生胶凝性，其浆体中水泥少，初凝缓慢，对发泡极快的双氧水不适应。双氧水早已发泡结束，而硅钙体系的胶凝性还不足以固定气泡，两者不同步就会引起塌模，给工艺控制造成困难。而铝粉膏发泡相对平稳，速度稍慢，对硅钙体系的发泡更加适应。因此，如果将来有实力的企业采用这种工艺生产，铝粉膏就会更有优势。

总之，双氧水与铝粉膏各有优势。双氧水更适合于以水泥为主的胶凝体系发泡，而铝粉或铝粉膏更适用于以硅钙反应为主的胶凝体系发泡。企业应根据工艺设计而选择不同的发泡剂。

4.1.3 铝粉发泡剂

铝粉发泡剂是金属类发泡剂的一种。

金属粉类发泡剂包括铝粉、锰粉、锌粉、铁粉、铜粉等各种金属粉。目前大量应用的主要是产气量较大，发气平稳，发气速度适宜的金属铝粉，常制成有煤油保护的铝粉膏使用。

1. 铝粉发泡剂的发泡机理

铝的密度仅2.7g/c m³，在标准状态下，每1g铝产生氢气1.24L，因而与其他金属相比用量少，成本低。铝的产量较大，来源比较广泛，已广泛用于加气混凝土生产，工艺上比较好控制，是加气工艺发气的最常用的材料。铝是很活泼的金属，它能与酸作用置换出酸中的氢，也能与碱作用生成铝酸盐。金属铝在空气中很容易被氧化生成氧化铝，其反应式如下：

$$4Al+3O_2 = 2Al_2O_3$$

氧化铝在空气和水中是稳定的。我们日常生活中使用的铝制品，有了氧化铝的钝化保护膜，阻止了金属铝的进一步氧化，但氧化铝在酸性或碱性环境下，就能与酸或碱反应，生成新的盐，使保护层破坏。

金属铝遇水反应，置换出水中的氢，并生成氢氧化铝。

$$2Al+6H_2O = 2Al(OH)_3+3H_2\uparrow$$

我们所使用的发气铝粉，往往颗粒表面已经氧化，生成了氧化铝保护膜，阻止了铝与水的接触。只有消除氧化膜后，铝粉才能进行反应，置换出水中的氢。因此，我们说作为发气剂的铝粉，在碱性环境下，才能进行放气反应。

铝与水反应生成的 $Al(OH)_3$ 是凝胶状物质，也阻碍着水与铝的进一步反应，但 $Al(OH)_3$ 同样也能溶解在碱性溶液中，生成铝酸盐：

$$Al(OH)_3+OH^- = AlO_2^-+2H_2O$$

这样，在碱性环境中，铝就可以不断与水反应，生成氢气，直到金属铝消耗尽为止。

在泡沫混凝土料浆中，碱性物是 $Ca(OH)_2$。因此，铝粉与水的反应可以写成：

$$2Al+3Ca(OH)_2+6H_2O=3CaO\cdot Al_2O_3\cdot 6H_2O+3H_2\uparrow$$

2. 铝粉的生产过程及主要特征

铝粉是将铝锭溶解后，用压缩空气喷成细粒（称喷粉），然后经分选后，取一定粒度的细粉加入密闭的球磨机中磨细而成。为了防止铝粉在磨细过程中氧化，并由此引起燃烧爆炸，除球磨机系统的特殊设计，保证严格密封并充入氮气保护外，还要在铝粉中加入一定量的硬脂酸，使铝粉在磨细过程中一边磨细，一边在颗粒表面形成硬脂酸保护层。现在，通常采用的发气剂铝粉膏，在磨细过程中不加硬脂酸，也不以氮气保护，而是加入介质和各种助剂进行研磨，磨细后的铝浆经离心浓缩而成膏状体。研磨介质有两类：一种是矿物油，由此制得的铝粉膏称为油性铝粉膏；另一种是水，形成的铝粉膏为水性铝粉膏。

铝粉表面的硬脂酸，在使用时，必须除去，即脱脂。常用的方法有烘烤法和化学法两种。烘烤法已不多用，化学法是以化学脱脂剂与铝粉一起搅拌而脱去表面的硬脂酸，常用的化学脱脂剂有拉开粉（二丁萘磺酸钠）、平平加（高级脂肪醇环氧乙烷）、皂素粉或皂素植物浸出液及普通洗衣粉等。

用于加气混凝土生产的铝粉，并不单能与水反应产生氢气这么简单。前面我们讨论了加气混凝土的强度，其中包括加气混凝土的气孔结构。要形成理想的气孔结构，就必须是铝粉的发气与加气混凝土料浆的稠化硬化相适应，这就要求铝粉不仅要有较多的金属铝含量，即能参加反应，置换水中氢的铝——活性铝的含量；而且要求一定的细度及颗粒形状，以保证合适的发气曲线。

3. 铝粉的技术要求

铝粉的覆盖面积：是指单位质量的铝粉在水面上按颗粒单层连续排列时所占的面积。铝粉覆盖面积的大小在一定程度上反映了铝粉颗粒的细度大小和颗粒的形状特征，随着铝粉颗粒细度和片状颗粒含量的增加，其覆盖面积增大。实际上，要求铝粉有足够的细度，而且有许多片状的颗粒，这样才能有较大的覆盖面积。用于生产加气混凝土的铝粉其覆盖面积要求在 4000～5000 cm^2/g。

活性铝的含量：活性铝是指能与水发生反应，放出氢气的铝。理论上，1g 纯铝在 0℃时，产气量约 1.24L，但实际发气量取决于能参加反应的活性铝的含量，一般要求铝粉含铝量大于 98%，活性铝含量大于 89%。

4. 铝粉的质量控制

我国国家标准《铝粉》GB/T 2085.2—2007 规定铝粉的质量标准是：发气铝粉呈银灰色，花瓣状；发气铝粉应无异类夹杂物和粉块；发气铝粉的粒度、盖水面积和化学成分见表 4-1。

表 4-1　铝粉的质量指标

牌号	粒度分布		活性铝不小于（%）	油脂不大于（%）	盖水面积（m^2/g）
	粒度（μm）	质量分数（%）			
FLQ80D	80	1.0	85	2.8	0.42
FLQ80E	80	1.0	85	2.8	0.60
FLQ80F	80	0.5	85	3.0	0.60

生产用铝粉的技术要求：

（1）外观：片状铝粉应为银灰色，呈散片状，无结块，不含机械杂质；

（2）颗粒形状：应为片状；

（3）盖水面积：4000～6000cm^2/g；

（4）铝粉活性（按标准情况放出的氢气的数量来计算）；

（5）2min 产气 0～4mL；

（6）8min 产气 35～45mL；

（7）16min 产气 58～70mL；

（8）活性铝含量：≥88%；

（9）有机化合物含量：≤1.5%。

5. 铝粉膏质量控制

铝粉膏是含有液体保护剂的膏状铝粉制品，它和铝粉一样用作加气混凝土的发气剂，其发气特性曲线和铝粉的发气特性曲线相近，但与铝粉相比，具有更大的安全性，应用日益广泛。目前，我国大部分加气混凝土厂，都使用铝粉膏为发气剂。

铝粉膏的特性：一是不会起尘。众所周知，铝是一种轻金属，其粉尘极易飞扬，而当这种尘雾浓度达到每立方米空气中有 30～40mg 时，若遇到火星即可发生爆炸。因此，使用铝粉作发气剂时，其作业场地需采取高危爆炸预防措施。而采用铝粉膏则无粉尘飞扬，在搬运、称量时比较安全方便。二是不会产生静电。导致铝粉在使用过程中产生燃烧爆炸的因素之一，是干铝粉与金属快速摩擦产生静电荷，当静电场电压达到一定程度即可形成电火花而引爆。而铝粉膏则不易产生静电。三是不怕潮。干铝粉很怕受潮，因为少量水混入铝粉中时，由于水和水中各种微量有害溶剂的共同作用，可能使铝粉缓慢氧化而导致自燃，往往造成火灾。而铝粉膏通常含有憎水性保护剂，或者本身就是水剂制品，因而不怕潮湿。四是便于称量。由于以上三个特性，铝粉膏可以在称量时按常规操作，不必像称量铝粉一样在密闭防尘的环境下进行。五是有一定的稳泡功能。有的铝粉膏在制造过程中要加入多种表面活性物质，这些物质可以起到稳泡作用，因此，在工艺条件允许的情况下，可以省去或者少用稳泡剂。

我国行业标准《加气混凝土用铝粉膏》（JC/T 407—2008），对其技术要求规定见表 4-2。

表 4-2 加气混凝土用铝粉膏技术要求

<table>
<tr><th rowspan="2">品名</th><th rowspan="2">代号</th><th rowspan="2">固体分（%）</th><th rowspan="2">固体分中活性铝（%）</th><th rowspan="2">细度 0.075mm 筛余（%）</th><th colspan="3">发气率（%）</th><th rowspan="2">水分散性</th></tr>
<tr><th>4min</th><th>16min</th><th>30min</th></tr>
<tr><td rowspan="2">油剂型铝粉膏</td><td>GLY-75</td><td>≥75</td><td rowspan="2">≥90</td><td rowspan="4">≤3.0</td><td rowspan="2">50～80</td><td rowspan="4">≥80</td><td rowspan="4">≥99</td><td rowspan="4">无团粒</td></tr>
<tr><td>GLY-65</td><td>≥65</td></tr>
<tr><td rowspan="2">水剂型铝粉膏</td><td>GLS-70</td><td>≥70</td><td rowspan="2">≥85</td><td rowspan="2">40～60</td></tr>
<tr><td>GLS-65</td><td>≥65</td></tr>
</table>

4.1.4 双氧水发泡剂

1. 双氧水发泡剂详介

(1) 简况

双氧水为俗称，其化学名称为过氧化氢。双氧水是由两个氢原子和两个氧原子以共价键的形式结合形成的化合物，结构简单。它在常温下为液体，商品为27.5%（质量分数）水溶液供应，30%～50%的较少。

双氧水在1818年由法国化学家Thenard在实验中发现，至今将近200年。目前，我国的年产量约为40万吨，年产2.5万吨以上的生产企业约有20家左右。它的传统应用主要为漂白剂，化学合成的还原剂及氧化剂。其大量应用于泡沫混凝土只是近10多年的事。

(2) 物理性质

过氧化氢的分子式为H_2O_2，相对分子量34.016。

纯液态双氧水是无色、无味的液体，可以与水以任何比例混合。在一定条件下，可形成固体。它还可以溶于许多有机溶剂，如醇、醚、酯、胺等。

在−0.43℃时，固体双氧水的密度为1.47g/cm^3，25℃时的溶液（27.5%）的密度约为1.10g/cm^3。

表4-3为双氧水部分物理性能数据。表4-4为双氧水与水的物理性质的比较。

表4-3 双氧水部分物理性能数据

含量（质量分数%）		27.3	30	35	45	50	60	70	85	100
含量（g/kg）		273	300	350	450	500	600	700	850	1000
体积质量（g/L）		300	330	396	529	598	745	902	1161	1254
活性氧	含量（质量分数%）	12.8	14.1	16.5	21.2	23.5	28.2	32.9	40.0	42.3
	体积比	100	111	132	176	199	249	301	386	419
密度（20℃）（g/mL）		1.100	1.111	1.132	1.173	1.196	1.241	1.288	1.366	1.393
熔点（℃）		−23	−26	−33	−51	−52	−56	−40	−18	−12
沸点（℃）		105	106	108	112	114	119	125	137	141
总压（30℃）（mmHg）		26	25	24	20	18	14	11	6	5
过氧化氢分压（30℃）（mmHg）		0.2	0.26	0.3	0.5	0.6	0.9	1.3	1.9	2.2

表4-4 双氧水与水的物理性质比较

名称	单位	过氧化氢	水
分子式	—	H_2O_2	H_2O
相对分子质量	—	34.016	18.016
凝固点	℃	−0.43	0.00
沸点	℃	150.2	100.00
汽化热	—	—	—
20℃	cal/g cal/g	362.7 331.2	533.4 539.7
临界温度	K	730	374.2

续表

名称		单位	过氧化氢	水
临界压力		MPa	21.7	22.1
比热容	−25℃（固）	cal/（g·℃）	0.409	0.458
	25℃（液）	cal/（g·℃）	0.628	0.9989
	25℃（汽）	cal/（g·℃）	0.323	0.4454
密度	凝固点（固）	g/cm^3	1.71	0.9164
	25℃（液）	g/cm^3	1.44	0.9971
黏度	0℃	mPa·s	1.819	1.792
	20℃	mPa·s	1.249	1.002
表面张力		mN/m	80.4	72.75
折射率		—	—1.4084	1.3330

（3）化学性质

双氧水的主要化学性质为还原性与强氧化性，因此，它是还原剂，也是氧化剂。

① 还原性

还原性即在化学反应中化合价升高，被氧化。因为结构不稳定，所以容易被氧化。双氧水做还原剂时，它的氧化产物是氧气。

② 氧化性

纯过氧化氢具有很强的氧化性，一遇到可燃物即着火。在水溶液中，它是常用的氧化剂。它的氧化作用在碱性溶液中较快。在用它做氧化剂的体系中，双氧水的还原产物是水，不会给反应体系引进不必要的杂质。

2. 双氧水的来源

双氧水自1818年发明以来，工业化生产经历了最早的酸解过氧化物法、电解-水解法、异丙醇法、氢氧直接合成法等，直到如今广泛应用的蒽醌法，越来越先进。现有双氧水99%以上采用蒽醌法。它是以蒽醌为载体，钯为催化剂，直接进行蒽醌的氢化和氧化，相当于间接以H_2和O_2合成H_2O_2。合成工艺为：氢化、氧化、萃取、纯化四个工序，即合成H_2O_2。

3. 双氧水的分解

双氧水在泡沫混凝土中的发气，是依靠其分解反应产生氧气。因此，双氧水的分解性能及分解规律，对泡沫混凝土的产量是极其重要的。其分解不足，会影响其产气量，其分解速率过大则会来不及操作。要想很好地利用双氧水，就必须了解双氧水的分解性能与规律。

双氧水在纯净状态下是非常稳定的，一般在常温常压不会产生分解。但在加入催化剂、升温、加压、辐射等条件下，双氧水就会分解而形成水和氧。其分解式为：

$$2H_2O_2 = 2H_2O + O_2$$

双氧水的分解对其储运、使用过程是有害的，过度剧烈的分解可引发燃烧和爆炸。所以，在双氧水的生产、储运、使用过程中，人们利用的只是它的分解产氧性能。具体到泡沫混凝土也是如此，双氧水不分解也就不可能发泡。所以，我们要求的是双氧水良好的储运稳定性和安全性，而应用于泡沫混凝土生产时，又要求它具有良好可控的分解性。

双氧水分解因素有以下几种：

（1）催化剂

双氧水的分解催化剂有很多。许多化学物质都可以使它分解，常见的分解催化物质有以下几大类：

① 重金属、过渡金属元素

这些物质都具有较强的分解活性；其同族元素的分解催化活性，随原子量增加而增强。如分解活性：锌＜镉＜汞；锡＜铅。通常，在双氧水中加入这些重金属，会促进和加快其分解作用。

② 酸和碱

氢离子对双氧水的分解有显著的影响。向双氧水中加入酸和碱，都会加快其分解。酸性和碱性越强，双氧水的分解就越快，发气越迅猛。在双氧水中加入硫酸、盐酸、硝酸、磷酸、氢氟酸等，都会随 pH 值的降低，而使双氧水的分解速度加快。当加入浓硝酸时，会使分解过于激烈而引发爆炸。准确地说，双氧水的分解速度与氢离子浓度改变有关。但酸根的阴离子也能使双氧水分解，构成另外一种独立的分解系统（如硝酸）。硝酸之所以催化其分解作用更强，即为此原因。

碱的分解作用更强烈，但也更复杂，对其影响分解的研究远不如酸。在 pH 值较低时，是均相分解；pH 值较高时，是均相与非均相分解。其分解速度随碱性提高而加快。氢氧化钠、氢氧化钙、氢氧化铝、氢氧化镁等碱性物质，对其有较高强的加速分解作用。通用水泥的水化产物含有大量的氢氧化钙，而镁水泥的水化产物因含有大量的氢氧化镁，所以，双氧水的发泡速度很快。有些原料若有碱性成分，也可加快其分解产气。

一般认为，在碱性溶液中分解 HO_2^- 起到活性中心的作用，而在酸性溶液中 $H_3O_2^+$ 起到活性中心的作用。

③ 元素及化合物

研究表明，有许多元素及其化合物对双氧水均有分解作用。其催化分解双氧水的过程，都存在一个氧化还原的反应环。首先，催化剂被氧化或还原产生活性基，与双氧水反应产生氧和水，同时，被氧化或还原生成新的活性基。如此氧化还原的循环使双氧水分解为水和氧气。

这些元素及其化合物如碳（包括活性炭、石墨等）、磷、氮、卤素、铝、氟化物、醋酸盐等，都对双氧水有不同程度的分解作用。这类化学物质至少也有 100 种以上，只是作用强弱不同而已。

（2）温度

实验证明，温度对双氧水的分解有很强的影响作用。即使纯净的双氧水，温度的增高也可强烈促进其分解，高纯度的双氧水，在升温下测定其分解速度，温度每上升 10℃，其分解速度提高 1 倍。

影响双氧水分解速度的温度，包括环境温度、其液体自身温度、其反应体系的温度、外加水的温度等。因此，双氧水在储存过程中不可阳光暴晒，不可放在温度较高的地方。否则，包装桶内氧气过量将会使包装桶胀爆。这表现在泡沫混凝土的生产中，不可水温过高，也不可升温过高，否则，会因发泡过快而难以操作。

（3）辐射分解

双氧水的辐射分解可分为两类：第一类是光化分解，如紫外线引起的分解；第二类是放化分解，主要是高能放射线，如 X 射线。

光化分解的因素是光的强度。中等浓度以下的双氧水，吸收中等辐射时，其分解速度与浓度成正比，与光强的平方根成正比。日光直照含量为 90%的双氧水，室温下每天分解 1%；若日光直照 27.5%的双氧水，45℃下每天分解 0.5%。放化分解，在日常不多见，主要特点是产生离子化和自由基。这种分解在实际应用中影响很小。

辐射分解对泡沫混凝土生产的意义，是要重视双氧水在储运过程中的分解避免阳光暴晒，并不得存放在紫外光的环境中，避免其分解。

（4）电解分解

双氧水也可以电解分解，生成氢气和氧气。电流密度较高时，其电解反应可按下式进行：

$$H_2O_2 \longrightarrow H_2 + O_2$$

目前，电解分解在泡沫混凝土的生产中，还不具有实际意义。

4. 双氧水的产品标准

我国工业双氧水产品执行国家标准 GB 1616—2014，产品规格为 27.5%、35%、50%、60%、70%。由于历史原因，国内比较常用的规格为 27.5%，另外还有 35%和 50%两种规格。GB 1616—2014 规定了工业双氧水的技术要求、检验方法、采样要求和包装运输的有关规定。有关技术指标要求见表 4-5。

表 4-5　双氧水技术要求

项　目	指标					
	27.5%		35%	50%	60%	70%
	优等品	合格品				
过氧化氢(H_2O_2)(质量分数%)，≥	27.5	27.5	35.0	50.0	60.0	70.0
游离酸(以 H_2SO_4 计)(质量分数%)，≤	0.040	0.050	0.040	0.040	0.040	0.050
不挥发物(质量分数%)，≤	0.06	0.10	0.08	0.08	0.06	0.06
稳定度(质量分数%)，≥	97.0	90.0	97.0	97.0	97.0	97.0
总碳(以 C 计)(质量分数%)，≤	0.030	0.040	0.025	0.035	0.045	0.050
硝酸盐(以 NO_3 计)(质量分数%)，≤	0.020	0.020	0.020	0.025	0.028	0.030

5. 双氧水的选购与安全使用

（1）选购

双氧水的生产厂家在我国至少有几十家，以华东、中南、华北较多，其他地区较少。其工业级产品以 1200kg 每桶供应。图 4-1 为工业级产品包装外观。目前的出厂价约为 900～1000 元/t。其商品大多为 27.5%～35%（质量分数）。在泡沫混凝土行业，大多选用 27.5%。购买时，应尽量从原厂家进货，一是质量有保证，二是价格低，三是库存期较短。合格品应为无色透明状且无杂质。双氧水不易长时间保存，以两个月内用完为宜。

（2）安全使用

双氧水应保存在阴凉低温处，温度每升高 10℃，其分解速度增高 2.2±0.1 倍。不能放在高温或阳光下，日光能使之每天分解 1%。否则它易在高温下分解产生氧气，使包装桶胀裂，并使双氧水失效。

图 4-1　工业级产品包装外观

双氧水为强氧化剂，对皮肤、眼睛、衣服等有腐蚀性，操作时应戴手套，以防伤手伤身。倾倒时应严防溅入眼中，最好戴防护眼镜。一旦被烧伤，应立即用水冲洗。

双氧水使用不当，会引发爆炸。其引发爆炸的因素及防爆注意事项如下：

① 机械撞击、冲击、强烈震荡，容易引发爆炸。在双氧水装卸搬运过程中，其包装桶应轻搬轻放，不可动作猛烈，避免野蛮作业。

② 双氧水在高温下分解，使包装容器内的压力升高，最终导致爆炸。其预防措施是，采用强度较好的包装，并避免包装有双氧水的包装桶在阳光下暴晒或存放处温度过高。若存放在室外，一定要有遮光覆盖物。另外存储大桶要有排气孔。

③ 双氧水遇强酸、强碱、有机物等均会发生剧烈反应，易引发燃烧或爆炸。因此，双氧水不可和强酸、强碱、有机物存放在一起，也不得直接采用强酸、强碱作为催化剂。当采用这些物质做外加剂时，应用水稀释到低浓度使用。像乙醇、乙二醇等有机物，绝不可作为外加剂直接用于双氧水，它们与双氧水混合后，爆炸力相当于高爆炸药。1g 双氧水分解，只释放 1.6kJ 的能量，而 1g 乙二醇与其混合，能量释放提高 6～7 倍。有机物与双氧水配合使用，必须先做安全咨询与评估，不可私自乱用。

④ 双氧水溶液上方的蒸汽，在一定条件下积聚到危险浓度时，也会产生分解爆炸和燃烧。大量存放和使用双氧水的室内，要适当通风，并避免吸烟、静电、火花等引燃引爆因素存在。在常压下，当空气中双氧水蒸汽含量达到 39.9%，最易引起爆炸。

4.2　物理泡沫剂

4.2.1　泡沫剂的一般概念

泡沫剂是具有较高表面活性，能有效降低液体的表面张力，并在液膜表面双电子层排列而包围空气，形成气泡，再由单个气泡组成泡沫的一类表面活性剂及活性物质。

4.2.2 泡沫剂的广义概念与狭义概念

泡沫剂有广义与狭义两个概念。这两个概念是有一定差别的，它可以区分非应用性的泡沫剂与应用性泡沫剂。

1. 广义泡沫剂

广义的泡沫剂是指所有其水溶液能在引入空气的情况下大量产生泡沫的表面活性剂或表面活性物质。大多数表面活性剂与表面活性物质均有大量起泡的能力。因此，广义的泡沫剂包含了大多数表面活性剂与表面活性物质。因而，广义的泡沫剂的范围很大，种类很多，其性能品质相差很大，具有非常广泛的选择性。

广义的泡沫剂的发泡倍数、产泡能力、泡沫稳定性、可用性等技术性能没有严格的要求，只表示它有一定的产生大量泡沫的能力，产出的泡沫能否有实际的用途则没有界定。

2. 狭义的泡沫剂

狭义的泡沫剂是指那些不但能产生大量泡沫，而且泡沫具有优异性能，能满足各种产品发泡的技术要求，能用于生产实际的表面活性剂或表面活性物质。它与广义泡沫剂的最大区别就是其应用价值，体现其应用价值的是其优异性能。其优异性能表现为发泡能力特别强，单位体积产泡量大，泡沫非常稳定，可长时间不消泡，泡沫细腻和与使用介质的相容性好等。

狭义的泡沫剂就是工业上实际应用的泡沫剂，一般人们常说的泡沫剂就是指这类狭义泡沫剂。只有狭义的泡沫剂才有研究和开发的价值。

3. 水泥泡沫剂的概念

水泥泡沫剂属于狭义泡沫剂的一个类别，而不是所有的狭义泡沫剂。在狭义泡沫剂中，能用于泡沫混凝土的只是很小的一部分，是极少的。这是由泡沫混凝土的特性及技术要求所决定的。在工业生产和日常民用中，泡沫剂的用途千差万别，不同应用领域对泡沫剂就有不同的技术要求。例如，灭火器用泡沫剂只要求其瞬时发泡量和对氧气的阻隔能力，而不要求其较高的稳定性和细腻性。再如矿业用浮选泡沫剂，只要求它对目的物的吸附力强并有较好的起泡力，对发泡倍数和稳泡性要求不高。如此等等，不一一列举。泡沫剂目前几乎应用到各个工业领域，用途十分广泛。各行业对泡沫剂的性能要求显然是不一样的，一个行业能用的泡沫剂到另一行业就不能使用或效果不好。同理，泡沫混凝土所用泡沫剂是针对混凝土发泡来提出技术要求的。它除了有大泡沫生成能力外，特别还有较强的泡沫稳定性、泡沫细腻性、泡沫和水泥等无机胶凝材料适应性等。能满足这一要求的狭义泡沫剂也是少之又少，大多数泡沫剂是不能用于泡沫混凝土实际生产的。因此，泡沫混凝土泡沫剂必须是符合上述技术要求的少数表面活性剂或表面活性物质。正是因为概念上的模糊，使许多人在实际应用时陷入了一个很大的误区，混淆了“泡沫剂”与“泡沫混凝土泡沫剂”两个不同的概念，凡是泡沫剂都买来使用，结果达不到发泡效果，生产不出合乎要求的泡沫混凝土。事实上，市场上很多名称为“泡沫剂”的东西，并非泡沫混凝土泡沫剂。为了叙述简便，本书以后所述的泡沫剂，除特殊说明外，均是指泡沫混凝土泡沫剂，而非广义或狭义泡沫剂。

因此，泡沫混凝土用泡沫剂是一类能用于制备泡沫混凝土的表面活性剂或表面活性物质，溶于水后能够降低液体表面张力，可通过物理方法产生大量均匀而稳定的泡沫。将泡沫加入无机胶凝材料料浆中，经浇注成型和养护，硬化后便可形成多孔轻质泡沫混凝土。

4.2.3　水泥泡沫剂生产应用概况

水泥泡沫剂在我国的应用已有60多年的历史。在20世纪50年代初，我国就开发出松香皂和松香热聚物这两种泡沫剂并用于砂浆和泡沫混凝土。这两种泡沫剂几十年来在国内应用十分普遍，为建材、建筑业界所熟悉，这是我国的第一代泡沫剂，至今仍有较大的应用。在20世纪80年代之后，随着我国表面活性工业的兴起，合成类表面活性剂型泡沫剂开始应用，并取代了相当一部分松香皂和松香热聚物，成为泡沫剂的一个主要品种。这是我国第二代泡沫剂的发展时期。20世纪末期，意大利、日本、韩国、美国等发达国家的高性能蛋白型泡沫剂，开始随着市场的开放进入我国，并逐渐显示出其高稳定性的优势，得到了较大的应用。在国外蛋白泡沫剂的促进下，我国青海等地也开发出多种牌号的动物蛋白泡沫剂，植物蛋白泡沫剂也开始在东南沿海地区出现并推广应用，我国进入了第三代泡沫剂的开发应用时期。如今，我国的泡沫剂正从第三代向第四代过渡，泡沫剂由单一成分逐渐向多成分复合发展。但这仅仅是开始，复合技术还有待完善和提高，我国完全进入复合泡沫剂时代还需时日。所以，我国目前是第一代松香类、第二代合成类、第三代蛋白类、第四代复合类同时存在和应用，没有哪一种被完全淘汰，也没有哪一种完全独霸泡沫剂市场。造成这种泡沫剂“春秋时代”的原因，是因为许多人对泡沫剂的基本知识还比较缺乏，对泡沫剂难以区别，选择无序，在使用上盲目的成分很大。这就使低性能的泡沫剂不见得被人放弃，高性能的泡沫剂也不见得被人优选。随着泡沫混凝土的高速发展及泡沫混凝土知识的逐步普及，人们对泡沫剂会有一个更深入、更全面、更透彻的了解，使之选择和使用逐步理性和科学。届时，优质高性能泡沫剂自然会全面发展，而低性能的泡沫剂也会自动退出市场，这是必然的结果，不以人的意志为转移。先进的东西总要淘汰落后的东西，市场是无情的。

我国的泡沫剂种类很多，其分类方法可以有以下三种：

（1）按在我国的应用代次，可分为第一代松香皂，第二代工业合成表面活性剂，第三代蛋白类，第四代复合类；

（2）按其主要成分，可分为：表面活性剂类、蛋白类、其他类；

（3）按其性能，可分为：普通类、高稳定性类、防冻低温类、各种专用的品种类。

在笔者2006年出版的《泡沫混凝土实用生产技术》一书中，曾把泡沫剂按我国的应用代次分类。这种分类，既可让读者了解泡沫剂的演变历程，又可了解其成分类别，还可更清楚地了解泡沫剂发展趋向。因此本书仍然按这种分类方法对泡沫剂进行详细的介绍。

1. 松香树脂类泡沫剂（第一代泡沫剂）

松香类泡沫剂属于阴离子表面活性剂，与合成表面活性剂同为一个大的类型。但由于它大多采用天然树脂人工熬制加工而成，而合成表面活性剂大多采用石油化工原料工业化合成，因此在外加剂行业，人们历来都把它单列为一个表面活性剂类型，而不归于合成表面活性。

松香类活性剂有三个品种：松香皂、松香酸钠、松香热聚物。松香皂是以松香和无水碳酸钠及水反应制得，松香热聚物是由松香和苯酚、硫酸、水反应制得。在外加剂行业，松香类表面活性剂被作为引气剂使用，早在20世纪40年代就已从美国引进我国生产和使用。在泡沫混凝土行业，松香类表面活性剂被作为泡沫剂应用，早在20世纪50年代初就由中科院土木所黄兰谷教授从前苏联引进我国生产和应用。引气用松香类表面活性剂与泡沫混凝土用表面活性剂在生产方法上和产品性能上有一定的不同，泡沫剂用松香类表面活性剂的稳泡性和起泡性更为优异。

松香皂与松香热聚物由于生产工艺控制不如松香酸钠简便，其生产成本高于松香酸钠，性能上也不如松香酸钠。因此，在实际生产中应用的，主要是松香酸钠，松香皂与松香热聚物很少。在泡沫混凝土行业，由于前苏联传入我国的技术均是松香酸钠，所以，几十年来，我国泡沫混凝土行业应用的，基本均为松香酸钠。但前苏联把松香酸钠、松香皂都称为“松香皂化物”简称松香皂，所以，我国几十年来也把松香酸钠称为松香皂。

这类泡沫剂均是以松香作为主要原料制成，应用最早也最为普遍。松香的化学结构比较复杂，其中含有松香脂酸类、芳香烃类、芳香醇类、芳香醛类及其氧化物等，分子式可表示为 $C_{20}H_{30}O_2$。松香树脂泡沫剂又名引气剂，它的主要品种有松香皂和松香热聚物两个。其最初均是作为混凝土砂浆引气剂来开发应用的，后来又扩展应用为泡沫混凝土的泡沫剂。

（1）松香皂（松香酸钠）

因松香中具有羧基（—COOH），加入碱以后，会产生皂化反应生成松香酸皂，故取名为松香皂。它的主要成分是松香酸钠，因此，松香皂和松香酸钠是同一种物质。无论是采用何种工艺加工，只要其主要的活性物质是松香酸钠，都应该统称为松香皂。如果再分成为松香酸钠和松香皂，又会陷入概念上的混乱，给使用者的购买和应用都造成不便。属于阴离子表面活性剂的范畴。

松香皂是一种棕褐色透明状膏体，含水量约22%，加水稀释后为透明澄清液，不混浊，无沉淀，有松香特有的气味，pH 值约 8～10，表面张力约为（2.9～3.1）$\times 10^{-2}$N/m。

松香皂是 20 世纪 30 年代最先由美国研制开发的。我国从 20 世纪 40 年代起仿制生产松香皂，50 年代曾作为引气剂应用于佛子岭、梅山、三门峡等大型混凝土水库大坝和一些港口工程，以微气孔来提高其抗渗性和抗冻性。50 年代初从前苏联引入生产技术后，它又开始作为泡沫剂使用，至今仍有大量应用。

① 松香皂的技术特点和性能

松香皂的技术特点是生产工艺简单、成本低、价格低、发泡倍数性一般但稳泡性较好，其突出优点是与水泥相容性好，可与水泥中的 Ca 反应，生成不溶性盐，泡沫稳定性增加，并有一定的增强作用。与合成类表面活性剂相比，它对泡沫混凝土的强度提高更有利。另外当其应用于镁水泥时，有一定的改性功能。

松香皂的不足，是在使用时需要加热溶解，比较麻烦，不如其他泡沫剂使用简便。大致讲，它可以作为一种中档泡沫剂使用。在泡沫混凝土制品技术要求不是太高时可以选用。

松香皂的主要技术性能见表 4-6。

表 4-6　松香皂的技术性能

外观	气味	有效成分	稀释方法	pH 值	发泡倍数	1h 沉降距（mm）
棕褐膏状	强烈松香味	77%	66℃热水	7～9	25～30	10～30

② 松香皂的生产方法

松香皂的生产方法，目前比较成熟的有两种：氢氧化钠皂化法（传统称为松香酸钠法）、碳酸钠皂化法（传统称为松香皂法）。二者的生成物均为松香酸钠，所以传统的称谓是不准确的，两者只是工艺不同而已，原理均是松香的皂化。

氢氧化钠法是先将氢氧化钠加水溶解为规定浓度，同时，在另一容器中将松香热熔为糊状，然后缓慢将松香液加入到氢氧化钠溶液中，在不停搅拌下使松香与氢氧化钠进行皂化反应。反应结束后，加入在另一容器中已经热熔好的骨胶中（或明胶、阿拉伯胶），搅拌均匀，即为成品。其性能的高低，取决于氧化钠与松香的比例（碱的浓度），以及松香的品种和质量，皂化反应时间等。不同配比和不同反应时间所生产的松香皂，产品性能会有很大的差距。

碳酸钠法与氢氧化钠法的工艺流程基本相同，只是把氢氧化钠换成碳酸钠，调整配比及工艺参数而已。

③ 松香皂的选购

我国松香皂生产者很多，大多为粗放生产，许多产品质量不高，其共同存在的问题是：不精确的皂化值配比，凭感觉粗放投料，反应皂化没有准确的终点，皂化不充分，反应温度在大锅中无法控制。因此，产品性能不稳定，一锅一个样，发泡性能与稳泡性能均较差。更重要的，许多生产者大量加水稀释后销售，迎合购买者追求低价的心理，1t稀释为5～10t销售，使性能大为下降。所以，在选购时应注意以下几点：

a. 正宗高品位的松香皂为膏状，加热后才会形成浆状。若常温下为稀浆状，即为稀释品；

b. 高含量的松香皂松香味特别浓，开桶扑鼻，低含量的松香味要淡得多；

c. 高含量产品在稀释倍数大于30倍的情况下，仍可达到发泡倍数大于25倍，劣质产品达不到这一要求。

（2）松香热聚物

① 简介

松香热聚物是世界上出现最早的泡沫剂，由美国1937年首创，称为“文沙”树脂，Vinso于1938年获得专利。它是泡沫剂的始祖。文沙树脂最早是由松树的根部含木松香的浸出物经过精制过程而得到的副产品。其性质与松香皂很相近。它最初的应用，是以产生的微小气泡（称微沫），来改善混凝土的保水性、水工工程的抗渗、寒冷地区路面及大坝施工的抗冻等。日本于20世纪40年代从美国引进“文沙”技术，由山宗化学株式会社生产，并用于日本著名的奥只见坝、田子仓坝等大型水工工程。此后，世界各国也纷纷引进或模仿“文沙”生产技术，使松香热聚物在世界范围内广泛应用，并使其由引气剂延伸为泡沫剂，用途更加广泛。我国于20世纪曾广泛生产和使用过松香热聚物。近年，由于其他引气剂与泡沫剂的兴起，其用量日益减少，现在使用不多。

② 技术原理

将松香与苯酚、硫酸等几种物质做原料，以适当的比例混合投入反应釜，在70～80℃环境下反应6h后得到钠盐缩合热聚物产品，即可得到松香热聚物，它是一种棕褐色膏状体。不过这个反应过程相当复杂，松香中的羧酸和酚类的羟基发生缩合反应生成脂类，所形成的大分子再与碱反应生成缩聚物的钠盐，其产物也是类属于阴离子表面活性剂。

③ 技术特点

和松香皂相比，松香热聚物的产量和用量都要低得多，不如松香皂受欢迎。这主要是因为松香热聚物的性能与松香皂虽然大体相当，但它的生产成本和价格却较高，不利于市场竞争。另外，它的生产以苯酚为原料，而苯酚有毒性，有生产安全问题和环境问题。这一切，决定了它没有多大的优势，因而推广受到限制。从目前的情况看，它也不如松香皂的应用普遍。因此，本书不再对其进行更详细的介绍。

2. 合成表面活性剂类泡沫剂（第二代泡沫剂）

继松香类泡沫剂之后，我国在20世纪后期，开发了各种合成表面活性剂类泡沫剂。这类泡沫剂在国外于20世纪50年代就广泛地应用于水泥发泡，但由于当时我国的表面活性剂工业没有发展起来，所以一直没有开发应用。直到1980年以后，由于我国表面活性剂工业的规模化发展，这一类泡沫剂才逐渐得到开发，并在近几年成为泡沫剂的主流型产品之一。目前，市场上出售的大部分商品水泥发泡剂，均是合成表面活性剂类，约占泡沫剂总产销量的60％。

合成表面活性剂类泡沫剂按表面活性剂的离子性质，分为阴离子型、阳离子型、非离子型、两性离子型，种类繁多，是一个很大的家族，但优异性能的品种并不多。其主要原因是这一类泡沫剂总体上泡沫稳定性较差，不适合于较低密度的泡沫混凝土。

在各种合成表面活性剂类泡沫剂中，阴离子型因发泡快且发泡倍数大而受到普遍的欢迎。阳离子泡沫剂价格较高且对水泥的强度有一定的影响，所以应用不多。非离子泡沫剂的发泡倍数一般较小，而一般人多看重发泡能力，所以它也没有得到广泛地应用。两性离子泡沫剂起泡性及泡沫稳定性均较好，但价格略高，近年有一定应用量。

阴离子型表面活性剂可用作泡沫剂的有10多种。但最常用，成本最低、最易得的，是烷基苯磺酸盐类。其代表是十二烷基苯磺酸钠。它是由苯环上带一个长链烷基的烷基苯，经用浓硫酸、发烟硫酸或是液体三氧化硫作为磺化剂而制得。实践发现，烷基的碳原子数以接近12时最为合适，性能最好。这个烷基可以是带有支链的含有12个碳原子的各种烷基。

十二烷基苯磺酸钠的合成工艺较为简单，目前主要以丙烯为原材料先聚合成丙烯四聚体，十二烯（$C_{12}H_{24}$）然后再与苯共聚成十二烷基苯复杂混合物，经发烟硫酸磺化成十二烷基苯磺酸，并用氢氧化钠中和成钠盐。烷基苯磺酸钠是1936年由美国首先生产的，那个时期因用煤油作为生产原料，泡沫不好，后经多次改进成为应用最广的表面活性剂。它的外观为白色或淡黄色粉末（或片状固体），易溶于水而成半透明溶液，对碱和稀酸较为稳定，240℃发生分解。烷基磺酸钠的表面张力约为2.96×10^{-2}N/m，具有很高的表面活性，在很低的浓度下，也会有良好的发泡力。如在0.05％浓度时的发泡力84mm，甚至更低的浓度也能发泡。而且，它的起泡速度很快，可以瞬间起泡，泡沫量大而丰富。高泡型表面活性剂在发泡得当的情况下，它的起泡高度可大于200mm。起泡快，泡沫量大，这是烷基磺酸钠的突出优点，也是它受到欢迎的主要原因。但是，正如许多合成表面活性剂类泡沫剂一样，烷基磺酸钠是发泡容易存泡难。它的泡沫起的快，但消的也快，泡沫的稳定性是较差的，泡沫发起之后，几十分钟就会全部消失，想保留下来不容易。即使配合稳泡剂并采取其他技术措施，它的泡沫在30min左右也会消失大半。在发好泡之后，我们会十分清楚地看到它的气泡一个个迅速破裂，并可听到破泡的声音，本来很细小的泡沫会很快合并成越来越大的泡沫。

我国的现有泡沫剂之所以大多稳定性差，低密度如500kg/m^{3}以下的泡沫混凝土难以生产，其重要的原因就是因为国产的许多泡沫剂均是合成阴离子型表面活性剂型的，有着和烷基磺酸钠相似或相同的性能特点。

非离子表面活性剂型泡沫剂，用作混凝土或水泥泡沫剂的合成表面活性剂，主要是聚乙二醇型，它由含有活泼氢原子的憎水原料和环氧乙烷发生加成反应而制得。羟基、羧基、氨基以及酰胺基等的氢原子，都具有较强的化学活性。含有上述原子的憎水材料都可以与环氧乙烷生成聚乙二醇非离子型表面活性剂。例如由烷基酚与环氧乙烷进行加成反应即可制得烷基酚聚氧乙烯醚。当参加聚合反应的环氧乙烷比例越大时，生成的表面活性剂的水溶性就越好。烷基酚、脂肪酸、高级脂肪胺或是脂肪酰胺也易于与环氧乙烷进行加成反应制成表面活性剂。

非离子型表面活性剂是在水溶液中不能离解成离子的一类表面活性剂，目前它的产量和用量仅次于阴离子型表面活性剂，居第二位。它大体有四个类型，醚型、酯型、醚酯型和含氮型。由于非离子表面活性物分子中的低极性基团端没有同性电荷的排斥，彼此间极易靠拢，因而它们在溶液表面排列时，疏水基团的密度就会增加，相应减少了其他的分子数，溶液的表面张力则降低，表面活性增加，因而有一定的起泡能力。也正是因为它的疏水基团在水溶液表面排列密集，使水溶液所形成的气泡液膜比较密实坚韧，不易破裂，所以它的泡沫稳定性优于烷基苯磺酸钠等阴离子表面活性剂，但发泡能力、起泡高度远不如阴离子型。由于许多人对泡沫剂是先看起泡性，故非离子表面活性剂往往会因起泡能力不强而不被人选用。从长远看，由于非离子表面活性剂本身的特性，它被广泛用作泡沫剂的可能是很少的，前景远不如阴离子型表面活性剂。

3. 蛋白类泡沫剂（第三代泡沫剂）

蛋白类泡沫剂是目前的中高档泡沫剂，性能较好，发展前景也较好。从发展的总趋势看，它在近几年的应用当中将占有越来越大的比例。虽然它的价格略高，由于它的性能较好，仍然会被市场接受。

蛋白类泡沫剂是一类表面活性物质，它们共同的突出优点是泡沫特别稳定，可以长时间不消泡，完全消泡的时间大多长于 24h，是其他类型的泡沫剂难以相比的。另外，还有着比较满意的发泡倍数。虽然它的发泡能力不如合成类阴离子表面活性剂，但也居中等水平。因此，目前国外发达国家的泡沫剂基本上以蛋白类为主。

我国蛋白类泡沫剂原来大多进口，来自意大利、美国、日本等发达国家，这几年国产的也越来越多。但总的来看，进口产品的质量仍然高于国产品。国产蛋白泡沫剂的性能要完全达到进口的水平，还需要做出努力，在技术上要进一步提高和改进。

蛋白泡沫剂从原料成分划分，有动物蛋白、植物蛋白、污泥蛋白等。动物性蛋白又分水解动物蹄角型、水解毛发型、水解血胶型三种。植物性蛋白也以植物原料的品种不同而分为许多种，如大豆蛋白型、茶皂蛋白型、皂角蛋白型、洗手果蛋白型等。

（1）植物蛋白泡沫剂

由于原料充足，目前我国的植物蛋白泡沫剂已有一定规模的生产和应用。其主要品种为茶皂素和皂角苷。它们均属于非离子型表面活性物。

① 茶皂素泡沫剂

这种泡沫剂是用油茶籽提取物茶皂素为主要成分提取而成的。茶皂素是从山茶科茶属植物果实中提取的皂甙，为一种性能优良的天然的非离子型表面活性物。1931 年由日本首先从茶籽中分离出来，1952 年才得到茶皂素晶体。我国于 50 年代末期开始进行研究，到 1979 年才确定了工业生产的工艺。

皂甙含量在 80%以上的产品，为淡黄色无定型粉末，pH 值 6～7，茶皂素的纯品为无色细微柱状晶体，熔点224℃；皂甙含量在40%以上的产品，为棕红色油状透明液体，pH值7～8。水溶液中的茶皂素有很强的起泡力，即使在浓度相当低的情况下，仍有一定的泡沫高度。如将浓度提高，泡沫不仅持久，而且相当稳定，例如0.05%的茶皂素水溶液振荡后，产生的泡沫经30min不消散，而0.06%的上等肥皂水溶液产生的泡沫14min就消散了。经提纯的茶皂素味苦、辛辣，有一定的溶血性和鱼毒性，在冷水中难溶，在碱性溶液中易溶。它对水硬度极不敏感，其泡沫力不受水的硬度的影响。它的起泡能力因浓度的增加而提高，表4-7是茶皂素不同浓度的起泡高度。

表4-7 茶皂素不同浓度的起泡高度

浓度（%）	起始高度（mm）	5min高度（mm）
0.05	68	65
0.10	86	86
0.25	113	113

② 皂角苷型泡沫剂

皂角苷型泡沫剂的主要成分是三萜皂苷，是多年生乔本科树木皂角树的果实中的提取物，也属于非离子型表面活性物。多年生乔木皂角树果实皂角中含有一种味辛辣刺鼻的提取物，主要成分为三萜皂苷。它具有很好的发泡性能。三萜皂苷由单糖、苷基和苷元基组成。苷元基由两个相连的苷元组成，一般情况下一个苷元可以联结3个或3个以上的单糖，形成一个较大的五环三萜空间结构。单糖基中的单糖有很多羟基能与水分子形成氢键，因而具有很强的亲水性，而苷元基中的苷元具有亲油性，憎水基。三萜皂苷属非离子型表面活性剂。当三萜皂苷溶于水后，大分子被吸附在气液界面上，形成两种基团的定向排列，从而降低了气液界面的张力，使新界面的产生变得容易。若使用机械方法搅动溶液，就会产生气泡，且由于三萜皂苷分子结构较大，形成的分子膜较厚，气泡壁的弹性和强度较高，泡能保持相对的稳定。皂角苷的主要技术性能见表4-8。

表4-8 皂角苷的主要技术性能

项目指标	外观	活性物含量	表面张力（N/m）	水溶性	起泡高度	pH	固含量	相对密度
Ⅰ型	黄色粉末	≥60%	3.286×10^{-2}	溶于水	≥180mm	5.0～7.0	—	—
Ⅱ型	褐色液体	≥30%	3.286×10^{-2}	≥1.14	—	—	—	—

皂角苷的起泡力与温度有关，在温度20～90℃范围内，起泡力呈直线上升。这充分说明升温可以促进起泡。但是温度也促进消泡，温度越高则消泡速度就越快。以放置5min为例，40℃的下降约2.9%，80℃的下降为8.7%，90℃的下降为19.3%。

皂角苷的发泡能力和稳定性受外界条件的影响很小，对使用条件要求不严格。首先，它的起泡力几乎不受水质硬度而改变，它可以在水质硬度范围相当大的区域内使用，而许多合成类阴离子表面活性剂却很容易受到水质硬度的制约，水质硬度略有偏高，起泡力和稳泡性能就会下降，甚至不发泡。其次，皂角苷也不受酸度的影响，在酸度pH值4～6的范围内，皂角苷的发泡保持正常，稳定性依旧。而合成类的一些阴离子表面活性剂，在酸性条件下会立即分解成脂肪酸和盐，失去了活性作用，不易起泡或根本不起泡。

③ 洗手果泡沫剂

洗手果泡沫剂是 1965 年，由广西壮族自治区建筑工程局科学研究所研发的一种植物蛋白发泡剂。曾在研发过程中，于 1963～1966 年间用于广西的一些试验工程。可惜的是，恰逢“文化大革命”兴起，其成果再无人问津。在 1966 年 4 月，研究者曾在内部印发了一份手刻板和手推油印机印刷试验品报告，至今已近五十年，所以弥足珍贵，是我国泡沫混凝土发展史的重要见证。笔者有幸保存了一份，以致对前辈的纪念。图 4-2 是这份报告的封面照片及目录的照片，为 49 年后第一次公开。

洗手果泡沫剂
与泡沫混凝土试验报告
广西壮族自治区
建筑工程局科学研究所
1966·4·

(a) 研究报告封面照片

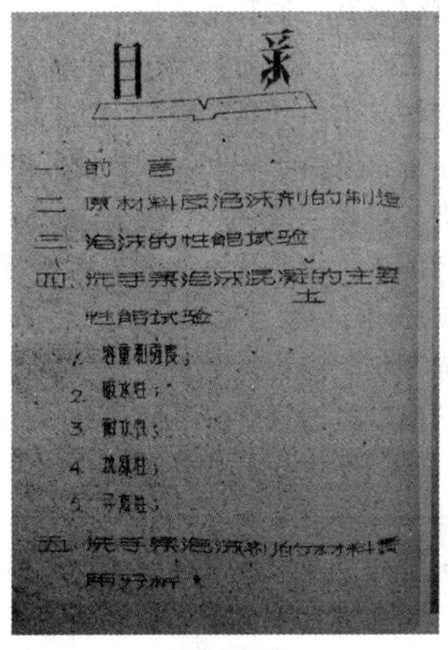
目录
一 前言
二 原材料及泡沫剂的制造
三 泡沫的性能试验
四 洗手果泡沫混凝土的主要性能试验
1 容重和强度；
2 吸水性；
3 耐冻性；

(b) 目录照片

图 4-2　洗手果泡沫剂与泡沫混凝土试验报告

洗手果是我国南方的一种野生油脂植物，属于无患子料，其果实呈球形，表面带黄色和黄褐色，果内有核，核可榨油，果内含有丰富的物质，经加工处理后，可制成泡沫剂。由于其果肉的活性物质具有去污产泡功能，当地老百姓以前常拿它洗手，故名洗手果。

洗手果泡沫剂的生产工艺包括：原材料果物加工，洗果、去核、果肉收集和烘干，粉磨为原材料。然后将果肉粉加入反应釜，同时加入水和助剂进行反应。反应至终点，取出反应物过滤，去除残渣，制出洗手果原液。然后调节 pH 值，加入各种辅助成分，并调节黏度。即为成品。

表 4-9 为洗手果泡沫剂的性能。

表 4-9　洗手果泡沫剂的性能

用量 (mL)	泡沫体积 (L)	发泡倍数 (倍)	沉降距 (mm)		泌水量 (mL)	
			1h	2h	1h	2h
40	5.4	19.0	6.0	—	—	—
60	13.8	32.8	4.0	24.0	7.5	10.7
80	17.1	30.6	3.0	12.0	4.7	7.8
100	18.3	26.2	2.5	11.0	3.5	7.5
120	19.5	23.2	1.0	5.0	3.0	5.0
140	19.2	19.6	3.5	9.0	4.9	11.5

（2）动物蛋白泡沫剂

动物蛋白泡沫剂的性能和植物蛋白泡沫剂不相上下，发泡能力和稳泡性与植物蛋白大体相当。但因其原材料资源不如植物蛋白广泛，因而总的生产规模及应用量都不如植物蛋白。其发泡倍数低于合成阴离子类泡沫剂，因而用量较大，单用时发泡成本偏高。这是动物蛋白泡沫剂的普及应用不如合成类的根本原因，有待改进。改进的方向就是提高发泡力。

动物蛋白泡沫剂由于多用动物蹄角或废毛生产，因而有一种不好闻的气味，目前还没有办法完全除去。而且其主要成分是蛋白类，所以容易腐败失效，尤其是在炎热高温的夏季，总的来看，其保存期不如其他发泡剂。这是动物蛋白发泡剂的不足。随着技术的发展，在将来可能会有所改善。

动物蛋白泡沫剂前几年以进口为主，目前国产的也不少。虽然国产品和进口品相比，质量上还有些差距，但由于国产品的价格相对也低一些，还是有一定竞争力的。有些企业的产品目前已赶上进口品，完全可和进口品媲美。相信将来的国产品都会达到进口品的水平。

动物蛋白泡沫剂主要有动物蹄角泡沫剂、废动物毛泡沫剂、血胶泡沫剂三大类。

① 动物蹄角泡沫剂

这类泡沫剂是以动物，牛、羊、马、驴等蹄角的角质蛋白为主要原材料，采取了一定的工艺提取脂肪酸，再加入盐酸、氯化镁等助剂，加温溶解、稀释、过滤、高温脱水而生产的高档表面活性物。外观为暗褐色液体，有一定的腐味，pH 值 6.5～7.5。

这种泡沫剂在动物蛋白三种泡沫剂中，是性能最好的一种，泡沫最稳定，发出的泡沫保存 24h 仍有大部分存留。这主要因为动物角质所形成的气泡液膜十分坚韧、富有弹性，受外力压迫后，可立即恢复原状，不易破裂。所以用它生产的泡沫混凝土气孔大多是封闭球形，连通孔很少。其主要技术性能见表 4-10。

表 4-10　动物蹄角泡沫剂的技术性能

项目	性能	项目	性能
外观	暗褐色液体	挥发有机物（g/L）	≤50
pH 值	6.5～7.5	游离甲醛（g/kg）	≤1
密度（g/cm^3）	1.1±0.05	苯（g/kg）	≤0.2
发泡形态	坚韧半透明	发泡倍数	＞25
吸水率	20％以下	1h 泌水量（mL）	＜35
起泡高度（mm）	＞150	1h 沉降距（mm）	＜5

② 动物毛泡沫剂

动物毛泡沫剂是采用各种动物的废毛的原料经提取脂肪酸，再加入各种助剂反应而成的表面活性物。动物废毛可采用猪毛、马毛、牛毛、鸡毛、驴毛等，也可采用毛纺厂的下脚料或者废品收购站收购的废毛织品如毛毯、毛衣等，只要含毛量达 90％以上均可采用。其外观为棕褐色液体，有焦煳毛发味，pH 值 7～8。

这种泡沫剂和上述动物蹄角泡沫剂相比，起泡性能及稳泡性能均略次一些，但差别不是很大，技术性能大体相当，也属于优质高档泡沫剂。它的起泡能力和松香树脂类及合成表面活性剂相比，要低一些，但泡沫稳定性要比其他泡沫剂好得多。它的最大优点就是稳泡性好，适于生产超低密度泡沫混凝土产品。

FP-6B 型泡沫剂是我们开发研制生产的废动物毛型泡沫剂。为了克服其发泡倍数低、用量大、发泡成本高等不足，我们也对它进行了改性。改性方法是加入增泡剂，并复合了其他泡沫剂，另外，还加入了少量稳泡剂。改性以后，它的综合性能大大提高，发泡倍数和发泡稳定性均达到了理想的程度，生产的泡沫混凝土密度可达到 400kg/m³ 以下，且泡孔球形封闭。

动物毛资源丰富，所以我国此类泡沫剂生产较多，其应用也比动物蹄角类广泛，是动物型泡沫剂的主导产品。

③ 动物血胶泡沫剂

这种泡沫剂是以动物鲜血为原料，以水解、提纯/浓缩等工艺加工而成的。因为动物血价格较高，又是食品，故资源有限，泡沫剂的生产成本较高。所以，它的实际生产和应用都比前两种少，缺乏竞争优势。根据发展趋势看，它也不可以普及应用。因此，本书不再对它进行更多的介绍。

4. 复合型泡沫剂（第四代泡沫剂）

综合分析前述三大类泡沫剂，虽然目前应用较广，但是都存在性能不够全面，不能满足实际泡沫混凝土生产需要的弊端，没有一种能完全达到泡沫性能技术要求的。这表现在松香树脂类起泡力与稳泡性均较低，阴离子表面活性剂虽然起泡力很好但稳泡性太差，蛋白类泡沫剂稳定性好却又起泡力低。这就是目前我国泡沫剂总体水平低，质量不高的重要原因。如果我们仍停留在这个水平上，泡沫混凝土的发展势必会受到很大的影响，成为其发展的瓶颈。

解决上述单一成分泡沫剂性能不佳的唯一方法，就是向第四代高性能泡沫剂发展，走复合改性的道路，生产复合型泡沫剂。可以肯定地说，未来的泡沫剂，大多数将是多元复合型的，单一成分的会越来越少，第四代复合型泡沫剂的时代正在到来，并已经有了良好开端。我们已经看到，目前我国不少企业生产的泡沫剂已成为复合型，综合性能有了很大的提高。以后，复合泡沫剂无疑将成为主导，单一成分的会逐渐淘汰。从市场现有产品看，单一成分品种已减少，复合成分品种日益增多。

（1）复合型泡沫剂的复合方法

混凝土外加剂的复合是一个世界潮流，几乎各种外加剂都在走复合之路，泡沫剂也必须如此。因为单一品种制剂即使性能再优异，它也不可能满足人们越来越高、越来越多、越来越严格的技术要求。一种泡沫剂，它只可能在某一方面，或者某几个方面比较出色，而不可能在所有的方面都出色。世界上现在没有，将来也不可能有任何一种单一成分的泡沫剂，完全可以达到人们期望的全面高性能要求。这就是单一成分的局限性。解决这一问题，用其他成分多元复合是十分科学而有效的。

① 互补法

当多元复合时，各元都有各元的优势，可以实现优势互补，把单一成分最欠缺的东西补救起来，使不完善的性能完善起来。例如，甲泡沫剂发泡能力强但不稳定，我们可以用稳定性好的泡沫剂来帮助它实现稳定，它成本较高，我们可以在不损害性能的前提下以低成本的成分来复合，降低它的成本。它的哪一方面性能我们不满意，就弥补它的哪一个方面。优势互补，是相互的，甲补了乙的不足，乙也可能补了甲的不足。这是复合“补”的方法。

② 协同法

有时多元复合虽不能互补，但可以协同。本来，二者或三者的性能在某一方面都不够好，但当多元复合之后，就可以产生“1+1+1>3”的协同效应，使效果大大增强。协同效应是各种外加剂最常用的技术原理，效果非常明显。

③ 增效法

有些单一成分的泡沫剂在某一方面的效果不好时，可以使用增效成分来加强，使它由劣变优。例如，蛋白型泡沫剂普遍发泡能力较低，是它的弱点，我们可以加入增泡剂来加强它的起泡力。在加入增泡剂之后，它的泡沫量至少可提高30%，基本上可以满足发泡倍数的技术要求。各种泡沫剂都可以用增效方法来提高它某一方面的性能。

④ 增加功能法

有些泡沫剂的功能少，缺乏我们生产的某一方面功能的需要，这也可以通过加入外加剂的方法来解决，没有的功能我们可以增加。例如，有些泡沫混凝土要求憎水性强，但一般泡沫剂均无憎水性，我们就可以在泡沫剂中加入既有助于发泡，又有憎水性的外加剂，让它生产的泡沫混凝土具有憎水功能。其他的功能，也可以通过这种方法来增加。

(2) 复合外加剂的组分

复合外加剂的基本组分有以下几个。这几个组分并不是每一种泡沫剂都要齐全的，可以根据实际的需要来确定，可多可少。

① 基本组分

复合外加剂的基本组分也就是各种单一成分的泡沫剂。它可以是一种或多种，其在复合泡沫剂中的比例应大于80%。

② 外加剂组分

外加剂组分可以有多个，其在复合泡沫剂中的总比例应<20%。它可以由以下几个组分组成：

a. 增泡组分，主要增强泡沫剂的发泡能力，它可以是一种或几种增泡剂；

b. 稳泡组分，主要提高泡沫的稳定性，它也可以是一种或数种稳泡剂；

c. 功能组分，主要增加泡沫剂的各种功能，它可以是一种或几种功能成分，具体种类应根据功能要求来确定；

d. 调节组分，主要调节泡沫剂的其他性能，使它更符合发泡要求，它可以是一种或多种调节材料。

4.3 泡沫剂技术标准及检测方法

4.3.1 物理制泡泡沫剂及其质量控制

1. 泡沫剂质量控制

产品不应对人体、生物与环境造成有害影响，所涉及与生产、使用有关的安全与环保要求应符合我国相关国家标准和规范的规定。

建材行业标准《泡沫混凝土用泡沫剂》（JC/T 2199—2013）中规定了泡沫剂的一些技术要求，现列于下面，仅供应用时参考。

泡沫剂匀质性能指标应符合表 4-11 的要求。

表 4-11　泡沫剂匀质性指标

序号	项目	指　　标
1	密度[a] (g/cm^3)	D>1.1 时，应控制在 $D\pm0.03$ $D\leqslant1.1$ 时，应控制在 $D\pm0.02$
2	固体含量[a] (%)	S>25 时，应控制在 0.95S～1.05S $S\leqslant25$ 时，应控制在 0.90S～1.10S
3	细度[b]	应在生产厂控制范围内
4	含水率[b] (%)	W>5 时，应控制在 0.90W～1.10W $W\leqslant5$ 时，应控制在 0.80W～1.20W
5	溶解性[c]	用水溶解或稀释为均匀液体，静停 8h 不分层、不沉淀
6	pH 值[c]	应在生产厂控制范围

生产厂应在相关的技术资料中明示产品匀质性指标的控制值。

注：1. 对相同和不同批次之间的匀质性和等效性的其他要求，可由供需双方商定。

2. 表中的 D、S 和 W 分别为密度、固体含量和含水率的生产厂控制值。

a. 液体泡沫剂应测此项目。

b. 粉状泡沫剂应测此项目。

c. 应按产品说明书最大稀释倍数配制溶液测试。

2. 泡沫性能指标

(1) 发泡倍数。将泡沫剂按供应商推荐的最大稀释倍数配成溶液制泡，其发泡倍数应为 15～30。

(2) 1h 沉降距和 1h 泌水率。当用户有泡沫稳定性要求时，一等品泡沫 1h 沉降距应不大于 50mm，1h 泌水率应不大于 70%；合格品泡沫 1h 沉降距应不大于 70mm，1h 泌水率应不大于 80%。

3. 泡沫混凝土性能指标

将泡沫剂按供应商推荐的最大稀释倍数配成溶液制泡，用该泡沫制备的受检泡沫混凝土干密度控制在（400±30）kg/m^3，性能指标应符合表 4-12 的要求。

表 4-12　泡沫混凝土性能指标

序号	项　　目		指　　标	
1	泡沫混凝土料浆沉降率（固化）(%)		≤5	≤8
2	导热系数 [W/（m·K)]		≤0.09	≤0.10
3	抗压强度（MPa）	7d	≥0.7	≥0.5
		28d	≥1.0	≥0.7

4.3.2　泡沫质量的测定方法

1. 制备泡沫及泡沫取样

在制备水泥净浆的同时，将受检泡沫剂按供应商推荐的最大稀释倍数进行溶解或稀释，搅拌均匀后，采用标准《泡沫混凝土用泡沫剂》（JC/T 2199—2013）规定的空气压缩型发泡机制泡，制泡标准为：发泡管出来的泡沫流外观完整，表观细腻。

泡沫取样时应将发泡管出料口置于容器内接近底部的位置，利用发泡管出料口泡沫流的自身压力盛满容器并略高于容器口。

2. 泡沫性能试验方法

（1）发泡倍数测定。按照以上规定制备并取样。整个装填过程需在 30s 内完成，刮平泡沫，称其质量。

发泡倍数应按式（4-1）计算：

$$N = \frac{V}{(m_1 - m_0)/\rho} \tag{4-1}$$

式中 N——发泡倍数；

V——不锈钢容器容积，mL；

m_0——不锈钢容器质量，g；

m_1——不锈钢容器和泡沫总质量，g；

ρ——泡沫剂水溶液密度，g/mL。

（2）1h 沉降距和 1h 泌水率测定

① 试验仪器

泡沫的沉降距和泌水率测定仪如图 4-3 所示，由广口圆柱体容器、玻璃管和浮标组成。广口圆柱体容器容积为 5000mL，底部有小龙头，容器壁上有刻度。浮标是一块直径为 190mm 和重 25g 的圆形铝板。

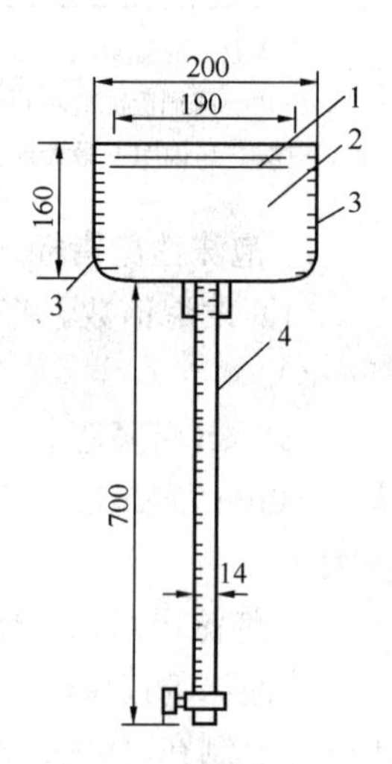

图 4-3 泡沫沉降距和泌水率测定仪

1—浮标；2—广口圆柱体容器；3—刻度；4—玻璃管

② 试样

按照上述“1. 制备泡沫及泡沫取样”规定制备出泡沫作为试样。

③ 试验过程

将试样在 30s 内装满容器，刮平泡沫，将浮标轻轻放置在泡沫上。1h 后打开玻璃管下龙头，称量流出的泡沫剂溶液的质量 m_{1h}。

④ 试验结果

1h 后对广口圆柱体容器上刻度进行读数，即泡沫的 1h 沉降距。

泡沫 1h 泌水率按照式（4-2）计算。

$$\varepsilon = \frac{m_{1h}}{\rho_1 v_1} \tag{4-2}$$

式中 ε——泡沫 1h 泌水率，%；

m_{1h}——1h 后由龙头流出的泡沫剂溶液的质量，g；

ρ_1——泡沫密度，g/mL；

v_1——广口圆柱容器容积，mL。

其中，泡沫密度根据式（4-3）计算：

$$\rho_1 = (m_1 - m_0)/V \tag{4-3}$$

式中 ρ_1——泡沫密度，g/mL；

m_0——不锈钢容器质量，g；

m_1——不锈钢容器和泡沫总质量，g；

V——不锈钢容器容积，mL。

4.3.3　泡沫混凝土性能的试验方法

1. 制备泡沫混凝土料浆

首先制备水泥净浆。采用《混凝土外加剂》（GB 8076）附录A规定的基准水泥和符合于《混凝土用水标准》（JGJ 63）技术要求的拌合水，按照水泥∶水＝1∶0.45的比例，计量后备用。然后采用符合《试验用砂浆搅拌机》（JG/T 3033）要求的公称容量30L的搅拌机，将水倒入搅拌锅内，然后在5～10s内将称好的水泥徐徐加入水中。低速搅拌90s，停15s，同时将叶片和锅壁上的水泥浆刮入锅中，然后高速搅拌90s停机，制得净浆。

在制备水泥净浆的同时，将受检泡沫剂按供应商推荐的最大稀释倍数进行溶解或稀释搅拌均匀后，采用空气压缩发泡机制泡，制泡标准为发泡管出来的泡沫流外观完整、表面细腻。泡沫取得时应将发泡管出料口置于容器内接近底部的位置，利用发泡管出料口泡沫流的自身压力盛满容器并略高于容器口。

将上述制备的泡沫，在1min内投入到上述已制得净浆的搅拌机中，将净浆与泡沫先低速搅拌2min，静停15s清理机器内壁泡沫，再低速搅拌1min，一次性出料后人工混合均匀，成为泡沫混凝土料浆。

2. 泡沫混凝土试件尺寸和数量

干密度、抗压强度的试件尺寸和数量应符合《泡沫混凝土砌块》（JC/T 1062—2007）的规定。

导热系数的试件尺寸和数量应符合《绝热材料稳态热阻及有关特性的测定　防护热板法》（GB/T 10294）的规定。

试件在烘干过程中最高温度不得超过80℃，并且升温速率控制在10℃/h。

3. 泡沫混凝土料浆沉降率（固化）

按照上述“1. 制备泡沫混凝土料浆”中的方法制备泡沫料浆后，在60s内装满边长150mm的立方体钢模，刮平泡沫料浆，静置。待泡沫混凝土终凝后测量料浆凹面最低点与模具上平面之间的距离，记录泡沫料浆沉降距。测量完毕，将模具拆开，观察是否有中空现象。如有，则该项性能判定为不合格。

泡沫料浆沉降率应按式（4-4）计算：

$$H=\frac{H_1}{H_0}\times 100\% \tag{4-4}$$

式中　H——泡沫料浆沉降率，%；

H_1——料浆凹液面最低点与模具上平面之间的距离，mm；

H_0——立方体模具高，mm。

4.3.4　泡沫剂的选择

保温制品对泡沫剂有一定的技术要求，根据这些要求，泡沫剂应根据以下几点进行选择。

1. 泡沫剂所制泡沫应具有高稳定性

保温制品的技术难度要远远大于地暖绝热层和屋面保温层现浇，其难度之一就是密度低，一次性浇注体积大。所以，泡沫稳定性应是保温制品对泡沫剂的第一要求。若以泡沫测定仪检测，其1h沉降距应小于10mm。

2. 泡沫剂应有利于提高泡沫混凝土凝结硬化速度

泡沫混凝土浆体的凝结硬化越快，其塌模保温制品事故就越不易发生。浆体中的泡沫还没有破灭之前，已经被稠化或硬化的浆体所固定，塌模就不会再发生。有些泡沫剂有较强的缓凝性，而有些则有促凝性。保温制品不能选用缓凝性较强的泡沫剂。泡沫剂最好对水泥有促凝作用，且初凝与终凝时间的间距越短越好。目前的泡沫剂大多是缓凝型的。

3. 泡沫剂有利于提高制品综合性能

泡沫剂应对制品的强度、防水性能、耐老化性能、抗碳化性能等均有较好的影响，而不能有副作用。目前，有一些高档发泡剂已经具备这种功能。

4. 泡沫剂对水泥应具有广谱性

泡沫剂的广谱性，是指泡沫剂对水泥品种的适应范围较宽。因为，许多泡沫剂对水泥品种十分敏感，有很强的选择性。即泡沫剂对有些水泥不适应，有许多副作用，使这些水泥不能用于墙体施工。这对实施工程是很不利的。因为，其适应范围越小，水泥就越难选择。因此，应对泡沫剂进行水泥品种适应性试验。它适应的水泥品种越多，实际应用就会越方便。

5. 泡沫剂对硬水有一定适应性

不少泡沫剂对硬度较大的水不适应，使用硬水稀释时起泡性能下降，泡沫稳定性较差，在一些水的硬度较大的地区，影响泡沫剂的使用，特别是墙体浇注后由于浆体稳定性差而引起塌模。因此，泡沫剂应对硬水有较好的适应性。

4.3.5 物理发泡剂简易检测方法

目前，我国大部分从事泡沫混凝土生产的企业，均是中小企业，没有专业的试验室和检测仪器。所以，在现实生产中，大多数企业都难以采用相关行业标准所规定的正式方法，对物理泡沫剂进行性能检测，对物理泡沫剂的实际质量控制会带来诸多不便。目前，市场上的泡沫剂品种繁多，使用者凭感觉很难判别优劣。看广告都说自己的泡沫剂好，让人无法选择。

为解决这一困扰和现实问题，这里，给大家提供一个简易方便的检验方法，可以使大家对市场上的发泡剂做出比较科学的选择和优劣的判断。方法如下：

(1) 取中间无细腰、上下粗细大致相同的空纯净水瓶，用注射器针管抽取纯净水30mL，注入瓶内。

(2) 另取1mm规格医院做皮试用的针管（分度0.05mL），抽取待测的物理发泡剂1mm，注入30mL水中（稀释30倍），并摇晃3次（勿使大量起泡，应轻轻摇晃）。拧紧瓶盖。

(3) 用左手握瓶，均匀用力上下猛摇瓶子30次，换右手再以同样的力度再摇30次。换手是为了避免左右手的差异。这时，瓶内已充满大量泡沫。将瓶子静置2min，用直尺测量泡沫高度并记录，同时记录时间。其高度即为起泡高度，衡量起泡力。

(4) 1h后，再次测量泡沫高度，并与前次高度相比，两次高度差即为泡沫沉降距，可作为泡沫稳定性的参考值。再测一下瓶底的泌水高度，可作为泌水值，也可作为泡沫稳定的参考值。泡沫下降值和泌水值越大，质量越差。

为准确起见，上述检测应重复 3～5 次，至少 3 次，取 3 次平均值。不能只做一次。如做两种发泡剂对比试验，可两种一齐做，一手拿一个瓶，摇 30 下后换手，然后对比二者发泡状况。

(5) 将上述制出的泡沫再进行水泥适应性检测。很多发泡剂制出的泡沫，单独用很稳定，但一进入水泥浆，就消泡很快，与水泥不适应，或者与这种水泥适应，而与另一种水泥不适应。所以，必须再进行水泥适应性检测。

取不锈钢小盆 1 个，称取 500g 水泥放入，并加入 275g 水（55%），用手搅成水泥净浆，搅拌净时间 3min，并量取净浆体积。另一人同时用上述方法，用瓶子摇泡。待水泥浆制好后，把泡沫从瓶子内挤入体积为 100mL 的容器，刮平，即相当于取泡沫 100mL（把 100mL 水注入水瓶，在水位线做记号，沿记号锯下瓶底，即为 100mL 容器）。把 100mL 泡沫加入水泥浆，搅拌 3min，混合均匀，注入一次性饮水纸杯（预先抹涂油脂），略摇几下，使浆面流平。记录浆体在纸杯内的高度，计算浆体体积。这一体积减去前述净浆体积，即为泡沫增加的体积，这一值越大，泡沫与水泥适应性就越好。

将成型后的浆体纸杯在 20℃的温度下静置，记录初凝、终凝时间，这一时间值即为发泡剂对水泥凝结的影响参考值。

坯体在 48h 后取出脱去纸杯，用锤子劈开，用放大镜观察其孔径大小、气孔是否均匀、气孔是开孔还是闭孔等，判定发泡剂的气孔状况。气孔越均匀，闭孔率越高，发泡剂越好。

做水泥浆试验时，如摇泡量不足，也可用家用豆浆机或打蛋机打泡。

如要做强度试验，可另配抗压试模。此不多述。

第5章　外加剂及辅料

泡沫混凝土保温制品的生产，除了水泥等胶凝材料，矿渣微粉、粉煤灰等辅助胶凝材料之外，还有第三大组分外加剂及玻化微珠、纤维等辅料。它们也占有十分重要的地位。尤其是外加剂，在行业内俗称“母料”，被许多人视为企业第一机密和技术核心，特别受推崇和看重。因此，本书特将其列出专章详细介绍，以使广大从业人员对其有一个更加深入，更加全面的了解。严格地说，纤维及轻集料等功能材料不属于外加剂，而属于发泡原材料。但由于介绍纤维及轻集料等功能材料的文字不能太多，所以，为了叙述方便，这里把它们和外加剂放在一起介绍，不再另列专章。

5.1　外加剂及辅料的种类

泡沫混凝土外加剂及辅料是围绕胶凝材料和辅助胶凝材料发挥作用的。它们协同胶凝材料形成了优质泡沫混凝土材料。没有它们的参与，高性能泡沫混凝土保温制品是难以生产的。有人把外加剂（母料）称为泡沫混凝土保温制品的技术核心，这虽然有些过分夸大，但也在一定程度上反映出了它的重要性。

泡沫混凝土保温制品所使用的外加剂及辅料共有三大部分10多个类别，可供选择的外加剂及辅料有几百种。这些外加剂和辅料并非每一种产品或每一个配比都要使用，其中很多是选用的，即按产品性能及工艺要求来选用。为使读者对这些种类繁多的外加剂有一个总体了解，现将其列于图5-1中，不常用的还有一些，没有列于图中。

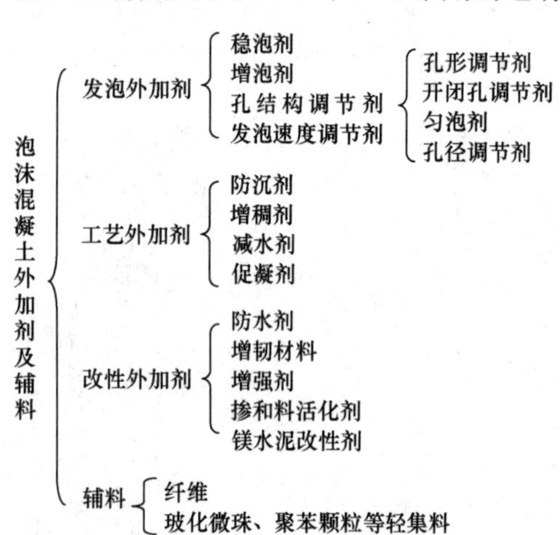

图5-1　泡沫混凝土外加剂及辅料

泡沫混凝土外加剂及辅料按其作用共分为发泡外加剂、工艺外加剂、改善产品性能外加剂（改性剂）及辅料四大部分。其中，发泡外加剂最为重要，它的主要功能是提高发泡稳定性，增加发气量或产泡量，调节泡径、优化孔结构、保证发泡成功。工艺外加剂主要改善工艺，如减水剂、促凝剂、缓泡剂等，方便工艺操作。改善产品性能外加剂主要是提高和改善产品的性能，如增加强度、提高韧性、减少收缩、调节密度、降低吸水率等。辅料主要是指那些具有一定功能，能够改进提高产品某些方面性能，可以配合主要原材料发挥辅助作用，是配合比中不可或缺的原材料。如纤维、玻化微珠、聚苯颗粒轻集料等。

除少数外加剂可由生产保温制品的企业自行配制外，大多数外加剂及辅料均需从市场购取。

5.2　发泡外加剂

发泡外加剂是以发泡水泥浆体系的稳定性、产气量的控制、孔结构的调节、发泡速度的调节等为主要功能。它的使用目的是提高发泡效率、保证发泡成功和形成的泡孔优质化。它的加量不大，但与发泡能否顺利进行和达到设计要求息息相关。

5.2.1　稳泡剂

1. 稳泡剂的概念

狭义的稳泡剂又称气泡稳定剂，在物理制泡中也称泡沫稳定剂。它是一类能够增加气泡寿命，使气泡在水泥浆中长时间存在而不破灭的外加剂的总称。广义的稳泡剂除上述含义外，还应包括能够维持发泡浆体稳定性的外加剂，它产生的虽然是间接的稳定气泡的作用，但同样影响气泡存在的寿命。因此，在这里，笔者采用广义稳泡剂的概念，将稳泡剂定义为：凡是能提高泡沫混凝土气泡体系稳定性，及含有气泡的胶凝浆体稳定性，具有防止塌模功效的一类化学物质，均称为发泡稳定剂，简称稳泡剂。它包括提高气泡稳定性，能够延长气泡在水泥浆中的存在时间而不破灭的外加剂，也包括能够提高水泥浆的稳定性，避免其产生离析、沉降、分层、泌水而导致气泡破灭的外加剂，或两种功能兼有的外加剂。

2. 稳泡剂的类型

(1) 气泡稳定剂

气泡的稳定性因素很多，但主要取决于气泡液膜的坚韧性和排液速度。换句话说，也就是取决于气泡液膜承受各种作用力而不破坏的能力及保水能力。稳定气泡也就是增加它的韧性，同时延缓其排液速度。因此，凡是能够提高气泡液膜坚韧性或者可以延缓其排液速度的化学物质，均为气泡稳定型的稳泡剂。

能够提高气泡液膜坚韧性和保水能力的技术途径有以下几种：

① 提高液膜的弹性，使液膜在各种作用下虽变形但不破裂；

② 提高液膜的韧性，增加它承受外力的能力；

③ 增加液膜的厚度，提高其抵抗各作用力的能力；

④ 增加液膜分子排列密度，强化其分子间相互作用；

⑤ 提高液膜的自我修复能力；

⑥ 增加一定量的保水成分，延缓液膜水分流失。

如果某种化学物质具有上述一种或多种功能，均可以选作气泡稳定型稳泡剂。能够满足这一技术要求的化学物质很多，主要为三个类型。

① 表面活性剂类。这是一类应用最广泛的稳泡剂，许多表面活性剂均有这种功能，其中以阴离子表面活性剂和非离子表面活性剂最为常用。

② 蛋白质类。这类物质能够在液膜表面形成高黏度高弹性的表面膜，大大提高液膜的弹性和韧性。

③ 高分子化合物类。它们不仅能提高液膜的厚度和机械强度，而且可增加液膜的黏滞性，降低液膜的排液速度。

（2）浆体稳定型

气泡的稳定，不单单取决于气泡本身的因素，还受气泡所在环境即浆体因素的影响。浆体的稳定性差，出现离析、分层、沉淀等现象，同样使气泡破灭，造成塌模，它影响气泡的稳定性。当浆体离析、分层、沉淀后，固体颗粒下沉到浆体的下部，将气泡压破或挤出。大量的下部气泡破灭或挤出后，引起上部浆体更剧烈的下沉，把更多的气泡压破，引起连锁反应，整个浆体系统像多米诺骨牌倒塌一样迅速塌垮，即习惯所称的塌模。这种气泡的破灭和塌模，单靠提高气泡稳定性是难以解决的，必须提高浆体的稳定性来解决。

提高浆体稳定性的外加剂，必须具有使浆体不发生离析、分层、沉淀等现象的作用。具有这种作用的外加剂有两类：

① 提高浆体稳定性的外加剂，它能够使固体颗粒的悬浮性提高，不易下沉和与水分离。

② 提高浆体黏性的外加剂，它能够增强固体颗粒下沉的黏滞力，防止其下沉。

5.2.2 增泡剂

1. 增泡剂的概念

增泡剂是一类用于化学发泡提高发泡剂的发泡量或补充发泡剂的发泡量的外加剂。它们的功能是增加胶凝材料发泡体系的总体气泡数量，也就是提高产气量。

2. 使用增泡剂的目的

使用增泡剂有以下两个目的：

（1）当使用一种发泡剂，其发泡成本过高，用量过大时，使用少量增泡剂，提高其产气量，降低其用量，控制发泡成本。

（2）当使用化学发泡剂时，其产气量不足，而增加其加量会引起发泡不稳定时，可使用增泡剂，增加产气量。

3. 增泡剂的种类

增泡剂按其产气量的原理，可分为以下两类。

（1）催化型增泡剂

催化型增泡剂。这种增泡剂可以与发泡剂发生反应，共同作用，增大发泡剂的产气量。这类增泡剂也称催化剂。

（2）辅助发泡型增泡剂

这类增泡剂并不增大发泡剂的产气量，而是本身也可以在发泡体系中发生反应而产生一定的气体，弥补主体发泡剂的不足。它们也可以称为辅助发泡剂。由于其加量少，且不与发泡剂一起加入，故称增泡剂。

4. 增泡剂选用的注意事项

增泡剂应遵循以下四原则选用：

（1）如果发泡剂能够满足产气量的要求，不必要再使用增泡剂。

（2）使用增泡剂应考虑经济性，不提高发泡成本。

（3）优先选用催化型增泡剂。

（4）增泡剂的使用不能影响发泡体系稳定性。

5.2.3　调孔剂

1. 调孔剂的概念

调孔剂也就是气泡所形成气孔的孔结构调节剂，所以，准确地应称为孔结构调节剂。调孔剂是仅次于稳泡剂的最重要的外加剂。它包括调节孔径大小的外加剂、调节气孔圆形度的外加剂、提高闭孔率的外加剂、调节气孔均匀度的外加剂等四个类型。它决定了泡沫混凝土保温制品的孔结构，对保温制品的性能如吸水率、抗冻性、气密性、渗透性、抗碳化性等耐久性指标及外观，均有很大的影响。调孔剂既用于化学发泡，也用于物理发泡，但适应的品种有所不同。

2. 调孔剂的种类

调孔剂按其功能分为四个种类：孔径调节剂、均匀度调节剂、圆孔率调节剂、闭孔率调节剂。有些调孔剂只有一种功能，但也有一些调孔剂具有多种功能。在不同的发泡体系中，它们的作用会有所不同。

（1）孔径调节剂

孔径调节剂的功能是调节泡孔的大小。泡孔大小虽然不是一项保温制品的技术指标，但目前市场仍对泡孔略大一些的产品感兴趣，当然也有时又需要小泡孔的。就目前实际生产情况来看，泡孔的孔径根据需要，应在 0.1～5mm 之间调节。这就需应用孔径调节剂来调节孔径，使之达到要求的大小。

孔径调节剂只有在孔径不符合某种用途的需要时才使用，并不是每个配合比都必须使用。如果孔径不加调节剂已经满足要求，也没有必要再去扩大孔径或缩小孔径。

孔径调节剂不是某几种或某几类化学物质。根据笔者的经验，很多化学物质都可以用作气孔调节剂。在这个发泡工艺中，它可能没有任何作用，而在另一个发泡工艺中，它可能就会增大气孔或缩小气孔。至今，还没有任何一种气孔调节剂可以通用于任何一种发泡体系。

（2）均匀度调节剂

均匀度调节剂又简称“匀孔剂”，它的主要作用是提高气孔的均匀度，使其孔径的大小在其他条件不变的情况下，可以实现较高的均匀度，孔径基本一致。

孔径的均匀性也是保温制品的一项技术指标，但它却影响保温制品的外观及技术性能。气孔不均匀，外观不美观，给人的直观感受差，而且降低产品的抗压强度和抗拉强度，使其综合性能下降。

气孔匀度调节剂有三大类：高分子化合物、表面活性剂、一些无机盐。在不同的发泡工艺体系、不同的胶凝材料体系中，它们的作用大小及能否显示作用，均各不相同。因此，每一个发泡体系所选用的匀孔成分，都必须有针对性地进行试验，最终根据结果来选定。

3. 圆孔率调节剂

圆孔率调节剂简称“圆孔剂”。它的主要作用就是使气孔变圆，提高圆孔在保温制品气孔中所占的比例。

在保温制品中，圆孔不但好看，使保温制品外观更漂亮，而且它可以改善保温板的性能，提高强度，增加闭孔率，降低泌水率。因此，许多用户及生产企业，均把提高圆孔率作为保温制品生产的重要技术内容。

许多稳泡剂都有提高圆孔率的作用。它们在稳定气泡的同时，也会增加泡孔的圆度。但是，也有不少稳泡剂不能达到这种目的。这时，就需要使用圆孔率调节剂。

圆孔率调节剂大多为高分子化合物和表面活性剂，某些蛋白质也有此功效。在试验中发现，某些纳米材料也有提高圆孔率的作用。

4. 闭孔率调节剂

闭孔率调节剂简称“闭孔剂”。它是一类可以提高水泥基发泡体系闭孔率的外加剂。

闭孔率对泡沫混凝土保温制品的性能有很大的影响。它尤其对吸水率、抗冻性、抗渗性、抗碳化性、抗腐蚀性等耐久性指标有重大的影响。同时，它也影响产品的吸声性和隔音性等其他性能，更影响泡沫混凝土保温制品的导热系数即保温性能。它是泡沫混凝土保温制品孔结构最重要的技术性能。

闭孔剂也与稳泡剂有很大的关系，因为稳定的气泡不会破灭，也不会形成连通孔。闭孔剂也与圆孔剂有很大的关系，因为圆孔结构也是闭孔率较高的结构类型。因此，在许多情况下，稳泡剂、圆孔剂、闭孔剂三者有共同点，可以合三为一。许多稳泡剂、圆孔剂也都有闭孔率提高的功能。但是，也有很多例外的情况，即使发泡非常稳定，不塌模不沉陷的发泡体系，硬化切割后会发现其闭孔率并不高。另外，圆孔不完全等于闭孔，不圆的孔也不等同于开孔。例如，许多受浆体挤压而有些变形的不规则气孔，却没有形成开孔或连通孔。

因此，虽然稳泡剂、圆孔剂、闭孔剂三者在许多情况下可能是同一化学物质，以兼有三种功能，甚至还有匀泡功能，但可以肯定的是，不是所有的稳泡剂、圆孔剂都可以成为闭孔剂。还有一些化学物质，它们虽然没有稳泡作用或圆孔作用、匀泡作用，却可以提高发泡体系所形成硬化体的闭孔率，使之最终形成的气孔大多成为闭孔结构。

所以，闭孔剂可以像稳泡剂、圆孔剂那样，是一类高分子化合物或表面活性剂或蛋白质，也可以是其他化学物质。在不同的原材料及不同的配合比中，应该选择不同的闭孔剂。其具体选择何种化学物质，还应根据各自的生产工艺来探索。

5.2.4 发泡速度调节剂

1. 概念

发泡速度调节剂简称调速剂，它是用于控制化学发泡剂产气和形成气孔速度的外加剂。它包括加快发泡速度的发泡加速剂和延缓发泡速度的发泡缓速剂，物理发泡不使用。

2. 作用

化学发泡能否最终形成稳定的发泡体系并凝结硬化，有一个很重要的技术条件，就是发泡速度必须控制到与浆体稠化凝结速度相一致。如发泡速度远远快于凝结速度，产生的气泡不能及时被稠化及凝结的浆体所固定，气泡就会经受不住浆体的挤压应力而破灭，使发泡失败。相反，如果发泡速度过慢，浆体已经稠化或凝结，而发泡还没有结束，稠化及凝结浆体过大的约束应力就会限制发泡，使发泡不能继续进行。

因此，在胶凝材料的发泡过程中，发泡速度的控制就至关重要，应得到良好的控制，既不能使之过快，也不能使之过慢。控制其发泡速度的，就是发泡速度调节剂。由此可见，发泡速度调节剂对发泡体系具有重要的稳定作用。这种稳定作用，不是单靠稳泡剂就能够解决的。

3. 种类

发泡速度调节剂共有两个种类：发泡加速剂和发泡缓速剂。每一个种类都可以有很多个品种。

（1）发泡加速剂

发泡加速剂简称“加速剂”，有人也称之为“发泡促进剂”。

发泡加速剂是能够提高发泡剂发气速度的一类外加剂。它一般用于超快硬型或速凝型水泥发泡体系。硅酸盐通用水泥由于硬化慢，不需要这种外加剂。而碱矿渣水泥凝结超快，发泡就不可太慢。

发泡加速剂大部分是碱性物质。碱性物质可以加速双氧水的分解，使其释放氧气的速度加快。铝粉等金属类发泡剂在碱性作用下，也可以加速反应，更快地释放气体。

（2）发泡缓速剂

发泡缓速剂简称“缓泡剂”。它的主要作用就是延缓发泡剂的发气速度，使发气速度与水泥稠化凝结速度相一致。

发泡缓速剂比发泡加速剂有着更为重要的实际应用意义。因为目前泡沫混凝土保温制品生产大多采用的是硅酸盐类通用水泥，以普通硅酸盐水泥为主。这种水泥的主要缺点，就是凝结速度慢、早期强度低。即使采用早强和高强度等级的普通硅酸盐水泥，其凝结速度也仍然很慢。这与双氧水发泡剂的较快发泡速度形成很大的反差。我国现在生产泡沫混凝土保温制品，所使用的发泡剂基本上都是双氧水。双氧水分解产生氧气的条件是碱性环境。碱对双氧水可以产生促进强烈的分解作用。而在硅酸盐水泥浆体内，硅酸盐水泥水化产生 $Ca(OH)_2$，使浆体处于高碱性状态，这为双氧水的快速分解产生了促进作用。一般普通硅胶盐水泥开始起泡只有几秒钟，十几分钟就大部分发气结束，给发泡工艺控制和操作造成了极大的困难。所以，目前，泡沫混凝土保温制品急需发泡缓速剂。

发泡缓速剂按缓泡原理，有两个类型。

① 水泥粒子屏蔽型

这类外加剂可以在水泥颗粒表面形成一个暂时的包覆层，在短时间内将水泥颗粒屏蔽，将水泥颗粒与双氧水（或铝粉等）隔离，使它们不能很快接触，从而延缓水泥释放 $Ca(OH)_2$ 的速度，也就延缓了双氧水分解释放氧气的速度。但这种屏蔽作用十分有限，用于缓泡不是很理想。

② 发泡剂屏蔽型或纯化型

这类发泡延缓剂的原理，主要是对发泡剂粒子进行屏蔽或纯化，使之反应活性得到暂时的抑制，从而延缓发气。

5.3　工艺外加剂

5.3.1　概述

1. 概念

工艺外加剂是一类改善工艺性能，便于操作或生产控制，以及更符合设备运行的外加剂。有的这类外加剂，除了改善工艺性能外，还可同时提高产品性能和发泡性能。

2. 种类

工艺外加剂根据其发挥的作用，有很多种，但目前实际应用的只有两种：增加浆体流动度和提高物料分散速度的高效减水剂；提高浆体凝结和硬化速度的促凝剂。

3. 使用工艺外加剂的必要性

由于工艺外加剂以改善工艺为目的，以提高产品性能为辅，或者不会提高产品的性能及发泡性能，所以就不被人重视，视为可有可无，这是十分错误的。

可以肯定地说，工艺外加剂是泡沫混凝土保温制品生产中必不可少的外加剂，尤其是采用硅酸盐类通用水泥生产时，那更离不开工艺外加剂。

例如，没有高效减水剂，就要延长搅拌制浆时间，降低生产效率，发泡剂或泡沫在短时间之内也不易混匀，且浇注后不能自流平，面包头大，废料排放量大，生产成本增加。

再如，没有促凝剂，采用普通硅酸盐水泥生产保温制品，浆体硬化慢，模具周转慢，占用场地大，增大了投资，有时还会引发塌模。

因此，工艺外加剂一般不可少。

5.3.2 高效减水剂

高效减水剂有人也称之为流动度提高剂。从工艺角度看，它可以大大提高搅拌浆体的流动度，使发泡浆体在模具内自流平，减小甚至没有面包头。

1. 高效减水剂的概念

在保持新拌混凝土和易性相同的情况下，能显著降低用水量的外加剂叫混凝土减水剂，又称为分散剂或塑化剂。它是最常用的一种混凝土外加剂。按照我国混凝土外加剂标准（GB 8076—2008）规定，将减水率等于或大于5%的减水剂称之为普通减水剂或塑化剂；减水率等于或大于10%的减水剂则称之为高效减水剂或超塑化剂（也称流化剂）。

2. 减水剂原理

水泥的比表面积一般为350～400m²/kg，90%以上的水泥颗粒粒径在7～80μm范围内，属于微细粒粉体颗粒范畴。对于水泥-水体系，水泥颗粒及水泥水化颗粒表面为极性表面，具有较强的亲水性。微细的水泥颗粒具有较大的比表面能（固-液界面能），为了降低固液界面总能量，微细的水泥颗粒具有自发凝聚成絮团趋势，以降低体系界面能，使体系在热力学上保持稳定性。同时，在水泥水化初期，C_3A 颗粒表面带正电荷，而 C_3S 和 C_2S 颗粒表面带负电荷，正负电荷的静电引力作用也促使水泥颗粒凝聚形成絮凝结构（图 5-2）。

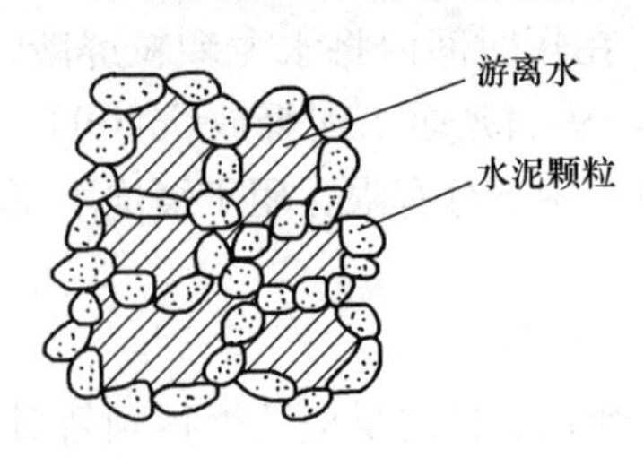

图 5-2 水泥颗粒的絮凝结构

混凝土中水的存在形式有三种，即化学结合水、吸附水和自由水。在新拌混凝土初期，化学结合水和吸附水少，拌合水主要以自由水的形式存在。但是，由于水泥颗粒的絮凝结构会使10%～30%的自由水包裹其中，从而严重降低了混凝土拌合物的流动性。减水剂掺入的主要作用就是破坏水泥颗粒的絮凝结构，使其保持分散状态，释放出包裹与絮团中的自由水，从而提高新拌混凝土的流动性。

3. 减水作用

（1）降低水泥颗粒固液界面能

减水剂通常为表面活性剂（异性分子），性能优良的减水剂在水泥一水界面上具有很强的吸附能力。减水剂吸附在水泥颗粒表面能够降低水泥颗粒固液界面能，降低水泥—水分散体系总能量，从而提高分散体系的热力学稳定性，这样有利于水泥颗粒的分散。

（2）静电斥力作用

混凝土中掺入减水剂，减水剂分子定向吸附在水泥颗粒表面，部分极性基团指向液相。由于亲水极性基团的电离作用，使得水泥颗粒表面带上电性相同的电荷，并且电荷量随减水剂浓度增大，而增大直至饱和，从而使其之间产生静电斥力，使水泥颗粒絮凝结构解体，颗粒相互分散，释放出包裹于絮团中的自由水，从而有效地增大拌合物的流动性。

（3）空间位阻斥力作用

聚合物减水剂吸附在水泥颗粒表面，则在水泥颗粒表面形成一层有一定厚度的聚合物分子吸附层。当水泥颗粒相互靠近，吸附层开始重叠，即在颗粒之间产生斥力作用，重叠越多，斥力越大。这种由于聚合物吸附层靠近重叠而产生的阻止水泥颗粒接近的机械分离作用力，称之为空间位阻斥力。所以，在掺量较小的情况下便对水泥颗粒具有显著地分散作用。

（4）水化膜润滑作用

减水剂大分子含有大量极性基团，这些极性基团具有较强的亲水作用，特别是羟基、羧基和醚基等均可与水形成氢键，故其亲水性更强。因此，减水剂分子吸附在水泥颗粒表面后，由于极性基的亲水作用，可使水泥颗粒表面形成一层具有一定机械强度的熔剂化水膜。水化膜的形成可破坏水泥颗粒的絮凝结构，释放包裹于其中的拌合水，使水泥颗粒充分分散，并提高水泥颗粒表面的润湿性，同时对水泥颗粒及集料颗粒的相对运动起到润滑作用，所以在宏观上表现为新拌混凝土流动性增大。

4. 减水剂对水泥的影响

减水剂对水泥拌合物的主要影响有四点：一是减少用水量，高效减水剂的减水率一般为20％～40％，即达到同样的流动度，可以少加20％～40％的水。二是提高浆体流动度，在浇注后可以达到自流平，在泡沫混凝土生产时减少面包头。三是缩短搅拌时间，加快水泥在水中的分散，很短时间就可以把浆体搅拌均匀。四是提高水泥浆硬化体的强度，一般提高10％～20％。

5. 减水剂的品种和优选

（1）品种

减水剂目前减水率最大的品种为聚羧酸系列，为近年发展起来的新品种。其次的传统品种密胺系列（SM）、萘磺酸盐系列（以FDN为代表）、前者的减水率约为30％～40％，后一种的减水率约为20％～30％。

（2）选用

密胺减水剂以SM或SMF为代表，萘磺酸减水剂以FDN为代表。它们的主要优点是性能稳定，负作用小，与各种水泥适应性强。减水剂有液剂和粉剂两种类型。粉剂为液剂喷雾干燥制取。粉剂使用方便，液剂使用成本略低，可酌情选择。目前，应用最广泛的聚羧酸系列，其液剂有浓度60％、40％、15％三个品种。含量60％、40％的两个品种俗称“母液”，加水稀释至15％为市售品。建议选用40％母液使用。聚羧酸减水剂减水率高，但与水泥的适应性差，某些品种在化学发泡体系中易引起塌模，应筛选品种试用。

5.3.3 促凝剂

1. 概念

促凝剂是用于促进无机胶凝材料凝结硬化，加快其水化反应，缩短凝结硬化时间的外加剂。在泡沫混凝土保温制品的生产中，主要是指用于硅酸盐类通用水泥中的促凝剂。就实际生产来看，目前应用的三大胶凝材料中，镁水泥与快硬硫铝酸盐水泥的凝结速度已经很快，引发热裂已经很严重，如果再使用促凝剂，会使其热裂更严重。只有硅酸盐水泥凝结硬化较慢，可以使用一定量的促凝剂。

促凝剂不是早强剂。早强剂是指能提高水泥 7d 尤其是 3d 强度的外加剂，对几个小时之内的强度增长及凝结速度影响较小。而促凝剂主要是影响 24h 之内的强度，尤其是 2h 之内强度增长的外加剂。因为，促凝剂主要用于 3 个小时之内，防止凝结缓慢导致塌模，以及 24h 之内使浆体硬化到脱模强度缩短模具循环使用日期。早强剂对这种技术要求达不到。所以，早强剂不能作为促凝剂使用。

促凝剂也不是速凝剂。有人把促凝剂与速凝剂混为一谈，这是不对的。速凝剂是一类能够使水泥在 10min 之内凝结的外加剂，其早期强度高，而 28d 强度均降低，降低幅度最大达 50%～60%，最小也在 10%左右。目前，最优异的无碱速凝剂也不同程度地降低强度。这对泡沫混凝土保温制品的生产是十分不利的，不能使用。

用于泡沫混凝土保温板生产的促凝剂是介于早强剂与速凝剂之间的一类外加剂。它有以下几个技术特征：

（1）主要大幅度提高 2h 之内的凝结速度，以及 24h 之内的硬化强度；尤其是要将初凝时间缩短到 40min 之内，并缩短初终凝之间的时间；

（2）不降低后期强度，既早强又后强，即实现快凝、快硬、后强；

（3）碱度低，对水泥的碱度影响较小，不提高发泡速度；

（4）与其他外加剂适应性好，不引起塌模。

2. 品种

目前，市场上还没有这种符合上述要求的泡沫混凝土促凝剂。市场上销售的，大多是早强剂与速凝剂。早强剂效果不明显，速凝剂则凝结太快且负作用较大。真正适用的品种很少。建议用以下品种代替：

（1）高铝水泥，有较强促凝作用。用量 3%～8%，超量降低强度较大，有负作用。

（2）快硬硫铝酸盐水泥。它在硅酸盐水泥中的合适用量为 5%～10%，超过 10%降低强度明显。

笔者在实践中也摸索研制出一种促凝剂，使用效果比较满意，能达到早强、后强、快硬凝的目的，不降低后期强度，且还略有上升。由于这种促凝剂可使水泥快凝快硬，作者就将其命名为“双快剂”。

3. 使用注意事项

泡沫混凝土保温制品的生产中，所选用的外加剂较多，各外加剂之间容易出现交叉反应，所以对促凝剂的选择性很强。即一种促凝剂虽然促凝效果很好，但加入后易引起冒泡、塌模或使气泡变小、发泡过快等。它可能在这一种配方中很好用，但在另一种配方中就可能出现负作用。所以，每一种促凝剂都应在使用前，进行适应性试验，不可以拿来就用。现在还没有任何一种促凝剂可通用于各种配合比。

4. 促凝剂的重要作用

促凝剂在泡沫混凝土保温制品的生产中，具有不可忽视的重要作用。概括地讲，它有以下两个方面的作用。

（1）稳泡固孔防塌

发泡结束以后，促凝剂使浆体及时稠化，快速达到初凝和终凝，在短时间内（几十分钟至 2h）把气泡稳定、固定，防止气泡在没有固定前就破裂而引起塌模。这是促凝剂最重要的作用。

（2）快硬以利于提前脱模

凝结之后，促凝剂使胶凝系统的强度发展加速，在 24h 内达到脱模强度，更理想的为 6～12h。这可以大大加快模具周转，降低模具投资，减少模具停放场地，提高产量。

5.4　泡沫混凝土改性外加剂

改性外加剂，也有人称之为“产品性能提高剂”。它是一类以改善和提高泡沫混凝土保温制品性能，使之优质化、高性能化，增加产品附加值的外加剂，因它的功能主要是改善性能，故笔者命其名为改性剂。

改性外加剂目前有五大类：防水剂、增强剂、增韧剂、抗缩剂、导热系数降低剂。其中，最重要的为导热系数降低剂、防水剂和增强剂。另外，还有改性辅助功能材料。

5.4.1　防水剂

1. 防水剂概念

防水剂在保温板的生产中也称之为吸水率降低剂。它是一类能够增强保温制品防水性能，降低其吸水率的外加剂。

防水剂市场上有很多品种，但泡沫混凝土所用的防水剂有较严格的技术要求，不是所有的防水剂均可使用。它在概念上既相似又不同，一般防水剂侧重于降低高水压下的渗透性，以防水等级来评价，而泡沫混凝土则侧重于降低吸水率，以吸水率高低来评价。二者在技术性能上有一定的差别。

2. 保温制品所用防水剂技术要求

（1）抗吸水能力强，能使吸水率降低至 10%以下；

（2）对发泡体系没有负作用，不引起塌模或影响孔形；

（3）与其他外加剂适应性好，无不良反应；

（4）价格较低，不过大影响制品成本。

3. 防水剂的种类

防水剂有五大类，在市场上均有供应，可就地选用，择优而取，根据上述四点要求来选择。

（1）氯盐类防水剂

氯盐类防水剂的主要成分是无机氯盐，如氯化钙、氯化铝、氯化铁等。它的优点是价格低，缺点是对钢材有强腐蚀性，效果较差，为低档防水剂。

（2）无机铝盐防水剂

其主要成分是硫酸铝及其化合物、辅加成分等。它的优点是价廉易得，使用成本低。缺点是使发泡速度加快，发泡工艺控制难度增加。

（3）脂肪酸防水剂

其主要成分为脂肪酸盐及其辅助成分。由于合成工艺及附加成分的不同，市场上的产品千差万别，各不相同，质量及效果有很大的不同。这是目前应用最广的防水剂之一。泡沫混凝土生产中有一定的选用，大多为浆状或白色膏状。它属于中档防水剂，价格略高，性价比较好。一些白色浆状或膏状“母料”即是这类防水剂。

（4）有机硅防水剂

其主要成分为有机硅。有机硅的品种很多，如硅酸钾、甲基硅酸钠、乳化硅油等。这类单一成分或复合成分的防水剂品种繁多，价格和质量相差极大，最高达300多元一公斤，最低的几元一公斤。这要在选择时靠自己的知识和经验来辨别优劣。需要提醒的是，有机硅的许多品种有消泡性，对发泡有不利影响。

（5）复合防水剂

复合防水剂是利用不同种类的防水剂的优势，将其取长补短，配合成一种或多种成分的防水剂。它比单一防水剂的优势更多、效果更好。目前，市场上复合防水剂也较多，效果有一定差异。

4. 防水剂的选择

对防水剂建议做如下的选择：

（1）优选复合防水剂，具体应视其复合的成分；

（2）单一成分防水剂，从性能来选择，宜选用有机硅类。其次为脂肪酸类，它比较经济实用；

（3）无机盐类（氯盐、铝盐）防水剂效果较差，负作用大，应慎重选用。

5. 防水剂在保温制品生产中的重要作用

保温制品的一项重要技术指标，就是吸水率。行业标准的技术要求是体积吸水率≤10％。这一要求是比较高的。达到这一指标，一方面要靠提高闭孔率，另一方面就靠内掺或外涂防水剂，切断孔间壁中的毛细孔，阻止水分沿毛细孔进入板体。没有防水剂，单靠提高闭孔率，很难完全满足10％以下吸水率的要求。因此，优质防水剂是必不可少的。

5.4.2 增强剂

1. 概念

增强剂又名强度提高剂。它是一类可以提高泡沫混凝土保温制品抗压及抗拉强度的外加剂。

泡沫混凝土保温制品尤其是保温板，其低密度化倾向已经十分明显。密度的降低使其强度难以满足使用技术要求，因此，如何提高泡沫混凝土保温板的强度是燃眉之急。这一技术问题的解决，一是要靠高强度的水泥、配合比的优化，但另一方面，还需要在配合比中使用强度提高剂，即增强剂。

2. 技术要求

泡沫混凝土保温制品所用增强剂，与常规混凝土所用的增强剂有一定的不同，其要求更高。具体要求如下：

（1）增强明显。其强度提高值应大于5％，理想值为10％～15％；

（2）对发泡无不良影响，加入后不出现塌模、冒泡等不良现象；

（3）与各种水泥及外加剂有较好的适应性；

（4）对保温制品的其他性能无影响。

3. 增强原理与品种

增强剂的主要成分是活性的激发剂。它可以较大提高水泥及掺合料的水化程度，使其产生更多的水化产物，因而达到提高强度的效果。它的辅助成分是增加水泥胶凝硬化体密实度、降低孔隙率，间接提高强度的外加剂。它的其他成分是配合主要成分，强化主要成分的作用，产生协同效应的物质。只有多种成分配合，才可达到高效增强。

市场上的增强剂名称不一，有些并不称为增强剂，其成分也各不相同。因为，对水泥和掺合料有激发作用的外加剂有很多，复合方法更多，单一成分是很少的。因此，很难一一分析其作用效果，应通过针对性的分析和应用验证。

4. 增强剂的使用

（1）在生产 $200kg/m^3$ 以上密度产品时，如果产品的抗压强度不低于0.4MPa，可以不使用增强剂；在生产 $200kg/m^3$ 以下密度产品时，如果产品的抗压强度不低于0.3MPa，也不必使用增强剂。

（2）增强剂只有在产品要求进一步降低密度，而密度降低后抗压或抗折强度达不到要求时，才可以使用。

（3）单靠增强剂不可能完全达到增强效果，所以增强剂应配合高效减水剂及其他增强手段使用，效果才会更好。

5.4.3 增韧剂

1. 概念

增韧剂是一类可以提高泡沫混凝土保温制品韧性及抗拉强度的外加剂。有些增强剂本身也具有一定的增韧性。当加入增强剂仍不能满足韧性要求时，就需要加入增韧剂。它的主要作用是克服泡沫混凝土保温制品的脆性和易裂性。

2. 技术要求

（1）增韧增柔能力强，能在使用后，使保温制品抗拉强度满足使用技术要求；

（2）不影响水泥的凝结硬化，也不影响发泡的顺利进行，负作用小；

（3）对产品的其他技术指标无不良影响，最好有助于改善制品综合性能；

（4）购买与使用方便。

3. 产品介绍

专用的增韧剂，在市场上比较少见。一般指那些具有成膜柔韧性和弹性的高分子聚合物及其复合物。笔者根据经验，开发出一种专用增韧剂。它是一种不同材料的复合粉末状灰色产品，加入后可较好的提高保温制品的韧性，满足保温制品抗拉强度的要求。实际应用验证，效果较满意。

4. 增韧剂的重要作用

泡沫混凝土保温材料技术要求较高的两项指标，一是吸水率，二是抗拉强度。就目前的实际生产现状看，企业在生产中遇到的最大困难就是这两项技术指标达不到技术要求。就目前已出台保温板的标准来看，山东标准抗拉强度为≥0.15MPa，江苏标准抗拉强度为≥0.13MPa，行业标准抗拉强度为≥0.10MPa，还是较高的。如果不加增韧剂，并采取相关的技术手段，要达到这一技术指标，还是有一定难度的。

综上所述，增韧剂虽然平常不大使用，但由于泡沫混凝土保温材料的特殊要求，以其增韧应该是十分必要的，不可或缺。

5.4.4 导热系数降低剂

1. 概念

导热系数降低剂是作者对一类可以降低泡沫混凝土及普通混凝土或砂浆导热系数的外加剂。原有的外加剂没有这一名称。它不是某一产品的名称，而是一类产品的名称，凡是有降低水泥基、石膏基、镁质胶凝材料基各种产品导热系数的外加剂，都可以归入导热系数降低剂的范畴。

2. 技术要求

由于这类产品原来很少应用，也就没有相关标准规范所提出的技术要求。从泡沫混凝土的生产需要看，其技术要求如下：

（1）应有明显的降低产品或材料导热系数的作用，有效改善产品或材料的热性能。

（2）应用于泡沫混凝土，不影响发泡或泡沫的稳定性，不引起塌模、串孔等。

（3）有较为成熟的应用工艺，能够在生产中工业化应用，并适应模具的大体积浇注或泵送。

（4）货源充足，能够满足规模化生产的供应。

3. 产品与应用

本产品是最新开发的一类外加剂，尚未形成生产与应用的气候，所以产品极少，还需要几年的推广和应用体系的完善。但由于它解决了防碍泡沫混凝土发展的最大瓶颈，使泡沫混凝土达到了有机保温材料的导热系数，因而具有良好的应用前景。目前，市场上还没有商品供应。

作者所研发的这类产品，已在生产中应用。它可以使泡沫混凝土保温板等超轻产品的导热系数，由目前的0.05～0.065W/（m·K）降到0.03～0.04W/（m·K），将来还有望降得更低，为泡沫混凝土保温板在建筑保温领域的应用再次开辟了道路，奠定了技术基础。

4. 主要应用领域

本产品主要用于对导热系数要求较低的泡沫混凝土保温制品，如保温板、装饰与保温一体化板、自保温砌块、自保温墙板等。

5.4.5 改性功能辅助材料

改性功能辅助材料不是改性剂。纤维、玻化微珠等材料，均不属于化学制剂的范畴。但本书为叙述方便，鉴于这些材料对产品性能有改善作用，与改性剂的功能相近，所以也就把它们放在产品改性剂这一部分介绍。它们的正确名称应该为改性功能辅助材料而不是改性剂。

改性功能辅助材料很多，主要有纤维及轻集料等。当然还有许多其他材料，但目前实际应用的只有纤维和玻化微珠。所以，本章只介绍这两种。

1. 纤维

（1）纤维的改性作用

纤维是一大类纤维状材料的总称。它们在泡沫混凝土中已经大量应用。其主要作用是增加产品的韧性，并提高产品的抗缩抗裂能力，降低破损率，提高产品的抗拉强度，克服泡沫混凝土保温材料的脆性。加入纤维后，泡沫混凝土的总体性能有明显的提高。

（2）纤维的种类、性能、选用

目前，可用于泡沫混凝土保温制品生产的纤维有无机纤维和有机纤维。这两大类纤维作者曾做过大量的应用试验，也都在实际生产中采用过。从应用效果来看，有机纤维更经济、更适用。

① 无机纤维

无机纤维主要有海泡石纤维、凹凸棒土纤维、硅灰石纤维、石棉纤维、岩棉纤维、玻璃纤维、硅酸铝纤维等 10 多种。由于后几种纤维在水泥浆中不易分散，且微尘有害，故在泡沫混凝土中应用不多。目前已经应用的只有海泡石纤维、水镁石纤维、凹凸棒土纤维、硅灰石纤维四种。这四种纤维具有易分散、增韧效果较好的优点，但吸水率较大，加入后，在搅拌时增大了需水量，也增大了产品的吸水率。同时，它对发泡体系的稳定性有不利影响，有一定副作用。另外，它的用量较大，小于 3%时效果不理想。因此，总体看应用效果不是十分满意，但无机纤维在防火、耐火、耐候方面，具有优势。如果将来有合适的改性措施，或许有应用空间。

② 化学有机纤维

化学有机纤维有很多种，主要品种有聚丙烯纤维、聚乙烯醇纤维、维尼纶纤维、聚酰胺纤维等 10 多种。在混凝土及泡沫混凝土中应用较广的为前三种。由于聚乙烯醇纤维和维尼纶纤维的价位较高，虽然它们的性能很好，但鉴于它们性价比较差，实际应用不多。目前在泡沫混凝土行业应用广泛的，仍是聚丙烯纤维。一是聚丙烯纤维的性能可以满足技术要求，二是价位较低，经济性好。从长远看，它在相当长的时期，都是泡沫混凝土需求最大的纤维品种。

聚丙烯纤维的选购和使用要求如下：

a. 长度 8～20mm，优选 12～15mm；

b. 抗拉强度为 300MPa 以上，断裂伸长率 15%～25%；

c. 纤维直径 20μm 以内；

d. 弹性模量 ≥3500MPa。

聚丙烯纤维的质量与价格，不同厂家的产品相差甚大。就北京市场来看，优质纤维价格高达 30 元/kg 左右，而劣质的纤维仅 10 元/kg，二者相差三倍。中档次的纤维，北京市场的价格约为 14～18 元/kg。不同价格产品之间的质量差异，主要表现在它们所用的聚丙烯原材料不同。优质纤维使用的是纯正聚丙烯，而低价产品使用的是再生回收料拉丝的聚丙烯。中档产品中有些也混掺再生聚丙烯。有些中档品不加再生料，但是在聚丙烯中加入轻钙等填充剂较多，同样影响质量。不可否认，也有价格不高但质量不错的产品，这要靠辨别能力。从感觉上凭经验来判断聚丙烯纤维的质量的方法如下：

a. 外观色泽：优质品色泽纯白，劣质品灰白；

b. 外观光泽：优质品富有光泽，劣质品冷暗；

c. 拉力：优质品不易拉断，劣质品易拉断；

d. 脆性：优质品无脆感，劣质品脆感明显。

另外，在选购聚丙烯纤维时，必须注意以下两点：

a. 有些聚丙烯纤维在加工切丝时故意喷水增重，其价格低，但实际不但不低，反而偏高。

b. 有些聚丙烯纤维在加工切丝时混入了一些石粉增重，但便宜。其与水泥的界面结合不好，请予以甄别。

2. 玻化微珠（降密材料）

（1）简介

玻化微珠又名闭孔膨胀珍珠岩。它是膨胀珍珠岩的升级换代产品。由于膨胀珍珠岩的吸水率高达300%以上，已逐渐从保温市场淘汰。近些年，生产厂就开发出闭孔微粒的玻化微珠。

玻化微珠是由玻璃质熔岩如松脂岩、珍珠岩、黑曜岩等矿化物的矿砂，经矿石开采后通过破碎、筛分、高温瞬时焙烧后膨胀、玻化等工艺制成，表面玻化封闭，呈不规则球状，内部为多孔空腔结构的无机颗粒材料。其产品按堆积密度分为Ⅰ、Ⅱ、Ⅲ类。Ⅰ类堆积密度小于80kg/m^3，Ⅱ类堆积密度80～120kg/m^3，Ⅲ类堆积密度大于120kg/m^3。微珠的粒径只有1～5mm，大多为1～3mm。它的主要技术特征为表面有一个玻璃质的光滑硬壳，因而不易吸水。它的结构为中空闭孔，所以密度很小，只有100～180kg/m^3。它的保温性很好，导热系数只有0.045～0.055W/（m·K），因而性能优异。表5-1为玻化微珠的性能。图5-3为玻化微珠的显微照片。

表5-1　膨胀玻化微珠物理力学性能指标

项　目	Ⅰ类	Ⅱ类	Ⅲ类
堆积密度（kg/m^3）	<80	80～120	>120
筒压强度（kPa）	≥50	≥150	≥200
导热系数［W/（m·K）］，平均温度25℃	≤0.043	≤0.048	≤0.070
体积吸水率（%）	≤45		
体积漂浮率（%）	≥80		
表面玻化闭孔率（%）	≥80		

（2）微珠在保温制品中的应用价值

在保温制品中加入微珠有以下作用：

图5-3　玻化微珠的显微照片

① 降低导热系数；

② 微珠强度高，可作为轻集料增强；

③ 降低制品密度，使保温板有望实现超低密度。

（3）选购

① 如周边几百公里内有微珠厂，可以选用，如微珠生产厂太远，运费太高，就不能选用。

② 如果密度、导热系数、强度几方面已经比较理想，就没有必要再加玻化微珠。

③ 选购玻化微珠要注意：密度应小于 120kg/m³，最好控制小于 100 kg/m³；体积吸水率应小于 45%，最好小于 40%。另外，强度要好，用手碾不破，目测闭孔率高，细粉微珠较少，外观浑圆、有光泽，玻璃化质感强，珠粒均匀。具体技术控制应按《膨胀玻化微珠》（JC/T 1042—2007）执行。

3. 聚苯颗粒

（1）简介

聚苯颗粒全称为膨胀聚苯乙烯泡沫颗粒，又称膨胀聚苯颗粒。该材料是由可发性聚苯乙烯树脂珠粒为基础原料膨胀发泡制成的。目前，聚苯颗粒主要用于保温砂浆，也用于轻集料混凝土。图 5-4 为聚苯颗粒外观。表 5-2 为聚苯颗粒的性能。

表 5-2　聚苯颗粒性能

项目	单位	指标
湿表观密度	kg/m³	≤420
干表观密度	kg/m³	≤250
导热系数	W/（m·K）	≤0.060
蓄热系数	W/（m²·K）	≥0.95
抗压强度	kPa	≥250
抗拉强度	kPa	≥100
压剪粘结强度	kPa	≥50
线性收缩率	%	≤0.3
软化系数	—	≥0.5
难燃性	—	B1 级

可发性聚苯乙烯树脂珠粒经过膨胀发泡，就能够制得供建筑绝热用的膨胀聚苯颗粒。珠粒的膨胀发泡过程，是将可发性聚苯乙烯树脂珠粒缓慢的加热至 90℃以上，珠粒开始软化，珠粒内的发泡剂受热汽化产生压力使珠粒膨胀，并形成封闭泡孔。泡孔的直径约为 80～150μm，每 1cm³ 约有 0～55 万个小气泡，泡孔壁的厚度仅为 1～2μm。同时，蒸汽也渗透到已膨胀的泡孔中。加热时，发泡剂也会从珠粒中向外渗出。所以在发泡时应使蒸汽透入泡孔的速率超过发泡剂从泡孔中渗出的速率，使发泡气体绝大多数留在泡孔内，从而使泡孔中的总压力增加，发泡剂在泡孔中来不及逸出，使聚合物牵伸呈橡胶状态，其强度足以平衡内部的压力，从而使珠粒发泡

图 5-4　聚苯颗粒外观

而膨胀。

聚苯颗粒的膨胀发泡一般采用蒸汽加热发泡，其优点是可使生产连续化、劳动强度低、生产效率高、发泡的颗粒密度低等。

图 5-5 连续发泡机的外观

(2) 聚苯颗粒生产工艺

蒸汽加热发泡是将可发性聚苯乙烯树脂珠粒加入发泡机内，通过蒸汽加热，使可发性聚苯乙烯树脂珠粒发泡。发泡后的珠粒仍然为圆球形，但体积增大 20～150 倍。蒸汽加热发泡有连续式和间歇式两种工艺，并分别采用连续发泡机和间歇式发泡机实施。发泡时可以通过调整发泡机的参数来控制发泡倍率。

① 连续式发泡工艺

连续式发泡采用连续式聚苯颗粒发泡机。图 5-5 是这种发泡机的外观。

连续式发泡是在一定发泡机的机身体积和蒸汽流量的条件下，通过调整可发性聚苯乙烯原料的进料速度和调整机器出料口的高度，从而控制可发性聚苯乙烯的发泡密度。其发泡的工艺过程为：

a. 首先将气体降低到 0.2～0.25MPa，空气压力应在 0.4MPa 左右；

b. 进行预加热，使温度达到 70℃左右；

c. 确定第一批原料加入量，待发泡料出来后，开始连续加料。根据发泡的大小、性能、蒸汽质量和原料功能，尽快找出不同原料发泡到不同密度的加料速度、加热温度（92～102℃）、机内温度条件，每次发泡时，应以最快速度稳定工艺条件，使颗粒达到合适的密度。

d. 停机时，应使机内温度降低（降低到 60℃以下为好）后，再关闭气阀。

为了得到密度更低的聚苯颗粒，可以采用“二次发泡工艺”，即将在一次发泡机中发泡到 20kg/m^3 左右的原料，经过 3～5h（根据气温环境和原料特点而定）的熟化后，再进入发泡机中进行二次发泡。二次发泡时发泡剂的进料口更大，进料速度也更快。

② 间歇式发泡工艺

间歇式发泡采用间歇式聚苯颗粒发泡机。图 5-6 是这种发泡机的外观。

间歇式发泡工艺是指投一次可发性聚苯乙烯树脂珠粒，使之发泡到一定的体积时，将机内的料放完，吹净；然后再投料进行下一次发泡，再放料。

间歇式发泡工艺的操作如下：

a. 蒸汽压力降低至 0.2MPa. 空气压力在 0.5MPa 以上。同时，根据体积和所要求的发泡倍率确定加料量，定好加料、加热和出料的时间。

b. 使机内温度先预热至 90℃。

c. 正式开机后采样并风干，测密度，如果与要求密度有差异，先调整压力和温度，如果仍然不理想，再微调整加料量。

d. 最后一次加料量如果不足，仍可按照实际加热时间控制出料的时间。

可发性聚苯乙烯原料的发泡倍率与其内含的发泡剂量。蒸汽压力和发泡时间是密切相关的。发泡时通入的蒸汽要求是饱和的，蒸汽的质量要良好、干燥和稳定，质量不好的蒸汽发泡的颗粒含水量高，难于筛分和输送。

图 5-6　间歇式聚苯颗粒发泡机外观

通入蒸汽的压力和时间需要根据可发性聚苯乙烯树脂中的发泡剂含量，分子量，粒度等特性经过试验后确定。通常情况下，气压不变时，发泡珠粒的密度随着通气时间的延长而下降；通气时间不变时，发泡珠粒的密度随着蒸汽气压的升高而下降。当密度下降到一定值时，由于发泡珠粒膨胀形成的泡孔孔壁很薄，遇冷后内部的水蒸气和发泡剂冷凝成负压现象。因此，可能会在外压下支持不住而收缩瘪塌。

第6章　产品设计

6.1　设计总述

6.1.1　设计重要性

泡沫混凝土保温产品的设计，包括规格设计、结构设计、力学性能设计、保温性能设计、耐久性能设计等。其中，产品性能设计是核心。

产品设计是产品生产的基础。产品生产是根据产品设计来进行的。生产工艺、生产设备、配合比设计、原材料选择等，均应按照产品设计来进行，以达到设计指标和设计要求为目标。所以，产品设计在保温制品生产中占有重要的地位，不可忽视。

本章集中介绍保温产品设计的一般原则、要求以及设计方法，供生产企业参考。具体设计应结合本企业的生产实际进行。

6.1.2　设计原则

1. 以标准为基础

产品设计不应脱离行业、地方、企业等现有的各种标准，必须以这些标准为基础。其规格、结构、性能等设计，应以满足这些标准规定并适当考虑地方性、差异性为原则，以标准的严谨性、规范性、引导性设计为理念。

2. 以市场为导向

产品最终是以进入市场，转化成经济效益为目的的。市场对产品的接受程度，是检验产品设计合理性的经济法则。设计再完美的产品，不被市场所认可和接受（如成本高、不符合使用习惯等），也是不行的。因此，产品设计必须在符合标准的基础上，考虑市场因素，尤其是当地市场的状况、前景、消费习惯等。

3. 以技术领先为准则

产品设计要有前沿性、前瞻性。保持所设计的产品在投产后至少保持 2～3 年内不落后。这就要求设计所依托的技术必须具有国内领先性，至少也应在当地有领先性。这样，产品在投产后，才会有竞争力，才会不被淘汰。否则，刚设计的产品就会成为过时的东西。

4. 以企业的现实条件为出发点

不论什么样的产品设计，必须以企业能够实现设计为出发点，即企业的条件能够满足所设计产品的生产技术要求。如果脱离企业的现状，在实际生产中难以实现，纵使符合标准，符合市场要求，具有领先性，也等于是纸上谈兵。因此，设计必须从现实出发，符合企业的生产条件、技术条件、经济条件。

6.1.3　产品设计要求

1. 良好的性价比

所设计的产品既有优质性，性能良好，有竞争力，还要有理想的成本优势和可观的利润空间，投产后企业有比较好的经济效益，产品性能与成本要统一。

2. 便于加工，工艺简化

产品在设计后，能够具有方便加工，工艺不复杂，少用人工，实现起来没有太大的困难，即具有加工过程的简单化和便利性。例如，在保温板的外表面设计喷涂层，肯定具有提高性能的效果，但增加喷涂工艺就增加了工艺的复杂性，不易实现。

3. 设计合理，指标适度

设计方案必须具有科学合理化，经得起时间及实际生产的考验。如果在设计方案的实施过程中才发现失误，再去修改方案，劳民伤财，就等于设计失误。所以，应尽量降低失误率，提高科学性。所设计的一些主要指标，应高低适度。指标设计过高，会实现不了。过低则不符合标准。

4. 各种性能设计应统一考虑，有较好协调性

保温制品许多性能是一个个的矛盾体。如密度和强度，导热系数和强度，吸水率和密度等。在设计时如不统一缜密考虑，就会使各项指标不协调顾此失彼。要照顾到各种指标间的相互关系，协调一致。

5. 照顾到投资额

所设计产品在投资额允许的范围内。如设计产品档次为投资不允许，就要在设计时适当降低，投资允许，可提高档次。

6.2　产品结构设计

6.2.1　产品结构的现有状况及走向

1. 现有状况

我国外墙泡沫混凝土保温制品目前已应用的结构形式基本以单结构为主，复合结构为辅，其他结构形式仍停留在概念、研创或推广试用阶段，没有广泛进入市场。

目前，保温板和砌块，多为单结构，而墙板屋面板，自保温型的，则多为夹芯复合结构，单结构的几乎没有。

2. 发展走向分析

根据保温产品性能趋高、档次趋升、创新趋热的三大趋势，以单结构为主的保温板、砌块，以夹芯复合结构为主的墙板屋面板的市场状况，在未来将被打破，各种新型结构的保温板将陆续出现，并会逐步被市场认可和接受。在未来，保温板和砌块首先进入市场的新品种，将会是保温装饰一体化的复合结构。其他结构保温板也将很快面世并进入市场。届时，多种结构共同分割市场的格局将会形成，彻底改变目前结构单一的状况。

6.2.2 产品结构设计影响因素

1. 市场竞争迫使企业向多结构转型

目前，泡沫混凝土保温板已在某些发达地区如江苏、北京、山东等地，呈现出恶性竞争格局。单一结构的产品已经竞争激烈，这就迫使企业加大技术创新，向复合结构发展。在设计上要考虑到这种因素使产品结构日益多元化的倾向。

2. 保温板缺陷的呈现对保温产品结构创新的影响

自2011年以来，各方对泡沫混凝土保温产品保温性较差、强度偏低、密度较大三个方面的反映比较多。所以，自2013年开始，为解决这一问题，以提高保温产品性能为核心的技术研发，在全行业明显加大了力度。其中，以改进结构来弥补泡沫混凝土产品性能上的不足，是一项重要的研发内容。其对保温产品结构的影响不可小视。

3. 产品各项性能应统一协调的影响

强度、密度、导热系数、吸水率等核心技术指标既相互矛盾，又要统一，这对结构设计有一定影响，如何利用结构设计来解决和统一这些矛盾，需要在设计中考虑和体现。

4. 价格因素对结构设计的影响

复合结构的造价肯定要高于单板，有些结构要高出很多，其设计应注意到市场接受能力。

6.2.3 结构设计方案

1. 单一材料结构方案

单一结构虽然强度性能较差，但它由于造价低，生产方便，产品密度小，便于安装，仍是保温产品未来的主导产品。考虑它的强度，应在密度上设计的略大一些。自保温墙板和屋面板，原来没有单一材料结构，均为夹芯结构，以后可以增加单一材料结构品种。

2. 单面复合结构

本结构为上述结构的改进，在板面复合一层装饰层或保护层。其结构外观如图6-1所示，适用于装饰保温一体化保温板和砌块，干挂和粘贴使用均可。

3. 双面夹芯复合结构

这种结构为：在泡沫混凝土保温基材的上下两面均复合一层高强度板材，对保温基材起加强作用。它的正面所复合的高强板可以是装饰型，也可以是非装饰型，其背面为非装饰性泡沫混凝土基板。这种复合板适合干挂或拼装，不适合粘贴。其结构外观如图6-2所示。这种结构对于保温板、砌块、墙板、屋面板均适合。

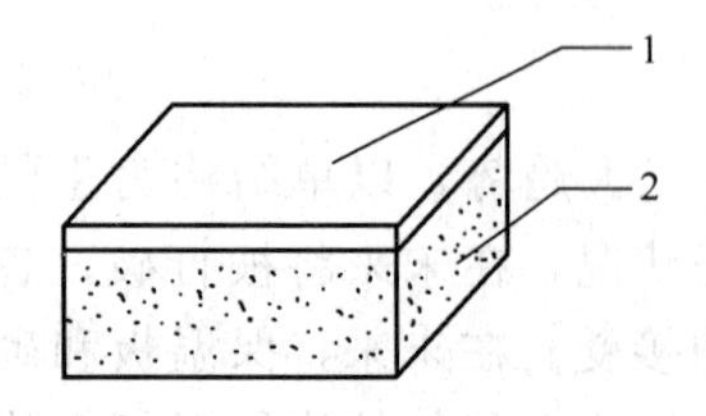

图6-1 单面复合结构图示

1—保温板饰面层；2—泡沫混凝土基层

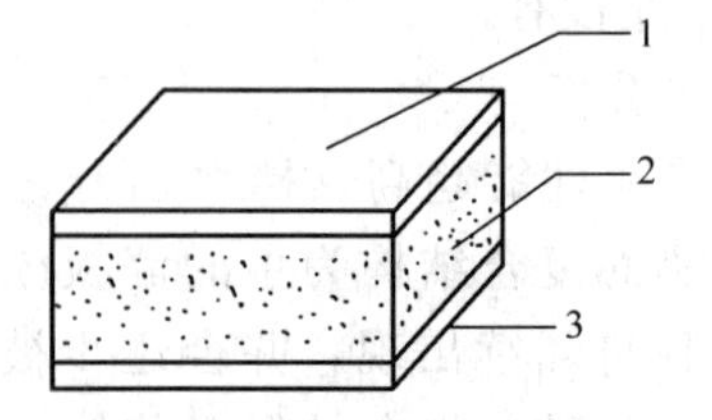

图6-2 双面复合结构

1—保温板面层；2—泡沫混凝土基层；3—保温板面层

4. 六面包覆方案

六面包覆方案是用 2～10mm 的包覆层与芯部的泡沫混凝土复合为一体。这种方案可以使泡沫混凝土保温芯层得到整体保护和增强，其强度大大加强，搬运安装均不易损坏，彻底克服了泡沫混凝土保温板强度差、易破损的不足。其外观如图 6-3 所示，其结构示意如图 6-4所示。这种结构适合砌块、墙板、屋面板。

图 6-3　六面包覆产品的外观

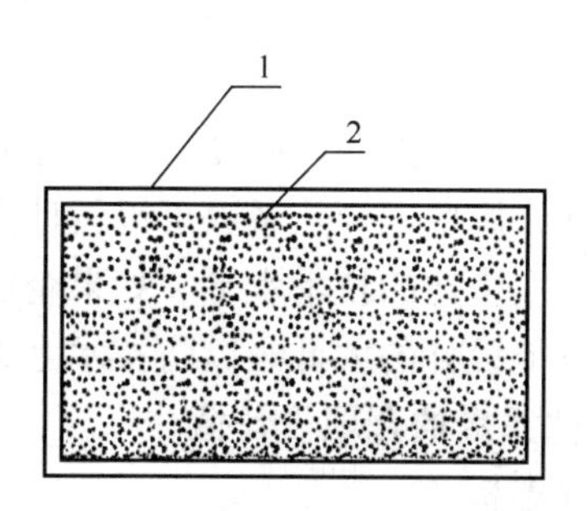

图 6-4　六面包覆结构示意图

1—高强轻质混凝土外壳；2—泡沫混凝土芯层

5. 单面复合预埋挂件

这种结构是在泡沫混凝土基材的一面，复合一层装饰重质高强装饰面层。高强装饰面层的背面以结构胶粘固金属挂件，保温板可以利用挂件挂于轻钢龙骨上。由于泡沫混凝土强度差，不能受力太大，所以将金属挂件固定于高强面层的背面，由面层受力。这种结构适用于面层较重较厚（如大理石板）的复合产品，不适合面层较薄且受力能力较差的复合产品（如面层为柔性饰材）。图 6-5 为其复合保温板的外观，图 6-6 为其结构示意图。

图 6-5　单面复合预埋挂件外观

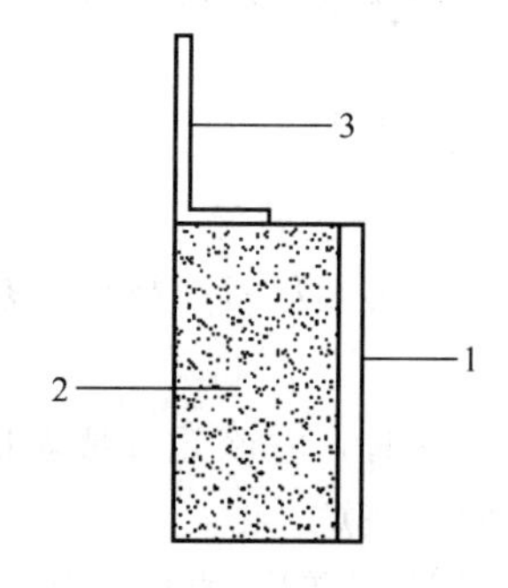

图 6-6　单面复合预埋挂件结构

1—面层；2—基层；3—挂件

6.3　保温性能与干密度设计

6.3.1　保温性能设计

1. 保温性能优先设计的原则

泡沫混凝土保温产品的主要功能和用途，是建筑墙体屋面保温，其保温性能是其第一性能，应首先设计。其他设计应满足保温性能的要求，围绕保温性能设计。

保温性能的技术指标是导热系数。所以，设计保温产品的保温性能，也就是设计导热系数的合理参数。

2. 导热系数设计应考虑的因素

(1) 企业所在的气候带及建筑节能新标准，使保温产品的保温性能与建筑节能新标准相一致。

(2) 保温产品密度对导热系数的制约。这一密度能有利于使导热系数符合建筑节能的要求。

(3) 保温产品的允许厚度。如果保温产品不允许太厚，导热系数就要设计的低些。如果保温产品允许厚些，导热系数可以设计的略高一些。

(4) 企业生产的技术水平。如果企业的技术水平还达不到较低的密度和较高的强度，导热系数就不能设计的太低，以防技术上难以实现。

3. 导热系数的合理设计值

(1) 保温板

夏热冬暖及夏热冬冷地区，泡沫混凝土保温板若太厚，不易被用户所接受。目前实际应用的保温板厚度大约为 30mm 和 50mm。按这一厚度，要满足建筑节能 65%的要求，导热系数应控制为 0.050～0.060W/ (m·K)。在寒冷及严寒地区，泡沫混凝土保温板的厚度为 50～100mm，超过 100mm 也不易被用户接受。就这一厚度范围，泡沫混凝土保温板的导热系数若满足节能 75%的标准，导热系数应设计为 0.030～0.048W/ (m·K)。在寒冷地区可采用偏大值，在严寒地区，可采用偏小值。

(2) 砌块、墙板、屋面板

在建筑节能 65%的地区，产品的导热系数可控制为≤0.15W/ (m·K)，在建筑节能 75%的地区，产品的导热系数可控制为≤0.10W/ (m·K)。

6.3.2 干密度设计

1. 干密度设计的一些规定

(1) 干密度设计必须尽量照顾到导热系数，在允许的技术范围内，把导热系数降到理想的低值。

(2) 干密度设计时，应该充分考虑目前泡沫混凝土行业的发展趋势。干密度日益趋低已较明显，设计时应予注意。

(3) 干密度设计应兼顾强度。目前，社会对泡沫混凝土保温板能接受的最低强度为 0.2MPa，设计的干密度所具有的强度，不能低于这个最低值。砌块其他品种也应考虑这一问题。

2. 干密度与导热系数的关系

泡沫混凝土的干密度与导热系数没有绝对的对应关系。但在一定范围内，却有一个大致的对应关系，即密度越低，导热系数越小。二者的升降有同步性。本节之所以将两者放在一起探讨，就在于两者有相关性。

根据笔者的经验，两者的大致对应性见表 6-1，可供大家在设计时参考。

表6-1　干密度与导热系数的大致对应值

干密度（kg/m^3）	300～260	250～200	190～160	150～120	110～80
导热系数［W/（m·K）］	0.08～0.07	0.068～0.058	0.056～0.052	0.052～0.045	0.040～0.020

注：本数值随孔结构、组成材料、养护方式、成型工艺等的差异而有一定的变化。

3. 干密度的合理设计值

我国各地随气候带的不同，目前在生产泡沫混凝土保温产品时，所采用的干密度值有一定的不同。大致讲，南方高一些，北方低一些。在全国范围内，干密度均有逐年下降的趋势。这一方面是技术进步的推动，另一方面也是各种A级保温材料之间，有机保温材料与无机保温材料之间，激烈市场竞争使产品不得不性能优化的结果。2010年以前，我国泡沫混凝土密度值一般为300～400kg/m^3。2011年，随着保温板兴起，其密度大多为240～300kg/m^3，200kg/m^3以下的密度，大多数企业还做不到。而2012年，随着竞争的升温，许多企业生产的保温板密度已降到170～190kg/m^3，2013年，不少企业都开始向150kg/m^3以下的干密度挺近。可以预见的是，150kg/m^3以下的干密度产品，将成为有技术实力的企业的产品主攻方向。未来，笔者判断，保温板产品密度还将逐年下降。在保证抗压强度值的前提下，低密度化的努力不会停止。虽然这一努力的困难越来越大，但挡不住技术进步的步伐，包括笔者在内的很多人会一直为之奋斗。

在目前的技术水平下，夏热冬冷及夏热冬暖地区，保温板干密度宜设计为190～250kg/m^3，比以前的250～300kg/m^3调低了不少。而在寒冷地区，干密度宜设计为150～180kg/m^3，比原来的200～250kg/m^3，也下降了一个较大的台阶，已比较合适。在严寒地区，保温板产品的干密度宜设计为100～150kg/m^3。

而对于砌块和墙体板、层面板等结构保温制品，干密度可以提高。没有复合层的单结构产品，泡沫混凝土的干密度宜为300～500kg/m^3，有复合增强层和加筋加骨架的产品，泡沫混凝土干密度可设计为200～300kg/m^3。

6.4　抗压强度性能设计

6.4.1　抗压强度性能的重要性

力学性能包括抗压强度、抗拉强度、抗弯强度等项技术性能。但人们平常更关注的是抗压强度。由于其他技术性能人们无法凭直观和感觉来判断，而抗压强度却可以凭感觉和直观来判断。人们见到保温板的第一反应，就是用手指压按板面，压不出痕迹，就认为强度好。压出坑来，就说不合格。这种凭压感来判断保温板质量优劣的方法，使抗压强度成为生产企业首先关注和倾力的重点。

从技术的角度讲，抗压性能也确实非常重要。

（1）它是保温性能的根本保障。保温就必须降低导热系数，降低导热的前提是降低密度，而降低密度的前提是提高抗压强度。抗压强度提高不上去，密度与导热系数就难以降低。从自保温产品发展的趋势看，就是低密度。但密度太低就强度差。许多建筑专家都担心低密度产品的强度保证不了，难以使用。不降低密度，市场不接受，产品竞争力差。而降低密度，建筑专家们又担心强度难达到要求。这一问题的解决，核心问题就是抗压强度。目前，泡沫混凝土保温产品的技术重点，就是突破强度。实现低密度高强度，就要使目前的产品在密度降到较低时，仍能保证使用强度。

（2）它是企业效益的根本保障。强度越高，产品越好销。产品强度问题解决了，密度和导热系数才能更低，产品才能拥有更大的市场，企业的效益才能更好。

6.4.2 抗压强度设计及影响因素

1. 影响因素

（1）相关标准对抗压强度的规定；

（2）市场对抗压强度的希望值；

（3）技术水平对抗压强度的保证系数；

（4）密度、导热系数与抗压强度的关系及统一；

（5）未来的发展趋向和前瞻。

2. 有关标准对强度的规定值

（1）保温板

目前与保温板有关的行业及地方标准对抗压强度的要求有一定的出入。其规定值一览和对比见表 6-2，可作为企业根据本地的情况并参考这些标准所列抗压强度值来设计自己产品强度。

表 6-2 各标准规定的强度值

项目	建材行业标准 JC/T 2200—2013		江苏 苏 JG/T 041—2011		山东 DBJ/T 14—085—2012	北京 BJZ 78		辽宁 DB 114—2011	
干密度 (kg/m³)	≤180	≤250	≤300	≤250	≤240	≤230	182	161～180	181～250
抗压强度 (MPa)	≥0.30	≥0.40	≥0.50	≥0.40	≥0.40	≥0.20	≥0.25	≥0.30	≥0.40

（2）砌块

加气混凝土砌块与泡沫混凝土砌块的相关标准，没有规定产品干密度与抗压强度的对应值，只有强度等级值。这里参照辽宁自保温砌块标准 DB12/T 2226—2014，提出一个砌块干密度与抗压强度的参考对比值，具体见表 6-3。

表 6-3 自保温砌块抗压强度

干表观密度 (kg/m³)	≤430	≤530
性能指标 (MPa)	≥1.5	≥3.5

3. 保温板强度设计

（1）各标准规定值评价

从各标准的规定值来看，180～250kg/m³ 密度区的规定值为≥0.40MPa，180kg/m³ 以下，大多为≥0.30MPa，各标准没有差异，取值也是科学合理的。自保温砌块，辽宁标准的规定值略偏高，采用硅酸盐水泥，较难达到，但镁水泥可以达到。

（2）市场对强度的希望值

上述各种标准规定值，也参考了需求方的意见，基本符合他们的希望值。就销售人员反馈，市场希望值可能还偏高一些。

（3）现有技术水平所能达到的强度值

就2013年的技术水平，可以达到标准规定值。就技术提高的进步速度看，在2～3年后，有可能超过这一规定值。但砌块要达到辽宁标准有难度。

（4）强度前瞻性设计

综合各标准规定值，市场希望值，技术发展状况，强度设计值应按前瞻性考虑，保温板抗压强度可如下设计：

① 200～250kg/m^3 的保温板的抗压强度应为≥0.5MPa。

② 150～180kg/m^3 的保温板的抗压强度应为≥0.4MPa。

③ 应增加130～150kg/m^3、100～130kg/m^3 两个密度区的强度值指标。2～3年后，这两个密度区的产品将会进入市场。应有这种前瞻。130～150kg/m^3 密度的保温板，抗压强度值宜为≥0.3MPa，100～130kg/m^3 密度的保温板抗压强度值为≥0.2 MPa。

自保温砌块则可以按辽宁省目标去努力。

6.5　耐久性指标设计

耐久性指标包括体积吸水率、干燥收缩值、软化系数、碳化系数等。它们关乎泡沫混凝土保温产品的使用寿命，即服役年限。这是保温产品用户非常关注的指标。由于泡沫混凝土保温产品是新型保温材料，许多人对其十分陌生，总感到它的孔隙率那么高，强度又不高，耐久性令人难以放心。为了使用户打消顾虑，我们在设计耐久性指标时，就要有合理性、可靠性、保证性，使其指标让用户放心。

6.5.1　吸水性能设计

1 吸水性能对保温产品性能的影响

吸水性能在耐久性各项技术指标中，是最重要的指标。它影响保温性、导热系数、抗冻性、软化系数等指标，对保温板的使用寿命有很大影响。

（1）对保温性的影响

水的导热系数很高，为热的良好导体。所以保温制品的抗吸水性能越差，其导热系数就越高，保温性能就越差。

（2）对抗冻性的影响

冰冻是水结冰产生的。水在结冰后，其体积膨胀9%，会使保温产品基体在冰的膨胀作用力下胀出裂缝而被破坏，其强度下降。保温制品的吸水性能越差，冰胀破坏就越大，保温制品的耐久性就越差。

（3）对软化系数的影响

软化系数是耐水性质的参数，表达式为 $K=f/F$。式中 K 为材料的软化系数；f 为材料在水饱和状态下的无侧限抗压强度；F 为材料在干燥状态下的无侧限抗压强度。

软化系数的取值范围在0～1之间，其值越大，表明材料的耐水性越好。软化系数的大小，有时被作为选择材料的依据。长期处于水中或潮湿环境的重要建筑物或构筑物，必须选用软化系数大于0.85的材料。用于受潮湿较轻或次要结构的材料，则软化系数不宜小于0.70。通常认为软化系数大于0.85的材料是耐水性材料。

水对混凝土的软化作用，其实质是水对水泥等胶凝材料水化生成物的溶解，也就是化学侵蚀。这种侵蚀包括水本身对胶凝材料水化产物的溶解，水中含有的酸性物质、硫酸盐物质、游离二氧化碳等对胶凝材料水化产物的溶解。

保温产品的吸水性越强，由于水的侵蚀溶解作用增大，泡沫混凝土的软化系数越低。反之，保温产品的吸水性越弱，则泡沫混凝土受到水的侵蚀作用也就越小，软化系数就越高。

2. 吸水率设计的影响因素

主要影响因素为建筑保温对产品耐久性的设计要求，不同检验方法的影响、现有技术水平、保温板发展趋势。

(1) 工程对保温材料耐久性要求

有机保温材料如聚苯泡沫等，在建筑保温工程中的设计使用年限，按现有规定，一般为20多年，显然偏低。一般建筑的设计寿命为50年，公共建筑及重点建筑为70～100年。工程方及工程设计方，一般对混凝土制品的使用寿命，都希望能达到与建筑同寿命。因此，泡沫混凝土保温产品的耐久性要求不能低于50年。所以，其吸水率应满足产品50年使用寿命的要求。这就要求吸水率规定值不能太大，趋于严格。

泡沫混凝土保温制品在我国尚处于发展初期，且为我国独创，在国际上也没有成熟的经验可以借鉴。因此，技术水平不高。在这种情况下，在保证产品耐久性能够满足建筑工程要求的前提下，设计的指标不能过高，超出当前的技术水平。否则，企业经过努力也难以达到，就会使这一设计指标成为空谈，脱离实际。

(2) 保温制品未来的发展趋向

根据近年的发展态势，由于市场竞争加剧，泡沫混凝土保温板制品的低密度高强度的趋势已经十分明显。自2014年起，其密度会逐年向150kg/m^{3}以下发展，其孔隙率会更高。孔隙率越高，吸水率往往也会越高，吸水率的控制难度也会越大。据此，若吸水率指标设计过高，未来实现指标的困难会相当大，且越来越难。这对泡沫混凝土行业的发展是十分不利的。

(3) 不同检验方法的影响

同一块保温产品，采用不同的检验方法，将会有不同的吸水率检测值和相应的指标。这对吸水率设计尤为重要。

目前，保温用轻质材料吸水率的检测方法有重量法、体积法、面积法，其指标有很大的差别。

① 重量法。重量法的典型应用其代表产品是加气混凝土。这一检验方法是把产品浸入水中2h，捞出擦干，计算其吸水重量，以其产品总重量与吸水重量的比值，作为其吸水率指标。

② 体积法。这一方法在本行业应用最早由江苏省标准《复合发泡水泥板外墙外保温系统应用技术规程》(苏JG/T 041—2011) 提出，以后，又被其他有关泡沫混凝土保温板标准所采用。这一方法是：将长、宽为150mm×150mm，厚度为制品厚度的试件三块，烘干至恒重并降温后，浸入水温(20±3)℃、底有格栅的水箱中3h，取出擦干称重，其体积吸水率按

单位体积与吸水体积的比值，计算出吸水率。

③ 面积吸水量。面积吸水量的检测方法，是 GB/T 25975 提出的对岩棉板等纤维状轻质保温板材吸水性能的检验方法。它是将板材部分浸入水中，以单位面积的吸水量来作为材料吸水性能指标值。

重量法适合于较高密度的轻质材料，而不适合像泡沫混凝土这样的低密度轻质材料。否则，高密度材料与低密度材料相同体积的相同吸水量，就会产生巨大的吸水率差距。以密度为 600kg/m³ 加气砌块与密度为 200kg/m³ 的泡沫混凝土板为例，假如两者都吸水 200kg，那么加气砌块的吸水率为 200kg/600kg×100%，约等于 33.3%，而泡沫混凝土的吸水率为 200kg/200kg×100%，等于 100%，两者相差约 3 倍。这对泡沫混凝土显然是不合适的。

体积吸水率比重量吸水率有很大的合理性，是泡沫混凝土吸水率检验方法的进步，尤其是泡沫混凝土自保温砌块。但它对于泡沫混凝土保温板的检验，仍还是欠科学的。因为保温板是粘贴于墙面，其主要的吸水是来自于保温板朝外的一面，朝向墙内的 5 个面，其吸水量是极小的。体积吸水率检验方法是将产品整体浸入水中，六面吸水，且有水压对吸水的增量作用。而实际应用中，保温板在墙面上是没有水压对吸水的增量作用的。所以，采用这种检验方法，也不尽合理。

相比之下，面积吸水量是比较合理的保温板检验方法。它符合保温板单面向外吸水吸湿的特点，没有太大的水压影响，也避免了重量吸水率与体积吸水率六面吸水的不合理性。

综上所述，由于不同检验方法存在的巨大差异，给吸水性设计带来不小的困难。采用何种检验方法，将是一个前提。

3. 吸水性指标的设计

根据上述各种因素的影响，保温制品吸水性的设计应在照顾到各种影响因素的情况下，按如下进行：

（1）保温板等板状产品吸水性能的合理的设计应依据面积吸水量的检验方法，其设计值按照面积吸水量，采用 GB/T 25975 所提出的指标，以每平方米吸水量小于 2kg 为设计值。

目前，行业标准及各地标准采用的是体积吸水率，这一检验方法作为法定标准，已成为各检验机构的依据。据此，保温板吸水性目前仍应按照此标准设计为体积吸水率≤10%。

（2）砌块等大体积产品的设计也应按上述体积吸水率进行，而不能按加气混凝土砌块的重量吸水率。一般地区其吸水率值可设计为≤10%。严寒地区可设计为≤6%。

6.5.2　干燥收缩值设计

1. 干燥收缩值对保温板性能的影响

干燥收缩简称干缩。干缩是产品置于未饱和空气中，因水分散失而引起的体积收缩。

干缩对产品和工程的影响是开裂。干缩在可控范围内，其干缩值不大时，不会引起产品本身及工程墙体开裂或很轻微的微裂缝。但若干缩值较大时，就会形成产品及工程较严重的开裂。开裂的发生，会使产品的强度下降、吸水率提高、保温性变差，甚至使产品报废。其应用到工程后，由于产品干缩，会引起墙体裂缝，留下工程隐患。所以，干缩值影响很大。

2. 干缩值设计应考虑的因素

干缩值的设计，其影响因素很多。如各标准的规定，未来的发展趋向、工程要求、技术水平、当地气候条件等。

（1）发展趋向使干缩值控制难度加大

泡沫混凝土保温产品的发展趋向是密度日益降低。密度越低，孔隙率越高，干缩值就会增大，干缩控制就会越来越难，达到规定指标的难度就会越来越大。

（2）工程要求

我国新的建筑节能标准将出台，各地将由50％提高到65％，北京等地将由65％提高到75％。这将会使建筑工程对保温材料的保温性能的要求进一步提高。其对产品的密度会要求更低，干缩值控制更严。干缩值设计过大会达不到标准的技术要求。

（3）技术水平

目前，泡沫混凝土行业整体技术水平提高很快，产品性能有很大的改进，干燥收缩的控制能力增强，这是有利的因素。

（4）各地不同的气候条件

干旱少雨地区，干缩值可能会更大，干缩控制会更难，其干缩要求应更高。

（5）各地保温板标准的规定

表6-4为各标准对泡沫混凝土保温板干缩值的规定。在设计时应以参考。

表6-4　各标准对干缩值的有关规定　（mm/m）

项目	行业标准 JC/T 2200—2013		江苏 苏JG/T 041—2011		山东 DBJ/T 14—085—2012	辽宁 DB 114—2011		北京 BJZ 78
密度	≤180	≤250	≤250	≤300	≤240	161～180	181～250	≤190
指标	≤3.5	≤3.0	≤0.80	≤0.80	≤1.0	≤0.5	≤0.7	≤1.0

（6）各标准对泡沫混凝土砌块的有关规定

表6-5为现有标准对砌块干缩值的有关规定。

表6-5　各标准对砌块干缩值的有关规定

项目	建材行业标准《泡沫混凝土砌块》JC/T 1062—2007	辽宁标准《泡沫混凝土自保温砌块》DB21/T 2226—2014
干燥收缩值（mm/m）	0.90	0.60

（7）各标准对墙板干缩值的有关规定

表6-6为现有标准对墙板干缩值的有关规定。

表6-6　各标准墙板干缩值的有关规定

项目	JC/T 1062—1997	JC 680—1997	JG/T 1055—2007	JG/T 169—2005
干燥收缩值（mm/m）	≤0.8	≤0.8	≤0.6	≤0.6

注：1. JC/T 1062—1997标准名称为《玻璃纤维增强水泥轻质多孔隔墙条板》；
2. JC 680—1997标准名称为《硅镁加气混凝土空心轻质隔墙板》；
3. JG/T 1055—2007标准名称为《纤维水泥夹心复合墙板》；
4. JG/T 169——2005标准名称为《建筑隔墙用轻质条板》。

3. 干燥收缩值设计

（1）保温板

考虑泡沫混凝土保温板的密度日益趋低，干燥收缩值趋大，控制难度加大，工程要求也会日益趋高，而各地方标准的要求也非常低。据此，干燥收缩值的设计值不能太大，以尽量满足工程及各地标准的要求。但也不能太低，以照顾到未来干缩值趋大的趋势，使企业未来能达到设计要求。另外，还要考虑各标准规定值。上述各标准中，辽宁标准规定最严格，可能是考虑到当地气候严寒，冷缩因素与干缩因素的叠加作用。其他地方的规定比辽宁略宽一些，但也是比较严格的。行业标准报批稿，规定较宽松，对严寒或寒冷地区的冷缩与干缩的叠加可能不利。考虑到各种因素，干缩值可按以下设计：

① 夏热冬暖及夏热冬冷地区：≤1.0mm/m；

② 寒冷地区及严寒地区：≤2.0mm/m。

（2）砌块

目前，加气混凝土砌块的干燥收缩值为，快速法≤0.8mm/m，标准法≤0.5mm/m；泡沫混凝土砌块为快速法≤0.9mm/m. 自保温砌块可采用快速法≤0.8mm/m。

（3）墙板与屋面板

现有标准规定的干缩值有≤0.6mm/m 和≤0.8mm/m 两种，有的没有规定干缩值。参考这些规定，本系列产品的干燥收缩值，复合型的可定为≤0.6mm/m，单结构非复合型的，可定为≤0.8mm/m。

6.5.3　碳化性能设计

1. 碳化对保温制品的影响

（1）碳化的概念

碳化是空气中的二氧化碳，在一定的温度条件下，与水泥胶凝材料水化产物发生反应，使胶凝材料硬化体性能劣化的一种化学现象。

空气中的 CO_2 浓度，乡村约 0.03%，大城市内为 0.3%，不通风的室内为 0.5%。CO_2 与湿气形成碳酸，碳酸随空气毛细孔及其他孔隙进入混凝土，与水泥的水化产物 $Ca(OH)_2$ 或 $Mg(OH)_2$，生成 $CaCO_3$ 或 $Mg(OH)_2$，并与水泥的另一主要水化产物 C-S-H 反应，生成水化硅酸盐、氧化铝、氧化铁。$Ca(OH)_2$、$Mg(OH)_2$ 和 C-S-H 是水泥硬化体的主要强度来源，它们与 CO_2 反应而分解，使水泥硬化体或混凝土的强度降低或丧失，其他性能也随之下降。

（2）碳化的有害性

① 水泥混凝土的强度不断降低，甚至失去使用性。

② 碳化收缩，加大混凝土的裂纹，体积稳定性变差。

③ 降低混凝土孔隙中溶液的 pH 值。其值从 13 左右降到 9。碱度降低后，不但钢筋锈蚀，而且掺有粉煤灰、矿渣的混凝土因碱激发性降低而强度不再发展或发展减缓。

④ 碳化加大孔隙尺度或孔隙率，使吸水率提高。

2. 碳化性能设计的影响因素

碳化性能设计应考虑以下几个方面的影响因素。

（1）产品使用环境的 CO_2 浓度

乡村及植被较好的地区，CO_2 的浓度很低，CO_2 的碳化反应较弱，碳化性能要求可以低一些。

城市及污染严重的地区，CO_2 的浓度很高，地铁及隧道等处，CO_2 浓度更高，这些地区碳化性能要求可以高一些。

（2）产品使用环境所在地区的空气湿度

CO_2 形成碳酸的条件是水气。空气湿度越大，碳化性越强，而干燥少雨地区，碳化性较弱。

（3）产品密度

产品密度越小，孔隙率越大，CO_2 越容易进入，其碳化控制越难。而产品密度越大，碳化控制相对越易。碳化设计应考虑产品密度。

（4）现有标准的规定

这是碳化性能设计的主要参考值，在此值的基础上考虑其他具体因素。表6-7为各种标准对保温板碳化性能指标——碳化系数的规定。建材行业标准及辽宁标准对泡沫混凝土砌块的碳化系数均规定为≥0.8，而各墙板标准对碳化系数均没有规定。

表6-7　各标准对保温板碳化系数的规定

<table>
<tr><td>标准</td><td>JC/T 2200—2013
行业标准</td><td>江苏
苏JG/T 041—2011</td><td>山东
DBJ/T 14—085—2012</td><td colspan="2">辽宁
DB 144—2011</td><td>北京
BJZ 78</td></tr>
<tr><td rowspan="2">碳化系数</td><td rowspan="2">≥0.70</td><td rowspan="2">≥0.80</td><td rowspan="2">无此指标</td><td>密度≤160kg/m³</td><td>密度≥160kg/m³</td><td rowspan="2">无此指标</td></tr>
<tr><td>≥0.7</td><td>≥0.8</td></tr>
</table>

3. 碳化指标设计

根据上述应考虑的各项因素，尤其是各标准规定值，本系列产品（含保温板、砌块、墙板、屋面板）的碳化性能技术指标即碳化系数应进行如下设计：

（1）干密度≤180kg/m³ 产品，碳化系数≥0.7；

（2）干密度≥180kg/m³ 产品，碳化系数≥0.8；

（3）干旱少雨、气候干燥地区，碳化系数≥0.8；

（4）潮湿多雨，气候湿润地区，碳化系数≥0.7；

（5）乡村地区及植被高地区，碳化系数≥0.8；

（6）城市及植被较少的居住区，碳化系数≥0.7。

6.5.4　软化系数设计

1. 软化系数的概念

软化系数是产品耐水性指标。它是指产品经规定时间浸泡后，被水侵蚀分解，强度等各种性能降低的程度。水硬性胶凝材料的软化系数一般较高，而气硬性胶凝材料的软化系数相应较低。

2. 软化系数对保温制品的影响

软化的实质是水泥等胶凝材料水化产物被水分解后所产生的一种化学现象，尤其是强度变差，故称“软化”。

软化是水的作用所造成的。水对胶凝材料水化产物的分解作用主要有两个方面：

（1）水的直接分解作用。这种作用是水溶解各种易于分解的水化产物接触点，使水化产物的结晶网络破坏而解体。这种作用对气硬性胶凝材料如镁水泥、石膏、石灰等影响最大。气硬性材料硬化后被水侵蚀一定时间，强度均下降。

（2）水中各种溶质的分解作用。自然界的水和城市自来水均非纯水。水中一般都溶解有各种物质。如各种盐类物质、酸类物质、CO_2 及 SO_2 等气体。这些物质沿毛细孔及其他孔隙（如连通的气孔）进入混凝土体内，与胶凝材料水化产物产生化学反应，使它们分解，产生软化作用。如硫酸盐随水进入后，会与 $Ca(OH)_2$ 作用，生成硫酸钙而使 $Ca(OH)_2$ 解体，再如 CO_2 与 $Ca(OH)_2$ 作用，生成硫酸钙也会使 $Ca(OH)_2$ 解体。它们均会降低硬化体的强度。

3. 软化系数设计应考虑的因素

（1）胶凝材料品种

气硬性胶凝材料如镁水泥、石膏、石灰等，它们的水化产物极易被水溶解而使制品产生“软化”作用。使用这种材料生产保温制品时，软化系数指标很重要，不能设计的过低。

水硬性胶凝材料如通用水泥等，它们的水化产物不易被水分解，但却会被水中所含的有些有害成分所分解，仍有软化问题。总体看，这种软化作用较弱。所以，它的抗软化性能较好。其软化系数容易达到较高的水平。

（2）不同地区的气候特征

干旱少雨及空气干燥地区，水汽对产品的软化作用及雨水对其作用较弱，软化系数指标易实现。

潮湿多雨及空气湿润地区，水汽及雨水对产品的影响作用较大，软化系数过高不易实现。

（3）不同地区的水质

盐碱性水、酸性水，含杂质多的水等劣质水地区，软化作用较强，控制指标应严格。

水质较好的地区，软化作用较弱，控制指标可略宽。

（4）不同标准对软化系数的规定

我国各地的地方标准及行业标准，均没有对于墙板及泡沫混凝土砌块的软化系数规定。而对于保温板泡沫混凝土则有不同的规定。表6-8为不同标准对软化系数的规定。在进行软化系数设计时，应考虑这一因素。

表6-8　各标准对软化系数的规定

标准名称	JC/T 2200—2013 行业标准	江苏 苏 JG/T 041—2011	山东 DBJ/T 14—085—2012	辽宁 DB 144—2011
软化系数	≥0.70	≥0.80	≥0.80	0.07～0.08

4. 软化系数设计

在上述各标准中，JC/T 2200—2013行业标准的规定值较低。各地方标准又规定过高，气硬性材料不易实现。考虑各种因素，软化系数应如下设计和控制。

（1）全国大部分地区，软化系数宜为≥0.70；

（2）干旱少雨地区，软化系数宜为≥0.80；

（3）潮湿多雨地区，软化系数宜为≥0.70；

（4）外墙产品，软化系数宜为≥0.80；

（5）内墙产品，软化系数宜为≥0.70；

（6）气硬材料制品，软化系数宜为≥0.70；

（7）水硬材料制品，软化系数宜为≥0.80。

第7章　配合比设计技术

7.1　配合比设计概述

配合比设计是根据产品要求、工艺要求、生产条件、设备要求，来确定生产制品所需要的组分，即各种原材料的配料比例。

7.1.1　配合比设计的步骤

配合比设计应按以下步骤进行。

（1）根据技术原理及基本技术参数，设计出理论配合比；

（2）根据理论配合比进行实验室试配；

（3）根据试配结果，修改完善理论配合比，形成放大中试配合比；

（4）根据放大试验配合比，进行工业化生产的试配，使之基本符合工艺要求；

（5）根据工业化方法试验，第三次调整完善配合比，使之更接近生产实际；

（6）根据工业方法试配，基本确定生产配合比，进行工业化生产正式验证；

（7）根据工业化正式验证生产中出现的问题，进行微调，完善工业化试配，使之最终定型。

如上述，配合比设计应由理论设计→实验室试配→放大试配→工业化生产试验→微调并最终配比定型。

7.1.2　正确认识配合比，科学掌握配合比

配合比俗称“配方”，被人们视为一项技术的核心机密。因此，许多人把配合比神秘化。配方成了许多人技术上追求的热点。笔者认为，这是一种不正确的配方观。想随便花钱买一个现成的配方就用于生产，是天真的，也是不现实的。其原因如下。

1. 配方都具有针对性

别人很成功的配方，也都是根据某一特定企业或研发者当地的环境条件（气温、湿度、水质）、原材料性能、工艺条件、设备与仪器等，而设计、反复验证完善而形成的。这些配方在研发者所具有的哪些条件下是合理、管用的，当上述各方面的条件变化后，任何一个因素的变化，就会引起配合比的变化。而现实中，不会有任何两个地方的企业各种条件因素100%相同。这就会导致这一配合比在一个地方（或企业）很好用，到另一个地方就不见得好用，还需根据生产者新的条件重新设计调整。

2. 已有配方研发者的经验，不具有广泛性

每一个成功的配方，都有研发者个人的经验在里边。而这些经验并不见得全面。因为，一己之得总具有片面性。例如稳泡组分，有些人的经验，纤维素醚最好用，而有些人的经验是非离子表面活性剂最好用。他们的经验都是在特定条件下得出来的，不可能放之四海而

皆准。条件的变化就会使得某些经验不管用。事实证明，别人的经验配方只能参考，而不能完全照搬。

3. 泡沫混凝土配合比复杂，不定型因素多

加气混凝土、纸面石膏板等产品，配方相对简单，影响因素少，而且设备、工艺都已经定型，经长期完善，配合比也相对已定型，可以借鉴已有的配方，根据当地材料微调。而泡沫混凝土，尤其是化学发泡混凝土，配方复杂，可变因素很多，而且工艺、设备、原材料技术标准、产品技术标准等都不定型，还处于探索期，很难在短期内统一。这就造成其配合比可变性很大，五花八门的工艺，千差万别的设备，各自选择的原材料，使各家企业互不统一。在这种情况下，套用一个配合比，照搬别人的配方显然是很不现实的。其配合比基本定型，至少还要数年之后。目前，不会有任何一家的配合比可以完全照搬到全国所有企业。

在此，笔者提醒想从事或刚从事泡沫混凝土保温产品生产的企业和个人，应该树立正确的、科学的配合比设计观。不要妄想买一个配方就可以工业化生产应用。也不要希望接产一个项目，别人传授的配方一用就成功，而不需要任何的调整变化。这样的配方目前在行业内还不存在。正确的做法，就是在借鉴别人成功配方的基础上，掌握其配合比的设计原理，学会自己设计、变化配合比，再结合自己的经验，通过反复完善，最终定型为符合自己的配方。也就是说，掌握配合比原理及其配合比设计技术才是一条正确的道路。在借鉴别人的基础上设计、完善的配方，才是自己最合适的配方。

本章内容就是介绍怎样灵活设计配方，而不是给你一个你最希望得到的一个能照搬的配方。那不是真正的配合比。真正的配合比在你手里。

7.1.3　配合比设计的基本原则

1. 优先保证产品性能

生产的最终目的是生产出优质合格的产品。所以，在配合比设计时，要优先考虑使产品满足性能要求。保温产品要使配比满足保温性能（导热系数）、力学性能（密度、抗拉、抗压强度）、耐久性能（吸水率、碳化系数、软化系数、抗冻融、抗腐蚀等）等技术要求。各地气候不同，对产品性能要求不同，配比也不同。

2. 配合比与工艺相适应

配合比应符合工艺、设备的原理及要求，使设备能够顺利成型（浇注、铺浆、挤压等），保证工艺成功。配方、工艺、设备三者具有良好的协调性。例如浇注成型就要有浇注成型高流动性配合比，铺浆成型就要有低流动度配合比，挤出成型要有塑性配合比。

3. 配合比与原材料的适应性

在配合比设计时，还要充分考虑原材料的不同品种及其特征。各地的原材料不尽相同，应立足于本地的材料来选材、用材，并设计与之相适应的配合比。例如，当地有磨细粉煤灰，配比量可大些，如只有Ⅲ级粉煤灰，配比量就要小些。如果只有高钙粉煤灰，配比量就要更少些甚至不用。必须因地因材料灵活设计配合比。

4. 配合比的经济性

在保证产品性能、工艺性能、原材料性能的前提下，同时照顾到产品的经济性，即降低成本与低消耗，使配合比在经济上有优势，产品在市场上有价格竞争力。

7.1.4 配合比设计的基本参数

（1）保温产品的各种性能要求；
（2）工艺所要求的稠度、流动度、浆体温度、保水性、黏度等；
（3）所使用的胶凝材料的品种、强度等级、质量水平、强度等级的富余系数、细度等；
（4）粗细集料的品种、粒径、密度、细度、性能、化学成分等；
（5）各种准备使用的外加剂及其性能；
（6）计量、搅拌、浇注、养护等各种工艺参数；
（7）拌合水的化学成分；
（8）一次成型所需要的投料量；
（9）当地的环境条件（气温、湿度、气候条件）；
（10）其他应该考虑的条件。

7.2 保温产品配合比的组成

7.2.1 配合比组成

不论是化学发泡，还是物理发泡，也不论采用通用水泥、快硬硫铝酸盐水泥、5.1.7 碱式盐硫酸镁水泥、氯氧镁水泥，不管其使用何种发泡方式和胶凝材料，其配合比是有一定共性的，大致相似。这一配合比一般由五大部分组成：胶凝组分、辅助胶凝组分、发泡剂或外加剂组分、功能辅料组分、水。这五大组分中，胶凝材料、发泡剂或泡沫、水是必不可少的最基本的三大组分，而辅助胶凝组分、外加剂组分、功能辅料组分，则为选用部分，根据产品性能要求，可以不使用，或选择使用，而非必用。

现将配合比的组成示意图如图 7-1 所示，以使大家对其有一个总体了解。

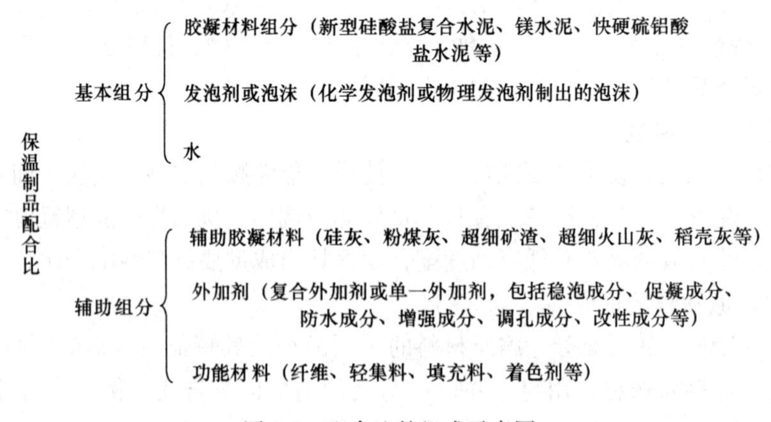

图 7-1 配合比的组成示意图

7.2.2 各组分的作用

1. 胶凝组分

胶凝组分的主要材料是各种水泥，常用的为 5.1.7 碱式盐硫酸镁水泥、氯氧镁水泥、新型高强复合硅酸盐水泥，快硬硫铝酸盐水泥硅酸盐通用水泥等，其他胶凝材料虽还有很多，但目前的应用尚不成熟，不具备推广应用的技术条件。

胶凝组分是保温产品强度及其他力学性能如抗压强度、抗拉强度等的主要来源，也是其最大的影响因素。同时，它对产品的耐久性能（如抗冻融性、抗碳化性能、软化系数）以及保温性能（导热系数）、工作性能（凝结硬化时间、水化热效应、发泡速度等）均有较大的影响。也可以说，胶凝材料的优劣及其性能的高低，已在一定程度上决定了保温产品的性能的高低。因此，在配合比设计中，应把其作为第一因素来考虑，其他组分必须在这一基础上来选择。即胶凝材料是配合比设计的基础。选用不同的胶凝材料，就会有不同的配合比体系。例如：镁水泥、快硬硫铝酸盐水泥，两者会有各自不同的配合比体系，材料选择有较大的不同。镁水泥使用调和剂，否则就不硬化，而快硬硫铝酸盐水泥则不需要调和剂。

2. 辅助胶凝组分

辅助胶凝组分的主要材料是各种活性掺合料，如硅灰、超细粉煤灰、超细矿渣微粉、超细火山灰、稻壳灰等。它们的主要作用，一是产生胶凝作用，辅助胶凝材料赋予保温产品理想的强度，尤其是后期强度；二是降低水化热，防止热裂；三是产生微集料效应，优化毛细孔结构，减少毛细孔，有利于降低吸水率，并减少干缩；四是减少胶凝材料用量，降低保温产品的成本。因此，辅助胶凝材料具有不可忽视的多方面综合作用，而不仅仅是辅助胶凝作用。

有人把辅助胶凝材料归类于填充料。这是很不科学的。填充料是惰性材料，没有活性，只起填充作用，基本不参与水化反应。而辅助胶凝材料则要参与水化反应及其他化学反应，而不仅仅是填充。它的作用要远远大于填充料。本书将填充料归于功能材料组分，将其与辅助胶凝材料区分开来。

3. 化学发泡剂或物理泡沫剂所制的泡沫

化学发泡剂或物理泡沫剂所制的泡沫，是除胶凝材料之外，最重要的配合比组分之一。两者一般只能选择一种。在特殊情况下，也可以两者同时使用。在同时使用时，必须以一种为主，另一种为辅。这一组分的主要作用，是形成保温产品的孔结构，即气孔。它的品种和用量，将决定产品的密度、孔分布、孔形、闭孔率与开孔率、吸水率等各种与气孔有关的技术指标。能否使产品形成所需要的多孔材料，发泡剂及泡沫是决定的因素。

4. 外加剂（母料）

泡沫混凝土外加剂俗称“母料”。它的主要成分可以是单一的，也可以是多种复合的。目前，以复合型居多。它的作用，会因其成分不同而不同。单一成分的作用相对较少，复合成分就有多种作用。其作用应看其成分，无法相同。目前，单一成分的母料，大多起稳泡作用，以保证浇注后不破泡不塌模为目的。而复合成分，则其作用随其他成分的增加而增加。具体讲，外加剂每一种成分的作用如下：

（1）稳泡成分：稳定气泡，增加气泡壁的坚韧性，防止破泡和塌模；

（2）促凝成分：加速胶凝材料的凝结与硬化，缩短脱模周期；

（3）防水组分：降低吸水率，提高抗冻融性能；

（4）调孔成分：调节气孔大小、孔形，气孔均匀性；

（5）增泡成分：在化学发泡剂中，可促进铝粉、双氧水等发泡剂的分解，增加发气量；

（6）增强组分：提高强度，改善制品力学性能；

（7）减水组分：减少用水量；

（8）改性组分：用于改善胶凝材料的性能，一般多用于镁水泥或硫铝酸盐水泥；

（9）调和组分：用于形成镁水泥水化产物，除镁水泥外，其他水泥不用；

（10）其他组分：根据需要，随时增加的其他外加剂如保水剂、增稠剂、防冻剂等；

外加剂在使用前，可以复合为一种。若复合时有不良反应，则应复合为两组分或三组分。但其组分不宜太多，否则，配料时会不方便，且影响工效。

5. 功能材料

功能材料一般有纤维、聚苯颗粒或陶粒或玻化微珠等轻集料，细砂、石英粉、石灰石粉等惰性填充料，着色剂，其他功能材料等。功能材料的作用是赋予保温产品某种功能，或提高产品的某一方面性能。不同的功能材料，会有不同的作用。

（1）纤维，常使用聚丙烯纤维、玻璃纤维、聚乙烯醇纤维等。它的作用是提高产品的抗拉强度及韧性，降低破碎率，并具有抗裂作用。近年，木纤维和无机纤维也有使用，但经济性不如聚丙烯纤维。

（2）轻集料，聚苯颗粒和玻化微珠的作用是降低导热系数，陶粒和膨胀蛭石等密度较大的轻集料主要是提高产品强度。

（3）填充料，填充料的应用在泡沫混凝土低密度保温产品中不广泛。由于它的密度较大，加入后容易增大保温产品的密度。但在一些需要加入的情况下，少量加入也是允许的。它加入的主要作用，一般是作为骨架，提高强度，降低收缩。超微细填充料，也有微集料填充毛细孔效应。同时，由于填充料大多不产生水化热，可以降低水化热总量，有一定的抗热裂作用。

（4）着色剂。着色剂一般选用无机颜料，主要为氧化铁如铁黑、铁红、铁黄等，白色颜料主要为钛白粉，锌钡白等。它一般用于彩色保温产品，普通产品均不适用。

6. 水

水在配合比中的作用，主要是和胶凝材料、辅助胶凝材料产生水化反应，形成水化产物，产生强度。同时，它也赋予保温产品成型时的工艺性能，即搅拌性能、流动性能、浇注性能等。没有水，固体粉料是无法制浆成型的。

7.3 各组分的配比量

7.3.1 配合比的可变性

下述配合比的配比量，均为重量分。由于原材料千差万别，生产工艺又各自不同，生产设备也互不相同，这三种因素相互影响和叠加，就使各地各企业的生产配合比有较大的差别，千变万化，不可能相同或相似。迄今为止，国内外还没有一个完全定型的泡沫混凝土保温产品配合比，在可见的将来也不可能有。泡沫混凝土材料不固定，辅助胶凝材料也不固定，发泡工艺也不固定，设备不定型，其可变因素较多，因而不可能有一个完全定型的万能配方。笔者每接触一个企业的项目，也都要根据经验重新设计有针对性的配合比，而不可能拿一个配合比就百分之百成功。越是包打天下的配合比，越难以成功。

因此，在这里，笔者只提供配合比的大致范围，而不是固定配方。这一配合比的大致范围，也仅供参考，而不必拘泥于此。笔者相信大家的新经验将会更丰富。

7.3.2　配比量设计

1. 胶凝材料的配比量

胶凝材料作为配比主体，既不能太多，也不能太少。欠量，则会造成胶凝能力不足，导致水化产物不足以形成坚固的气孔壁。过量，则会使水化热集中，使产品热裂，收缩加大，同时成本过高。其合适的配比量，不论何种胶凝材料，一般均在45%～75%之间。超过75%，产品热裂较大，后期干缩也略大；而低于45%，早期强度发展慢，容易塌模，且模具周转慢。其最佳配比范围，推荐为50%～60%。

2. 辅助胶凝材料的配比量

辅助胶凝材料也有一个合适的配比范围。其大致的配比范围为20%～45%。若其配比量低于20%，则难以有效稀释胶凝材料水化热，抗缩抗裂作用不足，对降低产品成本也不利。若其配比量高于45%，则影响成型时的早期强度，尤其是影响初凝及终凝时间，导致凝结缓慢而塌模。

根据生产经验，兼顾产品性能及成型工艺性能、成本，辅助胶凝材料的最佳配比量应为20%～40%。

3. 化学发泡剂及物理泡沫的配比量

（1）化学发泡剂

化学发泡剂推荐采用双氧水，而不推荐铝粉。双氧水的应用技术在行业内比较成熟，在生产中更易实施。保温产品要求的泡沫混凝土，密度一般都比较低，大多在200kg/m^{3}以下，自保温砌块的密度在300～600kg/m^3。就这两种密度而言，前一种低密度产品，双氧水的加量约为5%～8%，而后一种较高密度产品，双氧水的加量约为3%～4%。这只是一个大致的加量。由于水泥品种不用和母料不同，尤其是母料中含有的双氧水催化剂（增泡成分）品种及数量不同，将会影响双氧水的用量，使之在实际应用中有较大的差别。

（2）物理泡沫

若采用物理发泡工艺，在配合比中设计的，既可以是物理泡沫剂的用量，也可以是泡沫剂所制出的泡沫量，而泡沫量应该更准确一些。因为不同的泡沫剂，相同的质量却制不出相同体积的泡沫。即使同一型号同一种类的泡沫剂，由于发泡机的性能差异，相同的质量也难以制出相同体积的泡沫。许多配合比以泡沫剂的质量作为配比量，会影响配比准确性。因此建议采用泡沫量，并以体积计算，同时也表示出相应的泡沫剂消耗量。

由于各种泡沫剂的发泡性能差异较大，其泡沫损失率也有较大差别。优质泡沫剂加入浆体中消失较少。而品质不高的泡沫剂在泡沫加入浆体后损失泡沫量较大。所以，在配比设计前，应通过小试，首先测定该种泡沫剂所产泡沫的损失率，并在配比设计时予以考虑。

根据我们采用GH-100型高性能泡沫剂所进行的实验及生产实践，绝干密度120～200kg/m^{3}的超低密度保温产品，其1m^{3}泡沫混凝土所需要的泡沫量为0.7～0.85m^3，300～400kg/m^{3}的较高密度的泡沫混凝土，其1m^{3}所需的泡沫量为0.4～0.5m^3。折合泡沫剂，前者为0.8～1kg，后者则为0.3～0.4kg。各地可以根据自己所采用的泡沫剂及工艺设备条件，设计出自己的泡沫配比量。

4. 外加剂（母料）的配比量

由于各地的外加剂（母料）差异很大，且种类繁多，最少也有100多种。这些外加剂都有自己的加量范围，而难以统一。因此，这里无法准确界定其配比范围。但从经验来看，大多数外加剂（母料）的加量，单组分者多为1%～3%，多组分多为3%～6%，其外加剂功能越多，成分越复杂，则用量就越大。

外加剂（母料）目前有固体粉剂、液剂、膏剂、浆剂四种，均可应用。从运输、储存、使用的方便性来看，可能是粉剂更有优点。但从在料浆中快速混合和反应的角度看，液剂更有优点。

外加剂（母料）的加量，应以使用效果为标准，单纯以加量来衡量，是没有意义的，不可追求片面的低用量。

5. 功能辅料的配比量

（1）纤维的配比量

聚丙烯纤维的常用配比量，一般为0.2%～0.5%，要求高抗裂、高抗拉，可增加到0.6%～1%。继续增大用量，既不经济，也会给混合搅拌造成困难。

木质素纤维不可大量掺用，它会降低产品的防火性能。它一般不作为增强纤维单独使用，多配合其他纤维复合使用。其长度可选用1000～2000μm的超长型，100μm短型增韧效果不好，不宜选用。其单独掺用，不加其他纤维，加量可控制为0.6%～1.5%。如配合聚丙烯纤维使用，其掺加量可控制为0.2%～0.3%。

无机纤维如海泡石、凹凸棒土、水镁石等，单独应用效果均不理想。它们的纤维普遍很短，增韧效果远不如聚丙烯纤维。但若用它配合聚丙烯纤维使用，其短纤维分布于聚丙烯纤维之间，起到了微细部增强作用，效果会比单加聚丙烯纤维更好。无机纤维的加量，单加时推荐为3%～5%，配合聚丙烯纤维时，推荐为0.3%～0.5%。

（2）轻集料的配比量

目前，最常用的轻集料为聚苯泡沫颗粒、玻化微珠、陶砂三种，其他品种应用不多。因此，这里只介绍上述三种的配比量。

聚苯泡沫颗粒不是必用品。它是在产品需降低导热系数时或降低密度时才选用的。其加量过大，会使产品达不到A级防火，其加量过小，则会使产品的性能改善不明显。其合适的用量，200kg/m^{3}以下超低密度产品，一般为6%～15%，300kg/m^{3}以上的超低密度产品，一般为1%～5%。

玻化微珠也不是必用品。它在降低制品密度和导热系数时使用。但其降密和保温效果不及聚苯泡沫颗粒。其优势在防火性能上。由于它的不燃性，可达到既降低了密度和导热系数，又不降低防火性能。这一点，是聚苯泡沫颗粒所做不到的。玻化微珠密度较大，同等重量，其体积只有聚苯颗粒的1/5～1/8. 所以，它最好与聚苯颗粒配合使用。单独使用时，其最佳掺量为10%～15%，若配合聚苯颗粒使用，最佳掺量为3%～5%。

陶砂目前的应用不普遍。在200kg/m^{3}以下泡沫混凝土保温产品中一般不用陶砂，而300～400kg/m^{3}的泡沫混凝土保温产品中，有一些应用。而在600kg/m^{3}的高密度产品中，多应用陶砂。陶砂的特点是防火性能好，且有集料增强作用。然而，它的密度大于聚苯颗粒和玻化微珠，不可多掺。陶砂的密度，约在200～300kg/m^3。单独使用，不宜用于200kg/m^{3}以下的超低保温产品。在300kg/m^{3}以上密度，可掺用20%～30%。若与聚苯颗粒复合使用，可掺用5%～10%。

上述几种轻集料可以多品种复合使用，不必单品种应用。复合使用效果一般优于单一品种。复合使用时，可以两种复合，也可以三种复合。200kg/m³以下超低密度产品，一般不复合陶砂。

6. 水的配比量

水虽然不是核心原料，但是它的重要性不比其他原料差。水的加量过大，会导致强度下降，凝结硬化速度延缓，毛细孔增大增多，吸水率增大。而水的加量不足，则会使搅拌质量下降，浇注后不能自流平，工作性变差。同时，水量不足，会使浆体稠度和黏度增大，化学发泡时起泡困难，物理混泡时，泡沫难以均匀混入浆体。不同的配比，水的配比量会有较大的差异。在一般情况下，水的配比量为40%～60%，以45%～50%居多。水的配比量与以下因素有关：

（1）胶凝材料及辅助胶凝材料的比表面积越大，则水的配比量就越大；

（2）功能辅料中的木纤维、无机纤维、膨化微珠、陶砂的吸水率较大，其配比量越大，则水的配比量也越大。

（3）配合比中若不设计减水成分或粉煤灰，水的配比量就要加大，若设计有减水剂和粉煤灰，则水的配比量就应减小。

（4）对浆体的自流平性要求较高时，应提高水的配比量。

7.4　配合比设计的几个关键问题

上述配合比设计，是一般性产品的基本配合比要点。但对于那些独特性能产品，一般性设计就无法满足技术要求，需要进行更加先进合理的配合比设计。下面仅就几个关键性问题的配合比设计，做一些更详细的介绍。

7.4.1　低导热系数产品的配合比设计

低导热系数产品，这里指的是导热系数低于0.05W/（m·K）的泡沫混凝土。因为它是未来泡沫混凝土保温产品的发展方向，尤其是外墙保温板产品。低导热系数已成为各企业追求的技术目标，所以大家的关注度也最高，技术上的难度也更大。实现低导热系数，需要配合比、工艺、设备、原材料等多方面的配合。但无疑，配合比是其中最重要的因素之一。低导热系数产品的配合比设计，应注意以下几点：

1. 采用超高强胶凝材料

只有胶凝材料的强度更高，产品密度才能降得更低。胶凝材料的强度上不去，其他措施都难以奏效。要使导热系数降到0.05W/（m·K）以下，甚至0.045W/（m·K）以下，胶凝材料必须达到其抗压强度大于60MPa，甚至超过100MPa。配合比中不可使用抗压强度低于52.5MPa的胶凝材料。

建议配合比选用改性氯氧镁水泥、5·1·7碱式盐硫酸镁水泥、超高强快硬复合硅酸盐水泥或纯熟料52.5级水泥（实际强度达到58MPa以上）。

另外，配合比中胶凝材料的用量应取最大值，以不低于配合比总量的70%为原则。在不产生热裂的前提下，尽量加大其配比量。

2. 配合比中应设计超低密度集料

超低密度，本书是指表观密度低于 20kg/m³ 的轻质材料。由于它们的气孔率高于泡沫混凝土，导热系数又多在 0.05W/（m·K）以下，可以有效地降低泡沫混凝土的密度和导热系数。这类材料很多，如各种泡沫塑料微粒、超轻纤维、纳米材料、无机超轻微珠等。既可以设计其单用，也可以设计其多种复合使用，且其设计配比量不低于 2%。

3. 加大发泡剂或物理泡沫用量

这是一种最常用的方法，也是一般企业最容易实施的方法。但采用这种方法，必须有其他成功技术措施配套，否则就会因为发泡剂或泡沫量过大，引起塌模。许多人之所以屡用屡败，至今成功者不多，就是配套技术跟不上。当发泡量加大或物理泡沫量加大后，泡孔壁减薄，支撑力下降，极其容易破泡而导致塌模的产生。所以，采用这一措施的关键，在于配合比必须有可靠地稳泡设计，稳泡组分应在外加剂中加大分量，且选择高性能与高适应性的稳泡剂，确保不塌模、不消泡。另外，胶凝材料要选择快硬性能突出的品种。其发泡量及泡沫量越大，则胶凝材料的凝结硬化速度越快，以其凝结速度与气泡稳定时间相适应为原则。

4. 提高闭孔率，降低毛细孔率

事实证明，闭孔率越高，热传导越小，导热系数则越低。泡沫混凝土保温产品热传导的一个最重要途径是通过空气介质的流动作用。携带热量的空气通过开孔和连通孔流动到保温材料的另一侧，就会加大热传导。如果提高闭孔率，并减少毛细孔，切断或减少了流通空气的通道，也就相应降低了导热系数。开孔与连通孔、气孔壁上的毛细孔，这两类孔是影响导热系数的重要因素之一。

提高闭孔率也就是降低气泡开口率与连通孔率。这一孔结构问题，必须通过配合比优化设计来改善。其方法是增加气孔壁的坚韧性，加大稳泡成分，提高稳泡效果。许多稳泡剂都是强化泡壁的化学物质。另一方面，要提高气孔壁由水膜转换为固体孔壁的速率，即提高气泡水膜固体化的速度，在气孔还没有破裂之前就用胶凝物质将其固定。这就需要设计快凝快硬的泡沫浆体系。一方面在配合比中采用快凝快硬胶凝材料，另一方面，要在配合比中加入适当的促凝促硬成分，提高浆体的硬化速度。

毛细孔不是发泡或泡沫产生的气孔。它是由水造成的，事实上是游离水蒸发后形成的通道。它存在于气孔之间的气孔壁内。它的影响相对于连通孔略小一些，但也不可忽视。通过配合比设计降低毛细孔率的方法，一是尽可能地减少水的配比量，在保证工作性能的情况下，水越少越好；二是设计应用适量的减水剂，其减水率越高越好，且要选择高效减水剂。减水剂的减水率应设计为大于 30%。三是减少吸水率高的原材料的用量，并尽量不使用。它们会加大用水量，提高毛细孔率。四是在配合比设计中要加入一定量的封孔剂，封孔剂有无机超细粉体和有机聚合物两大类几百个品种，二者可以配合使用。由于这些材料都有不同的适应性，应通过试配来确定其选用品种，无法让所有的配合比均采用统一的品种。它们的加入对降低毛细孔率最为有效，尤其是有无机复合配比时。

上述各种配合比方法，不可单独应用。应用任何一种效果均不好，必须多措并举，配合使用。

5. 细化气孔

多孔材料有一个共同的基本特点，即在相同的材料厚度和闭孔率的情况下，其气孔越小，则导热系数就越大。其原理是，气孔数量越多，热量通过气孔壁传导的路径就越长。例如，在同样 3cm 的单位长度内（闭孔率相同），若是孔径 5mm，热传导只需绕过至多 6～10 个气孔壁就可传导到另一端。但若气孔为 0.1mm，热传导就要绕过至少数百个气孔壁才能到达另一端，大大提高了热量传导的阻滞能力。也就是说，微细气孔可以提高热传导的阻滞性能，相应也就降低了导热系数。可以说，采用微细气孔来降低导热系数，是一个有效且又简单易行的科学方法。

而目前，我们行业生产的泡沫混凝土保温板，大多数企业从孔大易粘贴，产品外观好看，有利于提高产品的直观强度等角度出发，喜欢生产大气孔产品。从已生产的产品看，大多数企业的产品，气孔均在 3mm 以上，大的在 5mm 以上。这虽然好看易粘贴，手感强度高，但却降低了保温性能，使导热系数居高不下。而目前行业产品销售受阻的最大因素，就是产品的导热系数高。因此，追求大气孔的不正确认识，应尽快地扭转，使气孔回归到一个理性的基础上。从降低导热系数的技术要求来看，不宜追求产品的大气孔率。我们认为，兼顾粘贴性能和导热系数，气孔直径不应超过 2mm。

化学发泡时，气孔大小主要通过配合比来调整，而与工艺和设备关系不是太大。而物理制泡工艺，则不但与配合比有关，还与发泡机有关，但主要取决于泡沫剂。

不论化学发泡还是物理发泡，可以采用以下方法，通过调整配合比来控制气孔。

（1）化学发泡可在配合比中加入调孔剂，同时通过选择合适的胶凝材料来调细气孔。其中，在母料中加入木钙和一些表面活性剂，能使气孔有效微细化。不同的配合比，应选用不同的调孔剂。有的母料本身就有使气孔微细化的功能，就不必再采取其他措施。

（2）物理制泡，可以通过选择某些泡沫剂，来实现气孔微细化。在一般情况下，物理制泡的气孔较小，不必另外采用调孔剂调孔。特别是许多泡沫剂，发出的泡沫都非常微细，再加上发泡机及混泡机对气孔的细化，可使泡沫达到 0.1mm 以下。采用物理制泡工艺，可以轻而易举地实现气孔的微细化。

6. 使用导热系数降低剂

在采用以上措施的同时，最有效的措施，就是使用导热系数降低剂。在一般情况下，在加入导热系数降低剂后，其导热系数均可不同程度地下降。其下降的幅度，在 0.002～0.01W/（m·K）之间。这一措施，大多在导热系数要求很低时采用。

7.4.2　低热泡沫混凝土配合比设计

泡沫混凝土目前生产中存在的一个技术问题之一，可能最严重的，就是产品生产过程中的热裂问题。不少企业因热裂造成的产品废弃率，已经达到 30%～40%。不少裂缝严重的产品已经安装到外墙上，给工程埋下了隐患。不少泡沫混凝土保温层剥落事故，均与其使用有裂纹的产品有一定的关系。因此，这一问题不解决，不但给生产企业造成严重损失，甚至使企业倒闭，而且会给建筑留下事故的遗憾。解决热裂的技术措施有工艺的，也有配合比的，这里仅就配合比措施介绍如下。

1. 选用低热胶凝材料

胶凝材料的水化热是形成热裂的核心因素。因此，要解决这一热裂问题，就要首选低水化热的胶凝材料。在几种胶凝材料中，低热型复合硅酸盐水泥的水化热较低，5.1.7 碱式盐硫酸镁水泥中的氧化镁虽然水化热很高，但是它的调和剂溶于水时都具有很强的吸热作用，可大量吸收氧化镁的水化热，其胶凝体系的水化热不高（热峰最高 65℃）。因此，这两种胶凝材料应作为低热型品种予以优选。采用这些胶凝材料，可有效解决水化热峰值过高问题，缓解热裂。

2. 配合比采用大掺量辅助胶凝材料

辅助胶凝材料的水化热均很低，尤其是粉煤灰、火山灰、磨细砖粉等，它们在几天内的水化热几乎可以忽略不计。矿渣和钢渣微粉的水化热比其他掺合料略高一些，但是，也比各种胶凝材料的水化热都低得多。大量辅助胶凝材料的应用，可以有效降低胶凝材料的用量。它们既有胶凝作用，又有低热优势，不会过大降低强度，还可解决水化热问题，应是很好地降低水化热措施。在配合比中，以不影响产品的强度要求为前提，可以尽可能多的加大辅助胶凝材料的用量。

3. 设计使用一定量的惰性填充料

无机惰性填充料，如各种超细石粉、超细尾矿粉、磨细砂、磨细建筑垃圾、磨细废混凝土、石材厂切割机下脚料等，都是泡沫混凝土保温产品生产中的理想填充材料。这些材料由于参与水化反应的能力很低，所以几乎没有水化热，或水化热可以微弱到不必考虑。加入一定量的填充料，如果选材合适，配比得当，既不会影响产品的各种性能，相反还会提高强度。它们的加入，也可以在一定程度上稀释胶凝材料及其水化热，使整个反应过程的水化热略有降低。因此，在条件具备的情况下，可以在配合比中设计一定量的惰性填充料。但是，由于其密度过大，应使用超细粉体。再者，它没有活性，配比量一定不能过大，避免副作用的产生。

4. 配合比中使用适量的缓凝剂

缓凝剂并不能降低反应体系的水化热总量，但是，它却可以分散胶凝材料的水化热，放慢其释放的速度，拉长其放热周期。故而，在使用缓凝剂后，反应体系的水化热峰值可以降低，其出现也随之延后。这在一定程度上可以缓解热裂。然而，气泡的稳定要求浆体初凝及终凝时间不能过长，即快凝快硬。这就形成分散水化热需要缓凝，而稳泡又需要快凝快硬。解决这一矛盾的理想方案还没有。我们只能从中寻找一个切合点，在不影响气泡稳定性的情况下，来设计适当的缓凝剂加入方案，以缓凝剂的加入不破坏气泡稳定为原则。

7.4.3 降低产品吸水率的配合比设计

产品的吸水率高，对产品的耐久性将产生重大的影响。它首先会降低抗冻融性能，大量的毛细孔水会在严寒气候下结冰膨胀，而使产品崩溃而破坏。另外，大量的水分会降低产品的保温性能。因为水是良好的传热介质，加大热量的传导，而使保温性下降。同时，水在产品中存在，还会降低产品的力学性能，弱化产品的抗风压、抗其他外力的性能。对于镁水泥等气硬性胶凝材料，高吸水率还会降低材料的软化系数，使产品的力学性能及耐候性全面下降，甚至粉化。也可以说，吸水率高，对产品是非常不利的。行业及地方保温板标准规定其产品吸水率低于10%。在实际生产中如不进行严格的技术控制，这一技术指标是很难达到的。在严寒地区，如保证产品的使用寿命，可能吸水率还要低些。因此，降低吸水率是保温产品生产的一项重要技术控制指标。目前，许多企业的产品还难以达到技术要求。

降低吸水率需要工艺、配合比甚至设备等诸多因素的配合。下面，仅就配合比降低吸水率的方法进行介绍。

1. 避免使用高吸水率的原材料

有些辅助胶凝材料、辅助功能材料、外加剂、有机或无机纤维，如硅藻土、膨润土、玻化微珠与珍珠岩、木质纤维、无机纤维等，均有很强的吸水性。这些材料质轻，又有保温性与其他功能，许多人在配合比中设计使用，将会增大产品的吸水率。当然，也不是说完全不可使用。若一定要使用，应控制在适量的范围内，以不过分明显影响吸水率为原则。能不使用的，配合比中尽量不涉及。物料的需水量是不同的，我们应在配合比设计时，避免选择需水量大的品种，或者减少其配比量。

2. 在配合比中加入减水剂

高效减水剂的加入，可减少用水量，降低游离水，也即降低了游离水在凝结过程中蒸发形成的毛细孔。毛细孔是产品吸水的重要通道。毛细孔少了，吸水率就可以降低。减水剂加量可设计为 0.5％～1.0％。

3. 加入水溶性聚合物，封闭毛细孔

毛细孔是吸水的主要通道。降低吸水率，除了用减水剂减少毛细孔外，还要有毛细孔的封堵措施。其封孔剂之一为聚合物。它们在毛细孔通道内成膜之后，可以将微细毛细孔封堵，切断毛细孔形成的吸水通道。不同的水溶性聚合物，其成膜性能不同，功效有较大差异。不同的配方应通过小试选择适用的聚合物品种。

4. 加入防水剂，降低吸水率

目前，各企业最常用的降低吸水率的方法，就是加入防水剂。防水剂实际上也是一种封孔剂。它的基本原理也是封闭毛细孔。它与水溶性聚合物封孔原理的根本不同，是在于它不是成膜封孔，而是生成无机晶体填充毛细孔，或在毛细孔内壁吸附而堵塞毛细孔。不同的防水剂有不同的封堵毛细孔的原理。现有的防水剂有几大类数百个品种，各有特点而效果差异较大。请在配方设计时选用可靠地、效果突出的品种。笔者推荐使用 F20、F30 系列新型高效防水剂。它是针对泡沫混凝土专门研发的复合型产品，具有用量少而降低吸水率效果好等优点，同时还具稳泡作用，一品两用。

5. 加入超细辅助胶凝材料或填充料

利用这些材料的微集料效应，可以填充堵塞毛细孔。这些微细集料对微细毛细孔尤其效果明显。它们填充在毛细孔中之后，还可以产生水化产物，其水化产物晶体可以进一步提高堵塞毛细孔的效果。建议配合比中选用一级粉煤灰或磨细粉煤灰，超细矿渣微粉或钢渣微粉，超细石粉等。

6. 加入少量膨胀剂

膨胀剂降低吸水率的基本原理，是其膨胀后产生挤压作用，把毛细孔挤压变细，甚至完全把毛细孔挤压消除。因此，它具有细化、减少毛细孔的作用。在防水工程中，不少人将膨胀剂与防水剂配合使用，效果优于单用防水剂。如果没有膨胀剂，也可以加入少量生石灰或熟石膏。它们也有一定的膨胀作用。另外，快硬硫铝酸盐水泥，铝酸盐水泥、镁水泥等胶凝材料，属于微膨胀胶凝材料。选用这些胶凝材料，它们本身就具有微膨胀性，就不需在配合比中另加膨胀剂。

7. 多措并举，效果更好

上述各种降低吸水率的配合比手段，单用一种皆不理想。最佳方案，是多措并举，同时应用几项措施，才可取得满意效果。即采用复合防水配合比设计。复合防水优于单一防水。

第8章 生产工艺

泡沫混凝土保温制品是以多孔轻质材料为主体，与普通水泥制品或混凝土有较大的区别。这些差别表现在生产工艺上，就具有它自己的特点。

8.1 生产工艺简介

8.1.1 工艺类型

1. 按其生产工艺的简繁分类

按生产工艺简繁，泡沫混凝土保温制品的生产工艺分为简单工艺与完全工艺两种。

（1）完全工艺

完全工艺有4大工艺单元14个工艺阶段。

① 前期工艺单元。本单元包括：原材料预处理、原材料输送与储存、计量配料、配合料输送四个工艺阶段。

② 搅拌浇注与发泡单元。本单元为主体单元，包括：搅拌制浆、浇注成型、模车运行、静停发泡四个工艺阶段。

③ 脱模切割单元。本单元包括脱模、分切或整修、坯体输送与码垛三个工艺阶段。

④ 后期处理单元。本单元包括养护、干燥、包装三个工艺阶段。

（2）简单工艺

简单工艺的四大工艺单元并不少，没有简化，与完全工艺相同。它简化的工艺是四大工艺单元中的一些工艺阶段。具体讲，它将完全工艺减去了以下几个工艺阶段：

① 原材料处理、输送与储存；

② 模车运行；

③ 坯体输送与码垛；

④ 自动养护与自动包装。

2. 按其浇注方式分类

按浇注方式，泡沫混凝土保温制品的生产工艺分为：搅拌主机固定而模具移动的固定浇筑生产工艺、搅拌机或浇注车移动而模具固定不动的移动浇注生产工艺。

（1）固定浇注工艺

这种工艺的搅拌主机固定在一个位置，在水泥浆加入发泡剂或泡沫开始浇注时，模具再移动到主机下，搅拌机向模具中浇注发泡水泥浆。模具车在浇注后，自动或人推，移动到静停发泡地点，静停发泡。

（2）移动浇注工艺

这种工艺的模具放在地上，固定不动。搅拌机将水泥搅拌制浆后，移动到模具上方，向模具中浇注浆体。浇注之后，搅拌机可继续向另一模具移动。本工艺的搅拌机也可固定不动，由一浇注车从搅拌机中接收浆体，然后移动到模具上浇注。

8.1.2 不同类型工艺的特点及适用范围

1. 完全工艺

完全工艺自动化程度高，工艺先进，生产效率高，产品质量好，但投资较大，需要场地大。

完全工艺适用于生产规模较大的大中型生产线，不适用于小型生产规模的生产线。

2. 简单工艺

简单工艺的自动化程度较低，工艺简单，投资较小，占用场地面积也很小。但它效率较低，产品质量不如完全工艺。

简单工艺适用于生产规模较小的生产线。

3. 固定浇注工艺

固定浇注工艺是未来的发展方向，也是目前大型自动化生产线的主导机型。它适合于设计大型自动化生产线，具有效率高、省人、节地、省工、省料、产品质量好等一系列优势。

4. 移动浇注工艺

本工艺适合于小企业小规模生产，具有投资小、工艺简单、易于实施、建厂周期短、工艺易控制等优势，因此深受小企业的喜爱，目前小企业多采用这种工艺。但它的生产规模小、生产效率低、产品质量不易控制、经济效益不如固定浇注工艺。

8.2 生产工艺流程

8.2.1 固定浇注完全工艺流程

固定浇注完全工艺流程图示如图8-1所示。

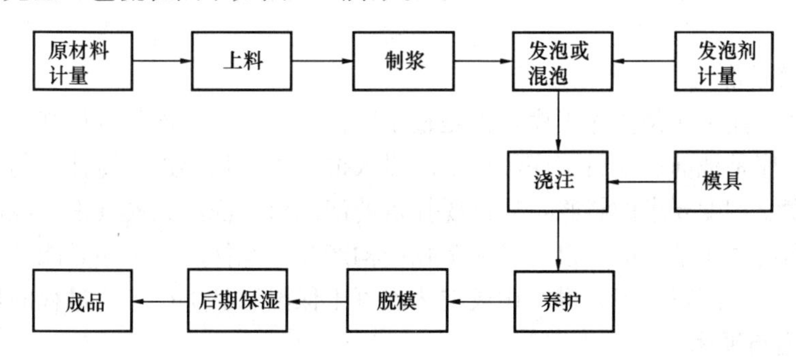

图8-1 固定浇注完全工艺流程图

1. 原材料预处理及储存

原材料需要预处理的是活性掺合料如粉煤灰、矿渣、煤矸石等。这些材料需磨细处理，效果才会更好。不处理也可以应用，但活性要低一些。所以应该有预粉磨处理工序。

另外，一些外加剂应该预混合，特别是外加剂品种较多时。如果不预混，均在现场计量配料，那就会使配料系统很复杂。如果经过预混合后物料成为一种或几种，配料就要简单得多。

水也需要预处理，主要是加热升温。在采用硅酸盐水泥生产时，由于硅酸盐水泥的水化慢，提高水温可加快其水化反应速度，使其加热稠化、加快凝结和硬化。水温越高，它的水化反应越快。采用快硬硫铝酸盐水泥而环境温度高于20℃时，水可以不加热。

水泥等主要胶凝材料，一般不需要预处理，尤其是散装水泥，购回可直接进入配料钢板库。

处理好的固体原材料及水泥等直接购回不需预处理的原材料，均应送入储料钢板库，备配料时使用。原材料向钢板库的输送可采用无尘的气力输送，也可以采用斗式提升机。液体原料也要用泵送入配料储罐，为配料做好准备。

2. 配料送料

配料送料是将预处理的原材料和贮存待用的各种原料进行计量，并输送到搅拌机。

固体配料储库内的物料，经库底螺旋输送机送入电子秤，进行配料计量。然后再经螺旋输送机送入上料机的料斗，经提升送进搅拌主机。

液体配料储罐内的物料，经罐底输送管，进入流量计或电子秤，经计量后，再由泵送进入搅拌机。

经升温加热的水，也经水泵送入流量计或电子秤，经计量后，再由水泵送入搅拌主机。

配料工序是泡沫混凝土保温制品生产的关键环节之一。它关系到原材料之间各有效成分的比例，关系到料浆的流动性及发泡能否成功。配料的核心是计量是否精确。生产经验表明，如果计量误差大，不精确，尤其是外加剂计量不准，会引起塌模或产品质量下降。另外是计量速度，如果计量速度慢，生产效率降低，产量难保。计量越慢，产量越低。

配料计量误差要求如下：

（1）水泥、活性掺合料、水≤1%；

（2）一般外加剂≤0.1%；

（3）微量外加剂≤0.05%。

本工艺要求配料计量全部采用电子计量装置自动计量，不允许采用人工计量或半自动计量。

3. 搅拌制浆及浇注

搅拌制浆及浇注工序是主体工序，也是整个工艺的核心，应该重点控制。

搅拌浇注工序是把前道配料工序经计量后投入搅拌机的物料进行搅拌，制成达到工艺规定的时间、温度、稠度要求的料浆，通过搅拌机的浇注口，浇注到模具里。浇注后料浆在模具里进行一系列物理化学反应，最终成为多孔结构产品。搅拌浇注工序是能否形成良好气孔结构的重要工序，与配料工序一道，构成泡沫混凝土保温制品生产工艺过程的核心环节。

4. 静停发泡与硬化

浇注后的模具经牵引机送入初养静停室，进行升温凝结并硬化。静停工序主要是促使浇筑后的料浆完成后凝结硬化的过程。

化学发泡实际上在搅拌后期向浆中加入发泡剂已经开始。随胶凝材料的碱含量不同，发泡在搅拌机中的进行程度也不同。高碱度水泥浆，发泡在搅拌机中已进行了一大部分，在静停中进行的只是剩下的一小部分。低碱度水泥浆，发泡将大部分在静停中进行。物理发泡没有模内发泡阶段，在模内只有凝结硬化。

这一工序没有多少操作，但极其重要。是否塌模、坯体能否最终形成并顺利硬化，均在静停中产生。

5. 脱模与切割

硬化程度达到脱模要求时，模具车从静停室出来，进入脱模工位，人工或机械将模具打开，取出坯体，保温板、砌块等需要切割的产品，将坯体送上切割机，切割为成品。这一工序的关键是切割，它决定了产品的外观质量和某些内在质量。切割速度、切割精度、切割破损率是三大关键技术。

而墙板、屋面板等不需要切割的产品，则可直接进入下道工序。

6. 坯体码垛与后期养护

这一工序是使坯体增加强度，最终形成各种性能的主要阶段。因其在最后阶段完成，所以称后期养护。

坯体在模具内初步凝结并硬化，至完全脱模其强度发展仅为40%左右，最高也不会超过50%，其余强度均是在后期养护中形成的。对于泡沫混凝土而言，只有经过一定温度和足够时间的养护，坯体才能完成必要的物理化学反应，从而产生强度，满足技术要求。这个过程需要80%以上的相对湿度，20℃以上的养护温度。只有具备养护所需的保温保湿条件，产品才能充分完成其水化反应，产生良好的强度及其他物理力学性能。后期养护决定产品内在性能的最后形成。

这个过程分为两道工序。第一道工序是将切割后的产品传送至后期养护室，并码放成大垛。第二道工序是静停养护7～10天，使强度慢慢产生。

7. 复合工艺

有一些产品在切割后需要进行复合处理。例如饰面保温板、饰面砌块、饰面墙板等产品的表面需要粘贴或喷涂装饰面层。包壳产品则需要包覆面层等。复合工艺可放在切割后进行，也可放在后期养护后进行。相比之下，放在后期养护后进行更为科学。因为，这时的产品经养护，其尺寸更为稳定，变形小，有利复合。

8. 干燥与包装

这是生产的最后两道工序。它的任务是将养护好的成品自然干燥，至含水量合格后，进行适当的包装，送入成品库。它包括干燥、包装两个工序。

8.2.2 固定浇注简单工艺流程

这一工艺实际就是完全工艺的简化，去除了一部分工序。简化工艺的目的是降低投资，缩小规模，以适应中小投资者的要求。因此，与完全工艺相同部分不再重述，只将它省去的一部分工序介绍如下。

1. 省去原材料预处理与储存工序

中小企业一般原材料不进行预处理，而是采取直接购买已经处理好的原材料，拉回就可以配料使用。例如粉煤灰、矿渣粉、煤矸石等，均采购已经磨细的品种，自己购回不再磨细。而且所购原料多采用袋装，不使用散装，这样，也就省去了钢板料库和原料储存入库的工序。这一部分可降低近百万元的投资，还节省了大量场地和车间面积，但材料的使用成本要较高一些。

2. 省去了自动配料工序，人工计量加料

配料工序是必不可少的。它实际并没有省去配料工序，只是改变了配料工序的配料方式，去掉了全自动配料系统，改为半自动配料或人工计量加料，目的也是降低投资。改为人工计量后，可降低投资几十万元，但人工费用增加，生产效率下降，人为因素对配料精度的影响增加。

3. 省去了后期养护

本工艺在切割后直接包装，将产品封闭在包装膜内，用包装膜阻止产品的内部水分蒸发，依靠产品本身含有的水分自我养护。所以后期保温保湿工序全部省去，切割后产品就进入成品库，静停 28 天出厂。其优点是节省了大量养护场地和养护人工及水耗电耗，缩短了工艺流程，有利降低成本。其缺点是产品仅依靠自身含有的水分自我养护，水化不是特别充分，对产品性能略有影响。

简单工艺的生产流程如图 8-2 所示。

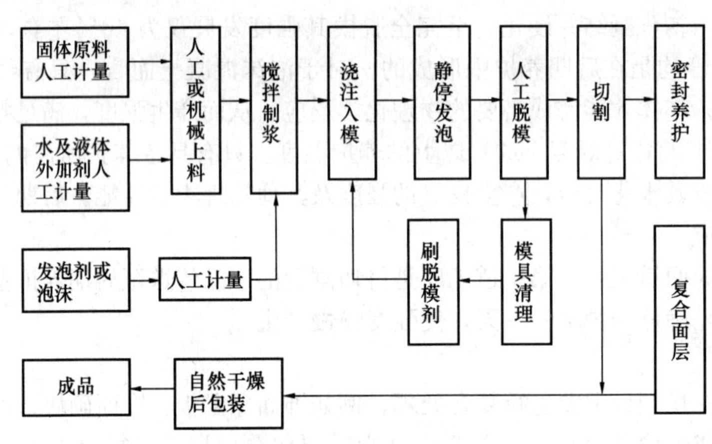

图 8-2　简单工艺固定浇注流程图

8.2.3　固定搅拌移动浇注工艺流程

完全移动浇注工艺流程与完全固定浇注工艺阶段是相同的，其不同仅是在模车与主机的运动方式。即移动浇注工艺的主机也是固定的，但它却是依靠浇注车将浆体送到模具停放处，进行浇注，模具是固定不动的。

现将其与固定浇注工艺不同的工艺阶段介绍如下。

1. 模具停放

移动浇注是将模具固定在车间，成排地排列整齐，一般排 3～6 列，其列数视模具多少而定。模具既可以是大体积模具，也可以是墙板立模或平模。模具一定要纵向排列整齐，以便浇注车移动浇注。

2. 固定式搅拌主机制浆

本工艺的搅拌主机为中型固定式搅拌机。它在搅拌制浆后，不是直接将浆体浇到模具里，而是把浆体卸进浇注车（又名浇注机）。

3. 移动浇注车浇注

浇注车在向模具移动过程中，加入发泡剂或泡沫，边移动边搅拌，当到达目标模具上方时，打开放料阀向模具浇注。

浇注有轨道式和无轨式两种。轨道式移动轻巧，人推模车时非常省力。无轨式不便控制方向且费力，依靠胶轮移动。建议采用轨道式。

固定式制浆、移动式浇注工艺布置如图 8-3 所示。

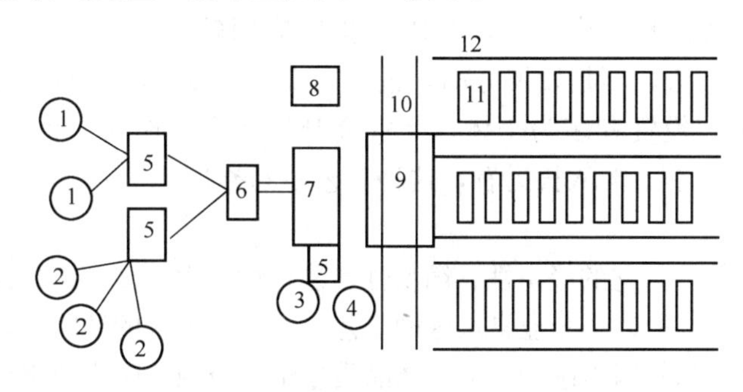

图 8-3　固定制浆移动浇注工艺布置图

1—固体主料储存；2—粉体外加剂储存；3—液体外加剂储存；4—水储存；5—原料电子秤；6—固体料上料机；7—搅拌主机；8—控制台；9—浇注车；10—浇注摆渡横移轨道；11—模具；12—浇注车浇注运行轨道

8.2.4　移动搅拌和浇注工艺

1. 工艺特点

本工艺与前述固定搅拌移动浇注工艺大部分工序均相同。它的主要不同点就在于搅拌机是移动的，取消了浇注车（浇注机），由搅拌机直接移动浇注。所以，其搅拌机兼有搅拌、浇注两种功能。

由于这种工艺的搅拌机要移动浇注，不能太大，必须小而轻便。因此，这种搅拌机一般为小型，每次搅拌容量仅有 50～200L。它没有自动配料装置，均为人工配料计量。计量后，配合料装入袋中，预先送至模具处。一个模具一组配合料，以便向搅拌机中加料方便。它必须有专人计量和送料。搅拌机操作工人则负责推动搅拌机、加料、搅拌、浇注。其搅拌分为两个阶段，第一阶段制浆，第二阶段加入发泡剂或泡沫，搅拌均匀后浇注入模。

其工艺流程示意图如图 8-4 所示。

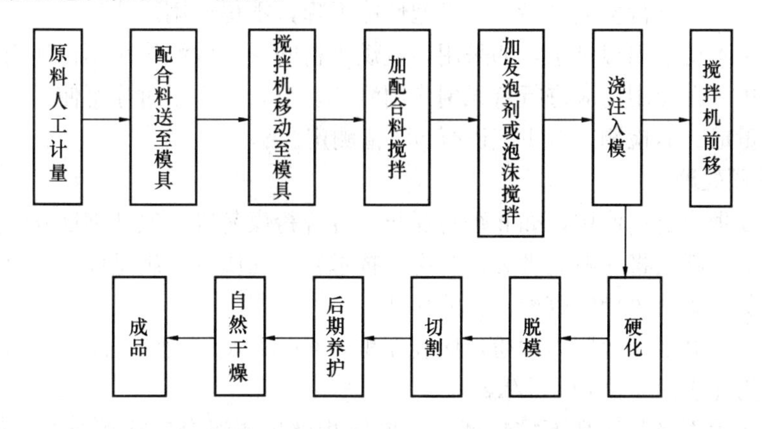

图 8-4　移动搅拌浇注工艺示意图

2. 应用现状与前景

目前，移动搅拌浇注工艺被我国小企业采用较多，大部分小企业均采用这种工艺生产保温板和砌块。一条生产线需要配备3～5台搅拌机，一排模具一台，几台同时操作以保证产量。这种工艺因像母鸡下蛋，故被人们形象地称为“下蛋工艺”。它是2011年为适应当时急需所研发的一种保温板简易生产工艺，2012年推广应用较多。后来，一些企业也用它生产砌块。这种工艺是土方法，不是发展方向，也是未来行业重点淘汰的落后工艺。但由于目前行业以中小企业为主，投资者多为个体，受资金制约较大，作为一种过渡期的临时应急工艺，在近期还一时淘汰不了。从长远看，这种工艺不易推广。

3. 工艺评价

这种工艺的应用价值是它的经济性、简易性、易行性。由于全套工艺设备只有小型搅拌机和简易小模具，投资小，所以小企业喜欢这种工艺。但这种工艺的性能不好。因为大部分工艺操作均是人工的，受人为的因素影响太大，产品质量难以控制，生产效率低。尤其是这种简易搅拌机，制浆品质差，很难保证保温制品质量，与那些全自动双轴超高速剪切搅拌机相比，差距甚远。目前如果应用，应改进搅拌机，延长搅拌时间，并应有控制水温、浆温的手段。

8.3 工艺控制

8.3.1 原材料及预处理工艺控制

1. 原材料进厂质量控制

（1）所有原材料进厂时，必须有质量检验报告，水泥及活性掺合料应有化验单，外加剂应有合格证。

（2）有条件的，水泥及活性掺合料应进行活性检测，测出活性指数。

（3）所有原材料尤其是水泥、外加剂、发泡剂及泡沫剂等，在失效或活性降低时，不能再用于配料。尤其是水泥等胶凝材料，如发现有硬块、结团时，决不能再使用。有些人把结块水泥筛去团块，继续使用，这是十分错误的，因为易引起塌模和产品强度下降。如要使用，每次只能取代新鲜水泥1%。水泥存放三个月后（袋装），活性下降，也不得使用。双氧水存放半年后，应进行发泡试验，如发泡性能下降，不得使用。

（4）粉煤灰不得采用湿排灰，如采用，应烘干粉磨。原状湿排灰不得使用。

（5）配料用水在使用前应进行有无副作用测试，没有副作用时才可使用。有条件时，应对水进行其微量成分的检测，至少应进行pH值测定。

2. 原材料预处理

原材料不处理，也可使用，如Ⅱ级粉煤灰、混合粉煤灰等，但处理后其性能更优异。原材料处理的目的，就是将材料处理为符合更高技术要求的质量，满足优质化要求。

（1）粉煤灰、矿渣等辅助胶凝材料的粉磨

如果矿渣已经磨细，进厂为微粉，比表面积≥400m^2/kg，则不必粉磨。如矿渣为粒状，则应烘干磨细为比表面积≥400m^2/kg。

如果粉煤灰为Ⅰ级灰，则不需粉磨。如果是Ⅱ级灰或混合灰或湿排灰，则应烘干后粉磨。Ⅱ级灰一般粉磨至比表面积800m^2/kg。混合灰，湿排灰（烘干）均需全部粉磨，粉磨细度800m^2/kg。

粉磨设备可采用闭路工艺，配备选粉机。开路粉磨达不到细度要求。

粉磨时可加入5%～10%生石灰、3%～4%的生石膏，以激发粉煤灰等活性材料的活性。如再加入活化剂，效果更好。

硅灰已经很细，不必再粉磨。

（2）部分外加剂的预混

如果泡沫混凝土保温制品生产所需的外加剂较多，增加车间配料的复杂性，则应该将可以预混的部分外加剂预混，以简化生产现场的配料工艺。如果外加剂较少，则不需预混。如果外加剂粒度差别较大或密度差别较大，则不可预混，以免其在混合后沉淀分层，造成使用时的配比不准。混合后易产生不良反应或造成结块结团者，也不可预混，可分别计量配料，直接使用。

（3）水的预热

泡沫混凝土化学发泡对温度有一定要求，尤其是水温。水温升高的优点是促进化学发泡，增加发气量。另外是不管化学发泡或物理制泡，提高水温可以促进水泥的水化反应，加快凝结硬化，防止因水泥凝结过慢不能固泡而引起塌模，还有利于提前脱模。因此，配料用水必须提前加热。其加热温度随配合比、原材料、季节而不同。一般，夏季可以不加热或微加热，秋末和初春气温较低时应加热，硅酸盐水泥为主料时应加热，快硬硫铝酸盐水泥可以不加热或微加热。配合比中含有发热成分时也可不对水预热或微加热。

一般情况，随胶凝材料不同，水的温度应控制为20～45℃，没有定值。

水的加热升温可采用蒸汽或电热筒。加热筒应设置两个，轮流加热和使用。

8.3.2　配料工艺控制

配料、制浆发泡、切割，是泡沫混凝土保温制品生产的三大核心工艺。它们决定着生产的成功与失败。其中，配料是第一个重要工艺环节。

化学发泡生产保温制品，原材料的两大反应，一是发气反应，一是胶凝材料水化反应。两者的反应速度、反应程度、反应生成物数量等，必须匹配和平衡，恰到好处，才能生产出合乎设计要求的产品。而要达到这种平衡，除温度、稠度等外部因素之外，配料的精确和及时，也是极其重要的因素。任何配料的失误，都会导致失败。因此，必须认真进行配料工艺控制。

1. 人工配料控制

人工配料可采用重量法和体积法。重量法采用数显电子秤人工计量。电子秤可采用两台，大秤计量水泥、粉煤灰等主料，小秤计量外加剂和发泡剂。大秤的计量误差值要求≤1%。小秤的计量误差值要求≤0.1%。为避免误称，各料应分别计量，不可累积计量。体积法采用专用计量斗，每斗装满原料并刮平后，作为每次的加料计量。其计量斗的容积可根据物料密度，精确换算为体积，再根据这一体积制出每种原料的计量斗。不同配合比，就要有不同的成套计量斗。体积法计量精度，主料1%，外加剂0.1%。

重量法速度慢，但精确，提倡采用。体积法速度快，但不够精确，可作为第二方案。

2. 自动配料

（1）粉粒物料的自动计量

粉粒物料的自动计量可采用电子秤微机计量配料系统。该计量配料系统，可采用一料一秤分别计量，也可采用多料一秤的累积计量。一料一秤分别计量的优点是计量速度快，各料同时计量，配料周期短。缺点是电子秤多，计量复杂，投资增加。多料一秤的优点是电子秤少，计量装置简单，易于布置和控制，投资降低，但一种原料计量结束才能再计量另一种物料，计量速度慢，配料周期加长。二者皆可选用。

一料一秤的自动计量方法是：每种物料配备一台电子秤。各种物料均配备一个储料配料库。计量时，螺旋输送机将各种物料从储料配料库中取出，送入电子秤，经各自分别计量，同时送入提升机料斗，准备送向搅拌机。

多料一秤的自动计量方法是：每种物料均配备储料配料库，螺旋输送机自储料库将物料送入电子秤，称完甲料后，再累积称量乙料，直到采用一台电子秤把各种原料一次称完。称完后，再由输送机一起送入搅拌机的上料斗。

(2) 液体原料的自动计量

液体物料包括水、各种液体外加剂、发泡剂双氧水等。其计量方法有溢流体积法、液位体积法、重量计量法等。

① 溢流体积法

溢流体积法的原理，类似于抽水马桶。在计量罐内设置一个可升降定位的溢流管，以溢流管口在桶内的位置决定所计量液体的体积。多余的液体可从溢流口溢出。计量时，以所计量的液体密度及配料质量，换算出体积，再按这一体积定出溢流口在计量罐内的位置。这样，向计量罐内加入待计量的液体，多余的从溢流口排出，筒内溢流口以下，即为所需液体的配料量。图 8-5 为溢流计量器结构。

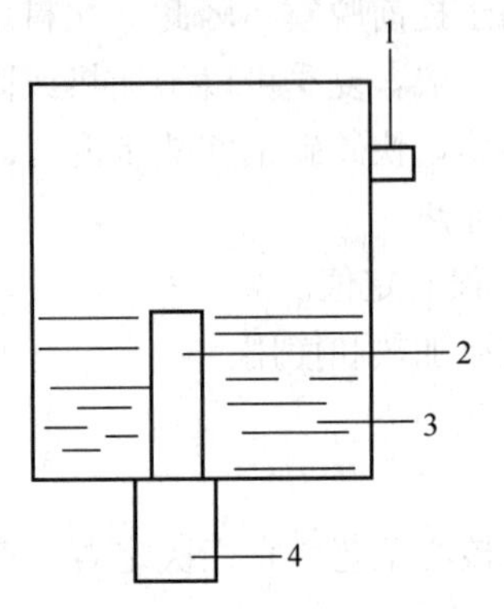

图 8-5　溢流计量器结构
1—进液管；2—溢流口；3—计量液体；4—升降式溢流管

② 液位计体积法

液位计体积法是采用电子液位计，来测定待测液体的量。在计量罐内安装电子液位计，液位计可以升降，以决定计量体积的大小。计量时，向罐内加入待计量液体，当达到电子液位计所定位置时，即自动停止加料，放料阀立即打开，排除计量好的液体。

③ 重量计量法

重量计量法是采用电子秤计量的方法。它的具体计量方法与粉粒物料相同，这里不再重述。

④ 计量泵法

计量泵是采用具有计量功能的液体泵来计量，是流量计量原理。通过旋钮控制流量来控制加量。其适用连续计量，不适合间歇计量，图 8-6 为计量泵外观。

图 8-6　计量泵外观

(3) 计量精度要求

① 水泥等胶凝材料、水等量大的原料，计量精度≤1%；

② 外加剂及发泡剂等量小的原料，计量精度≤0.1%。

8.3.3　搅拌与浇注工艺控制

搅拌工艺和浇注工艺是保温制品生产的重要工艺之一。它的任务是将配合料通过强力搅拌，制成高均匀度的浆体，经发泡剂加入后，浇注成型，完成发泡浆体的制备与浇注。

1. 固体配合料输送

由计量系统配好的粉粒配合料，要经输送装置送入搅拌机。这是搅拌工艺的前置准备工艺，虽然不是主体工艺，但它也十分重要。配合料能否精确及时的送入搅拌机，决定着浆体的质量和浇注的成败。

输送机最容易出现的问题，是配合料不能完全按配比量送入搅拌机，在输送机内存料，排放不干净。螺旋输送机存料量最大，停止送料后仍然在螺旋管内存有大量物料。因此，螺旋输送机不可用于输送没有经过预混的配合料。皮带输送机不会存料，但是，它漏料较多，会使每次加入搅拌机的配合料减少数量，也不是很好的输送方式。相比之下，斗式提升机既不存料，也不漏料，而且加料速度快，应是较好的送料方式。斗式提升机有皮带式与链条式两种。其中，链条式不易损坏，且存料少，应该首选。气力输送方式不会存料，不会漏料，速度也快，但要求搅拌机具有高密封性，这在设计时也有难度。

综上评价，斗式提升与气力输送两种送料方式，应是比较理想的加料工艺。可在两者之中再考虑优选，建议优选链条斗式提升方式。

配合料输送工艺的控制要点是：

（1）不得有存料、漏料现象；

（2）送料过程中，配合料损失率应≤1%；

（3）卸料时不产生粉尘；

（4）送料速度快，可满足搅拌周期对上料时间的要求。

2. 液体物料的输送

液体的输送可采用自吸泵。它的速度快，适合于各种液体的输送。液体的输送应重点控制以下几点：

（1）输送管道应使用防锈的不锈钢管、橡胶管、聚四氟乙烯塑料管等，以防锈蚀引起不良反应。

（2）输送管道不应有在输送管中存留液体而排不净的部分，以免使计量好的液体失去精确性。如存留过多，会造成发泡失败或形成生产事故。

（3）输送管道应尽量不使用软管，以免弯曲存液。

（4）首次输送时，管壁对液体的损耗约为1%～3%，管路越长，损耗越大。在操作时应加上这部分损耗。

（5）应严格控制漏液现象。管道接头应注意有无漏液。生产过程要控制渗漏对产品质量的影响。

（6）液体的输送损失率应控制为≤0.1%。水的输送损失率应控制为≤0.5%。有损失现象时应有补偿机制。

3. 搅拌工艺

（1）技术要求

搅拌工艺的技术要求是：把物料制成高均匀度的浆体，并均匀分散发泡剂或泡沫到浆体中。浆体的均匀度越高，产品的强度越高，其他性能也越好。浆体的质量与产品的质量成正比。泡沫混凝土与普通混凝土相比，浆体的技术要求要高许多。

(2) 实现高均匀度的三大技术措施

要实现上述高均匀度，搅拌工艺必须采取三大技术措施。

① 高速高性能搅拌机

普通混凝土搅拌机转速慢（30r/min 左右），性能差，根本不能用于泡沫混凝土保温制品的生产。现有的一些保温制品搅拌主机，转速不高，不能满足要求。对搅拌机的要求是：

a. 二级转速≥1400r/min，一级搅拌转速≥60r/min；

b. 搅拌轴形式：一级卧式单轴或双轴，二级双轴立式；

c. 一级搅拌效果：3～5min 达到高均匀度；

d. 二级搅拌效果：10s 将发泡剂高度分散。

② 采用两级或三级搅拌，不采用传统的单级搅拌

多级搅拌既可缩短搅拌周期，又可延长搅拌时间。单级搅拌的搅拌时间太短，延长时间则搅拌周期又太长。只有多级搅拌才能解决问题。

③ 一机多种搅拌器并用，优势互补，强化搅拌效果。如：增装活化器、匀浆器等。

(3) 搅拌工艺过程

① 先在一级搅拌机中加入配比量达到规定温度的拌合水，加水总时间不大于 1min；

② 当拌合水加至 1/4 时，开动搅拌机，开始向搅拌机中加入各种相互没有不良反应的液体外加剂，加完后，搅拌 5s；

③ 在搅拌下向搅拌机中加入固体配合料，2min 内加完。加完后，可根据设计的搅拌周期，继续搅拌 1～3min；

④ 如果是单级搅拌，在搅拌时间大于 5min 后，加入发泡剂或泡沫，使发泡剂或泡沫的分散达到高均匀性；

⑤ 如果是二级或三级搅拌，最后一级搅拌机将浆体搅拌到均匀度已符合要求时，向搅拌机中加入发泡剂或泡沫，使发泡剂或泡沫在浆体中达到高均匀度。

(4) 搅拌工艺控制

① 搅拌总时间不少于 5min，其中 1400r/min 高转速搅拌不少于 2min。混合化学发泡剂 1400r/min 高速搅拌不少于 7s；混合物理发泡的泡沫，60～120r/min 低速搅拌，不少于 1min；

② 若为二级或三级搅拌，每级搅拌总时间不少于 3min；

③ 浆体均匀度值：搅拌筒内上中下左右五部分的浆体硬化体 28d 强度偏差值＜5%，密度偏差值 3%。均匀度检测方法：取 100mm×100mm×100mm 试模 5 个，涂刷脱模剂后待用。用五管式吸浆器，从搅拌筒上中下左右五处同时各抽吸相同体积的已混匀发泡剂或泡沫的浆体，注入试模。浆体在试模内硬化后，脱模放在温度 20℃的养护箱中同时养护 28d，切去高度 10cm 以上部分，形成 100mm×100mm×100mm 试件，测其密度、强度，计算偏差值。

4. 浇注工艺

浇注工艺的任务，是把搅拌机制好的混匀发泡剂或泡沫的浆体，均匀而稳定地浇进模具里，并能使模具在浇注后顺利地进入硬化静停室。

(1) 浇注技术要求

① 速度快，整个浇注过程不超过 30s；

② 浇注平稳，没有过大冲击力，不产生溅浆出模；

③ 模底的脱模剂不被浇注冲去；

④ 不携括大量空气进入浆体，不使坯体内因空气进入而产生浇注大气孔；

⑤ 不产生各部位的过大浆体高度差；

⑥ 没有明显的浇注涡旋，坯体切割后无涡旋痕迹。

（2）达到技术要求的技术措施

① 搅拌机的放料口要大，满足快速浇注要求；

② 在放料口安装浇注管或布料斜槽，使浆体分散式浇注入模，坚决杜绝浆体直接采用大料流浇注；

③ 浇注管或布料槽等应伸入模内，降低其与模具的距离，减少落差造成的冲击和携括的空气量；

④ 浇注后最好有快速自动刮平装置，可以把浆体自动刮平，减少面包头；

⑤ 模车运行要平稳（固定式模具不需这一措施），振动小，在接受浆体后能在5min后平稳移动到静停位置。

（3）固定式搅拌浇注工艺过程

① 模车移动到搅拌机浇注口下，做好浇注准备；

② 浇注管或布料器深入模具，达到规定位置；

③ 打开放料阀，通过布料装置，向模具放料布料；

④ 布料结束，自动或人工刮平。若浆体能够自流平，可以无此工艺过程；

⑤ 关闭放料阀，从模具提起布料装置；

⑥ 模车缓慢向硬化静停室移动，其速度控制，以不造成塌模，无明显振动为准。

（4）移动式浇注工艺过程

① 模具在基座上合模，涂刷脱模剂；

② 移动式搅拌机或浇注车移动到模具上方，在已制成的浆体内加入发泡剂或泡沫，混匀；

③ 向模具内伸入浇注布料装置，或在模具内斜放一块导料板，用于引导料浆，起缓冲作用；

④ 打开放料浇注口，通过布料或导料装置向模具浇注料浆；

⑤ 浇毕后，人工刮平。浆体可自流平，就不需刮平；

⑥ 在浆面上覆盖塑料薄膜，保湿保温。

8.3.4　静停硬化工艺

静停硬化工艺阶段，没有太多工艺过程，除了模车在硬化后从静停室移出（固定式模具无此操作），没有其他操作，但其却具有保证浆体能否最终成功硬化的重要作用。

1. 静停硬化工艺的重要作用

静停硬化工艺是为浇注后料浆的和硬化提供合适的环境条件。这一期间的两大工艺任务一是稳定气泡，二是硬化，稳泡与硬化同时进行，其共同要求是温度。

（1）静停工艺类型及特点

静停工艺分为就地静停和移位静停两种。

① 就地静停。这种方法就是模具不动，在静停位置停放，由浇注车或移动式搅拌机移动到模具上，向模具浇注。这种工艺是与移动浇注相配套的方式。

这种工艺由于模具不动，待坯体达到可以脱模的强度时，再开模用吊车把坯体移出，送上切割机。这种静停与硬化的方式，可以充分保证料浆在硬化过程中，不会因为振动和晃动等影响，使气泡破灭、合并而造成塌模。它的缺陷就是模具占地面积大，环境温度提升和保持困难，热放率低、能耗大，经济性差，宜用于班产 200m^3 以上规模的生产工艺。

② 移位静停。这种方法是模具在浇注后移动，由浇注点移动到浆体位置或硬化静停室内。它可以是地面静停、楼层式叠放静停。地面静停适宜班产 100m^3 以下工艺，楼层式叠放适宜班产 100m^3 以上工艺。

这种工艺的优点是便于实现自动化生产，设置温室多层升温、能耗低，且容易实现温度条件，坯体发泡及硬化条件能始终保持理想状态。多层静停还可以大量节省静停面积。其不足是移动时使模具振动，料浆稳定性会受到一定的影响。采用这种工艺，技术要求较高，尤其是浆体的稳定性，不会受到模车移动的干扰，应确保移动过程与移动后不引起塌模。

（2）静停工艺要求

① 静停室或静停处的环境温度＞25℃，当采用大掺量粉煤灰或矿渣等活性掺合料时，或胶凝材料凝结速度较慢时，其环境温度要求＞30℃。

② 静停处应无风。尤其是不设静停室时，不能使风对浆体造成影响。风较大时会引起消泡、塌模。

③ 静停环境温度不能有较大的波动，应保持相对稳定。否则忽高忽低，工艺不宜控制。温度波动要求±2℃，这一温度会对化学发泡高度即产品密度产生重大影响。温度越高，化学发泡越快，发泡高度越大，硬化越快，产品密度越低。

④ 静停室或静停处不同位置的温差不能太大，以便引起化学发泡高度差异及发泡稳定性差异。如是静停室，还要求同一位置上下温差不宜太大。一般情况，热空气上升，冷空气下降，靠近地面的温度总是高于顶棚的温度。尤其是楼层式多层养护，一层与三层以上的温差会较大。不同位置温差与同一位置的上下温差应小于 2℃。

（3）主要技术措施

① 就地静停，由于没有静停养护室，不易控温，在气温低于技术要求温度时不易生产，应采用保温模具保温（夹层板模具），在浇注后应立即覆盖塑料薄膜保温，或覆盖太空棉保温。

图 8-7　就地静停实景

夹层保温模具，其模板为彩钢聚苯夹芯板，底板与模框板均为夹芯保温板。

② 移位静停，最佳升温方式为地暖，尤其电地暖，其温度分布均匀，尤其适合多层静停。室内应有上下空气对流措施，可在适当处安装循环风机。静停室的四壁及顶棚均采用保温夹芯板保温。室门应采用夹芯保温自动门或保温门帘（外表面应加防水布）。

图 8-7 为就地静停实景；图 8-8 为移位养护人推模车实景。

图8-9为山东天意公司移位养护自行走模车示意图。

(4) 静停初养时间

图8-8　移位养护人推模车实景

确定合适的静停初养时间，并非小事，目前已是泡沫混凝土保温制品生产的重要问题之一。泡沫混凝土保温制品的生产，合适的脱模时间，应为4～24h。其中，采用快硬硫铝酸盐水泥、镁水泥等快硬型胶凝材料，合适的脱模时间应为4～8h，普通硅酸盐等通用水泥，最短应为5h，合适的应为8～24h。几分钟、10多分钟、1～2h，就完全脱模（脱去底板，边框），这绝不可取。当然，如果有科学、有效地防裂技术措施或不脱底板，只脱模框，2～4h脱模也可以，但一定要技术可靠，确能分散水化热，以不造成保温制品裂纹为前提。

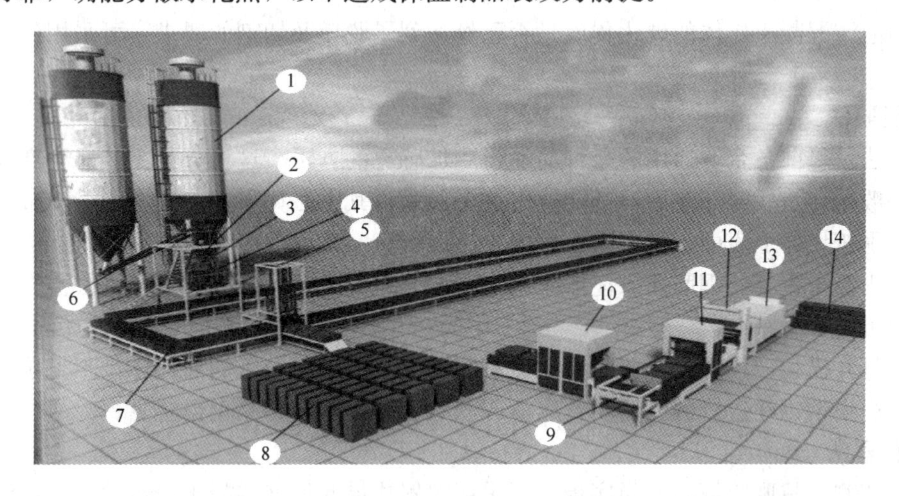

图8-9　山东天意公司移位养护自行走模车示意图

1—储料罐；2—储料仓；3—水箱；4—发泡搅拌系统；5—自动脱模；6—螺旋上料输送机；7—模具循环系统；8—毛坯堆放区；9—分割转向装置；10—四面切割系统；11—垂直切片切割机；12—自动套模机；13—包装机；14—成品堆放区

另外，模具越大，水化热越易集中。所以，当采用大体积浇注时（每次大于$0.5m^3$），更易引发早期热裂，后期干裂。所以，大模浇注，要适当延长脱模时间，即终凝硬化时间，以分散水化热。

采用快硬水泥类生产保温制品，合理的工艺，是适当加入缓凝剂，延长终凝硬化时间，而不是再加促凝剂。

现在，一些企业为了模具周转，不顾裂纹，不顾质量，大量使用促凝剂、速凝剂，千方百计缩短凝结硬化时间，加快硬化脱模，已经超出了技术允许的范围。这是十分错误的，是工艺歧途，既害了企业，又害了行业。

8.4 脱模与移坯工艺

这一工序的工艺任务，是将坯体从模内取出，并将坯体移至切割机，或移至转运车送入后期养护室。因此，脱模取坯、移坯，是本工序两大任务。

8.4.1 坯体硬化程度的确定

这实际是确定坯体是否达到了脱模强度和切割强度。这一技术指标既是对坯体强度的判断，也是对浇注及静停质量的检验。

如果脱模后不立即进行切割，而只是将坯体从模内移出，送至后期养护处堆养，则可以对脱模强度要求低一些，只要能在脱模后顺利移坯，不造成损伤和裂纹即可。

如果脱模后要立即进行切割，这就对坯体的强度要求高一些，否则，切割破损率就会很高。

判断泡沫混凝土坯体的硬化程度是否已经达到了脱模及切割的要求，可采用经验法与仪器法两种。

1. 经验法

经验法是目前各企业通用的一种简易目测加感觉的方法。这种方法主要靠生产者经验的积累，一般生产一段时间之后，都能摸出这个经验。其方法如下：

（1）手按坯体上表面，稍用力，表面不出压坑；

（2）用筷子粗细的钢筋插入坯体大约 15cm，手感不易插入，有很费劲的感觉。抽出钢筋，上面干净，无粘结；

（3）打开模板，板面光洁，没有大量黏膜现象。用手用力压侧面坯体，不见手印；

（4）用小钢锯在边缘区试切割，锯渣成粉状，锯条干净，无糊锯感觉。

2. 仪器法

钢丝切割，只脱边框，不脱底板，可采用仪器法借鉴加气混凝土的经验。泡沫混凝土与加气混凝土实质是相通的，其方法可以借用。由于加气混凝土已在中国生产了几十年，积累了较丰富的经验，我们不妨借鉴。但这种只适用于只脱去边框，不脱去底模板的钢丝切割工艺。不适用于其他工艺。其方法有以下几种：

（1）落球仪法

落球仪依靠落球测定产品表面的强度，来判断产品是否可以脱模。当落球以规定高度砸向坯体表面，形成一定尺寸的砸痕。用尺测其砸痕的直径，作为其坯体强度量化值。普瓦维坯体硬度仪与落球仪的原理相同。

（2）落锥仪法

落锥仪是测定坯体的表面塑性强度，以一定高度的落锥落向坯体，落锥进入坯体的深度，即是坯体强度的量化值，以此来判定坯体是否可以脱模和切割。

（3）贯入式坯体强度测定化法

这种方法是由直径 10mm、长度 330mm 的插杆、可固定在插杆上的深度限位片、测力弹簧、套筒、游标和标尺组成。当手握套筒以匀速将插杆插入坯体时，插杆受到的坯体阻力压缩弹簧，套筒与插杆发生相对位移，并推动游标移动而表示一定数值。坯体强度越大，对插杆的阻力越大，需要施加的贯入力也越大，因而弹簧压缩量也越大，游标同时指出相应的数值，从而测出了坯体近中部的强度。通常，采用测定仪与经验法相结合，确定出适合脱模或切割的贯入力范围，用以指导对墙体硬化程度的判断。该仪器构造比较简单，可以在坯体的不同部位、不同深度，随时测出坯体的硬化程度。测定结果比较全面地反映了坯体情况，可用以比较准确地掌握脱模及切割强度。但其也有不完善之处，主要凭操作人员的经验和熟练程度，不同的插入速度以及插入时的垂直度与稳定程度等的影响。

落锤与落锥法可以间接地定量反映坯体的硬化程度，给出的是标准的试验数据，其科学性、可靠性、可对比性，都比经验法前进了一大步。但它反映的只是表面强度，而反映不出坯体内部强度，有一定的局限性。

贯入法反映的是坯体表面及内部的强度，可以反映坯体内部不同层次的硬化情况，比较全面，所以更为科学合理。

8.4.2　脱模、移坯工艺的技术要求

(1) 不得损伤坯体，如缺角掉棱、少块撞坑、裂缝裂纹，甚至断坯毁坯等。

(2) 能使坯体顺利地从模内取出并移走，不给操作造成困难，有利于工艺完成。

(3) 坯体必须达到足够的脱模强度，才能脱模，不能在坯体发软时强行脱模移坯。

8.4.3　脱模方式及移坯方式

脱模移坯的方法有以下两种：

1. 人工脱模移坯法

(1) 全人工脱模移坯

人工打开模具，将坯体用人抬走，这是最原始的脱模方法。适用于小型坯体，可以一个人或两个人抬动坯体。大型坯体（质量超过 100kg）不适宜。

(2) 人工夹具脱模移坯法

这种方法是笔者为适应小企业的需要于 2009 年研发的。这种方法是采用人工小型夹具。在开模后，由两个人用夹具从模内取出坯体并移走。这种方法经在 20 多家小企业应用，效果很好。它可以保护坯体不受损伤，在坯体强度还不高时就可以脱模，还可以使人工移坯时方便、省力、快速，提高脱模效率。图 8-10 为小型夹具脱模移坯的生产现场照片。图 8-11 为小型夹具结构图及外观。

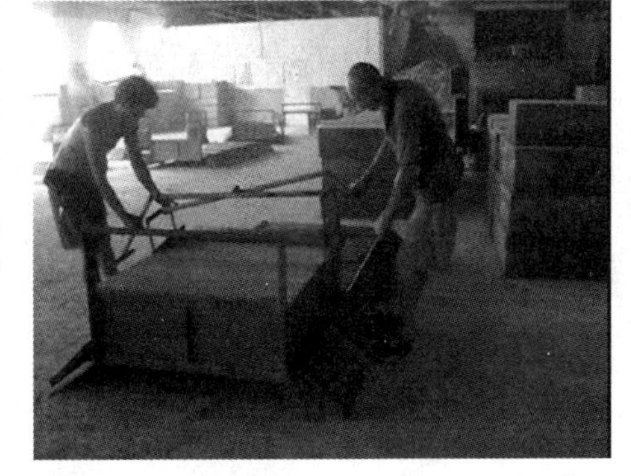

图 8-10　小型夹具脱模移坯的生产现场

这种方法不适用于墙板和屋面板的脱模。

2. 机械脱模移坯

这种用机械脱模移坯的方法有三个类型：提拉脱模机械手移坯法、顶出脱模机械手移坯法、大开模脱模机械手移坯法。其中，顶出法适用于坯体较小的工艺，提拉脱模和大开模法适用于坯体较大的工艺。

(1) 提拉脱模，机械手移坯方法

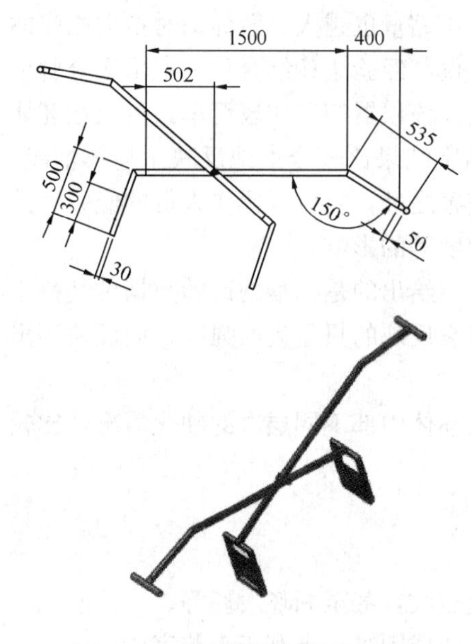

图 8-11 小型夹具结构图及外观

本工艺采用整体模框，模框与底板分离。脱模时采用吊机或电动葫芦将模框从底板上吊起，坯体留在底板上，再用机械手把坯体夹起移走。

这种工艺的优点是脱模速度快，坯体的体积大，效率高。这种工艺的缺点是，坯体需有一定的上下尺寸差，上小下大，便于模具提拉。其上下尺寸差应大于 10mm。因此，坯体会损耗一部分。

（2）顶出脱模，机械手移坯方法

本工艺采用整体模框，双层活动底板。脱模时，气压或液压装置顶升活动底板，连同坯体从模框内顶出。再用机械手将坯体移走。这种方法的优点是自动化程度高，便于自动控制，尤其适合于大型自动生产线。但其缺点也很突出，即模具加工精度高，模具投资大，不适用于一次成型体积较大的工艺。当坯体较大时，顶出困难。建议坯体尺寸≤$1.0m^3$。

（3）大开模脱模，机械手移坯法

本工艺采用分体模框。模框的四块模框与底板用销键连接，四块模板之间采用锁扣件连接。生产时，用锁扣把四块模板连为整体，并严格密封，就可以浇注成型。脱模时，人工或机械打开锁扣，四块模板打开，即可采用机械手移走坯体。

本工艺的优点是模具简单，技术要求低于提拉脱模和顶出脱模。脱模不受成型坯体体积的限制。但也有缺点，如开合模速度慢，影响产量。模板的接缝多，易漏浆。本工艺适用于各种工艺，对工艺的适应性好。

图 8-12 为提拉脱模的生产实况照片。图 8-13 为大开模脱模的生产实况照片。

图 8-12 提拉脱模的生产实况

图 8-13 大开模脱模的生产实况

8.4.4 脱模、移坯工艺过程

脱模、移坯工艺过程比较简单，没有过多的操作。其主要工艺过程如下述。

1. 脱模出坯

采用人工、机械将坯体从模具内取出，控制坯体不在脱模时损伤，脱模动作要快捷且平稳。

2. 移坯

采用人工、机械等方法将坯体送上切割机。暂不切割的可将其移至后期养护处码垛养护。采用立模生产墙板和屋面板没有切割工艺。

3. 清模

移坯后，采用自动清模器或人工，清理模具上残留的坯渣，不应有碎屑或粘连物留在模板上。

4. 合模

清模后合拢模具，使模具复位。检查合缝是否严密，有无漏浆可能。

5. 涂刷脱模剂或铺隔离塑料膜

合模后，采用机械自动喷涂或刷涂脱模剂，也可采用人工涂刷。若模具暂时不使用，可不必涂刷，以免刷后模具暂时不使用，时间过长，脱模剂向下渗流而失效。

若采用塑料薄膜作隔离，可不涂刷脱模剂，采用人工在模内铺设塑料薄膜。

6. 机械手归位

机械手移坯后，应立即归位，为下一次移坯做好准备。若人工脱模，则无此工艺过程。

8.5　切割工艺

泡沫混凝土保温制品，大部分需在大模成型后切割，只有一些复合产品不需切割或立模成型的墙板不需切割。

泡沫混凝土的切割工艺独具特色，与加气混凝土砌块切割工艺有很大的不同。目前泡沫混凝土行业的主导切割工艺，是本行业技术人员根据产品的技术特点，创造性地研发的。这种工艺与国外泡沫混凝土的切割方法也有根本的不同。也可以说，我国泡沫混凝土切割工艺是具有中国特色和自主知识产权的研创。虽然它仍不令人满意，存在许多值得改进的地方，但毕竟适合于中国的国情和泡沫混凝土发展现状。它不仅可以使泡沫混凝土能够切割为技术要求的任意规格，而且工艺简单灵活，能耗低，设备投资小，可以满足大规模工艺加工的要求。在短短的两年内，我国泡沫混凝土的切割工艺从无到有，从试验性应用到普及，还是值得肯定、值得高兴的。

1. 切割工序的意义

切割工序对泡沫混凝土的生产，有着重要的意义。它是泡沫混凝土保温板及砌块产品外形尺寸形成的加工工序。泡沫混凝土成品外形尺寸的可变动范围，取决于切割工艺的适应能力。其外形尺寸的精确程度，就取决于切割工序的设备性能和工作质量。切割工作过程对泡沫混凝土保温制品的外形尺寸的影响不仅是决定性的，也是一次性的和无法更改的。切割决定尺寸和外形，这就是它最大的意义所在。

除此之外，切割工艺还影响整个生产过程的效率和速度，特别是自动生产线，产品脱模就要切割，脱模一块就要切割一块，若切割不了，就会使生产线难以运行。即使人工操作的土法生产工艺，如果每天生产了几十或一百多个立方米，而切割工艺处理不了，也将大大影响生产。2011 年，由于切割工艺刚刚研创，单独切割机的切割速度只有 $40m^3$/班，结果造成很多企业能够制出坯体但却切割不了，需用几台锯或夜里加班。切割工艺会影响上道与下道工序，影响生产效率。这已被2011年的教训所证实。

2. 切割工艺的技术要求

为了实现精确和良好的外形尺寸，泡沫混凝土保温制品在切割过程中，要借助于切割设备和切割技术。这些是一个完整的工艺整体。下面是对切割工艺的技术要求。

(1) 坯体切割的灵活性

由于目前各地对泡沫混凝土保温制品的尺寸要求不同，如保温板产品有300mm×300mm×30mm、600mm×300mm×60mm等几种，砌块产品有600mm×300mm×240mm、600mm×300mm×300mm等多种，将来随技术创新和技术进步，大规格也会成为新的尺寸要求。这就必须要求切割工艺应具有切割尺寸的灵活性。

切割尺寸的灵活性，要求切割工艺能够满足国家建筑规范对建筑模数的规定，泡沫混凝土保温制品有关标准对其尺寸规格的规定以及建筑市场对常用规格和习惯的要求。对于规范及标准没有规定的尺寸，如果需要，切割工艺也应具有变通性和适应性，不妨碍临时性的尺寸要求。

(2) 切割尺寸的精确性

泡沫混凝土产品的切割尺寸，直接影响到建筑施工速度和效率及建筑施工的方法，如果切割尺寸偏差过大，在墙面粘贴时，就会影响施工效率和材料消耗量，甚至给施工造成麻烦，例如偏移粘贴位置，使板缝难以对齐等。

因此，切割工艺必须满足国家或地方标准对产品尺寸偏差的要求。例如保温板的这一要求见表8-1。

表8-1 切割工艺对产品尺寸偏差的要求

项目	长度	宽度	厚度	对角线差
偏差	±3mm	±3mm	±2mm	≤3mm

有些地方标准（如山东）则把保温板的长、宽尺寸偏差规定为2mm，这是更严格的要求。

(3) 满足较大的产能

我国泡沫混凝土保温制品的生产规模正在向高产量大规模发展。目前，最小的规模都在100m^{3}班，每班产几十立方米的已经很少了。这就要求切割工艺应有较大的产能，其对坯体的处理能力，每班应不小于100m^3，一般为200～300m^3。

(4) 确保产品外形的完整

在切割工艺的全过程中，不能损伤坯体，尤其是不能损伤产品，如切割后掉角缺棱等，均不能允许。切割后产品应光洁、平整、棱角分明。

3. 切割工艺原理与工艺类型

根据泡沫混凝土保温制品生产的技术特点，切割工艺必须与这些技术特点相吻合。切割工艺设计应考虑的是经济性、合理性、适用性。目前，在我国已实际规模化应用的，有下列四种切割工艺：钢丝切割、偏心轮锯条切割、带锯切割、圆盘锯切割。

(1) 钢丝切割工艺

这种切割工艺是仿模加气混凝土的切割工艺、原理，并加以改造，使之简易化，适合于泡沫混凝土规格较小的特点。加气混凝土是在坯体接近终凝仍具有一定塑性的状态时，采用钢丝切割。但其工艺复杂，设备庞大，适合于大型坯体。完全照搬这种工艺是行不通的。将来，若泡沫混凝土技术进步到可以生产类同于加气混凝土那么大的坯体时，也可以完全采用现有的加气混凝土切割工艺。但目前泡沫混凝土的坯体大多在 $1m^3$ 以下，极少数在 $2m^3$ 左右。显然不能照搬加气混凝土切割工艺。

目前泡沫混凝土采用的钢丝切割，是一种完全不同于加气混凝土的工艺。其工艺特点是：用逐级错位的钢丝依次排列，当切割运坯车通过这些钢丝时，就被一条条钢丝切割。图 8-14为泡沫混凝土钢丝切割工艺图景。

由于这种切割工艺目前还在完善中，自 2011 年推出以后，虽有一定的应用，但没有能够广泛应用，没有成为行业的主流工艺。将来能否推广应用，还要视其技术完善的程度。除上述工艺外，钢丝切割有的还采用加气混凝土早期应用的预埋钢丝卷切或提拉切割工艺，钢丝压入切割工艺等，但均没有广泛推广。

图 8-14　泡沫混凝土钢丝切割工艺图景

(2) 偏心轮锯条往复切割工艺

这种切割工艺曾是 2011 年泡沫混凝土保温制品切割的主导工艺，大多数企业采用这种切割工艺。2012 年，由于新的工艺陆续推出，这种工艺渐趋减少，但仍占有一定的应用比例，特别是在小企业，仍然大多采用这种工艺。

① 基本原理

该工艺的切割原理是依靠偏心轮带动锯条往复运动，对坯体进行切割，可以完成纵横切、平切，由几台锯组成切割机组，基本可完成各种切割需要。

② 优缺点

该工艺的优点是结构简单，造价低，能满足切割的基本需要。其缺点是切割速度慢，自动化程度低，最初每班只能处理 30～$50m^3$，现经各地改进，最大产量也只能处理 $150m^3$。

③ 适用性

该工艺适用于产量要求不高的小规模生产，不适用于大型全自动生产线，为一种经济型切割工艺。下一章将对其锯型进行详细介绍。图 8-15为这种切割工艺的生产现场。

图 8-15　偏心轮往复切割工艺

(3) 组合带锯切割工艺

这种锯为 2012 年创新锯型。由于偏心往复锯切割工艺速度太慢，为提高切割速度，2012 年国内不少企业开始创研组合带锯切割工艺，并获得成功，目前已用于实际生产。

① 工艺原理

这种工艺是采用木工带锯切割原理，对坯体进行切割。由于一根带锯只能分切两块，而坯体一次性要分切几十块，因此，就必须采用许多带锯组合成组合切割机，再由多台切割机组成大型切割机组，就可以完成对坯体的任意规格的切割。

② 优缺点

本工艺的优点是切割速度快，一般可达 200～300m³/班，彻底改变了偏心轮往复锯切割速度慢的不足，是泡沫混凝土切割工艺的重大创新。其不足是设备较复杂，投资较大。本工艺适合于大型自动化生产线，也适用于一般规模的配套切割。

③ 综合评价

本工艺是我国有代表性的第二代切割主导工艺之一，代表了发展的方向。在没有其他切割工艺出现之前，本工艺目前应该是比较先进的工艺类型，在近几年将是有应用前景的切割工艺。下一阶段，如果将此工艺进一步改进，设计为小型机组、中型机组、大型机组，使大中小生产规模均可应用，将会有很好的应用市场。图 8-16 为组合带锯切割工艺生产现场。

图 8-16　组合带锯切割工艺

(4) 圆盘锯切割工艺

圆盘切割锯切割工艺，是 2011 年研创的一种锯型，2012 年又有了一些改进和应用。由于它的不足较多，一直没有获得广泛的应用，目前只作为其他工艺的配套，及砌块的切割，或用于较厚产品的切割。

① 工艺原理

本工艺是借鉴石材切割机工艺原理研发的切割工艺。它的基本原理是采用多台圆盘锯组合成切割机，再由多台切割机组合成切割系统，就可以对坯体进行任意尺寸的分切。

② 优缺点

本工艺的优点是切割能力强，对较大密度产品（如 400～800kg/m³）也可以顺利分切，锯片耐用，磨损小，切割速度也较快。其缺点是锯缝较大，约 4～6mm，切割耗损太大，只适合于切割分切块数少，产品厚度大的坯体，不适合切割较薄的产品。另外，它的切割冲击力较大，切割较薄产品时，产品破损率较高。

③ 综合评价

本工艺由于锯片太厚，损耗大，生产保温板一直难以被接受。目前，保温板产品都较薄，不适合采用此锯切割。如将来改进，也可应用。但这种锯适合于切割砌块。砌块的密度大，强度高，一般锯切不了。而用这种剧比较合适。

4. 分切工艺流程

不同的生产设备，工艺流程会有所不同。例如，有的是先平切成板，再纵切成板条，再横切为板块。有的则是先将坯体平切去皮，再纵切为板条，再横切为板块。先就常用的这两种工艺分述如下：

(1) 先平切再纵横切工艺

① 人工或机械手把坯体放在切割机的传送装置上。

② 传送装置把坯体送入平切机。平切机把坯体先切去面包头，然后自上而下，一层层把坯体分切成平板；板的厚度即为成品的厚度。

③ 传送装置把坯体送入纵切机。纵切机把坯体纵向分切为条形半成品。条形的宽度即为成品的长度或宽度尺寸。

④ 传送装置把半成品坯条继续输送到横切机，横切机将坯条半成品再分切为成品规格。

⑤ 清渣机将切割好的成品用高压风机清去其板面存留的大量锯末灰渣，使成品清洁不掉渣。

⑥ 传送机构将成品送出切割机，切割结束。

（2）先切面包头再纵横切工艺

① 人工或机械手把坯体放在切割机的传送装置上。

② 传送装置把坯体送入面包头切割机。面包头切割机切去坯体的面包头，并同时切去坯体底皮。

③ 传送装置把坯体送入纵切机。纵切机把坯体纵向分切为板材，板厚等同于成品的厚度，板宽等同于成品宽度或长度。

④ 传送装置把坯体送入横切机。横切机将已分切好的板材再横切为成品板块。

⑤ 清渣机用高压风机清除板面存留的大量锯末灰渣，使成品在使用中不产生掉渣现象。

⑥ 传送装置将成品送出切割机，切割结束。

5. 切割工艺发展趋势

（1）设备逐步大型化、自动化，在2～3年内，先进的自动化切割工艺将占主导；

（2）中小型切割工艺将进一步完善，性能提高，切割速度提高，故障率降低，切割精度更高。

（3）现在广泛使用的偏心轮往复切割工艺将逐步换代，将主要用于150m³/班工艺，并会被其他工艺取代，其用量总体会下降。

（4）新型切割工艺将不断出现，创新力度将会逐年加大，竞争将主要表现在技术创新方面。

8.6　后期养护工艺

8.6.1　后期养护工艺的任务与重要性

1. 任务

后期养护工艺的主要任务，就是使产品完成大部分水化反应，尤其是强度的发展及其他性能的形成，使产品由切割时的半成品经过内部的一系列化学变化，自我完善为符合技术性能要求的合格产品。可以说，其技术性能的最终形成，主要靠后期养护。

2. 重要性

泡沫混凝土经初步养护硬化和切割，所形成的是产品还远远没有完善的性能。尤其是强度，脱模时一般只达到40%～50%，剩下的50%～60%强度和各种性能，均是在后期形成的，尤其是7d之内。而大部分强度的形成，是在28d左右。28d以后，强度也仍在继续发展。当粉煤灰、矿渣等活性材料掺量较大时，其后期强度的发展更大、更长，最长达数年。粉煤灰、矿渣等活性材料在脱模前的几个小时或几十个小时，强度基本没有发挥，而基本上是在后期养护中开始形成的。脱模后的后期养护，是其强度及性能形成最关键的时期。所以，混凝土行业有句行话，叫做“三分成形，七分养”，可见后期养护的重要性。

3. 目前后期养护存在的问题

由于很多生产企业对后期养护的重要性认识不足，在后期养护方面存在许多糊涂的或错误的做法，给产品质量埋下了很大的隐患。存在的主要问题如下：

(1) 脱模后不再养护。笔者看到不少保温板企业在脱模后，就把坯体运到院子里堆放，任凭烈日暴晒，风吹雨打，既不覆盖保温、遮阳，也不防风防雨。结果使坯体干裂严重，表面发酥、起层，产品强度大幅下降，综合性能变差。图 8-17 为坯体露天养护的场景，这种情况在行业内普遍存在，问题严重。

图 8-17 为坯体露天堆放的场景

(2) 虽不放在院里暴晒，但放在室内也不洒水增湿，也不盖塑料膜保湿，没有任何加湿保温措施，产品失水较快。这也会造成产品开裂、干缩增大、强度下降，综合性能也会下降。

(3) 产品正在发热高峰时脱模，坯体不切割散热，而是码大垛堆放，使坯体内部温升更高，内部与表皮的温差更大，热裂更严重。

(4) 产品不经后期养护，脱模后就切割，切割后就直接装车送往工地。笔者听说，有些保温板企业前一天生产的产品，第二天就在工地往墙上粘贴实在是荒唐。

(5) 缩短养护时间，未来应该保湿养护 7d，但许多企业为减少产品占压资金，养护 2～3d 或不到 7d 就结束养护出厂。

上述等等乱象，使人感到十分担心。一些企业轻视养护或故意放弃后期养护的现象，是当前制品生产最严重的技术问题之一，对行业发展非常不利，应该引起企业重视并立即纠正。

8.6.2 后期养护条件及方法

1. 常温养护条件

(1) 养护时间：常压常温保湿养护，应该不小于 7d，建议 7～10d；

(2) 养护湿度：室内加湿养护时，硅酸盐通用水泥发泡制品，相对环境湿度应大于 80%，建议 90%左右；镁水泥制品，建议相对湿度 60%～80%左右。

(3) 养护温度：养护环境温度≥15℃，理想温度为 25～30℃。

2. 养护方法

养护方法有：自然洒水养护法、自然覆盖养护法、自然喷雾养护法、浸水养护法、蒸汽养护法、蒸压养护法、太阳房升温养护法、养护罩养护法等多种。随着科技的发展，其他创新养护法还会出现。下面对这些养护法予以分别简介。

(1) 自然洒水养护法

每天向产品垛人工喷水或洒水 2 次至 3 次，上午一次，下午一次，傍晚一次，喷水最佳。可采用大型喷水器或喷雾机，能安装固定式或自动行走喷水机更好。行走自动喷水机或喷雾机可设置在产品垛之间，沿轨道自动行走，向两侧的垛上喷水或喷雾。若是固定式喷水喷震装置，喷头安装在垛的上方，每 2m 左右安装 1 个。打开高压水泵，喷水头即可自动向垛上同时喷水，可省去洒水工。

（2）覆盖式自然养护法

这种方法是在地面喷水后，码放产品，码成大垛后，向产品喷水达到饱和，用塑料薄膜将产品覆盖严密、压紧，3d以后再打开薄膜喷水一次即可。本方法利用塑料薄膜密封保水，可减少喷水次数，节水节人明显。

（3）喷雾自然养护法

本方法是采用全自动喷雾系统加湿养护，具有加湿均匀，便于自动控制湿度，节水节人，养护效果好等优点。其养护温度应大于20℃，相对湿度控制为90%。该系统由高压供水机、喷雾头、自动控制系统三部分构成。我们2010年在天津生产线上安装的就是这一养护系统，效果很好。该系统可以在湿度低于规定值时，自动喷雾加湿，达到饱和时就自动停机，十分方便，无需人控。自然保湿养护，这是最理想的养护方案。

（4）浸水养护法

这种方法是采用大型养护池，池内为清水或养护液，将产品放入池中进行浸入养护的方法。该方法的优点是养护效果优于上述各种自然养护法，其缺点是占地面积大，产品出池入池麻烦，后期干燥慢。当场地条件充分，其他条件具备时，也可采用。当采用这种方法时，水温应高于15℃。

（5）蒸汽养护法

蒸汽养护法是建造密闭效果较好的蒸养室，将切割好的产品堆码在室内，然后通入蒸汽，对产品进行蒸养24h，温度80～95℃。其优点是养护时间短，其缺点是能耗大，投资大，适用于想缩短养护时间的企业。

（6）蒸压养护法

蒸压养护法类似于加气混凝土的养护方法。这种方法是在发泡结束并初步硬化之后，将坯体送入蒸压釜进行蒸压养护。这种养护方法适用于粉煤灰用量大于50%的产品，蒸压对粉煤灰强度的发挥比自然养护要好得多，10个小时的蒸压可以超过28d的自然养护。但蒸压养护投资较大，养护能耗高于其他养护方法，当粉煤灰掺量≤30%时，不必采用。

（7）太阳能升温养护法

在环境温度低于20℃时，为了升温保温，可采用太阳能养护房升温养护。加湿可采用人工洒水或自动洒水，也可采用自动喷雾。太阳能养护房可采用轻钢结构配合阳光板或塑料薄膜建造，其北墙及东西墙可采用泡沫混凝土砌块砌筑，再抹一层保温砂浆。本方法适用于低温环境。

（8）养护罩升温养护法

这种方法是将切割好的产品码放在露天养护场上，垛的两侧地面有养护罩轨道。用塑料膜或阳光板制成养护罩。它可以沿轨道自动行走。向产品垛洒水后，养护罩就可以人推或电动行走到产品垛，将垛罩严，起保温保湿以及升温作用。这种方法投资小，效果好，在低温季节与夜晚有升温或保温的作用，还有保湿作用，是一种比较理想的养护方法。

（9）包装密封养护法

这是目前许多小企业采用的简易养护法。它是用包装热缩膜将产品包装密封，自然堆存养护，不再采取其他养护措施，只要包装膜保存住产品内的水分即可。包装密封养护法适用于小件产品，不适用于大件产品，图8-18为保温板包装后堆码养护的产品。

笔者认为这种方法有一定的可行性。相对于许多不养护的企业，这种方法会好些。但它

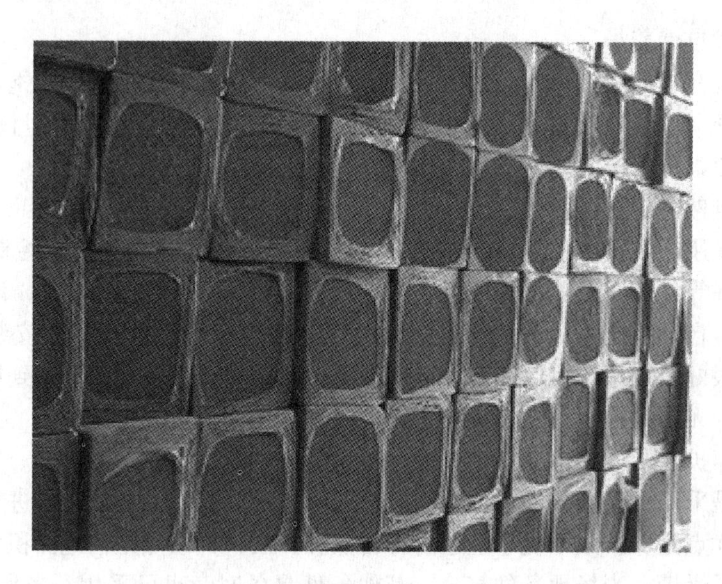

图 8-18　保温板包装后堆码养护的产品

也不是理想的养护方法，只能算是一种省事养护工艺。它存在的问题如下：

① 由于包装的两头仍有没有包严的产品裸露部分，水分仍会在自然堆存时从裸露口蒸发，造成水分不足。

② 裸露口失水多，离裸露口远的地方失水少，造成其产品含水梯度下降，结果导致其干缩率的差异，会使产品产生微小的裂纹，影响其稳定性。

③ 产品在包装时，已经失去一部分水，再加上后期失水，单靠产品自身含水，显然不能满足完全水化反应的需要。包装养护会造成养护不充分。经包装养护，喷雾养护对比试验，包装养护的强度低于喷雾养护，产品其他性能均低于喷雾加湿养护。

因此，不建议采用包装养护。当然，如果能完全封闭，这种养护方法还是可以使用的。

8.7　干　　燥

干燥是最简单的一道工序，但它对产品质量仍有一定的影响。

8.7.1　干燥任务

1. 干燥工序的任务

干燥工序的主要任务，是将后期养护后的产品自然干燥，使其含水率达到工程使用的技术要求，避免产品因含水量过大而引起大量失水而干缩开裂，影响工程质量。

2. 干燥的意义

产品在墙面安装时，必须有尺寸的稳定性。否则，将会因产品尺寸的变化而导致墙面保温层或墙体自保温结构的开裂，给工程留下隐患。引起产品尺寸变化的最大因素，就是产品上墙安装时的含水率。含水率越高，产品上墙后的后期干燥收缩值就越大，墙面的裂纹就越容易出现。因此，含水率对工程质量影响很大。含水率的实质就是产品的干燥程度，干燥的重要性可见于此。

8.7.2　干燥要求与方法

1. 干燥技术要求

干燥技术要求，实际也就是保温制品工程应用时的含水率要求。粘贴安装时的含水率越高，保温制品的干缩造成的墙体或墙面的裂缝也就可能越大。因此，保温板在出厂时，应干燥到合适的含水率。这一含水率应为5%～10%，控制到5%有一定的技术难度，建议控制为10%。

2. 干燥方法

保温制品在保湿养护后，含水率较大，如果急剧失水干燥，会造成其较大的收缩应力而干裂。因此，结束保湿养护的保温制品，应该遮阳晾干，让其慢慢干燥，干燥期10～20天。应避免将从养护室取出的高湿保温制品马上放在露天太阳下暴晒急干。这种干燥方法是错误的，不能采取的。

8.8　包　　装

干燥后的保温制品即可包装。包装可在出厂前几天进行。包装的方法目前有几种，即热缩膜法与打包带法。其中，热缩膜法是保温板等小型制品应用较广的包装方法。本方法不适用于墙板等大型制品。

1. 热缩膜包装法

热缩膜包装法是目前轻工业产品常用的一种包装方法，最常见的就是矿泉水的包装。泡沫混凝土的这种包装方法，实际是借鉴了矿泉水的热缩包装工艺。在2011年，泡沫混凝土保温板突然兴起，仓促之间，生产企业作为一种应急包装措施，就借鉴了这种工艺。从现在看，也是比较正确的选择。到目前为止，还没有其他更合适的取代方法。

热缩膜包装法的优点是包装成本低，包装速度快，产品密封保护性好，对泡沫混凝土有保湿自养作用。其缺点是当产品强度还不是很高时，容易损伤板角和边棱。另外，加热能耗较大。

热缩包装法的技术原理是利用塑料热缩膜较大的热胀冷缩性能，在电热箱内加热使其胀伸，包起保温制品，当从电热箱内送出时再风吹急冷，使其收缩，将保温制品紧裹为一个整体。

其包装工艺流程为：

（1）送坯。将保温制品人工或机械按每次包装块数，放在包装机的传送带上，进入包装工位；

（2）包膜。包装机人工或自动将热缩膜覆盖在板坯上，然后送加热箱；

（3）加热。包好热缩膜的坯体，在加热箱内加热，使包膜热胀；

（4）冷缩。加热后的成包装坯体被送出加热室，经风机吹风急冷收缩，把保温板裹紧；

（5）包装好的成品被传送带送出，人工或机械取走码垛。图8-19为包装好的保温板产品。

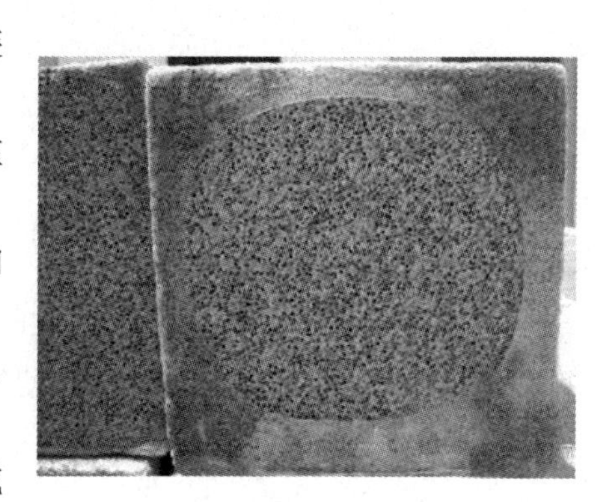

图8-19　包装好的保温板产品

2. 打包带包装法

这种方法也是墙体与屋面板等大型制品生产企业借鉴工业产品的包装工艺。大部分采用人工操作包装。图 8-20 为包装好的墙体板。

图 8-20　包装好的墙体板

这种工艺一般不适合于保温板等低密度小型制品。它容易使强度很差的保温板掉棱缺角。经许多企业用打包机试用，效果不好。所以小型低密度制品不建议采用。

第 9 章　生产设备及生产线

设备、工艺、原材料是任何一种产品生产的三大要素。设备作为主要硬件，历来是生产者最为关注的第一要素。不少生产者受种种不良认识的影响，往往在项目考察、实施时，重设备轻工艺，考虑设备的因素更多。这种以设备为中心的观念是有害的。事实上，设备、工艺、原材料三大要素同等重要。它们具有不可分割的整体性，是生产要素的统一体，过分地强调某一因素均不可取。根据原材料的特性、工艺要求，选择与它们具有最佳匹配的设备和生产线，才能使设备更好地发挥作用，产生最佳的生产效果。因此，笔者将在这一章结合原材料及工艺要求，向读者介绍泡沫混凝土保温产品生产设备及由它们组成的生产线，给大家一个正确的认识。

9.1　泡沫混凝土保温板设备发展与应用状况

9.1.1　2011 年前的发展应用状况

1. 2011 年前的早期设备

2011 年以前，我国泡沫混凝土保温制品由于处于萌芽期，以发泡砌块和保温板设备为代表，其中，保温板代表设备为绵阳市大任公司推出的立式定点搅拌、移动浇注、带锯切割的早期保温板成套生产设备。这是我国第一套泡沫混凝土保温板成套生产装置；另一种代表设备为四川成都林润公司推出的偏心轮往复切割机。这两种设备现在看虽然已不算先进，但在当时，应该是最先进的保温板生产设备，对我国后来保温板的发展起到带动作用和奠基作用，应该给予肯定。而砌块设备没有成功的代表机型，多为搅拌机，发泡机加上模具，十分简单。

2. 2011 年的起步设备

2011 年是我国泡沫混凝土制品爆炸式发展的一年。相应的，在这一年，由于生产急需保温板设备的刺激，保温板设备快速起步发展。自该年 4 月份起到年底，8 个月中，全国大大小小出现了不下 100 家设备厂，推向市场的各式各样的设备至少有几十种几百个样式和型号，可谓是爆炸式发展。这么短的时间，研发推出这么多种设备，不能不说是我国建材设备发展史上的奇迹，令人惊叹，且值得纪念。

这一年推出的保温板成型设备，以小型人推移动式搅拌浇注机为主，其应用量约占 60%，适应了当时小企业多的现状。另一类成型设备，为定点搅拌单级或多级搅拌浇注机，配合移动模车。生产这种设备的全国也有几十家，其中以北京广慧精研泡沫混凝土科技有限责任公司的设备为代表。

这一年推出的切割设备，大部分都是往复切割机，其应用率占切割总量的 95%以上。少数企业推出了线切割，但没有广泛应用。

纵观 2011 年的设备发展，有以下三个特点：

（1）设备普遍小型化、简易化、档次低、技术含量低；

（2）自动化设备、大型设备基本没有，非常成功的设备没有；

（3）各种设备问题多，设备越大问题越多。许多设计不符合工艺要求、故障率高，能保证规模化正常生产的很少；

（4）保温板设备一花独放，其他设备没有发展。

2011 年是在全行业对设备抢购热追而又极其不满中过去的。2013 年，这些设备基本上都被改型。

2011 年的保温板设备令人不满。这是保温板突然爆发式发展的必然结果，出现这种局面是正常的，不出现这种局面才是不正常的。试想，在短短的几个月中，从构思设计，到制造安装，生产应用，每一个阶段只有 2 个月，任何一个天才的设计师和制造商，都不可能在没有任何技术准备和成功经验借鉴的情况下，设计制造出一套先进的、合理的、没有问题的设备。

虽然 2011 年的设备不够成功，但我们却不能对其完全否定，相反，应该充分肯定这些不太成功的设备，对我国泡沫混凝土制品快速发展做出的历史性贡献。它们虽然不很成功，但却为以后设备的改型、换代，积累了宝贵的经验。如果没有 2011 年的不太成功设备，也不可能会有今天较为成功的设备。当年的实践是今天设备进步的基石。世界上第一辆火车尽管十分落后，但今天的高速列车却源自于它。

9.1.2　2012～2014 年改进型设备

我国泡沫混凝制品仍然以保温板设备为主，是我国保温板设备的转型年，即由 2011 年的低端设备向未来高端设备的过渡，这一过渡于 2013 年仍在继续，到 2014 年基本完成。到 2015 年，我国的高端设备才会初步形成定型。2012 年～2014 年的过渡期花费了 3 年的时间。

在 2012～2014 三年的转型期中，设备研发与生产企业在 2011 年设备发展的基础上，对初始低端设备改进、提高，研发出新设备。然后，再经保温板生产企业应用检验，发现问题并提出改进意见，设备企业再次改进、提高、研发与创新。如此循环，基本一年一个周期。每年的上半年基本都是新设备的推出期，每年的 5～10 月都是保温板生产企业对新设备的应用检验期。而每年的 10 月～来年 3 月，基本是新设备的集中创研期。这样，经 2012、2013、2014 三年的研发创新，目前，保温板设备基本完善，2015 年会初步定型。

因为处于转型与研发期，2012～2014 年的设备发展有如下特点：

（1）以小型移动浇注简易设备为主的局面有所改变，其应用比例下降；

（2）自动化程度较高的设备及大型生产线开始推出和应用。这是设备发展的最大亮点，标志着设备产业开始由低端向高端转型的开始，但主导机型还没有。

（3）切割机械有重大突破，以组合带锯为标志的高速切割机开始研发和应用，班产可达 200～500m^3，2011 年偏心往复锯主导市场的状况被彻底改变，切割速度影响产量的瓶颈逐步在打破。

（4）纵观设备产业，其整体技术水平提升，设备档次有较大提高，以自动化生产线和组合高速带锯为代表的新型设备的研发和应用，标志着保温板设备开始进入第二代发展期，但不可否认的是，由于这些新设备刚刚推出，还不够完整，仍处于研发试用阶段，

（5）有实力的企业开始进入设备制造产业，大大推动了设备研发和制造水平。

（6）保温板生产企业对设备的满意度仍较低，因设备产生的矛盾仍较多。与 2012 年相比，满意度虽有一定提高，但仍然达不到满意的水平。

（7）保温板设备一统天下的局面被打破，2013～2014 年，发泡砌块及墙体板设备开始推出，多元化倾向呈现。

9.1.3　发展瞻望

1. 2014 年发展状况

从上半年设备进入市场及应用状况来看，2014 年仍处于各种新型设备的研发、改进、提高期，发展速度较快。其已呈现出的特点如下：

（1）随着泡沫混凝土保温板市场降温，设备多元化转型的速度加快，以墙板、砌块为代表的设备日益趋热，而保温板设备已不再是第一热点。

（2）小型设备应用比例进一步下降，中型设备应用比例迅速提高，已成为主导类型，大型全自动设备的应用增多，发展很快，初步形成了高端带动的发展态势，但应用比例不及 5%，还很少。

（3）设备的制造水平整体提高，故障率比前两年明显降低，性能大有改善，单机产量及质量均上了一层台阶。

（4）各种新设计、新品种、新类型设备大量出现，技术竞争加剧，设备领域的春秋时代正在形成。

（5）有更多技术实力，经济实力的较强的企业在进入设备制造领域，设备制造以小企业作坊为主的状况有了很大的改观，行业的设备制造能力提升。

2. 2014 年后的设备发展瞻望

根据 2011～2014 年的发展状况及趋势，2015 年以后设备将会进入创研发展阶段，到 2020 年，这一设备发展的初期阶段才能基本结束。笔者对未来几年的设备发展预测如下：

（1）小型简易设备的应用将会逐年下降，到 2018 年，其应用比例将会由 2011 年的 60%以上下降到 20%以下，只有个别作坊式小企业应用，大多数企业都会因为这种设备效率低、用人多、占地面积大、产品质量差等缺陷而放弃对其选择。

（2）大型全自动高端设备的应用将会逐年上升，到 2020 年，其应用比例将由 2012 年的不足 5%上升到 30%左右，但其产量将达到保温制品总量的 50%左右。有实力的、有远见的企业都将因为这类设备用人少、效率高、产品质量好等优越性而优先采用。它代表了行业先进设备的发展方向。

（3）投资额 30 万～100 万元的半自动中型设备，由于符合行业中小企业居多的特点，将会是应用量较多的设备。这种状况会在相当长的时间内持续，直到多年后大型全自动高端设备占据主导地位。

（4）近几年，创新设备会逐年增多，增速加快，其先进水平每年都要有一个大的提升。创新将会是保温制品设备制造业的主旋律。每年推出的大量新机型始终是最大亮点。哪家企业生产的设备创新点多，它在未来的应用量就最大。

（5）保温板设备基本成熟，并形成几个主导机型，至少还需要 3 年左右的时间。任何一个行业，其装备从研发、改进、定型，无不要走过漫长的道路，加气混凝土是将近 20 年，空心砌块机 10 多年。在建材领域，几年就形成定型装备的行业，几乎没有。泡沫混凝土保温板如果能在3～5年形成定型装备，就已经是创造了建机发展的奇迹。想在一两年形成先进的定型装备，是不现实的。我们现有的发展速度，已是超常规了。

9.2 保温制品设备的配置及影响

9.2.1 配置方法

用设备组合成生产线或生产系统，有多种设备的配置方法。常用的配置方法有以下几种。

1. 简易配置

简易配置也就是最低限度的配置。它只选配必不可少的几台关键性设备，其他设备省去。其配置适合于小企业及作坊式生产。

(1) 搅拌机；

(2) 模具或模车；

(3) 切割机或其他后处理设备；

(4) 包装机。

2. 经济配置

经济配置是在简易配置的基础上增加了配料、模车循环、养护三部分设备。其配置为：

(1) 配料系统：粉体或液体配料机、混合机、储仓等；

(2) 搅拌系统：搅拌机、浇注机或浇注车、上料机等；

(3) 模车循环系统：模车轨道、牵引机、模车、温控仪等；

(4) 脱模切割系统：脱模机、清模机、刷油机、切割机、码垛机等；

(5) 包装系统：包装机。

3. 完全式配置

完全式配置是在经济配置的基础上再增加模车升降机、喷雾养护机等。这种配置适合于大型骨干企业投产。其配置如下：

(1) 原材料预处理系统：高细磨粉机、选粉机、储料库；

(2) 配料系统：粉体配料机、液体配料机、混合机、过渡仓；

(3) 搅拌浇注系统：搅拌机、浇注机或注筑器、上料机等；

(4) 模车循环系统：模车提升机、轨道、牵引机、模车、温控仪等；

(5) 脱模切割系统：脱模机、清模机、刷油机、切割机、码垛机等；

(6) 后期养护系统：自动喷雾养护机、温湿仪表等；

(7) 包装系统：包装机、叉车等；

(8) 控制系统：自动控制台、微机等；

(9) 废料回收系统：粉碎机、收尘器、废料输送。

9.2.2 设备配置的影响

生产线的设备配置对产品质量与成本、生产效率等有着重大的影响。不同的配置，其影响也不同。

1. 对产品质量的影响

设备配置越高，产品质量越好。反之，配置越低，产品性能就越低。例如，配料若采用人工，误差大，人为因素多，计量不准，甚至忘加某料，质量就难以保证。若采用全自动高精度配料，误差极小，产品质量就有根本保证。再如，搅拌系统配置低端移动搅拌机，单轴低速，搅拌效果不好，影响强度和其他性能。若配置高端双轴超高速搅拌机，搅拌 1min 的效果相当于移动小型搅拌机 3～5min。其产品质量会有较大的差别。再如，人工洒水养护，往往养护不足，产品水化不充分，而生产线配置全自动喷雾养护，产品水化十分充分，强度及其他性能均有所提高。其他设置的配置，也都随配置完全不完全、配置档次的高低，产品质量会有一定的区别。

2. 对产品成本的影响

设备配置对产品成本的影响也是十分明显的，这种影响主要有三个方面。

（1）对人工费用的影响

低端配置用人多，高端配置用人少，人工成本差别很大。2008 年我们建造的一条移动浇注线，班产 $100m^3$，用人达 42 个，每立方的人工费用 40 多元。后来改造为半自动生产线，班产 $200m^3$，用人下降为 24 人，每立方人工费用下降到 10 多元。现改为全自动线，人工费用下降到 10 元以下。由此，设备对人工费用的影响可见一斑。

（2）对成品率的影响

成品率也影响产品成本。高端配置配料系统，制浆品质高，生产条件（如水温、室温、浆温等）的控制，人为因素少，产品成品率接近 100%，而低端配置人为因素多，往往会造成塌模、下沉、面包头加大、缺角掉棱等，使废品率上升，成品率下降。这对成本也会造成影响。中低端配置的成品率很难达到 95%。

（3）对原材料利用率的影响

这方面的影响主要为原材料的有效利用率，包括损失率控制与废料回收。它们对产品成本的影响约为 2%～5%。

配置高的生产线，其配料为全密封，无粉尘，原料进厂为散装罐，卸料送料的损失率及粉尘损失率很低，甚至无损失。而中低配置，在卸料、送料、配料、搅拌整个工艺过程中，粉尘大，其粉尘损失率约为 0.1%～0.5%，拆包及配料等原材料散失落地损失及袋内残存损失等约为 1%～2%。

高端配置均配备有切割面包头、锯末、边角废料等废料回收、粉碎、输送等设备，可以将这些废料回收利用，取代部分原材料如粉煤灰等，这也等于节省了原材料，降低了成本。而中低端配置均无这些配置，相应提高了成本。

3. 对生产效率的影响

低、中、高端不同配置，对生产效率的影响特别大。例如，两台移动搅拌机组成的生产线，以 6 分钟成型一模约 $0.2m^3$（搅拌机每次成型量过大，人工难以推动），两台搅拌机每小时仅可成型 $4m^3$，而需要 14～16 个操作工人（含配料送料、搅拌推车与浇注、人工合模与刷脱模剂、切割、包装、堆码养护等），8 小时成型 $32m^3$，人均仅 $0.5m^3$ 左右，效率是极低的。而半自动配置 8 小时可成型 $100～200m^3$，仅需要 20 人左右，每人平均成型 $5～10m^3$，效率提高 10～20 倍。全自动高端配置 10 人至少成型 $300～600m^3$，人均成型 $25～50m^3$，效率比低端配置提高 30～60 倍。不同设备配置对生产效率的影响由此可见。

设备配置对产品质量、成本、效率的影响这么大，生产者在选型及设计投资方案时，在资金许可的情况下，建议尽量选择中高档配置，不可为降低投资而不顾产品的成本与质量。在投资与设备上节省1元钱，在生产时就可能浪费几十至几百元，而且这种浪费是长期的，而投资只有一次。

9.3 原材料处理设备

原材料处理设备主要有粉磨、选粉、混合、储存四种。这类设备一般用于中高端生产线。由于投资略大，低端生产线一般不配置。

9.3.1 粉磨及选粉设备

1. 用途

粉磨及选粉设备主要用于活性混合材如粉煤灰、矿渣、煅烧煤矸石等的高细或超细粉磨，使其更加符合保温制品生产的工艺要求。这与加气混凝土生产工艺是相同的。加气混凝土生产线一直都配备有粉磨机，它的第一道工序就是物料磨细。加气混凝土粉磨的物料主要是粉煤灰、石灰、石膏、砂或尾矿粉等。泡沫混凝土保温制品与其粉磨工艺及设备大致相同，目的也相似。

2. 粉磨设备的作用

(1) 物理活化作用

活性掺合料及非活性掺合料如粉煤灰、石灰石等，在进行粉磨后，可以极大地提高物料的比表面积，使物料颗粒磨细后暴露和产生许多新表面，使物料之间及物料与水之间的反应接触面积增大，促进了物料参与化学反应的能力，也就是提高了它们的活性。这种依靠粉磨而产生的活化作用，被人们称为物理活化作用。磨细的物料水化反应充分，可提高强度3%～10%，甚至更高，其他性能也会提高。在一定范围内磨得越细，提高幅度越大。

(2) 稳定料浆作用

在物料磨细以后，单颗粒的体积和质量大大降低，可以减缓物料的沉降分离速度，给已经搅拌均匀正在发泡或发泡工艺已经结束的料浆的稳定创造了良好的条件。因此，磨细物料的料浆稳定性好，不易沉淀和分层。

(3) 保水增稠作用

物料经过高细或超细粉磨，可以提高料浆的保水性。使料浆保持适当的稠度和流动性，给发泡更有利的良好条件。

(4) 稳泡防塌作用

物料细度提高，水化速度加快，就可以使物料保持适当的稠化速度，使料浆稠化与发泡速度相一致，因而具有稳泡作用和防止塌模作用。稠化速度加快可以使发泡产生的气泡被料浆稳定，防止气泡破灭。

(5) 加速硬化，缩短脱模时间作用

物料磨细，促进水化反应，坯体硬化速度加快，可以使坯体提前脱模，降低模具数量，提高生产效率。

(6) 混磨增匀作用

当两种物料混磨后，各物料反复摩擦与接触，均匀度大幅提高，并可获得某种新的反应产物，使产品性能更优异。

3. 粉磨对保温制品性能的影响

笔者采用磨细为比表面积 550m²/kg、750m²/kg 的粉煤灰，430m²/kg、670m²/kg 的矿渣微粉，进行影响对比试验。试验结果见表 9-1。

表 9-1　不同粉磨细度物料对保温板抗压强度的影响

试验编号	550 粉煤灰（%）	750 粉煤灰（%）	430 矿渣粉（%）	670 矿渣粉（%）	抗压强度（MPa）
718	20		20		0.33
719	25		30		0.29
720		20		20	0.38
721		25		30	0.35

从上表可以看出，在其他物料相同及配比量相同，其他实验条件均相同的情况下，采用比表面积较低的粉煤灰和矿渣的 718，其抗压强度为 0.33MPa，而同样配比量的 720，由于采用高比表面积的粉煤灰和矿渣粉，其抗压强度就达到 0.38MPa，提高了 0.05MPa。719 和 721 的对比也有同样的效果，采用更细原料的 721，其强度比 720 提高了 0.06MPa 的抗压强度。这表明磨细可以提高保温板的抗压强度。

所以，在有条件时，生产线应该配置粉磨设备，增加粉磨工艺。

4. 粉磨设备与工艺

粉磨设备为球磨机及与之配套的选粉机、除尘器、提升机、成品库等。其粉磨采用闭路工艺，即物料在粉磨后不直接由球磨机进入成品库，而进入选粉机，把达到细度要求的颗粒选出并送入成品库，而不合格的粗颗粒再由选粉机重新送回球磨机，继续粉磨。这种工艺可避免过度粉磨。细度已合格的颗粒与不合格的颗粒继续混合粉磨，会降低产量，提高电耗。选粉机闭路粉磨，可提高粉磨效率，降低粉磨成本。

图 9-1 为高细球磨机外观，图 9-2 为选粉机外观。表 9-2 为高细球磨机性能，表 9-3 为新型高效选粉机的性能。图 9-3 为闭路粉磨工艺流程。

图 9-1　高细球磨机外观

图 9-2　新型高效选粉机外观

表 9-2　高细球磨机性能

型号规格	筒体转速 (r/min)	装球量 (t)	给料粒度 (mm)	出料粒度 (mm)	产量 (t/h)	功率 (kW)
ϕ900	36	2.7	≤20	0.075～0.89	1.1～3.5	22
ϕ2700	20.7	40	≤25	0.074～0.4	12～80	400

表 9-3　选粉机的性能

型号	水泥产量 (t/h)	喂料量 (t/h)	选粉风量 (m^3/min)	主电机功率 (kW)	减速机速比
选粉机 350	15～25	45	350	18.5	5
选粉机 350	110～180	540	3000	132	7.1

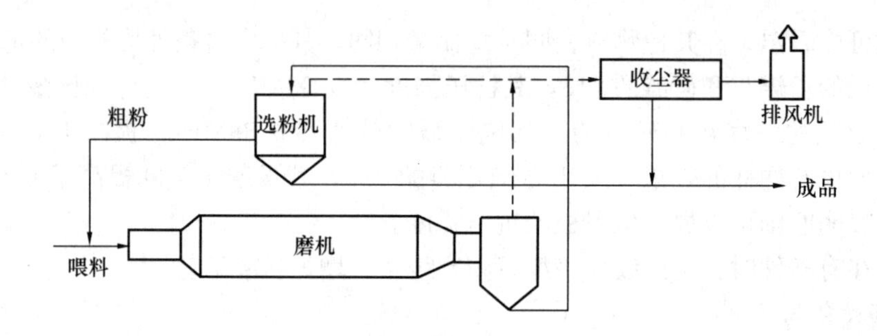

图 9-3　闭路粉磨工艺流程图

5. 降低粉磨成本的技术措施

许多生产保温制品的企业不愿采用粉磨工艺，除了投资增加的因素外，也担心粉磨成本会影响保温制品的成本。为了降低粉磨成本，可采取以下技术措施。

(1) 使用高性能助磨剂。助磨剂一般可提高产量 10%～20%，降低粉磨电耗5%～30%。

(2) 分别粉磨。不同物料的易磨性不同，混磨后增加电耗，降低效率。如将粉煤灰、矿渣粉等掺合料分别粉磨，可降低电耗。

(3) 采用先进的节能球磨机和选粉机。球磨机与选粉机的种类很多，其性能有很大的差别。应选用效率高、节能好的高性能设备。

(4) 加强磨内研磨体（钢球和钢段）的合理配置，使其达到科学的最佳级配，可提高效率，降低能耗。

(5) 实施磨内改造，采用最先进的磨内结构，提高效率和降低能耗。这项技术可由专业磨内改造公司进行。

9.3.2　混合设备

1. 混合设备的作用

混合设备的作用，是将各种粉粒状外加剂均匀混合为一种物料，作为一种（或两种）物料计量配比。这不但可以简化生产线的配料工艺，提高生产效率，也可以减少主车间的面积，并降低配料误差。

当主车间面积较小，安装较复杂配料系统的面积不足或要求配料精确度较高时，都应该在生产线上配备混合机。

混合机一般用于粉粒状外加剂的混合，水泥等主要原料一般不预混。

2. 混合对产品性能的影响

许多外加剂的加量很少。例如，有的外加剂加量仅相当于水泥的 0.1%～0.2%，即 1kg 水泥只加入 1g。即使加量 1%～3%的常用外加剂量，1kg 水泥也仅加入 10～30g。目前，产品的密度下降，一般水泥等主料的用量每立方米只有 130～160kg。按一种外加剂加入千分之一，每次加量仅 130～160g；按一种外加剂加入量千分之十，每次加入量也仅 1.3～1.6kg。如此微量的外加剂，在生产线上的配比计量，人工计量是很难精确的，会造成较大的配比误差，影响产品密度及其他性能。如果采用预混合工艺，将这些外加剂预混合，作为 1～2 种混合料加入，就会使一次计量数量加大，减少了误差，且简化了工艺。

3. 混合设备

物料混合设备目前有无重力型、双悬臂锥形、犁刀型、螺带型等多种。而其中，效果最好，目前使用最广泛的为无重力型及双悬臂锥型。它们的共同优点，就在于混合均匀度高，可以在 1min 内将万分之一的物料均匀混合。一个混合周期只有 5min，效率很高。

图 9-4 为无重力混合机外观；图 9-5 为双悬臂锥形混合机外观；

表 9-4 为无重力混合机性能；表 9-5 为双悬臂锥形混合机性能。

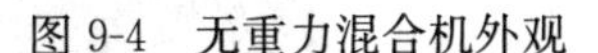

图 9-4　无重力混合机外观

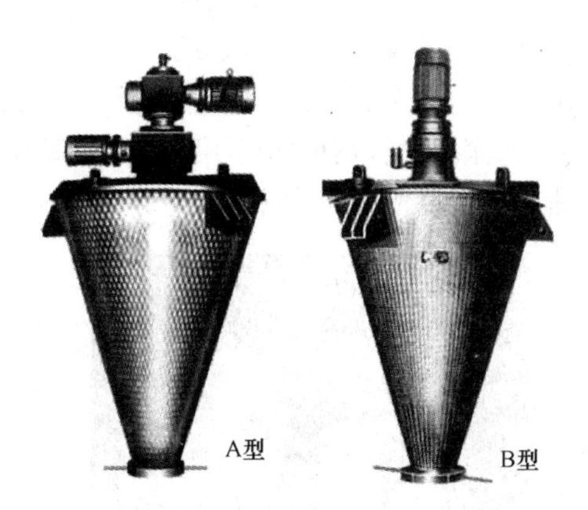

图 9-5　双悬臂锥形混合机外观

表 9-4　无重力混合机性能

型号	全容积（m^3）	装载系数	装机功率	名义转速（r/min）
无重力－0.5	0.5	≤0.6	5.5	43
无重力－2.5	2.5	≤0.6	18.5	29～53
无重力－6.0	6.0	≤0.6	37	29
无重力－8.0	8.0	≤0.6	55	29

表 9-5　双悬臂锥形混合机性能

型号	有效容积 (m^3)	批次最大产量 (kg)	公转 (r/min)	驱动功率 (kW)
锥形－0.3	0.18	200	2/108	3
锥形－4	2.4	2500	1.8/57	15
锥形－10	6	6000	1.8/57	18.5
锥形－15	9	9000	1.2/57	22

9.4　配料系统

小型移动搅拌浇注生产线，由于配置太简单，一般没有配料自动化系统，多采用人工称量或体积计量。这里介绍的自动配料系统，一般用于大型高端生产线或中型中端半自动生产线。大型高端全自动生产线，配置的多为全自动配料系统，而中型中端半自动生产线，配置的多为电控半自动配料系统。这里重点介绍全自动配料系统。

9.4.1　物料储存与输送设备

1. 储料库与配料仓

物料进厂后，要先经气力输送或提升机送入储料库。水泥、粉煤灰、矿渣粉等，大多采用散装送至厂内，其散装车都自备有气力输送装置，可以将物料直接打入储料库。其他粉体物料如硅灰、纤维、粉体外加剂等，一般为袋装进厂，人工或拆包机拆开包装，再由气力输送或螺旋输送机进入小型储料库。

水泥等主料的储料库容积约 50～80m^3，多为钢板库；而外加剂等小料的储料库容积约 5～10m^3，也多为钢板库。大型钢板库安装在室外混凝土基座上，其地基埋入地下部分约为 0.5～1m 深。小型钢板库可不需混凝土基座，直接安装于混凝土地面上。

图 9-6 为大型钢板储料库。图 9-7 为小型钢板储料库。

图 9-6　大型钢板储料库

图 9-7　小型钢板储料库

2. 配料仓及供料

配料仓是一种小型钢板库，也是储料库与电子秤之间的过渡仓。由于储料库太大，配料不便，设立配料仓只是为了方便配料计量。配料仓一般安装在靠近电子秤的地方，或直接安装在电子秤的上方。它的容积一般较小，约 0.5～2m^3。原材料经储料库底的螺旋输送机送入配料仓暂存，等待配料使用。为了稳定进入电子秤的料流，配料仓底也安装有螺旋输送机，向电子秤供料。有些配料系统不设配料仓，直接把储料库作为配料仓。

3. 螺旋输送机

螺旋输送机是配料系统必不可少的输送设备。它一般用于储料库或配料仓底，向电子秤输送物料。有时，也用它向搅拌机输送物料。

螺旋输送机的优点是：输送无粉尘，全密封；送料平稳匀速，便于配料；有物料混合作用，可缩短物料混合的时间。其缺点是存料多，送料角度不能大于 25°，倾角过大则送料困难。图 9-8 为螺旋输送机外观。表 9-6 为螺旋输送机技术性能。

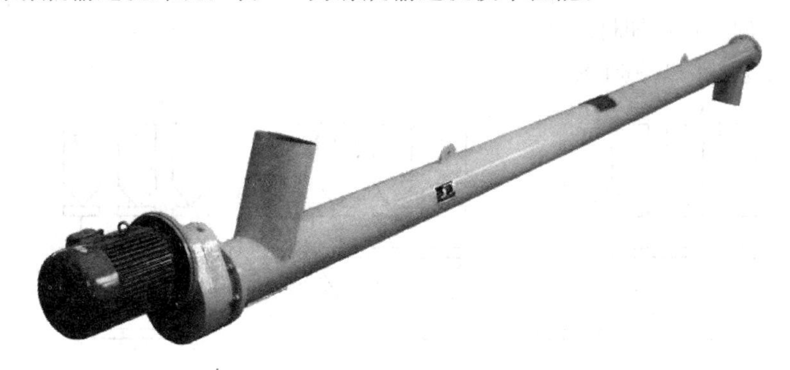

图 9-8　螺旋输送机外观

表 9-6　螺旋输送机技术性能

功率（kW）	型号	给料桶长度（m）	输送高度（m）	料桶直径（mm）
0.75	GX-75-M	2～4	2.8	ϕ160
1.1	GX-110-M	2～4	2.8	ϕ160
1.5	GX-150-M	2～5	3.5	ϕ160
2.2	GX-220-M	3～6	4.2	ϕ160～ϕ200
3	GX-300-M	3～9	6.3	ϕ160～ϕ200

9.4.2　电子计量装置（电子秤）

配料系统的灵魂，就是电子计量装置，也即俗称的电子秤。它的主要任务，就是完成对物料的精确计量。其计量精度，一般要求水泥、粉煤灰等大料 0.5%～1%，外加剂等小料要求 0.1%～0.3%。物料配比量越小，其计量精度则要求越高。

1. 电子秤的种类及选用

电子秤的种类很多，常用的电子皮带秤、核子皮带秤、螺旋秤、料斗秤、失重秤等。其中，皮带秤、料斗秤使用最多。皮带秤多用于计量精度要求不是太高，配比量较大的物料的计量，而料斗秤则是大配比量与小配比量均可应用。车间歇批次计量系统中，多使用料斗秤。

料斗秤有累积式与失重式。累积式是向计量斗中依次加入甲、乙、丙等多种物料，一种加至配比量时自动停止加料，再加另一种，直至配完。它只有计量斗上的一套称重传感器。失重秤则是每种物料的计量仓上都安装一套传感器，即一料一秤。当计量仓内的物料失去的质量正好达到配比量时，就立即停止卸料。计量好的各种物料都加到一个料斗中。相比较而言，累积料斗秤由于是多料一秤，精度略差。失重式料式秤则为一料一秤，精度较高。因此，推荐采用失重式电子秤。

2. 电子计量系统的设计

电子计量采用间歇式，每搅拌机搅拌 1 次，配料系统计量 1 次。

所有物料共分为三个计量子系统：固体大料计量系统、固体小料（外加剂等）计量系统、水及液体外加剂计量系统。下面以多料一秤累积计量法为例，简要介绍配料系统。

在这一配料系统中，水泥、粉煤灰、矿渣粉三大主料共用一台累积计量料斗秤；微量添加的固体外加剂（多种）共用一台小量程的累积计量料斗秤；水及液体外加剂共用一台液体累积计量料斗秤。每台电子秤在计量时，各物料依次加入料斗秤计量，全部计量完成，打开料斗秤放料阀，向搅拌机加料。

计量系统工艺如图 9-9 所示。

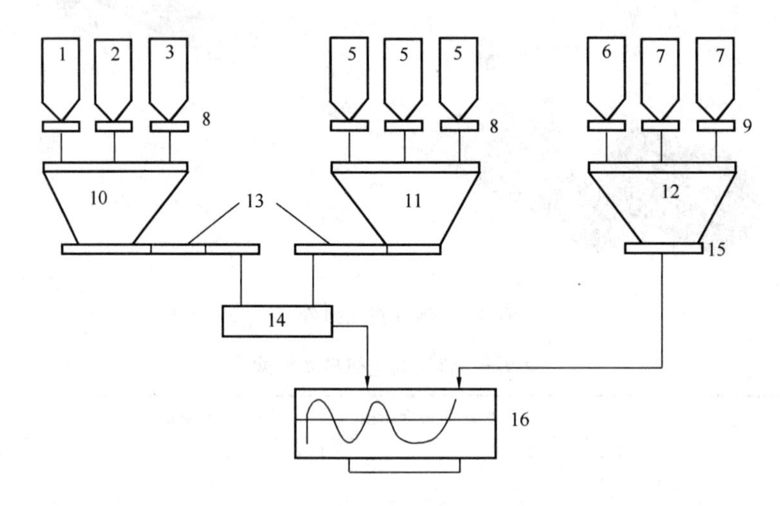

图 9-9　计量系统工艺图

1—水泥配料仓；2—粉煤灰配料仓；3—矿渣配料仓；5—固体外加剂配料仓；6—水配料罐；7—液体外加剂配料罐；8—螺旋给料机；9—液体放料阀；10—大料电子秤；11—小料电子秤；12—液体电子秤；13—螺旋给料机；14—提升机；15—液体放料阀；16—搅拌机

9.5　搅拌制浆设备

搅拌制浆设备是泡沫混凝土保温制品生产的核心设备之一，也称主机。它的性能高低对保温制品产品性能高低有很大的对应关系，搅拌性能越好，保温制品性能也就越好。

9.5.1　化学发泡浆体的特点及设备要求

1. 化学发泡浆体的特点

（1）泡沫混凝土虽然称为“混凝土”，但它大多只有微集料粉煤灰、矿渣粉、硅灰等，以及细集料玻化微珠，而没有碎石等粗集料，因此它的搅拌阻力很小。

(2) 化学发泡浆体的细集料为玻化微珠，球形圆颗粒，对浆体有润滑作用，对搅拌器的磨损也很小，而普通混凝土的砂、石集料棱角多，流动性差，对搅拌器的磨损很大。

(3) 化学发泡水泥浆为大水料比。一般水料比为 0.5～0.7，比普通混凝土的 0.25～0.40 高出约 1 倍。因此，这种浆体具有大流动度的特点，浆体很稀，即稀浆。用 CA 漏斗式流动度测定仪测定，流动度约 30～35s，具有很强的流动性。而普通混凝土则为干硬性物料，二者的浆体性能完全不同。

(4) 化学发泡水泥浆体的搅拌制成分为三个阶段，第一阶段是将水泥等固体粉粒物料与水搅成浆体，物料较干；第二阶段浆体迅速变稀，具有很强流动性；第三阶段是在浆体内加入发泡剂，制成混匀发泡剂的发泡浆体。当采用硅酸盐类水泥时，由于碱度高，发泡剂分解快，5～10s 就开始大量发泡，气泡使浆体“稠化”，流动性变差。所以浆体出现先稀后“稠”的特点。而普通混凝土只有一个搅拌阶段。

(5) 化学发泡浆体的凝结较快。因为出于稳泡的需要，其配合料中均加入促凝成分，且水泥多为早强型或快硬型。

(6) 化学发泡浆体对均匀度要求特别高，属于高均匀度。其均匀度越高则发泡越好，并应具有浆体物理活化作用。而普通混凝土只需混合均匀即可，要求相对较低。

2. 化学发泡对搅拌设备的要求

根据化学发泡的特点，采用普通混凝土搅拌机或砂浆搅拌机是肯定不行的。化学发泡对搅拌机有一些区别于普通混凝土或普通砂浆搅拌机的特殊要求。这些要求如下：

(1) 高速或超高速搅拌

由于化学发泡要求高均匀度，并具有对浆体的物理活化作用，常规低速砂浆搅拌机或混凝土搅拌机是难以达到的。常规搅拌机的转速只有 20～40r/min，转速太低，要达到高均匀度及物理活化作用是较难的，化学发泡搅拌机在搅拌后期（2min 之后）的转速应达到 1400～3000r/min。国外发达国家高速搅拌机的转速最高可达 10000r/min，达到 5000r/min 已很常见。但我国目前的高速搅拌还达不到国外的这个水平。根据国内的技术水平，把转速定为 1400～3000r/min，还是合理的。这一转速对浆体已有物理活化作用，而低于这个转速，要在几分钟内达到超高均匀度及产生物理活化作用，还办不到。由于化学发泡浆体很稀，阻力小，为高速搅拌提供了技术条件。

(2) 具有无级变速或调速功能

如果搅拌系统只安装 1 台搅拌机，为了适应发泡水泥搅拌先干、再稀、后稠的三个阶段不同特征，搅拌机的转速必须要先低速拌干料，再中高速搅稀浆，最后超高速活化和混合发泡剂。这样，采用定速搅拌是行不通的，必须采用无级变速或调速搅拌，以适应不同搅拌阶段不同的转速要求。

(3) 必须具有较强的上下层浆体快速混合的作用

因为发泡剂为后加，是加在浆体表面，因此，搅拌机必须具有使上下层浆体在极短时间内均匀混合的作用，否则发泡剂漂在浆的上部，会造成发泡不均匀，产生过大的密度差。

(4) 搅拌机应以立式为主

卧式搅拌机推力大，破阻性强，但难以实现高速。因此卧式搅拌只适合于水泥等固体粉粒物料与水的初期混合，以利于克服初混较大的阻力。但它不适用于中后期稀浆的搅拌。卧式搅拌机的转速太低，搅拌时间太长。中后期宜选用立式高速。只有立式搅拌机才可以实现高速或超高速。

(5) 防堵防粘能力强，易于清洗

化学发泡浆体大多具有早强快硬特点，凝结快，浆体易凝结到搅拌筒壁上、搅拌叶片上，难以清洗，尤其是易堵塞放料管道和阀门。在夏季生产时放料阀被堵，是近两年最常见的生产事故。因此，应有防堵防粘功能，且易清洗。

9.5.2 化学搅拌设备的配置方式

搅拌设备可以有三种配置方式：单级式、两级式、三级式。其中，三级式为最佳方案，其次为两级式，最不理想的为单级式。

1. 单级式搅拌配置

单级式搅拌配置即搅拌系统只设置 1 台搅拌机。在 1 台搅拌机内完成物料初混，高速匀化，超高速活化与混合发泡剂三阶段任务。一般采用高速或调速机型，立式。化学发泡一般不能选用大桨叶卧式。螺带卧式可以选用，效果远不如高速立式。若选用螺带卧式，转速应提高到 60～120r/min。现有螺带卧式机转速只有 30～40r/min，太低，不符合技术要求。尤其不符合化学发泡快速混合发泡剂的要求。但如是轻集料泡沫混凝土，立式则混料不匀，采用卧式较好。

单级式搅拌机适用于小型移动搅拌浇筑，俗称“下蛋机”。对固定式搅拌合浇注及产量在 100m^3 以上的生产线不适合。因为，它的搅拌时间短时，浆体质量不好，若搅拌时间延长，浆体质量虽有提高，但产量却大幅下降。

根据经验，即使采用高速搅拌，加料后的搅拌净时间也要 5min，那么加料加水 2min，净搅拌时间 5min，卸料及移动工位 1min，1 个搅拌周期就要 8min，每小时仅搅拌 6 次，效率太低。

图 9-10 为单级螺带搅拌主机外观。图 9-11 为单级小型立式移动搅拌机外观。

图 9-10 单级螺带搅拌主机外观

图 9-11 单级小型立式移动搅拌机外观

2. 两级式搅拌配置

班产 100m^3 以上的搅拌系统，一般不能采用单级搅拌，以免影响效率与产品质量。两级式搅拌是单级式搅拌的升级改进型搅拌方式，比较适合于班产 100～200m³ 的中等产量的生产线。

两级式搅拌与单级搅拌的最大区别，就在于把第一阶段的预搅拌与第二阶段的精搅拌（即终搅拌）分开，成为两个搅拌单元，既各自独立又相互衔接。

（1）一级搅拌

一级搅拌为调速或无级变速式卧式搅拌机，一般采用三螺带或四螺带搅拌机。它的主要任务就是预搅拌，把水泥、粉煤灰、矿渣粉等固体大料，以及各种粉状外加剂，与水及液体外加剂，混合为初步均匀的浆体，为二级超高速搅拌做好准备。由于干粉料与水等液料在混合初期，物料较干稠，阻力大，需要较大的破阻能力，即桨叶对干稠物料的较强的推动力。卧式搅拌恰恰转速较低，破阻力强，特别适合于一级搅拌的物料特点。而立式高速搅拌机桨叶小，推力小，加入干粉料稍多，叶轮就难以旋转，甚至物料一次性加入较多时会把悬轴挤扁，造成叶轮变形和搅拌轴弯曲或折断。因此，立式高速一般不适合于一级搅拌。若一级采用立式高速，应徐徐加料，不要一次加料太多，分次也是可以的，有利于提高一级搅拌的制浆质量，但加料时间较长。

一级搅拌机不宜采用大桨叶卧式机，如传统的大桨叶卧式双轴搅拌机。因泡沫混凝土中后期的浆液很稀，大桨叶对浆液拍打溅浆严重，60r/min 以上时，溅浆可达 2m 多远，全密封时上盖粘浆严重。而螺带式搅拌机的这种弊端较轻，有利于提速，故应优先选型。螺带较多时，搅拌效果更好。螺带机一般有双螺带、三螺带、四螺带三种，可选用三螺带或四螺带机型。图 9-12 为螺带搅拌机的搅拌结构。

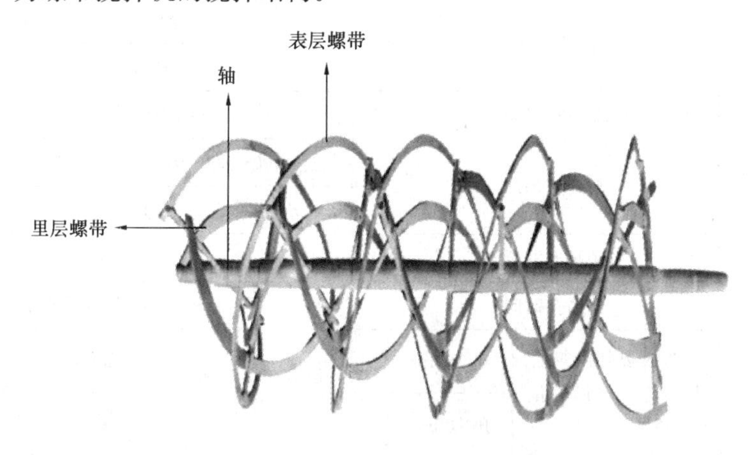

图 9-12　螺带搅拌机的搅拌结构

一级搅拌机的搅拌分为低速预混与高速匀化两个搅拌阶段。低速预混阶段自干粉料加入开始，至干粉料加完 20～30s 为止，以把干粉料与液料初步混匀为标志，其速度不宜过高，以增加对干粉料的推动力，一般 30～60r/min 即可。高速匀化自低速预混结束时开始，搅拌机转速应调至 60～120r/min，搅拌时间约 1～2min，以浆体达到基本均匀，无团块无干料堆存为标志，即可结束。经预混后，浆体已有较好的流动度，搅拌机的阻力减小，就可以提高转速。如不提速，搅拌时间就会加长。因此，一级搅拌应为调速或无级变速。

（2）二级搅拌

一级搅拌制好的浆体卸入二级搅拌，进入下道匀化与发泡工序。二级搅拌的任务是对一级搅拌已经制好的浆体，进一步超高速匀质，使其达到超高均匀度，为发泡做好浆体质量优质化的技术准备。二级搅拌是终搅拌。它一般采用叶轮式搅拌器定速 1400～3000r/min。如设计制造技术允许，最好是 3000r/min，其匀质效果更好，将来要向 5000r/min 努力。

二级搅拌由于速度高，卧式难以达到，均应采用悬轴立式。为减少阻力，并降低离心力对搅拌器的扭曲破坏力，搅拌头应轻量化、小型化，并与筒体形状相适应。

二级搅拌也可分为两个搅拌阶段，即匀质阶段与混合发泡阶段。匀质阶段约占二级搅拌 70%以上的时间，混合发泡剂阶段一般只需 10%～30%的时间。

(3) 两级式搅拌的工艺控制

两级式搅拌设计是笔者在 1994 年，为了解决当时的物理发泡产量上不去，一个搅拌机既制浆又混泡，时间太长，而提出的一个设计方案。当时一级二级都是卧式螺带搅拌机，一级制浆，二级混泡。技术思路基本是模仿前苏联物理发泡制浆系统。在我国推广应用后，效果确实比单级搅拌好。近年，化学发泡兴起，笔者就在 2009 年将物理发泡的两级搅拌设计，嫁接到化学发泡生产线上，并将二级搅拌机改为超高速（原来的物理混泡是不宜超高速的，卧式机不能采用很高的转速）。经近五年试用，效果非常好，是较理想的搅拌配置方案。经五年的生产应用摸索，笔者研发的两级搅拌工艺控制见表 9-7。

表 9-7　两级搅拌工艺控制

<table>
<tr><td rowspan="5">一级搅拌</td><td rowspan="2" colspan="2">低速预混</td><td>转速 30～60r/min</td></tr>
<tr><td>时间 1～2min</td></tr>
<tr><td rowspan="2" colspan="2">高速匀化</td><td>转速 100～120r/min</td></tr>
<tr><td>时间 1～2min</td></tr>
<tr><td colspan="2">总搅拌时间</td><td>3～6min（视加料速度）</td></tr>
<tr><td rowspan="6">二级搅拌</td><td rowspan="2" colspan="2">超高速匀质</td><td>转速 1400～3000r/min（螺带式为 200～300r/min）</td></tr>
<tr><td>时间 3～5min</td></tr>
<tr><td colspan="2">超高速混合</td><td>5～15s</td></tr>
<tr><td colspan="2">总搅拌时间</td><td>3～6min（视匀质要求）</td></tr>
<tr><td rowspan="2">两级搅拌周期控制（与搅拌机容量有关）</td><td>班 100m³</td><td>5～6min</td></tr>
<tr><td>班 200m³</td><td>3～4min</td></tr>
</table>

二级搅拌机在加入发泡剂后，其浆体会有体积增大的问题，尤其是硅酸盐水泥化学发泡，在搅拌筒内会使浆体增加 20%～70%。因此，二级搅拌机的机筒应适当加大，最好设计为双机。

图 9-13 为笔者研发的两级多筒搅拌机型外观。其一级搅拌位于平台之上，二级为双筒（或三筒四筒），位于平台之下。

图 9-13　两级多筒搅拌机型外观

3. 三级式搅拌配置

三级式搅拌是笔者于 2010 年初，在两级搅拌成功经验的基础上，为进一步提高搅拌效果，所研发的高级搅拌系统。也是目前国内外泡沫混凝土制浆效果最好的搅拌系统之一。目前，这一搅拌设计已被行业广泛采用和推广应用，已成为中大型生产线的主导机型。

这种搅拌配置适用于班产 300m^3 以上的大型生产线或对制浆质量要求较高的班产 200m^3 左右的中档生产线。

(1) 技术原理与优势

根据混凝土技术原理，搅拌效果与产品性能成正比，在一定范围内，搅拌时间越长，搅拌机转速越高，浆体匀质性越好越细腻，则产品的各项性能就越好。

常规搅拌是依靠延长的搅拌时间来提高浆体质量的。但延长搅拌时间，就会降低产量和效率，这就产生了技术性难题。

破解这一技术难题的最佳方案，经笔者近几年反复优选，应该是三级搅拌，这一搅拌方案可使上述难题全部解决。

三级搅拌的技术原理有两个：

① 化学发泡水泥浆体有前稠、中稀、后高稀的三段式特征，用一台或两台搅拌机均不能完全适应，而采用三级搅拌，每一级搅拌机都针对一个浆体阶段特点设计，对浆体的适应性特别强，有利于前期破阻，中期匀化，后期高匀质的技术要求，可达到最佳的浆体特征与搅拌机特征的匹配，获得理想的搅拌效果。

② 采用三级搅拌机同时工作，来延长搅拌时间，同时又可保证很短的搅拌周期，解决延长搅拌时间与产量的矛盾。例如，一级、二级、三级均搅拌 3min，其搅拌周期仍是 3min，即每 3min 可卸料浇筑一次，但每批次的物料经三级搅拌，其总搅拌时间已达 9min，比单级搅拌延长了三倍，比两级搅拌也延长了一倍半。显然，三级搅拌浆体的质量会远远超过单级搅拌或两级搅拌，浆体很容易就可达到超高匀质性。

三级搅拌的优势十分明显，它可以在高效率、高产量、短浇注周期的情况下，获得品质优异的高匀质浆体。这是其他搅拌设置很难实现的。

(2) 三级搅拌机的设置

根据浆体三阶段特点，三级式搅拌机设置如下。

① 一级搅拌采用三螺带或四螺带低速搅拌机，其转速控制为 30～60r/min。这台搅拌机只负责将水泥等固体粉粒料与水等液剂初步混合为浆体，不再高速匀化。其匀化作用由二级搅拌分担，就压缩了它的搅拌时间。低速螺带搅拌有利于提高破阻力，适应了水泥与水混合初期浆体干稠的特点。如加粉粒体物料的速度慢或分多次加料，也可采用立式高速机。

② 二级搅拌采用立式高速搅拌机，其转速控制为 800～1400r/min。这台搅拌机负责浆体的高速匀化。经一级搅拌后，二级搅拌不需太大的破阻力，已成为流体的稀浆，可以采用高速。它实际是一个过渡搅拌，主要分担一级与三级搅拌的任务，缩短一级与三级搅拌的时间，压缩搅拌周期。同时，它可以大大提高浆体的均匀性与流动性，为三级超高速匀质创造条件。

③ 三级搅拌采用立式超高速搅拌机，其转速可提高到 1400～3000r/min。经二级高速搅拌后，浆体已具有很强的流动性，为超高速创造了条件，阻力很小。三级搅拌的主要任务一是把浆体超高匀质，达到非常理想的浆体质量，为发泡提供最好的浆体条件。二是在极短时

间内把发泡剂均匀混合到浆体中，并完成加速浇注。

（3）三级搅拌的设备布置形式

三级搅拌的设置形式有三种：地面式、阶梯式、层叠式。

① 地面式

地面式是笔者最初采用的形式，其工业实际应用，始于 2010 年东北生产线的搅拌系统。图 9-14 为该生产线的布局实景。由于该生产线所在的车间高度只有 4m，不适合采用阶梯式或层叠式，只能采用地面式。

图 9-14　该生产线的布局实景

地面式的布置方法，是将三台搅拌机全部安装在地面，其中一级与三级搅拌机座略为加高。一级搅拌加高，使之卸料口高于二级搅拌的上口，可利用自然落差向二级搅拌机卸料。三级搅拌机加高，是为了其卸浆口高于模具车，向模具车内浇注浆体。一级与三级搅拌机加高之后，二级搅拌机虽方便了从一级搅拌低位接浆，但却无法向三级搅拌卸料。所以，二级搅拌设计为自动升降型，在从一级搅拌接料后，能够自动升高到高于三级搅拌的位置，向三级搅拌卸料，卸料后自动下降复位，重新从一级搅拌接料。

地面式的优点是对车间高度要求低，4～5m 高度也可布置三级搅拌，其缺点是二级搅拌需升降，增加了工艺的复杂性。

地面式布置也可采用泵送形式，即在一级与二级之间，二级与三级之间各加一台浆泵，三台搅拌机同时位于地面，依靠浆泵输送浆体。笔者也曾尝试过这种布置形式，后因泵送管道容易被凝结浆体堵塞而放弃，尤其采用快硬水泥更易堵塞。

② 阶梯式

阶梯式布置，是将三台搅拌机分别布置在三个台阶式的平台上。三台搅拌机均可依靠浆体的自然落差，向下一级搅拌机卸料（最后一级是向模具卸料）。

阶梯式布置的优点是各机卸料方便，工人操作与检修也方便，并可降低搅拌系统总高度，比层叠式降低高度约 1/3，这实际上有利于降低车间高度与干粉料提升机的高度。其缺点是比层叠式占地面积大。

笔者研发的这种布置方式曾应用于北京等地的生产线上。

③ 层叠式

层叠式搅拌机三级布置，是目前最常用的布置形式。这种形式类似于混凝土搅拌楼的多层布置。这种形式的主要优点是占地面积小，料浆可以直接利用各台搅拌机及模具车的高度差，向下一级卸料，方便快捷。既不需搅拌机升降，也不需浆泵，工艺简单。其缺点是高度大，只适合于车间高度大的生产线或露天布置。

层叠式布置的搅拌机可采用三层钢架平台，也可直接布置于三层楼房里。下一级的搅拌机接浆口，应对准上一级的放料口。

目前，笔者研发的大型生产线，大多采用层叠布置，个别采用阶梯布置，地面布置较不常用，仅用于低层厂房。

（4）三级搅拌的工艺控制

三级搅拌的工艺控制根据产量设计，搅拌机容量、模车容量、模车运行速度、控制水平等来调整。笔者研发的化学发泡三级搅拌系统工艺控制（班产 300～600m³）见表 9-8。

表 9-8　化学发泡三级搅拌系统工艺控制

一级搅拌	转速：30～60r/min
	时间：3min
二级搅拌	转速：800～1400r/min
	时间：3min
三级搅拌	转速：1400～3000r/min
	匀质：2min30s
	混合发泡剂：10s
	浇注：20s
搅拌周期	3min
搅拌筒容积	1～2m³

9.5.3　物理发泡浆体的特点及设备要求

物理发泡相对于化学发泡，生产应用的历史要长得多，从 20 世纪 20 年代初泡沫混凝土产生，到 20 世纪 30 年代～50 年代的大规模生产制品，大多以物理发泡为主。我国 20 世纪初从前苏联引进的也是物理发泡技术设备。因此，其发泡浆体的制浆设备经近一个世纪的应用，已比较成熟和完善，所以这里不再做十分详细的介绍，因为许多人都比较了解。

1. 物理发泡浆体的特点

物理发泡由于是将泡沫混合到水泥（或其他胶凝材料）浆体中，所以其浆体的一个最重要特征，是在混合泡沫后，浆体出现两个变化：泡沫带进大量的水，浆体变稀，另外，泡沫加入后，浆体的体积增大十分明显，并呈棉状感且并富有弹性。

（1）泡沫带进的水使浆体变稀、流动性提高

泡沫是气泡组成的，而气泡是由水膜包裹空气形成的，由于空气的密度很小，所以泡沫在称重时显示的质量，主要来自于水膜。水膜越厚，泡沫剂的稀释倍数越大，则泡沫带入水泥浆中的水就越多。泡沫剂质量越差，泡沫越不稳定，泡沫在与水泥浆混合时，泡沫破灭或泡壁水膜减薄所析出的水就越多，水泥浆变稀的程度就越大。一般情况，加入泡沫后，水泥浆均有不同程度的变稀，其规律是：泡沫加量在一定范围内增大，水泥浆变稀的程度增大。泡沫剂质量越差，水泥浆变得越稀，因为泡沫破灭变成了水，增大了浆中水量。所以，泡沫剂并不是稀释倍数越大越好。一般，泡沫剂均可稀释 20～100 倍，过大的稀释倍数，是泡沫含水量增大过多，浆体过稀，水灰比失调，会降低产品强度及产品性能。为节省泡沫剂而大倍数稀释泡沫剂不可取，一般应稀释 20～40 倍为宜，切莫被误导。

（2）加泡沫后浆体的体积增大

随泡沫加入量增大，水泥浆的体积增大，最大可增大几十倍，一般也增大1～5倍。由于泡沫在与水泥浆的混合过程中会因摩擦作用破泡或泡壁失水变薄而破泡，所以泡沫水泥浆的体积总是小于水泥浆与泡沫体积之和。泡沫损失率随混泡方式及设备不同，以及泡沫剂稳定性不同，会有较大差异，低则3%～5%，高则10%～50%。所以，其混泡后体积增大程度不同。化学发泡，浆体的体积增大，是大部分在入模后进行；而物理发泡，体积增大全部在搅拌混泡机中进行。这是物理发泡浆体最明显的特点。

（3）浆体呈棉状且有弹性

这一特点，泡沫加量越大越明显。当泡沫加量过大，生产200kg/m^{3}以下制品时，浆体即呈棉团状，反而失去流动性，并可以高高堆起。当浆体含有的泡沫达一定范围，弹性突出，用手压下，松手就会弹回原状。优质的泡沫水泥浆，弹性感较强。

2. 物理发泡对设备的要求

（1）由于加泡后体积增大，所以混泡和制水泥浆若一机完成，搅拌机筒的容量要很大。若制水泥浆和混合泡沫两台设备完成，则制水泥浆的搅拌机筒要小，混合泡沫的搅拌机筒要很大，二者的比例要科学设计。

（2）制水泥浆和混泡的搅拌机都要是卧式，具有翻浆和上下混合功能，立式搅拌不适宜。由于加泡沫后带入大量水，会使浆体变稀，水灰比增大，因此，其水泥浆要稠一些，不能太稀，否则，加泡后会过稀。只有卧式搅拌机才具有搅匀稠浆的翻卷混合功能，立式机搅稠浆效果不好。另外，加泡沫混合，泡沫漂积在上层，立式机也不能很快地把泡沫压卷入浆，所以只能选用卧式机，其混合泡沫效果优异。

（3）由于泡沫易受机械损伤而消泡，所以要求搅拌机的机筒及桨叶光洁无尖刺，不伤泡沫。

9.5.4 物理发泡搅拌设备的配置方法

1. 单级单台配置

即只设一台搅拌机，制水泥浆及混泡在一台机内完成。先搅拌水泥浆，均匀后再加泡沫混合。这种配置适合于小型生产线。

2. 二级二台配置

即设置上下两台搅拌机。上边一台搅拌机只负责制浆，下边的另一台搅拌机则负责混合泡沫。上边的搅拌机在制好水泥浆后，依靠高低差，把水泥直接泄入下边的搅拌机混合泡沫。

3. 二级三台配置

这是前苏联典型的配置方法。即上边两台一级搅拌机制水泥浆，交替向下边二级搅拌机卸料，再由下边的二级搅拌机混合泡沫。由于搅拌水泥浆时间长，而搅拌泡沫水泥浆（即混泡）时间短，所以上边设置两台一级搅拌机，轮流卸料，缩短了搅拌周期。这种配置适合中型生产线。

4. 二级四台配置

即一级和二级各设置两台搅拌机。上边一台各对下边一台，交替卸料。二级搅拌机也交替浇注，可实现自动化连续浇注成型。本配置为大型生产线的理想方案，由笔者创研。

9.5.5 物理发泡搅拌设备的选择

（1）宜选用卧式搅拌机，不选用立式搅拌机。

（2）搅拌机型宜选用双卧轴式，单轴不如双轴。

（3）搅拌桨叶宜选用桨叶式和螺带式。

（4）由于一级水泥浆稠，流动不好，二级加泡后也不是流动性特别好，所以卸料均困难，应选用底部大开口卸料或具有翻转卸料功能的机型。

（5）本浆体黏稠，易黏附机筒和桨叶，所以机型的机筒及桨叶应光滑，优选不锈钢机型。

（6）泡沫加量不易控制，一般采用体积计量，搅拌机型优选配备有泡沫计量装置的机型。

（7）搅拌机配备有水泥及水的自动供料装置和计量装置。

（8）混泡效果好，搅拌周期短，应作为优选机型。

（9）泡沫损失率低的泡沫搅拌机可以列为较理想机型。

9.5.6 浇注装置

1. 现有浇注工艺的问题

目前，我国大多数搅拌机上没有浇注装置。在浇注时，打开阀门，搅拌机就倾口喷泄，直冲模具底部，存在诸多问题。主要问题如下：

（1）大流量喷泄一点式浇注，冲去了模具底部的脱模剂，造成硬化后脱模困难，底部粘料严重。

（2）浇注时会大量携括空气，使坯体内部形成许多5～20mm的大孔，使气孔不均匀，并影响各种坯体性能。

（3）造成坯体从浇注点到四周的波状密度差，影响匀质性。

（4）模内各部位浇注高度不一致，浇注点高，周边低。

2. 合理的浇注方式及浇注装置

合理的浇注方式不是这种大流量喷泄一点式直接向模内浇注，而应该是通过安装于搅拌机底部的浇注装置，间接向模内浇注，降低料流的冲击力，使其发挥一定的缓冲及均匀快速布料的作用。

浇注装置有以下三种：

（1）布料槽

在放料口安装布料槽，使料流散开并沿槽下淌布料，变点为面，扩大料浆入模面积分散浆体的冲击力。

（2）布料管

在放料口安装硬式或软式布料管，管上开设许多小孔，分散浆体冲击力，使浆体由单点入模变为多点入模。

（3）布料板

在布料板上开许多的孔，类似筛网。将料浆通过布料板浇注，可较快使料浆均入布满模具。

除上述几种布料装置外，各地还可以更多地创新。

9.6　模具、模车、初养室

9.6.1　模具、模车

1. 模板材质

目前用于制作模具模板的板材有以下几种。

（1）竹胶合板

竹胶合板是目前中小规模保温板生产企业选用最普遍的制模材料。它是利用竹材加工余料——竹黄篾，经过中黄起篾、内黄帘吊、经纬纺织、席穴交错、高温高压（130℃，3～4MPa）、热固胶合等工艺层压而成。表面有光洁的树脂层。竹胶合板现在广泛用于建筑模板。

竹胶合板的优点是韧性好、强度高、轻质耐用，价格也较低，是比较合适的制模材料。其缺点是传热快，保温性能差，保温板坯体发热后，表皮与中心温差大。

竹胶合板有普通建筑模板型，为低档品，便宜；也有高档镜面型，其板面树脂层较厚，感光度好，更适宜制作模具，脱模性更好。但镜面板较贵。建议采用镜面板，以利脱模，其使用寿命也长些。图 9-15 为竹胶合板。

（2）木质层压板（木胶合板）

这种板在中小企业制作模具时也有选用，但较少。它是采用木片木条等树脂胶热压而成，然后在板面涂覆一层面层树脂。其质量随木质材料品种、树脂品种、生产工艺、面层树脂种类及厚度等，有很大的区别，高中低档均有，价格也有较大差距。有专用模板型，面层树脂层品质较好，也较光洁。

这种胶合板的优点是导热系数比竹胶合板低，对坯体的保温性好，缺点是耐用性不如竹胶合板，遇水受潮后易开胶起层，高档品好一些。

建议选用模板专用型镜面板，首选表面涂覆聚氨酯树脂的。选用时应进行耐水性试验。图 9-16 为木质模板外观。

（3）塑料模板

塑料模板有 PVC 型、PC 型等不同品种，其光泽度、强度及耐用性，尤其是韧性，比较

图 9-15　竹胶合板

图 9-16　木质模板外观

好。但是，塑料模板价格较高，密度大，受热后易变形。当坯体大量发热时，它会急剧热胀，而脱模后又会冷缩变形。

不同材质的塑料模板，其品质差异较大，选用前应取样品试验其变形性、黏模性、强度等。

由于塑料模板较贵，再加变形，所以保温板行业选用较少。

（4）钢板

一般不选用 5mm 以上厚钢板，而多选用 1mm 以下的彩钢板、镀锌板、不锈钢板等。厚钢板太重，不方便模具的组装与移动，中小型模具采用较少。只有液气压顶出脱模工艺所用的模具，因表面需进行加工处理，才选用较厚的钢板，加工平整后镀为光泽层。目前，钢板模具应用较多，但投资大。

2. 模具结构

（1）单板结构

$2m^3$ 以下模具，在采用 5～10mm 钢板的模板时，才采用单板结构，用单层板材制成模具。目前，单板结构模具在泡沫混凝土行业采用较少。由于它投资大，笨重，而保温板行业大多为中小生产规模，所以这种模具无法流行。

（2）钢框架复合单板结构

这种结构目前在保温板行业使用最为普及，60％以上的模具均采用这种结构。

由于竹胶合板、木模板、塑料模板、薄钢模板等是薄型板材，竹胶合板和塑料模板多为 8～12mm，木模板多为 12～20mm，而薄钢板仅为 0.8～1mm，单板均易变形，无法单独制模，必须以钢骨架为支撑体。所以，行业广泛采用单板外加钢骨架的复合式结构。这种结构既降低了板材厚度，节省了投资，又可以满足模具对强度的需要，是一种很好的技术方案。钢骨架一般采用薄壁钢管（两端应密封防止内锈）。

（3）夹层保温结构

这种夹层结构模具是笔者为适应保温制品生产的保温需要而研发的。它的底板、框板均为夹芯结构，其芯层为挤塑聚苯板或聚氨酯硬泡板、酚醛泡沫板等轻质保温材料。其表层则为不锈钢、镀锌板等薄钢板。这种夹芯结构模具的主要特点就是保温性能好，其保温层达 50mm，可大大减少发泡坯体散热。

目前，泡沫混凝土保温制品生产中存在的一个比较严重的技术问题，就是坯体开裂。开裂的因素很多，但其中一个原因就是在浇注发泡的过程中，坯体内外热应力差较大，内部温升较高，而靠近模具的外部则因散热较快而温度低。这就是造成内部热应力大，外部热应力小，形成热应力差这一热应力差越大，则坯体热裂就越严重。如果模具保温性好，则可以缩小内部热应力差，减少开裂。同时，保温性增强还可以加快坯体的凝结硬化。

3. 模具的组合方式

模具的组合方式有多种。现将主要的几种介绍如下。

（1）完全分体式

这种模具的底模板，四块侧模板，均各自独立，使用时，组合起来，以螺钉或其他连接件将其连为一体。其优点是脱模容易，坯体好取出，其缺点是脱模时间长，费人工。

这种模具一般用于移动浇注固定式模具，人工操作组装与拆模。固定浇注生产线一般不用。

（2）模框与模底板分体式

这种模具的模底板是单独的，而四侧模板则为一体式。这就是底板与模框二者分开。其优点是脱模速度快，但必须采用机械脱模，用人工脱模困难。因此，这种模具不适合用于小型生产线或移动浇注工艺，而大多用于提拉自动脱模。为了方便提拉脱模，模框一般上大下小，上口比下口的尺寸大几个毫米，使脱模更顺利。目前，这种模具已经在提拉脱模工艺中应用。

（3）活动底板与整体模框式

这种模具主要用于机械自动顶出脱模工艺，其模具的底板由液压或气动驱动，连同坯体自模框内向上顶出，完成坯体的自动脱模。为了顶出顺利，它要求模框内侧光洁度高，且模框上口比下口略大几毫米。

目前，这种模具已用于自动顶出脱模生产线。

（4）模具侧板与底板相连式

这种模具的四块侧板均以合页等连接件与底板分别连接在一起，类似于货运汽车的车厢板与底板的连接。其优点是侧板打开后不需人搬动，把侧板推起就可以合模，比完全分体式使用方便一些。目前，这种模具在中小型生产线应用较多，在大型生产线难以应用。

4. 模具的使用方式

（1）固定安放式

即把模具在静停初养室（或初养处）就地安放，固定不动。这种使用方法主要用于移动浇注工艺，目前中小企业移动浇注线均采用这种模具的使用方式。

（2）人推移动式

这种方法目前使用较广，尤其是在班产 100m^3 生产线上。在班产 100～200m^3 生产线上，也有一定的应用。但班产 300m^3 以上的生产线无法应用。其优点是不需模具牵引驱动机构，但其缺点是用人多，人工费用大，生产效率低。

这种模具多采用车型，即在模具底部安装胶轮，使模具变成模车。

（3）机动移动式

这种方法是在模具底部安装钢轮，成为模车，在生产车间安装钢轨，模车沿钢轨运动。其优点是模车运动所需动力小，尤其适合于自动化生产线，便于控制模车运动。其缺点是牵引驱动系统，增加了工艺的复杂性。

这种工艺目前多用于自动生产线或全自动生产线，在小型生产线上难以应用。

9.6.2 初养室

泡沫混凝土浆体在浇注入模后，在模具内静停硬化，一般称为坯体初养。模具或模车在初养期间停放的地方则称为初养室。

1. 移动浇注初养室

移动浇注的初养室与生产车间一般是合二为一的，即生产车间兼做初养室。在生产车间内建造排列整齐的模具台，模台上安放模具。模具一般不移动，而是浇注机或移动搅拌机行走到模具上浇注。浇注后就进入初养期，直到硬化脱模。这种初养室一般无升温装置。

当场地允许和生产规模较大时，浆体搅拌可与初养室分离，浆体制好后，由浇注机送入初养室浇注。这种情况较少。

2. 固定浇注自然养护初养室

固定浇注的初养室有两种情况：自然养护初养室、升温养护初养室。其模车一般为人工推动或机械牵引移动。

自然养护初养室一般与车间合并，即生产车间内设置专区，用于浇注后模车的静停。它一般不设升温系统，依靠自然环境温度养护。

这种初养室方式大多为中小生产线采用，由于占地面积大，大型自动生产线不采用。

3. 固定浇注升温养护初养室

升温养护初养室是大型自动生产线经常采用的养护设施，个别中型半自动生产线也有采用这种方式。其升温方式有电热式、热水地暖式、暖气片式等多种。加气混凝土生产线多采用这种方式，这种初养室有两种。

（1）窑洞式

其一端封闭，一端是窑门，与居住窑洞相同。模具或模车从窑门进入，初养后再从窑门退出。模具由叉车摆渡车送入。有单层及多层两种，多层为立体式，需要叉车升降。

图 9-17 为窑洞式初养室示意图。

（2）隧道式

隧道式为两端开门式，如同隧道。模车从一端进入，硬化初养结束后，从另一端出去。它也有单层式与多层式两种。多层式大多采用升模机与降模机，使模车进出。这种初养室一般为轨道式，模车多为钢轮式，沿轨道行走。其轨道有模车竖向行走，横向行走两种。其轨道数量可以有单轨，也可以多轨。模车的移动可采用顶车机，牵引机，链条传动器等。

图 9-18 为隧道式初养室示意图。

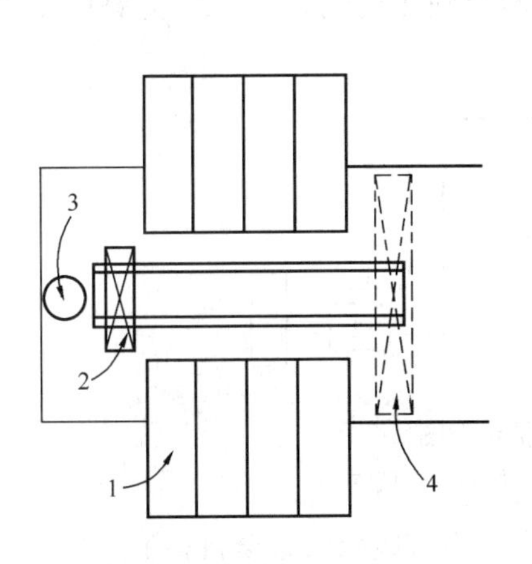

图 9-17　窑洞式初养室示意图

1—初养室；2—模具车；

3—搅拌机；4—天车

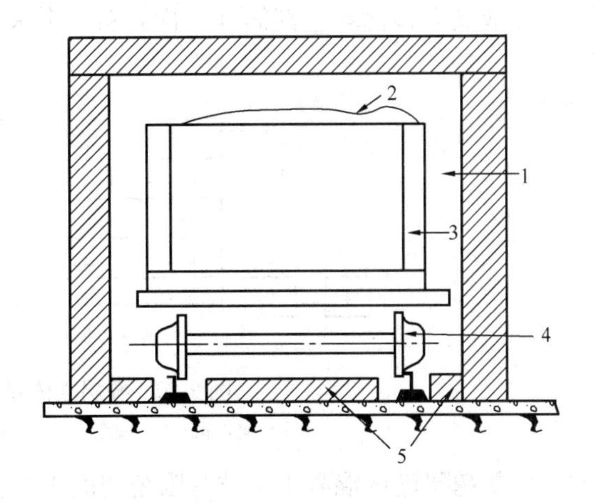

图 9-18　隧道式初养室示意图

1—隧道；2—坯体；3—模具；

4—小车；5—暖气片

9.6.3　模车运行轨道

中小型生产多采用无轨道人推移动模车，工艺简单，这里不再介绍。大中型生产线，包括半自动生产线、自动生产线、全自动生产线，大多采用轨道式机械驱动模车。机械驱动包括顶车机、卷扬机、链条牵引系统、皮带机、辊道台等多种。

这类轨道式模车运行方式一般有地面环形式和叠层立体式两种。个别也有平行并列式，应用较少。

1. 地面环形轨道

地面环形轨道有的把轨道直接安装于水泥地面上，也有的由于链条牵引等的需要，轨道安装于离地几十厘米的轨道架上。

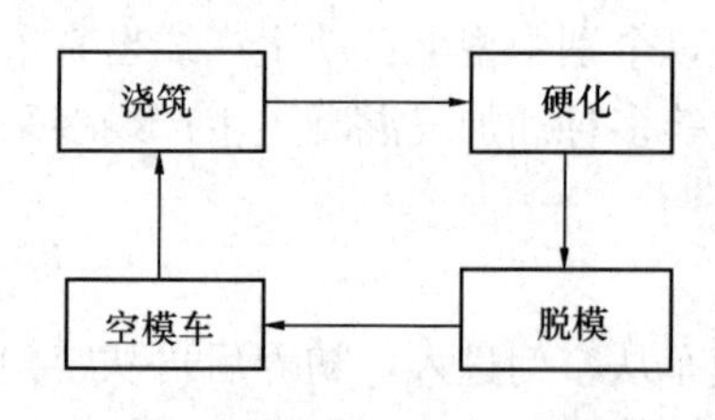

图 9-19　环形轨道示意图

这种轨道呈环形布置。模车从浇注点接受浆体后，沿轨道循环一周，又回到浇注点，重新接受料浆。其循环一周的时间，与发泡硬化的周期相同，所以，模车要缓慢的运动。在环形轨道的合适位置，布置浇注点与脱模点。图 9-19 为环形轨道示意图。山东天意公司的生产线是典型的环形轨道。

地面环形轨道的优点是：工艺简单、投资小、方便操作。其缺点是：占地面积大、不便于升温养护，其升温能耗高于立体，当产量较大时，轨道相当长。因此，它只适合于中小生产规模。

2. 叠层立体养护

这种养护方式是采用钢材焊成楼层式轨道架，在轨道架上铺设钢轨。养护时，模车先进入第一层静停，第一层停满后，模车进入第二层，然后第三层、第四层……；养护硬化完成时，先从第一层出车，脱模后，坯体由机械手或人工取出。模车合模，再由提升机升模至最高一层，由最高层的空车回车轨道返回浇注端，涂刷脱模剂，降模机将其降至地面轨道，重新浇注，完成其立体循环。其循环一次，就是其发泡及硬化周期。图 9-20 为叠层立体养护示意图。

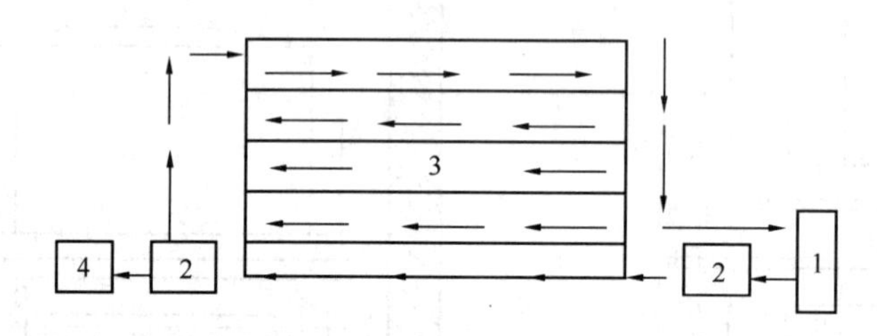

图 9-20　叠层立体养护示意图

1—搅拌机；2—模车；3—立体轨道；4—坯体

北京广慧精研泡沫混凝土科技有限公司的大型自动生产线及大型全自动生产线，采用的是这种典型的叠层养护轨道，由笔者指导他们研发，目前在国内泡沫混凝土制品行业还只有他们采用。

这种立体初养轨道的优点是：养护面积节省 80%，养护能耗由地面逐层加热，热能利用率高，养护能耗低。其缺点是：投资较大，模车运行工艺复杂，需要升模机及降模机。因此，它适用于有投资实力的大型生产线，中小型生产线不易配套实施。

9.7　切割机及切割机组

9.7.1　切割单机与机组

搅拌主机和切割机，是保温制品生产的两大主体设备。很多简易生产线，配备的也就是这两大部分。当然，墙板生产线不需切割机，另当别论。

切割机分为单机与机组。单机就是单独 1 台切割机，这是最简单的切割机形式，也是最初的切割机形式。但从 2011 年下半年起，由于单机已不符合生产要求，在实际生产中，各地企业开始普遍采用切割机组。切割机组就是由两台以上切割机，组合成一个成套的切割系统。现有的切割机组大致有以下几种组合形式：

1. 纵横切式

这种机组由两台切割机组成，一台纵切，一台横切，人工在两台切割机之间转运。当一台切割机完成切割后，再搬到另一台上进行下一道切割，目前，小规模生产保温板和砌块的切割机大多为这种形式。

2. 纵横切加转向式

这种机组是在上述机组的基础上，增加了一台转向机，当第一台纵切（或横切）结束后，不用人搬，转向机将坯体自动转向 90°，再进入第二台切割机横切（或纵切）。其优点是节省了人工，切割成本低。

3. 面包头平切、纵横切，加转向式

这种机组是在第二种机组的基础上增加了面包头平切机，也就是增加了首先切去面包头（坯体上表面）的装置。先切去面包头，再纵切（或横切）转向，再横切（或纵切）。

4. 上下去皮平切、纵横切，加转向式

这种机组不但有切去上表面的面包头的锯，还增加了切去坯体底面表皮的锯。即先同时切去上表面的面包头及底面表皮，再纵切（或横切）转向，再横切（或纵切）。

5. 先横切、再纵切、再平切成板式

这种工艺为 2012 年新出现的工艺。它由横切机、纵切机、空中移坯机械手、平切分片机组成。横切机先把坯体横向分切，再由机械手将其转向，再由纵切机纵切，最后由平切机分切成一片一片的板材。

上面介绍的为目前常用的机组组成，还有很多的组合模式，这是无法一一介绍的。今后，随着新锯型的开发和应用，还会有更多更先进的组合模式。另外，这里也没有包括线切割等特种切割方式。

9.7.2　切割机类型

按切割原理，切割机有以下几个类型。

1. 偏心轮往复锯

这是我国专门用于泡沫混凝土切割的第一代切割机，于 2008 年前后由企业最先生产推出。自 2010 年之后，全国各地开始根据其原理，推出许多种改型锯型。2011 年保温板爆发式增长后，这种锯作为当时唯一的应急锯型，风行全国，成为当年的主导锯型，大多数保温

图 9-21　第一代往复锯外观

板生产企业，采用的都是这种往复锯。虽然2012年后推出不少新的先进锯型，但这种锯仍有相当的应用比例，是中低产能的主要锯型。

偏心轮往复锯的基本原理，是在锯框的上下端各固定一组偏心轮，当偏心轮运动时，就带动锯条上下（或左右）直线运动，像木工拉锯一样，产生锯切作用。一个锯框上可以根据切割需要，固定几十根或几根锯条。其锯条有普通钢、合金钢、进口高级合金钢等，其耐用性及价格均有较大的差别。

往复锯的优点是结构简单、价格低，适合于小企业的经济水平及生产水平。其缺点是产量低，切割效率低，已不适应大型生产线的切割需要。2011年以前的第一代锯型（图9-21），产量每班只有50m³左右，2012年以后的各种改型锯，产量提高到100～150m³。根据其结构的特点与切割原理，其产量继续提高有一定的技术难度。目前，往复锯的改进型产品有两种。

（1）经济型往复锯

图9-22为轻便经济型往复锯。这种锯由两台单据组成切割机组，1台为纵切，1台为横切，其中1台配备有坯体上下面平切装置。因此，利用这套机可以完成六面切割。班产可达100m³，可满足中小企业切割需要。目前，这种机组为降低造价，突出经济型的特点，大多没有配备转向机，在两台单锯之间利用人工搬运，人工费用高。如果在两台单锯之间再加一台转向机，就可以节约不少人工费用。这种轻便往复锯之所以轻便，就在于它的钢材薄，规格小，用钢量较少，而且结构尽量简化，整体造价下降，比较便宜，适合于小企业使用。但它的耐用性较差，使用寿命较短。

（2）快速往复锯

图9-23为快速往复锯的外观。这种锯是在2012年开发的最新一代改进型往复锯。它在第二代往复锯班产量达到100m³的基础上，又改进了结构，进一步提高切割速度，使班产量达到150m³，是目前切割速度最高的往复锯。它配备有上下面平切装置及转向机，可完成六面切，这是比较先进的往复锯。

图 9-22　轻便经济型往复锯

图 9-23　快速往复锯的外观

2. 组合带锯

组合带锯是2012年推出的一种新锯型。针对往复锯速度低，锯条间距调节困难等不足，一些企业就利用木工带锯原理，采用多条带锯组合，研发出了这种组合型带锯。它实际就等于把多台带锯组合为一台切割机。目前，锯条有上下运动的立切型，也有锯条左右运动的平切型。大型机组往往为立切、平切结合应用，把多台立切机、平切机组合到一起。图9-24为组合带锯。

图9-24 组合带锯

组合带锯利用了带锯高速运动的特点，切割速度非常快，一般的组合带锯机组，班切割量就可达200～300m^3，是往复锯产量的2～3倍。效率高是其主要优点。而且它的锯条间距可通过调节结构调节，机组变化切割厚度也比较方便。其缺点是当一台锯需要几十根锯条时，结构庞大，笨重，十分复杂，造价较高。一般情况下，它的造价高于往复锯。

组合带锯由于切割速度快，易于实现自动控制，目前已发展成为往复锯之后的第二代锯型。如果近几年没有其他新锯出现，这种锯将会成为主导锯型。

3. 圆盘锯

圆盘锯是借鉴石材切割机开发的锯型。自2011年以来，各地有一定的研发，也有锯型推出，但没有获得大量实际生产应用。2012年以后，这种锯在大型切割机组中，作为大型保温板坯体分切的配套单机，而在砌块机组中，则作为切割机。圆盘锯的切割，是采用高速运动的合金钢圆盘形锯片。其优点是切割速度快，可切割强度达几十兆帕的高强度产品，而且耐用性强。但是，它的严重不足，是锯缝宽，达5～6mm。当切割大型坯体时，由于锯缝少，切割损耗不大。但泡沫混凝土保温板的厚度只有几厘米，一块坯体要切割几十条锯缝，其损耗就相当大。以一米宽的坯体切割为5cm的板，就要20条锯缝。如果每个锯缝6mm，20条锯缝就要损耗120mm坯体，约损耗11%，这是这种锯难以在保温板行业流行的主要原因。另外，这种锯体积大，噪声大等不足，也影响其在保温板行业的应用。但在砌块领域，它有很好的应用前景。砌块的强度大（2～10MPa），往复锯均切割困难，而应用圆盘锯则可以顺利切割。图9-25为小型圆盘锯。图9-26为大型多片圆盘锯。

图9-25 小型圆盘锯

图9-26 大型多片圆盘锯

4. 钢丝切割机

钢丝切割机是2011年保温板行业推出的一类切割机。它的切割原理与加气混凝土切割机相同，但设备结构不同。它是在泡沫混凝土坯体还没有完全硬化，仍处于硬化初期时，用钢丝切割坯体，切割结束后，坯体继续硬化。坯体切割时的强度约为 0.14MPa，太硬则钢丝切不动，太软则切割后坯体变形。

钢丝切割机在加气混凝土行业普遍使用，但机型过大，适合切割每模几立方米的大型坯体，而泡沫混凝土的坯体多在 $1m^3$ 以下，最大不超过 $2m^3$，所以借用加气混凝土切割机目前还不现实。现在，行业内推出的钢丝切割机有以下几种：

（1）错位长列式

把每根钢丝在支架上绷紧，按成品的切割厚度依次立式错位排列，几十根钢丝排成一排。坯体从每一根钢丝通过时，就被钢丝分切一块。坯体由切割机轨道车运行。其缺点是机型庞大。

（2）上、下压入式

这种切割是将钢丝绷紧在钢框上，切割时，将钢框自上而下或自下而上压入坯体，达到分割坯体的目的。其缺点是向下压时切不到底，向上压时，钢丝离开皮衣上表面时会产生崩料现象，切不齐。

（3）预埋提拉式

将钢丝按切割尺寸预埋在模内。切割时将钢丝从模内上提拉出，达到切割目的。其缺点是预埋麻烦，速度太慢。

（4）拉卷式切割机

这种切割机将钢丝预埋在切割台上，坯体到位后，由切割机卷拉钢丝，使钢丝切割坯体。其缺点是钢丝在切割时在坯体内呈长弧线，容易发生变位，切割精度差。

上述各种钢丝切割机在行业内均有应用，但不广泛。以后能否广泛推广应用，还有待技术上的完善和提高。

综合试用情况看，钢丝切割适用于切割较厚的板材。像加气混凝土，其切割厚度为150～300mm，坯体容易切割，板材破损率低。而泡沫混凝土保温板切割尺寸南方多为30～50mm，北方也多为50～80mm，较薄。钢丝切割时，坯体强度还很低，切割这么薄的尺寸，破损率高。另外，坯体内部含有大量聚丙烯纤维和轻集料，也增加了切割难度。这是其应用效果不理想的主要原因。如果想应用这种切割机，尚要大力创新，但用其切割规格较大的砌块尚有发展空间。

9.7.3 GH 大型全自动切割机

GH 大型全自动切割机，是在笔者指导下，由北京广慧精研泡沫混凝土科技有限责任公司于 2011 年研发的微机控制全自动切割机型，也是目前国内外自动化程度最高、产量最高的大型切割机组，代表目前保温板切割机的先进水平。

本切割机由平切部分、纵切部分、转向部分、分切为成品的部分、微机程序控制部分等组成，各部分呈 90°角排列为一个整机。它与一般切割机组的重大区别在于，一般切割机组由几台切割机组成，而本机是一个整体，不是由各自独立的切割机组成。

它的主要优点是：

（1）产量高。班可切割坯体 200～300m^3，是目前国内外切割机中产量最高的机型。

（2）自动化程度高。本机采用微机编程自动控制，输入各种切割参数后，即可自动切割出需要规格的产品，切割过程无人操作，可省去至少 3～5 个切割工。

（3）锯条自动替补功能。本机的锯条在断折之后，具有锯条在微机指挥下自动替补功能，切割不停机，克服了现有各种切割机需停机更换锯条的不足。

（4）自动清灰功能。切割产生的大量锯末灰，本机具有自动清除功能，避免像其他机型那样，从机下停机清灰。

（5）切割厚度任意可调功能。本机设计有锯条位置自动变化调节机构，可根据各地不同的需要，随时变化切割成品的厚度，十分方便。偏心往复切割机无此功能。

图 9-27　GH 大型全自动切割机外观

（6）切割精度高。本锯的切割精度可达 0.2mm，而一般切割机的切割误差均大于 2mm。

（7）切割平稳，成品率高，超薄产品（5mm）也可成功切割。图 9-27 为这种切割机外观。

9.8　包　装　机

9.8.1　热收缩膜包装机

这种包装袋多用于泡沫混凝土保温板，砌块和墙板一般不需要。

1. 技术原理

热收缩 PE 膜包装机，是利用热收缩膜在受热后收缩的原理，使热缩膜将产品包紧。这种包装机是先用人工或机械将 PE 膜在常温下把产品封装包起，封切电热丝把口密封并切断包装膜。封装好的产品进入电热炉腔，进行热缩。热缩后从炉腔送出，风冷或自然冷却定型，完成包装。简言之，它的技术核心就是封装、热缩。热缩后多块保温板被紧紧包为一体，方便了搬运与使用。

2. 基本结构

热缩包装机的基本结构为五部分：封装、热缩、定型、自动控制、传送辊。简易性包装机只有两部分：封装、热缩。

封装是将产品用 PE 膜包封的装置，有手动、自动、全自动三种。

热缩是将封好的产品加热，它实际是一台电热红外加热箱，长方体窑洞式。产品被辊道以规定速度送入，再以一定的速度送出。

定型结构是一台或几台风机，它安装在热缩炉的出口处，产品从热缩炉腔一送出就可在风机的冷风下很快冷却定型。

控制器可以是电控箱或微机控制箱。它控制包装机的全部运动。

传送装置为电动辊送，它负责产品的传送。

小型设备没有自动封装装置。

3. 主要类型与选购

（1）按包装速度划分，有低速型、中速型、高速型。低速型为 1～6 包/min，中速型为

7～15 包/min，高速型为 16～24 包/min。其速度决定产量。

（2）按包装最大尺寸分，有 300 型、400 型、600 型、800 型、1200 型。其包装最大尺寸依次为 300mm、400mm、600mm、800mm、1200mm。泡沫混凝土最常用的是 300 型、600 型两种。

（3）按自动化程度分，有半手工型、半自动型、自动型、全自动型四种。

各种包装机随其包装速度、包装尺寸、自动化程度的不同，价格有很大的差别，最便宜的仅几千元，而最贵的大型全自动型，则价格达十多万元。一般中小企业选购价格在 1.5 万～4 万元的机型即可，大型企业可选用 10 万～20 万元的大型全自动型。

4. 典型机型

（1）小型半手工型

这种机型只有一个电热红外热缩炉，封装等大多为人工操作，是最简单、最便宜的包装机。图 9-28 为简易性半手工包装机外观。图 9-29 为普通型半手工包装机外观。

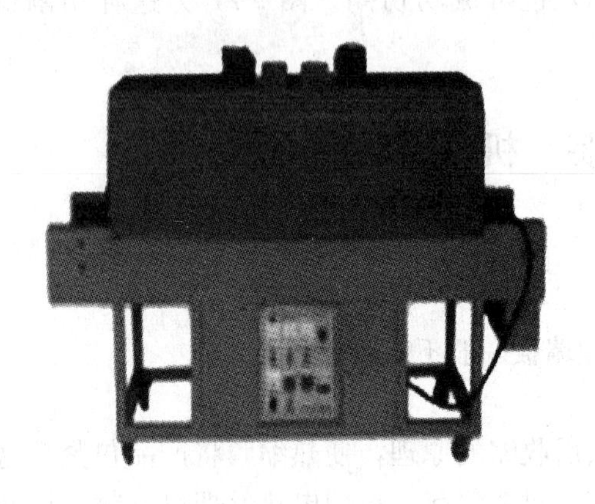

图 9-28　简易性半手工包装机外观

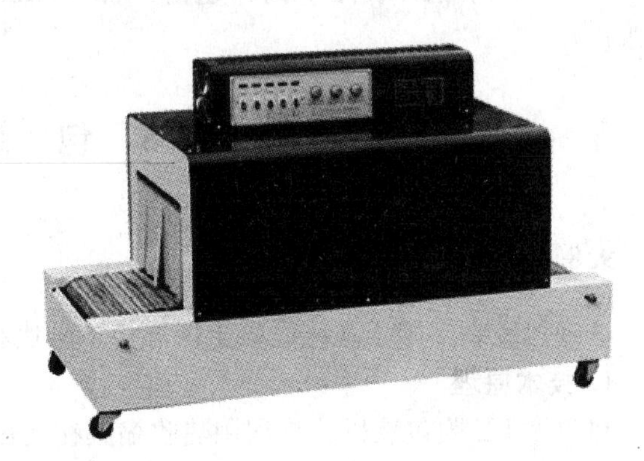

图 9-29　普通型半手工包装机外观

（2）半自动型

这种机型为电热红外热缩炉，自动封装，风冷定型，整机半自动控制。图 9-30 为其外观。

（3）自动型

这种机型为自动输送，自动封装，自动热缩，自动风冷，省人工、速度快、产量高，为高档机型。图 9-31 为其外观。

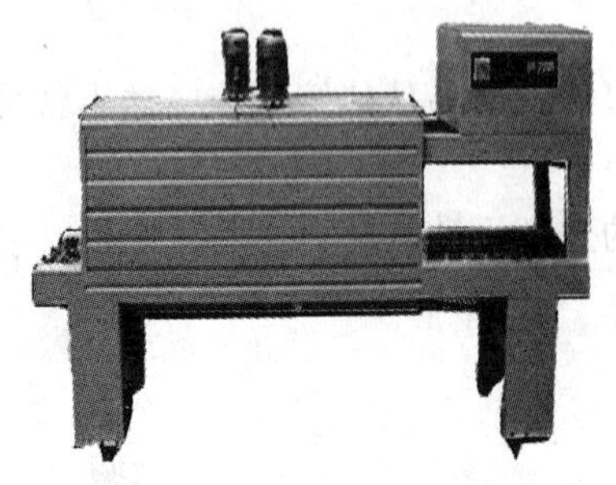

图 9-30　半自动型包装机

图 9-31　自动型包装机

（4）大规格型

这种机型可包装最大尺寸 1200mm 的产品，适用面宽，自动控制，加工较精良，也为高档机型。图 9-32 为其外观。

图 9-32　大规格型包装机

9.8.2　打包带包装机

这种包装机是常用块状建材包装机，例如路面砖就用它包装。在保温板和砌块行业，有少数企业应用。

1. 基本原理

使用 PP 打包带将成品纵横缠绕，然后用拉紧装置将其拉紧，同时电热装置将接头热合粘紧，截断装置自动截断。

包装机是使用打包带缠绕产品或包装件，然后收紧并将两端通过热效应熔融或使用打包扣等材料连接的机器。打包机的功用是使打包带能紧贴于被打包物件表面，保证在运输、贮存中不因打包不牢而散落，同时还应包装整齐美观。

一般来说，带盘上已经安装好了打包带，经预送带装置先送入储带盒，再由送带轮送入轨道，启动全自动打包机后，各打包动作便依下述程序按自动打包机的程序自动进行。

（1）退带张紧：一夹头上升夹住塑料带头，送带轮反转退带，将多余的打包带退回储带盒，并勒紧被捆物。随后，机械手夹住打包带，将包件进一步勒紧至所调紧度；

（2）切带粘合：导向板从两层打包带中间退出，同时，电烫头同步插入两层打包带之间，接着二夹头上升夹住打包带另一端带头，切刀切断带子，并将带头推向烫头与之接触，受热熔化（表面），随即电烫头快速退出，切刀继续上升将表面已熔化的两层打包带压在承压板上，并冷却凝固，两带粘合（YKM－WY 机没有烫头，启动摩擦完成粘合）；

（3）脱包：承压板退出打包好的打包带圈，各夹头复位，完成打包；

（4）送带：送带轮正转把打包带由储带盒送入轨道，准备下一次打包；

（5）卸载。

以上是单道打包的过程，当打包机处于连动状态时，送带完毕后便直接进入退带张紧程序，按上述程序循环连续进行。万达包装生产的自动系列产品都达到打包连续可靠、贴紧包件表面、接头牢固、机器电气安全、工作噪声烟雾等不影响操作人员健康。

2. 基本结构

这种设备为箱式外观。主要由送带、退带、接头连接切断装置、传动系统、轨道机架及控制装置组成。其内部结构的核心部分为三部分：打包带对包装产品的捆绑缠绕装置、电热接头粘接装置、切断装置。

传动系统，是包装机具体结构的基础，它连接着各执行机构和驱动机动的运动规律和各构件间的运动相互精确配合。传动部分由齿轮、滚子链和摩擦带等主要传动元件组成。

切断装置是完成被包装物充填结束后的包装材料的切断。

3. 主要类型

按包装速度，分为低速、中速、高速型。低速型每分钟包装 15 带/min，中速型每分钟包装 25 带/min，高速型每分钟包装 40 带/min。

按半自动化程度分为半手工、半自动、自动、全自动四种。

（1）半手工型，外观如图 9-33 所示，其技术特点是 60s 之内没有收到操作指令则自动停机或回到待机状态；PCB 控制系统即时加热系统，5s 进入。

（2）半自动型，外观如图 9-34 所示，其技术特点是接头短，不用铁扣；打包速度快，效率高，每打一道 PP 带仅需 1.5s；自动停机装置，省电实用；设有快速调节旋钮，捆紧力大小可任意调节相当方便。

图 9-33　半手工型打包带包装机

图 9-34　半自动型打包带包装

（3）自动型，外观如图 9-35 所示，其技术特点是微电子线路控制，性能可靠；光电开关控制操作，使用简单、方便；捆紧力和带圈大小可调，满足不同需要；多种捆扎形式：单道、双道、十字等，操作方便。

（4）全自动型，外观如图 9-36 所示，其技术特点是 PCB 控制系统结构简单，易操作。二次送带，1 个电机。打包速度快。没有储带机构。电子眼感应包装物体。

图 9-35　自动型打包带包装机

图 9-36　全自动型打包带包装机

9.9　加湿养护装置

后期养护分人工简易加湿养护与自动化加湿养护。

9.9.1　人工加湿养护

1. 保湿材料养护

可采用的保湿材料常用的有粗麻布、厚质棉绒家具包装布、棉毯、毛毡、薄海绵等各种高含水材料，一般不选用稻草帘，它沥水快且很脏。将这些高保水材料覆盖在制品养护垛上，用喷雾器喷透水，表面再覆盖 0.1mm 的聚乙烯薄膜保湿。2～3 天喷水一次即可。若不盖薄膜保湿，每天喷水一次。

2. 人工喷雾养护装置

采用各种人工喷雾器，一般采用农用喷雾器或园林花木喷雾器，每天喷水一次。

图 9-37 为高性能新型养护加湿机。图 9-38 为新型林用喷雾器。

图 9-37　高性能新型农用喷雾器

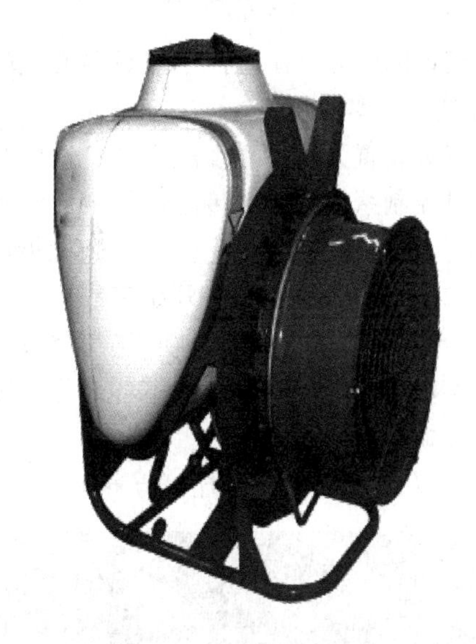

图 9-38　新型林用喷雾器

3. 半自动喷雾养护装置

半自动喷雾养护装置是装着 1～4 台喷雾器的喷雾车。这种车人工推动行走，可双侧喷雾或单侧喷雾。有胶轮型和钢输型两种。钢轮型要配地面钢轨，但推移轻便。

4. 定点喷雾养护

采用草坯喷水装置，定点喷水。在需要喷水时，人工打开控制器喷水。其喷雾头可根据需要选择。决定水滴大小及喷水量。一个养护室可多点布置。

9.9.2　自动喷雾养护装置

自动喷雾养护装置有喷雾机型与悬挂喷雾头型两种。下面予以分述。

1. 喷雾机型

喷雾机又名雾化器、雾机等。原用于园林高压喷药或空气加湿，也用于混凝土的喷雾养护。它由高压水泵、雾化头、风机或空压机组合而成。高压水泵将水高压送至雾头，在空压机或风机作用下，再将喷出的水吹为雾滴。

图 9-39 自动喷雾养护喷雾机

用于保温制品养护时，每个养护室可在不同位置布置数台。养护室小于 500m²，使用 1 台即可，具体应看其喷雾能力。

自动喷雾机应配备湿度传感器和喷雾机控制微机。当湿度低于技术要求时，就自动开机喷雾，而达到要求时，就会立即停机。

喷雾机养护的优点是布置灵活，造价较低；高精度、高可靠的温度湿度传感器模块；系统的设计能够使设备功能比较完善，性能效果更好；卓越的节电性能。其缺点是湿度不均匀，离喷雾机较远的地方，湿度低于靠近喷雾机的地方。图 9-39 为这种形式的喷雾机。

2. 悬挂式喷雾头型

这种喷雾装置又称喷雾加湿系统。它由几十至几百个悬挂于屋顶的喷雾头、水加压输送装置、微机控制系统、湿度传感器等组成。水经加压输送装置送至喷雾头（雾化器），雾化为微小水滴，当湿度达到设定值时，微机指挥水加压输送装置停止工作。当湿度低于设定值时，微机指令水加压输送装置开始工作。

1000m² 养护面积，约需 200 个喷雾头；2000m² 养护面积，约需 400 个喷雾头。

悬挂喷雾装置的优点是养护室各部位湿度均匀，效果好。缺点是装置较复杂，几百个喷雾头安装麻烦，造价略高一些。

图 9-40 为笔者应用的悬挂喷雾养护图。图 9-41 为喷雾头外观。

图 9-40 悬挂喷雾应用图

图 9-41 悬挂式喷雾头外观

第 10 章　生产影响因素及误区

泡沫混凝土保温制品生产的影响因素不是单方面，而是有诸多方面。主要有原材料的影响、配合比的影响、设备的影响、工艺的影响等。只有了解透彻它的影响因素，才能更好地进行工艺控制及质量控制。

10.1　原材料的影响因素

10.1.1　胶凝材料的影响

1. 不同品种的影响

快硬硫铝酸盐水泥：早期强度贡献率高，后期强度贡献率低，快凝快硬早脱模，水化热集中，易热裂，发泡较慢，工艺易控制，低温亦可生产，粉煤灰等掺合料用量比硅酸盐水泥少。

硅酸盐类水泥：早期强度贡献率低，后期强度贡献率高，凝结硬化缓慢，需用促凝剂，碱度高，发泡快，工艺不易控制，低温不能生产，发泡剂用量比快硬硫铝酸盐高，粉煤灰等掺合料用量较大，产品比快硬硫铝酸盐水泥更耐碳化。

镁水泥：快硬高强，碱度低，发泡慢，工艺易控制，发泡剂用量低于硅酸盐水泥，粉煤灰等掺合料加量大。不改性的氯氧镁水泥，不耐水，软化系数低，板材易变形。通过改性或采用 5·1·7 碱式盐硫酸镁水泥可克服上述各种弊端。

不同胶凝材料对工艺控制的影响见表 10-1，对产品性能的影响见表 10-2。试验环境温度 29℃，产品干密度 210～220kg/m^3。

表 10-1　不同胶凝材料对工艺性能的影响

试验编号	材料品种	发泡结束需时 (min：s)	最高温升 (℃)	发泡剂用量 (%)	达脱模强度需时间 (h)
1010A	快硬硫铝酸盐	21：30	98	5.0	4
1010B	普通硅酸盐	10：10	89	7.0	12
1010C	5·1·7 镁水泥	25：45	63	5.5	8

表 10-2　不同胶凝材料对产品性能的影响

试验编号	材料品种	28d 抗压强度 (MPa)	28d 抗拉强度 (MPa)	软化系数	碳化系数
1010A	快硬硫铝酸盐	0.42	0.08	0.85	0.73
1010B	普通硅酸盐	0.50	0.10	0.90	0.85
1010C	5·1·7 镁水泥	0.58	0.12	0.83	0.80

从表 10-1 可以看出，发泡结束需时，硅酸盐类水泥最短，意味着它发泡速度最快，其次是硫铝酸盐水泥，而镁水泥发泡需时最长，较为平缓。因此，从有利于操作的角度考虑，镁水泥及硫铝酸盐水泥较为合适，而硅酸盐类水泥由于发泡过快，不利于操作。最高温升的比较，快硬硫铝酸盐水泥最高，其次是硅酸盐水泥，而 5·1·7 碱式盐硫酸镁水泥最低。所以，从防止水化热集中易造成热裂的角度考虑，使用普通硅酸盐水泥和快硬硫铝酸盐水泥不是理想的选择，而 5·1·7 碱式盐硫酸镁水泥比较有利。从发泡剂用量的角度比较，硫铝酸盐发泡剂用量最少，其次是镁水泥，复合硅酸盐水泥用量最大。从脱模时间（即硬化速度）的角度比较，快硬硫铝酸盐水泥最短，仅 4h，而镁水泥次之，需 86h，复合硅酸盐水泥需时最长（12h）。

从表 10-2 可以看出，5·1·7 碱式盐硫酸镁水泥所制产品的力学性能最好，抗压和抗拉强度都高于其他胶凝材料。而普通硅酸盐水泥也较为理想，相比较而言，快硬硫铝酸盐水泥较差。软化系数的比较，则普通硅酸盐水泥最优，其次为硫铝酸盐水泥，镁水泥略差，但也满足要求。碳化系数，也是复合硅酸盐水泥最好，其次为镁水泥，快硬硫铝酸盐水泥最差。

2. 不同厂家产品的影响

我们在生产中发现，相同强度等级和类型的胶凝材料，采用相同的配合比和生产条件，其工艺性能和产品性能都有一定的差别，有些差别还比较大。即使相同商标的不同生产厂家的胶凝材料，也是如此。表 10-3 是我们选用四家 42.5 普通硅酸盐所进行的比较试验结果，这一试验结果验证了我们的生产经验，其影响最大的是浇注稳定性，发泡结束时间（发泡速度），产品干密度，而对其他影响较小。其中，对浇注稳定性的影响最为明显。

表 10-3　不同厂家所生产水泥对发泡工艺及产品性能影响

试验编号	产地	浇注稳定性	发泡结束时间 (min：s)	产品干密度 (kg/m^3)	最高温升 (℃)
1028	唐山	不塌模	12：50	183	63
1029	沈阳	塌 5mm	8：30	195	66
1030	阳泉	塌 30mm	9：30	210	68
1031	石家庄	不塌模	17：20	190	64

产品上述不同影响的主要原因，是因为上述水泥虽然牌号相同，但由于所在地区的矿石等原料的成分不相同，而且各厂家的生产设备及相应工艺控制也不同，熟料配合比因原料的差异也不会相同，其水泥的碱性、化学成分及矿物成分、技术性能也不尽相同。因而其对泡沫混凝土的影响也会不同。所以，不能认为，相同牌号而不同产地的水泥可以使用完全相同的配合比及相同的工艺参数，而必须因品而异，因地而异，有针对性地设计相应的适用配方。

这里需要说明的是，上述不同厂家的相同牌号和相同等级水泥，在不同的配合比中的影响，也是不相同的。改变配合比，其影响也会随之改变。我们也曾在上述水泥做过这样的试验。在表 10-3 中产地为石家庄的水泥，在另一配合比中也塌模 20mm，而本来塌模 30mm 的产地为阳泉的水泥，在另一配合比中并没有塌模。出现这种情况的原因，是水泥的成分与配合比中一些物料的成分适应性不同。在这一配合比中是适应的，在另一配合比中可能就会不适应。因此，不能期望一种水泥会适用于任何配方。

3. 不同胶凝材料复合使用的影响

普通硅酸盐水泥、快硬硫铝酸盐水泥、5·1·7 碱式盐硫酸镁水泥等各种胶凝材料，大多可以复合使用。其中，以前述三大胶凝材料复合使用最为常见。目前，在实际生产中，普通硅酸盐水泥与快硬硫铝酸盐水泥复合使用最为常见。因此，摸清不同胶凝材料复合使用的规律，对很好地生产泡沫混凝土保温板十分重要。为了掌握这一基本规律，我们曾进行了多次试验，其试验得出的规律经生产应用，是正确的，避免了在生产中走弯路。表 10-4 是快硬水泥与普通硅酸盐水泥复合使用的影响。

表 10-4　快硬硫铝酸盐水泥与普通硅酸盐水泥复合使用的影响

编号	快硬硫铝酸盐水泥掺量（%）	凝结时间（min）		发泡剂用量（%）	相同稠度用水（%）	抗压强度（MPa）		
		初凝	终凝			3d	7d	28d
1089	0	140	200	7.5	65.5	0.1	0.25	0.39
1090	5	110	180	7.0	62.1	0.13	0.30	0.45
1091	10	75	135	6.5	60.5	0.16	0.35	0.42
1092	20	45	95	6.0	58.3	0.20	0.30	0.37
1093	50	30	70	5.0	55.7	0.30	0.35	0.25
1094	80	20	50	4.5	51.2	0.35	0.38	0.40
1095	95	15	35	4.0	49.0	0.37	0.39	0.41

从表 10-4 可以看出，当快硬硫铝酸盐水泥掺量低于 50%时，普通硅酸盐水泥占主导。在其掺量由 5%增加到 50%时，随其掺量的增加 3d 强度同步增长，说明快硬硫铝酸盐水泥具有明显的快硬早强和促凝作用。但 28d 强度，在其掺量为 5%时达到最大值，超过 5%，则随其掺量的增大而下降。这说明，快硬硫铝酸盐水泥在普通硅酸盐水泥为主的胶凝体系中，其合适的掺量为 5%～10%，以 5%为最佳。在 5%～10%的掺量范围内，既有早强促凝作用，又有良好的 28d 强度。在 5%掺量时，28d 强度高于不掺。证明其在 5%掺量时，对普通硅酸盐胶凝体系还有增强作用。但掺量大于 10%，虽对 3d、7d 强度有利，但却导致 28d 后期强度下降，且在其掺量大于 20%时，28d 强度下降幅度较大。所以，从早强快硬及 28d 强度兼顾的原则考虑，快硬硫铝酸盐水泥在普通硅酸盐胶凝体系中的最佳掺量为 5%～10%，优选 5%，其极限掺量为 20%。如果为了缩短脱模周期而过量加入快硬硫铝酸盐水泥（大于 20%），则是不可取的，会明显降低后期强度。

从表 10-4 还可以看出，当快硬硫铝酸盐水泥掺量大于 50%时，它已成为胶凝体系的主导，随其比例增大，初凝及终凝时间缩短，3d 强度提高明显。但当其掺量为 50%～60%时，普通硅酸盐水泥的用量为 50%～40%时，其 28d 强度的最低值，继续加大其掺量至 70%～95%（普通硅酸盐水泥 30%～5%）其 28d 强度又逐步上升。其掺量为 70%～95%时（普通硅酸盐水泥为 20%～5%），其 28d 强度为最大值。

上述掺量分析可以得出以下结论：当快硬硫铝酸盐水泥为主时，普通硅酸盐水泥的最佳掺量为 5%～20%；当普通硅酸盐水泥为主时，快硬硫铝酸盐水泥的最佳掺量为 5%～10%。当快硬硫铝酸盐与硅酸盐水泥的用量相近或相同时，其 28d 强度最差。因此，考虑快硬早强与 28d 强度的统一，必须以一种胶凝材料为主体，另一种少量掺用，而不是二者相等或相近。其他胶凝材料复合使用时，也有相类似的规律。如快硬硫铝酸盐水泥与镁水泥复合使用，普通硅酸盐水泥与镁水泥的复合使用等，此不一一举例详述。

另外，表10-4中显示，发泡剂用量有以下规律，硫铝酸盐水泥掺量增大，发泡剂用量同步减少，也即硅酸盐水泥的掺量增大，发泡剂用量同步上升。不同胶凝材料品种复合比例的变化，对发泡剂用量有明显的影响。

4. 胶凝材料存放时间的影响

不论是快硬硫铝酸盐水泥，还是通用硅酸盐水泥或镁水泥，以及各种胶凝材料，其胶凝性能的优劣与其活性有直接的对应关系。即：活性越高，胶凝强度及其他性能也越高。而胶凝材料的活性不是一成不变的，而是自生产之日起，随存放时间加长而降低。这是因为胶凝材料在存放过程中，缓慢吸收空气中的水分，发生水化反应，而降低了活性。由于这种活性的降低十分缓慢，在短时间内表现不明显，所以在发生大量结块失效之前，许多人感觉不到。但即使是不结块，无团粒，实际也已经失去了一部分活性。因此，其存放时间越长，活性降低就越严重。表10-5是不同存放时间的普通硅酸盐水泥对泡沫混凝土保温板生产的影响。

表10-5 不同存放时间的普通硅酸盐水泥对泡沫混凝土保温板生产的影响

编号	存放时间	外观状态	凝结时间（min）		浇注稳定性	保温板力学性能（MPa）	
			初凝	终凝		抗压强度	抗拉强度
216	7d	无结块，良好	90	255	良好	0.48	0.14
317	28d	无结块	110	280	良好	0.46	0.13
518	60d	无结块	135	320	浆体沉陷20mm	0.41	0.10
879	120d	有团粒	170	450	浆体沉陷50mm	0.34	0.08
991	180d	有小结块	280	630	塌模	—	—
283	240d	有大结块	340	740	塌模	—	—

从表10-5可以知道，在库房自然存放60d后，浇注已出现不稳定。当存放180d时，就会导致塌模，不能正常浇注。已存放60d后，产品性能（抗压强度及抗拉强度）都会出现较大的降低，120d后下降幅度更大。另外，随着存放时间的加长，浇注后的初凝及终凝时间，也都有了相应的延长。因此，水泥的存放不论是对泡沫混凝土保温制品生产的工艺，还是产品的力学性能，都有不同程度的不利影响。因此，胶凝材料在自然状态下，不宜过长时间存放。

现在，不少企业存放较长的水泥仍然用于生产，有些甚至把结块粉碎过筛使用。这是很不科学的。存放出现团粒或结块的水，不能再用于生产。存放期较长者，也应与新水泥掺混使用，且掺量应小于5%。

10.1.2 辅助胶凝材料的影响

辅助胶凝材料有很多，至少不下20种，如煅烧高岭土、煅烧煤矸石、自燃红矸石、火山渣、稻壳灰、窑灰、钢渣、沸腾炉渣、铜冶炼渣等。但这些辅助胶凝材料大多需煅烧或粉磨，且来源不普遍，不易得到。目前，在生产中实际已经大量应用的，只有粉煤灰、矿渣微粉、硅灰三种。因此，这里只就这三种辅助胶凝材料的影响加以详述。

1. 粉煤灰的影响

粉煤灰的影响分三个方面，即不同等级粉煤灰的影响、不同粉煤灰掺量的影响，不同比表面积粉煤灰的影响、粉煤灰级配的影响试验采用河北三河市燕郊电厂粉煤灰。

（1）不同等级粉煤灰的影响

按我国标准，粉煤灰分为Ⅰ、Ⅱ、Ⅲ级。不同等级的粉煤灰，其细度、活性、综合品质不同。因此，不同等级粉煤灰对泡沫混凝土保温制品的影响也不同。表 10-6 为不同等级粉煤灰对泡沫混凝土保温制品工艺及产品质量的影响。

表 10-6　不同等级粉煤灰的影响

试验编号	粉煤灰等级	掺入量（%）	加水量（%）	抗压强度（MPa）	抗拉强度（MPa）	浆体黏稠度
128	Ⅰ级	30	54.0	0.59	0.13	较好
129	Ⅱ级	30	54.0	0.55	0.12	一般
130	Ⅲ级	30	54.0	0.48	0.10	较差

从表 10-6 可以看出，抗压和抗拉强度，Ⅰ级灰＞Ⅱ级灰＞Ⅲ级灰，随粉煤灰品质的提高，产品的力学性能随之提高。而浆体的黏稠度，则为Ⅰ级灰黏稠度大于Ⅱ级灰，Ⅱ级灰黏稠度又大于Ⅲ级灰。

由此可得出以下结论：

①使用高品质粉煤灰有利于提高保温板的力学性能；

②使用高品质粉煤灰有利于增加浆体的黏稠度，对提高浆体的稳定性有好处。

（2）不同粉煤灰掺量的影响

试验设计试件干密度为 180kg/m^3，原状Ⅱ级粉煤灰掺量为 10%、20%、30%、40%。其试验结果见表 10-7。

表 10-7　不同粉煤灰掺量的影响

试验编号	粉煤灰掺量（%）	浇注稳定性	初凝（min）	28d 抗压强度（MPa）	干缩值（mm/m）
310	0	良好	70	0.34	0.85
311	10	良好	70	0.35	0.80
312	20	良好	90	0.33	0.75
313	30	微陷	140	—	—
314	40	塌模	—	—	—

表 10-7 的试验结果表明，粉煤灰的少量加入有利于提高保温制品的干燥抗缩性能，其干燥收缩值随粉煤灰掺量的增大而降低。少量粉煤灰的加入也有利于提高产品的抗压强度值，不掺粉煤灰时的抗压强度值为 0.34MPa，掺入 10%的抗压强度值为 0.35MPa，但当掺入 20%时，其强度反而下降。表 10-7 的试验结果也表明，当粉煤灰少量加入时，其对浆体的初凝时间影响较小，因而不会引起对工艺的过大副作用，但当掺量较大时（大于 30%），浆体稠化速度变慢，影响气泡的稳定，导致浆体的沉陷甚至塌模。因此，可以根据上述试验

分析得出以下结论：

① 粉煤灰在发泡体系中的加量应合适，一般在没有其他增活措施时，不宜大于30%；

② 粉煤灰的掺入对提高产品的抗干缩性能有好处，当其掺量较小时，也有利于提高产品的抗压强度。但粉煤灰的掺入会影响浆体的凝结性能，过量加入会降低28d抗压强度，并引起浆体沉陷和塌模。

（3）粉煤灰磨细的影响

将粉煤灰粉磨至比表面积700m²/kg、800m²/kg、900m²/kg，用这三种磨细粉煤灰和原状粉煤灰工艺设计了一组试验，试验结果见表10-8。其各种试验条件相同，只更换粉煤灰品种。

表10-8　粉煤灰磨细的影响

试验编号	粉煤灰品种	掺量（%）	28d抗压强度（MPa）	28d抗拉强度（MPa）	干缩值（mm/m）
823	Ⅱ级原状灰	30	0.43	0.09	0.75
824	700比表磨细灰	30	0.45	0.10	0.70
825	800比表磨细灰	30	0.46	0.12	0.70
826	900比表磨细灰	30	0.50	0.13	0.65

从表10-8可以看出：

① 粉煤灰磨得越细，凝结时间越短，说明粉煤灰的磨细可以加快水化，缩短浆体的凝结时间。

② 粉煤灰比表面积越大，抗压强度越高，说明粉煤灰磨细可以提高产品的抗压强度。

2. 矿渣微粉影响

矿渣微粉在泡沫混凝土混合材中的应用，仅次于粉煤灰。影响其应用的，主要是不少地区没有就近供应的这种原材料，但从性能及应用效果看，它的早期强度发挥优于粉煤灰，因为它的活性高于粉煤灰。

我们选用唐山钢厂比表面积为410 m²/kg的矿渣微粉，采用邯郸太行牌52.5级普通硅酸盐水泥，进行了一些试验。

（1）不同矿渣微粉掺量的影响

在其他试验条件相同的情况下，进行了泡沫混凝土保温板成型效果试验。试件设计干密度250kg/m³，其中矿渣微粉的掺量为20%、30%、40%、50%、60%。试验结果见表10-9。

表10-9　矿渣微粉不同掺量的影响

试验编号	掺量（%）	浇注稳定性	凝结时间（min）		28d抗压强度（MPa）	干缩值（mm/m）
			初凝	终凝		
738	0	良好	55	105	0.46	0.80
739	20	良好	65	115	0.48	0.85
740	30	良好	90	180	0.45	0.90
741	40	微塌5mm	135	210	0.43	0.95
742	50	下塌40mm	190	255	—	—
743	60	塌模	—	—	—	—

由表10-9可以看出：

① 矿渣微粉掺量达到一定程度，泡沫混凝土浆体的稳定性降低。其掺量在30%以内，浆体稳定，40%以上掺量，稳定性就逐步下降，达到60%时，产生塌模。这说明，矿渣微粉在泡沫混凝土中的掺量不宜超过50%，比较合理的掺量应小于30%，否则，浇注稳定性不好。

② 随矿渣微粉掺量的增加，其凝结时间增加，说明其掺量过大，将影响浆体稠化速度、硬化速度。

③ 随矿渣微粉掺量的增加，其28d抗压强度先升后降。在其掺量为20%以内时，其28d抗压强度上升，当掺量达20%以上时，其28d抗压强度呈下降趋势。

④ 随矿渣微粉掺量的增加，其干缩值增大。

（2）矿渣微粉对抗压强度的影响

试件设计干密度成型后的试件分别测定其28d、60d、180d、360d抗压强度。试验结果见表10-10。

表10-10　矿渣微粉对抗压强度的影响

试验编号	掺量（%）	泡沫混凝土密度（kg/m^3）	抗压强度（MPa）			
			28d	60d	180d	360d
738	0	192	0.46	0.50	0.52	0.55
739	20	190	0.48	0.56	0.65	0.73
740	30	193	0.45	0.49	0.61	0.78
741	40	198	0.43	0.47	0.63	0.79

由表10-10可以看出：

① 掺矿渣微粉试件的长期强度增进率大于不掺矿渣微粉的试样，证明矿渣微粉对产品长期强度的增进贡献较大。

② 泡沫混凝土长期强度的增进率随矿渣微粉掺量的增大而增大。说明增大矿渣微粉掺量对长期强度有益。

③ 矿渣微粉的掺入量超过20%时，对28d抗压强度有不利影响，呈下降趋势。但其对60d以后的强度发展有利。

（3）不同比表面积矿渣微粉对工艺及产品性能的影响

将外购比表面积400m^2/kg的矿渣微粉磨细至比表面积800m^2/kg、950m^2/kg，在其他试验条件相同的情况下，成型3组试件，测试其对工艺及产品性能的影响。其试验结果见表10-11。

表10-11　不同比表面积矿渣微粉对工艺及产品性能的影响

试验编号	掺量（%）	比表面积（m^2/kg）	凝结时间（min）		强度（MPa）	
			初凝	终凝	抗压强度	抗拉强度
796	30	400	90	170	0.49	0.10
797	30	600	80	160	0.53	0.10
798	30	800	75	145	0.59	0.12
799	30	900	65	120	0.62	0.13

由表 10-11 可以看出：

① 随着比表面积的增大，初凝终凝时间均呈缩短的趋势。这表明其磨得越细，可加快水化、稠化及凝结速度。

② 随着比表面积的增大，力学性能提高，其抗压强度及抗拉强度均有提高，且比表面积越大，提高幅度越大。

据此分析，可以得出如下结论：

矿渣磨细对其提高力学性能、缩短凝结时间等，均有良好的影响，对工艺及产品性能是很有好处的。因此，矿渣磨得更细对泡沫混凝土保温制品生产是一项较好的技术措施，可以采用。

3. 硅灰的影响

硅灰在泡沫混凝土保温制品的生产中应用较广，它既有好处，也有坏处，关键在于正确的使用。为摸清其影响规律，我们采用北京某公司提供的硅灰，进行了硅灰影响试验，其试验分为其不同掺量对工艺的影响，不同掺量对产品性能的影响。

（1）硅灰掺入对工艺的影响

硅灰掺入对工艺的影响见表 10-12。

表 10-12　硅灰掺入对工艺的影响

试验编号	掺量（%）	相同流动度用水量（%）	中心部位最大温升（℃）	凝结时间（min）	
				初凝	终凝
239	0	50	74	95	200
330	2	51	77	90	165
331	4	52	80	85	150
332	6	53	85	80	120
333	8	55	88	75	110

由表 10-12 可以看出：

① 硅灰的加入，加快了凝结速度，初凝及终凝时间缩短。

② 加入硅灰后，达到相同流动度的用水量加大。硅灰的加入量越大，达到相同流动度所需水量就越大，二者成正比例关系。

③ 加入硅灰后，由于凝结加快，水化热集中，导致成型后坯体中心部位温升提高。硅灰加入越多，中心温度就越高。

据上述分析，可得出如下结论：

① 硅灰有促凝作用，可加快凝结硬化。

② 硅灰的加入量使水化热集中，使坯体温升加剧。

③ 硅灰加入要增大用水量。

（2）硅灰掺入对产品性能的影响

硅灰掺入对产品性能的影响见表 10-13。

表 10-13　硅灰掺入对产品性能的影响

试验编号	掺量（%）	裂纹情况	干缩值（mm/m）	抗压强度（MPa）	抗拉强度（MPa）
239	0	无	0.83	0.41	0.09
330	2	无	0.85	0.45	0.11
331	4	微裂	0.90	—	—
332	6	开裂	0.92	—	—
333	8	开裂	0.95	—	—

由表 10-13 可知：

① 硅灰的少量（2%）加入使产品的力学性能有所改善，抗压强度及抗拉强度均有所提高。

② 硅灰的加入促使水化热集中，在其掺量较大时（大于 3%）使坯体开裂，且随其掺量增加而加剧。

③ 硅灰的加入使产品干缩增大，其加入量越大，干缩则越大，二者成正比。

据此得出结论：

① 硅灰的加入对改善产品的力学性能有好处。

② 硅灰的加入有很大的副作用，主要是坯体开裂，产品干缩增大。

③ 硅灰的加量应合适。其适宜加入量应小于 3%，超过 3%则副作用大于正作用。

10.2　设备的影响

10.2.1　搅拌设备的影响

在众多设备中，搅拌设备对产品成型工艺及产品性能的影响最大。下面是不同搅拌设备对工艺及产品性能的影响。

1. 不同型式搅拌机的影响

试验采用普通卧式砂浆搅拌机、立式行星混凝土搅拌机、卧式双轴混凝土搅拌机、卧式三螺带搅拌机、立式单轴浆叶搅拌机、立式双轴高速搅拌机、立式双轴活化均质高速搅拌机等 8 种搅拌机，它们已经用于泡沫混凝土保温板生产。其中，前 5 种为常规搅拌机，后三种为笔者所研发。试验结果见表 10-14。

表 10-14　不同型式搅拌机的影响

试验编号	搅拌机种类	转速（r/min）	浆体流动度（s）	浆体外观	凝结时间（min）		抗压强度（MPa）
					初凝	终凝	
038	卧式砂浆	30	38	无光泽	110	210	0.40
039	立式行星	30	39	无光泽	110	210	0.41
040	卧式双轴强制	60	36	无光泽	105	205	0.40
041	卧式三螺带	60	33	微光泽	100	200	0.44

续表

试验编号	搅拌机种类	转速 (r/min)	浆体流动度 (s)	浆体外观	凝结时间 (min)		抗压强度 (MPa)
					初凝	终凝	
042	立式单轴	300	32	微光泽	95	170	0.45
043	立式双轴	1400	28	有光泽	80	150	0.48
044	立式双轴活化	1400	27	亮泽	70	135	0.51
045	立式双轴活化均质	1400	26	高亮泽	65	125	0.57

表 10-14 显示，传统各种搅拌机，所搅拌的浆体外观粗糙，没有光泽，初终凝时间相对较长，流动度较差，所制产品抗压强度较低。而各式新型搅拌机，所制浆体外观细腻而富有光泽，流动度较好，所制保温板产品抗压强度较高。在传统搅拌机中，螺带搅拌机及立式单轴搅拌机的搅拌效果略好。而在新式搅拌机中，配备有活化器及均化器的搅拌机效果最好。

据上述试验结果，可以得出如下结论：

① 各式传统搅拌机不适合泡沫混凝土保温制品的生产。

② 配备有活化器与均化器的双轴高度搅拌机搅拌效果最好，是比较理想的新型搅拌设备。

2. 不同搅拌机配置方式的影响

搅拌机的配置方式，目前在生产中实际应用的，有单级搅拌、两级搅拌、三级搅拌等三种。单级搅拌为传统的配置方式，两级搅拌为前几年出现的较新的配置方式，而三级搅拌是近两年笔者推出的最新配置方式。

为对比三种搅拌配置方式的搅拌效果，我们进行了试验。试验效果见表 10-15。

表 10-15 不同搅拌机配置方式的影响

试验编号	配置方式	总搅拌时间 (min)	浆体流动度 (s)	凝结时间 (min)		抗压强度 (MPa)
				初凝	终凝	
196	单级	3	36	100	205	0.33
197	两级	6	32	85	180	0.37
198	三级	9	29	75	135	0.41

注：196 为一台立式双轴高速搅拌机。197 一级搅拌为卧式三螺带搅拌机，二级搅拌为立式双轴高速搅拌机。198 一级二级与 197 相同，三级搅拌为立式双轴高速搅拌机。

由表 10-15 可以看出：

（1）浆体流动度，三级搅拌优于两级搅拌，而两级搅拌又优于单级搅拌，随搅拌级数的增加，浆体的流动度亦随之优化。

（2）凝结时间，三级搅拌短于两级搅拌，而两级搅拌又优于单级搅拌，随搅拌级数的增加，凝结时间随之缩短。

（3）制品抗压强度，单级搅拌机仅为 0.33MPa，而两级搅拌机为 0.37MPa，三级搅拌机为 0.41MPa。随搅拌级数的增加，抗压强度随之提高。

据此可得出以下结论：

① 传统的单级搅拌配置不合理，搅拌效果较差。

② 新型的三级搅拌配置科学合理，搅拌效果最为理想，是较好的先进配置。

10.2.2　模具的影响

相对于搅拌机，模具的影响相对小一些。但是与其他设备相比，它对工艺性能与产品性能的影响比较明显。

1. 模具体积的影响

模具体积的大小，对工艺性能与产品性能均有明显的不同。现采用高度为 600mm 的模具，改变其体积大小，来测定其影响，其试验结果见表 10-16。

表 10-16　不同体积模具的影响

试验编号	模具体积（m^3）	坯体最高温升（℃）	内部裂纹状况	浇注稳定性	28d 抗压强度（MPa）	
					边部	中心部
116	0.3	58	无	稳定	0.33	0.34
117	0.6	67	无	稳定	0.34	0.33
118	1.2	79	中心部微裂纹	稳定	0.34	0.32
119	1.6	84	中心有裂纹	沉降 10mm	0.32	0.30
120	2.0	93	中心有较大裂纹	沉降 80mm	0.30	—

由表 10-16 可以看出：

（1）随着模具体积的增大，坯体内部温升加大，说明增大模具体积使其内部水化热集中程度加大。

（2）随着模具体积的增大，坯体中心部位出现的裂纹增多，尤其是体积增大到 1.2m^3 以上时。

（3）浇注稳定性，在体积较小时较好，但当体积过大时，稳定性变差，尤其是体积接近 2m^3 时。

（4）28d 抗压强度，模具体积过小和过大都较低，而在体积 0.6～1.2m^3 时，抗压强度较高。这是因为模具过小，坯体温度低，水化进行缓慢，而模具过大，裂纹的出现也影响其强度。

模具越大，边部效应越明显，中心部与边部的力学性能差距越大。

结论：（1）模具过大或过小都不好。

（1）模具在 0.6～1.2m^3 时，其有利影响较多。

2. 模具类型的影响

试验采用轻型钢模（板厚 2mm）、层压板木模（板厚 15mm）、竹胶合板模（板厚 10mm）、酚醛泡沫夹芯板模（酚醛芯板厚 50mm）等四种模具，进行对比；观察和测定不同种类模具对工艺及产品性能的影响。试验结果见表 10-17。模具体积 1.5m^3。

表 10-17　不同模具类型的影响

试验编号	模具类型	坯体裂纹情况	不同部位温升			不同部位抗压强度（MPa）		
			中部	距边 30cm	距边 10cm	中心部	30cm	10cm
308	轻型钢模	有裂纹	82	78	67	0.27	0.29	0.30
309	竹胶合板	有裂纹	83	78	69	0.28	0.30	0.31
310	层压板木模	芯部裂纹	85	80	74	0.30	0.31	0.32
311	酚醛夹芯板	无裂纹	86	82	79	0.35	0.34	0.33

从表10-17可以看出，不同类型的模具，对产品工艺及产品质量有一定的影响。对工艺的影响，主要是坯体不同部位的最高温升不同。一般情况下，中心部位最高温升较大，而边部则温升较小。其规律是：木模、酚醛夹芯模等保温较好的模具，中心部位与边部的温差较小，而钢模及竹胶板模等保温不好的模具，中心部位与边部的温差较大。这一温差越大，热膨胀应力差也越大，对产品的不利影响也越大，主要是造成产品由热应力差引起开裂、强度下降。由表10-17中可以看出，钢模、竹胶合板模所生产的产品裂纹较多，而酚醛泡沫板和木模，产品裂纹相对较少。由于裂纹的影响，保温型木模与酚醛泡沫板夹芯模所生产的产品，其抗压强度由于裂纹少或没有裂纹，而抗压强度较高，而钢模及竹胶板模，则由于有裂纹而抗压强度较低。

结论：选用保温效果较好的模具，有利于降低热应力差及热应力差所造成的对产品性能的不利影响。

10.3 配合比的影响

在各种原料配比量中，水是影响较大的一种。以保温板为例进行试验，其配比量的影响见表10-18。

表10-18 水的配比量对工艺及产品性能的影响

编号	水料比	流平性	浇注稳定性	发泡后的高度(mm)	终凝时间(min)	孔径(mm)	产品密度(kg/m³)	抗压强度(MPa)	吸水率(%)
529	0.48	不好	好	260	125	1.2	235	0.61	8.7
530	0.50	不好	好	300	130	1.5	210	0.57	9.4
531	0.54	尚可	好	350	150	2.0	198	0.53	9.8
532	0.58	较好	尚可	380	180	2.4	184	0.50	10.5
533	0.65	很好	下沉30mm	420	200	3.0	168	0.42	13.3
534	0.75	很好	塌模	—	—	—	—	—	—

由表10-18可以看出，水的配比量（水料比）对保温板生产的工艺及产品性能均有较大的影响。具体为：

（1）水料比越大，即水的加量越大，产品的流平性越好，当水料比达到0.65以上时，料浆入模后可以自流平，而水料低于0.50时，流平性不好，不能自流平。这实际上是对面包头大小的影响，水料比越大，面包头越小，面包头产生的废料也越少。

（2）水的配比量影响浇注稳定性。水的配比量越大，凝结硬化越慢。当水料比达到一定值，就会引起料浆在浇注后下沉或塌模。这是由于水的加量过大，使固体颗粒下沉，以及凝结速度变缓等因素所形成的。水料比为0.75时，就形成了塌模。

（3）水的配比量影响凝结硬化时间。当水料比为0.48时，终凝为125min，而当水料比为0.65时，终凝时间为200min。水料比0.75时，由于加水量过大，浆体长时间不凝结，使固体颗粒在浆体中发生重力沉降，压破下层气泡，而发生塌模。

（4）水的配比量影响化学发泡高度和产品密度。从表中可知，水的配比量越大，发泡高度越大，产品密度越低。当水料比为0.48时，发泡高度仅260mm，其产品密度为235kg/m³。而当水料比为0.65时，发泡高度增加到420mm，其密度下降到168kg/m³。加水量与密度虽然没有对应关系，但却有线性的变化规律。

（5）水的配比量影响孔径。孔径是由气孔的泡径所最终决定的，早期为泡径，后期为孔径，孔径略小于泡径。从表中可以看出，虽然孔径大小是由很多因素决定的，但水的配比量也是一个因素。当水料比为0.48时，孔径为1.2mm。而当水料比加大为0.54时，气孔的孔径也加大为2.0mm。在水料比为0.65时，孔径加大为3.0mm。这说明：水料比越大，即水的用量越大，则在其他条件相同时，气孔的孔径也会越大。

（6）水的配比量影响产品的抗压强度。在一定范围内，水的加量越大，其抗压强度越低。从表10-18可以验证这一点。当水料比为0.50时，产品的抗压强度为0.57MPa，而当水料比加大到0.58时，抗压强度就降到0.50MPa。这是因为，水量越大，游离水越多，游离水在蒸发后形成的孔隙也越多。而孔隙越多，抗压强度也越低。

（7）水的配比量影响产品的吸水率。从表10-18可以看出，水料比与吸水率呈线性关系，水料比越大则吸水率越大。编号529的水料比0.48，产品吸水率仅8.2%。编号531的水料比为0.65，其产品吸水率为13.3%。吸水率随用水量增大的原因，就是因为水的配比量过大时，反应后剩的水（游离水）越多，这些游离水蒸发后形成的毛细孔隙也越多。而毛细孔是吸水通道。因此，当加水量超过合适水量之后，其加量越多，必然导致吸水率越大。

上述影响在不同的配方中和工艺中，表现的强弱程度各不相同，但这里揭示的规律应该是大致相同。

10.4　高性能产品生产应扭转的技术误区

要想生产出性能优异的保温产品，必须走出三个技术误区。现在，这三个误区对行业的不良影响很大，阻碍了产品高性能发展。因此，发展新型高性能保温产品，必须也从思想上认识到这些误区的危害，然后从技术上予以纠正。

10.4.1　应走出误区之一：脱模越早越好

一些企业为降低模具投资，减少模具数量，加快模具周转，并减少模具静停占地面积，就想尽量加快浆体的硬化，缩短硬化周期，使脱模时间提前。这种心情是可以理解的，也是一些企业面临资金压力使然。但是，这种做法是不可取的。违反工艺规律，过分谋求缩短脱模时间，对高性能产品的生产有百害无一利，应予以纠正。尤其是采用通用硅酸盐类水泥时，不可过分追求超快硬化。

胶凝材料的水化反应是有自然规律的。充分的水化反应要有一定的时间保证。从技术上讲，加快胶凝材料的水化反应是完全可以实现的。一般来讲，水化反应的速度有这样的规律：（1）胶凝材料中含有的水化速度较快的成分越多，其早期硬化越快，如通用水泥中硅酸三钙、铝酸三钙、铁铝酸四钙的含量越高，其水化反应在早期进行得就越快，达到脱模强度的时间就越短；（2）环境温度越高，则反应速度越快，其早期硬化越快；（3）胶凝材料越细，其比表面积越大，与水及其物料反应界面越大，反应速度也越快；（4）加入促凝剂、早强剂等催化成分，可以直接促进水化反应的进行，加快其硬化，使坯体提前脱模；（5）浇注后采用蒸压、蒸养、红外加热、电磁加热、负压加热灯物理手段，也可以加快其水化反应速度，加速其硬化，缩短脱模周期。（6）在工艺许可范围内减少用水量也有利于缩短凝结硬化周期，除了上述方法外，还有其他未尽的技术措施。

可以说，在不影响产品性能的情况下，适当采用一定技术措施，加快产品脱模，是可行的，也是技术合理的，无可非议。但现在一些企业的做法，已经超出了技术的许可范围。它们在采用普通硅酸盐水泥生产保温制品时，已经把脱模时间通过促凝促硬手段压缩到 3h，但仍然嫌硬化慢。一些企业坚持追求 2h 硬化脱模切割，个别企业还在拼命寻找 1h 甚至几十分钟就脱模切割的方法。追求超短时间脱模，已成行业技术上的一股不正之风。

这种追求超短时间脱模的危害是极大的，与追求产品高性能化背道而驰。其危害主要有下述几点：

1. 促使水化热过度集中，引发并加剧产品热裂

胶凝材料与辅助胶凝材料的总水化热是大致一定的。其释放时间越短，水化热就会越集中，最高峰值的出现就越早和越高。相应的，其造成的坯体内外温差及热应力差也越大，从而引发的坯体热裂也就越严重。往往水化（硬化）速度与水化热集中程度及产品热裂程度成正比。所以同一胶凝体系，其水化（硬化）速度越快，热裂就越严重。追求超短时间脱模，无限度地压缩脱模时间，造成的热裂无论采用什么防裂措施，在实际生产中都是无法避免的。不但其废品率抵消了利润，而且产品性能会大幅下降。

2. 降低产品的抗压强度，抑制坯体的充分水化

胶凝材料的水化产物是产品抗压强度的主要来源。水化程度越高，水化反应进行得越彻底，产品的抗压、抗拉等力学性能就越好，这是人所共知的常识。而水化的彻底是需要一定时间的，如果违反客观规律，一味压缩水化时间，加快其水化速度，让产品在超短时间内硬化，就会造成产品的水化不能充分进行，水化产物不足引起产品力学性能下降。

胶凝材料的水化反应，均是从每一个胶凝材料颗粒的表面开始的。随着水化反应的进行，其反应从颗粒表面逐层向颗粒中心部推进。如果其凝结硬化速度过快，先行产生的水化产物就会很快在颗粒表面层交叉搭接，形成一个胶凝硬化层，把还没有水化的颗粒芯部包围起来，隔离和阻止了水与芯核未水化部分的接触，从而使未水化的芯核部分减少了水化，不能再发挥胶凝强度作用。其水化速度越快，其颗粒外层水化产物形成硬化层的速度也越快，未水化芯核也越大，强度损失也越大。速凝剂之所以降低水泥强度，原因也是如此。所以速凝剂促凝的水泥浆及混凝土不能用于结构工程，只能用于临时抢险和支护喷涂层。其原因也就在于速凝剂劣化了水泥浆及混凝土的力学性能。所以，过度追求产品的快速凝结硬化和脱模，对产品的强度是十分有害的。

3. 增多毛细孔，增大吸水率

除了降低产品的抗压强度等力学性能之外，过度促凝促硬加快脱模还会增大产品吸水率，其他性能如碳化性能、抗缩性能、软化系数、抗冻融性能等也都会全面下降。

大家知道，水化程度决定水化产物的生成量。水化时间短，水化过早被抑制（未水化芯核难以水化），水化产物就会大量减少。毛细孔作为吸水通道，它的吸水率与其数量及孔径有很大的关系。毛细孔数量越多，孔径越大，则其吸水率就会越高。吸水率一般与毛细孔成正比。而毛细孔的数量与孔径，则直接与水化程度及水化产物有关。水化充分时水化产物量大，就会以填充作用填充毛细孔，使毛细孔小的消失，大的变细，从而降低了毛细孔率并使其剩余的毛细孔细化。相应的，这也就降低了吸水率。但如果胶凝材料速凝和闪凝，来不及充分水化，就会导致水化产物的严重不足，无法填充毛细孔，使毛细孔数量增加且孔径加大。在这种情况下，即使加入防水剂，其吸水率也会居高不下，很难达到高性能产品的要求，甚至连一般产品的要求也达不到。

4. 劣化产品的其他各种性能

除了降低力学性能，增大热裂，增大吸水率之外，过度促凝促硬和加快脱模，还会使产品的其他各种性能同时下降和劣化。为了节约篇幅，在此综合分析。

(1) 加重碳化，降低碳化系数

二氧化碳对产品的碳化一方面在产品表面进行，同时通过毛细孔向产品内部扩展。水化产物的不足，加大了孔隙率，使二氧化碳有更多更大的毛细孔通道进入产品内部。所以，过分促凝促硬和加快脱模，会使产品的碳化加速加大，抗碳化性能变差。这对快硬硫铝酸盐水泥产品尤其不利，对镁水泥和硅酸盐通用水泥也不利。

(2) 降低产品抗冻融性能

过度快凝快硬脱模，导致毛细孔增多增大，使产品更容易吸潮吸水。在产品内部水分增大后，毛细孔内的水在冰点以下结冰膨胀，会使产品胀裂并粉化。大多超快硬产品，抗冻融性能都较差。这不但降低产品使用寿命，而且留下工程隐患。

(3) 加大后期干缩，增大干裂

过度快硬引发的水化产物减少，使气孔壁的密实度变差，毛细孔加大了毛细水蒸发后的干缩。这在一定程度上也加大了产品的后期干缩，使干缩引发的后期干裂更加严重。

除上述几项指标外，保温制品其他性能也都会随之全面劣化。因此，过度追求快凝快硬快脱模是绝对不能继续的。这一技术误区一定要杜绝。

行业出现这一技术误区，部分原因是企业想降低模具投资，加快模具周转，以及行业对泡沫混凝土生产的基本知识普及不足，使很多从业人员的技术基础不具备，只能跟着感觉走或跟着别人走。但是，一些技术转让或销售速凝剂者对生产企业有意误导，也是很重要的一个因素。我们近两年时常会在网上看到，一些企业推广超快脱模“先进技术”。他们声称采用他们的技术，用通用硅酸盐类水泥生产保温板可以 10min 脱模，甚至浇注后 5min 脱模，有些则声称 20min、30min，或 1～2h 可以脱模，诱惑了很多初入门的从业者去学技术，结果都成了受害者。这些误导了行业的超快脱模的“先进技术”，其实质如下：

(1) 在水泥中大量掺用熟石膏、生石灰、高铝水泥等快凝高放热材料，不顾其后期强度及造成的质量问题，只追求快凝和瞬间凝结硬化。采用他们这种“高技术”只能生产废品，没有什么质量可言。利用这些材料，5～20min 确实可硬化，但在实际生产中是根本不能应用的。

(2) 在通用硅酸盐水泥中大量使用可以降低后期强度的速凝剂（一般降幅为 10%～50%）。虽然也可以大幅度缩短硬化期，很快脱模，但产品性能已经丧失很多。需知，速凝剂是从来不能用于结构工程或耐久制品的。

(3) 采用碱矿渣水泥。碱矿渣水泥可以速凝并有较好的强度。但目前其技术还不成熟，泛碱及产品后期粉化等问题还没有很好解决，在泡沫混凝土行业还没有成功的应用经验，离广泛推广还有很大的距离。因此，应当慎用，尤其不可误导企业。

（4）混淆两种脱模的概念。我们行业通常所讲的产品脱模切割，是指产品硬化后的强度已经达到可以将产品从模具内完全取出并可以随即切割的强度，至少也能够从磨具内取出和搬动。但5～20min脱模或一两小时脱模，并不能做到这一点。有些人所说的脱模，是浆体初凝，失去流动性，达到豆腐状的强度，只脱去模框，而不脱去底板。其脱模后随即切割，参考的是加气混凝土的钢丝切割。切后的产品也不能从底板取下。实际等于半脱模，产品还要带底板养护至少数小时。对这种情况应区别对待。行业内确有一批企业模仿加气混凝土工艺，在潜心努力研究这种带底板脱模而后钢丝切割的工艺，应予以鼓励和肯定。虽目前还不太成熟，但作为一种探索，还是要给予支持的，或许将来会技术完善。但是，不可否认，还有一部分人专门以此为噱头，拿5～20min脱模，误导刚进入这个行业的人，片面鼓吹快速脱模，会使许多人不了解真相的情况下，也去追求这种快速脱模方法，因而产生不良的后果。对前一种作为新工艺探索的情况，行业应支持，后一种误导大众的情况，则应反对。

10.4.2　应走出误区之二：气孔越大越好

除过分追求超快硬化之外，行业存在的第二大技术误区，就是追求产品的大孔径，且是越大越好。有些企业产品的孔径已大于5mm，他们还嫌小。有些人把孔径大小作为评判产品优劣、技术水平高低、发泡是否完美的标准。这些认识和做法，是非常错误的，也是非常有害的，不利于保温产品高性能化的发展。

1. 企业追求大气孔的原因

现在，保温制品气孔趋大是由多种原因导致的。其一，建筑保温工程的施工方喜欢孔形大的保温板。因为，孔形偏大，粘结砂浆进入产品表面的气孔，可以起到铆楔作用，加大结合面，提高粘结牢度，易于粘贴。二是大孔产品的卖相好，圆溜溜均匀分布的气孔增加了产品外观的美感，更能引起购买方的兴趣，使产品有利于销售。三是由于相同密度时，气孔较大的产品孔壁相应厚，孔壁强度大，手摸有一种刺手感，给人以强度大的直觉印象，使人感到气孔大强度就大，也有利于促销。四是由于泡沫混凝土作为一种新产品，基本知识在社会上的普及不足，连行业内的从业人员都不是很了解，社会上的人更不了解。大家都只能从前述几条原因出发，追求产品的大气孔。有些外行还认为，气孔小就等于泡没发好，发泡不成功，小泡密度大，大泡密度低。其实产品密度与气孔大小是无关的，小泡同样可以达到100kg/m^{3}以下的超低密度。泡小可以数量多，100万个小泡与100个大泡可以获得同样的密度和体积，并非大泡产品轻，小泡产品重。相反，超微细小泡可以制出每立方几十公斤的密度，而5mm以上的大泡是制不出如此低密度的。基本知识缺乏，应该是这些认识误区的根源之一。

2. 大气孔对导热系数的不利影响

大气孔没有一个法定的标准。笔者根据现在市场上流行的认识，把3mm以上的气孔归类于大气孔。大气孔是一个相对的概念。

根据我们的一些测定数据，在同等密度和相近闭孔率及原材料、配合比、生产工艺等各种条件均相同的情况下，较小气孔的产品，其导热系数略低于相对气孔较大的产品。北京工业大学的实验结果也是如此。而洛阳师范学院的李森兰教授，用超细气孔制出了导热系数只有0.048W/（m·K）的产品，而其产品密度竟然为200kg/m^{3}左右。这就说明，微小气孔是有利于降低产品导热系数，提高其保温性能的。而气孔过大，则不利于产品导热系数的降低。

大气孔不利于导热系数降低的基本原理，在于相同密度时，大气孔之间的孔壁数量减少而厚度增大。而气孔壁的厚度越大，则其热流越容易通过，传热性就越强。因为，泡沫混凝土的热传递主要是通过气孔壁来进行的。闭孔内的空气可视为静止。而静止空气的热导率只有 0.012W/（m·K），传热微乎其微。而气孔壁为固体传热，其热导率要高得多。大气孔加大气孔壁的热传递速度和热传递量，是其保温性不如微小气孔的基本原因。

另外，大气孔缩短了热传递路径，也是大气孔产品导热系数偏大的一个原因。气孔越大，单位体积内的气孔数量就越少，气孔壁形成的传热通道就越短。以 3cm 厚的保温板为例，若 0.3mm 的大气孔从一侧排列到另一侧为 10～20 个，热量传递只需绕过 10～20 个弯道。但若采用 0.01mm 的微细小孔，从一侧排到另一侧就需要 300～500 个，热量传递时，就需要绕过 300～500 个弯道。从中可以看出，热量通过 10～20 个弯道要容易得多，而通过 300～500 个弯道就困难得多。细小气孔增大热传递阻力的作用是明显的。大气孔不利于降低热传递能力的原理也是十分清楚的。笔者在此用通俗的语言向大家阐明这一原理，大家更容易接受。

考虑工程对保温板粘贴牢固性需要较大气孔的要求，兼顾产品外观，统筹平衡保温性能与有利应用两个方面，笔者认为，高性能产品的气孔以最大不超过 2mm 为宜。如果侧重于降低导热系数，则应生产 0.1mm 以下的超细气孔产品，当然最好是纳米孔产品。需要说明的是，从高性能产品出发，笔者不主张气孔太大，一味追求大气孔，但并非反对所有大气孔产品。在有些情况下必须生产大气孔产品时，还是可以生产的。

3. 大气孔对浇注稳定性的不利影响

大气孔是由较大的气体量所形成的。在化学发泡过程中，发泡剂在浆体中的分散度越大，发泡剂形成微细液滴（双氧水）就越小，其单个液滴产气量也就越小，形成的气孔也越小。另外，加有双氧水催化剂的发泡体系，相同的液滴的产气量也相应较大。当然，气泡大小的形成还有其他因素。

由于大气泡里的空气量较大，其气体压力也较大，因而其较大外张力所形成的气泡水膜也较薄。所以，大气泡比小气泡更易破裂。在受到同样大小的外力时，以及气泡内空气受到同等温度的影响膨胀时，大气泡往往先破裂。也就是说大气泡的稳定性不如小气泡。在刚刚浇注成型时，气泡水膜还没有被胶凝材料的水化产物所加固，气泡的稳定性往往决定了浇注浆体的稳定性。在同等浆体密度时，大气泡浆体和稳定性相比较而言，肯定不如小气泡浆体。这样，气泡较大的浇注体系的稳泡难度就相对大一些，对配合比及工艺的要求会更高。

4. 大气孔影响抗压强度

很多人喜欢大气孔泡沫混凝土保温制品，有一个原因就是大气孔产品给人的感觉是强度高。因为，大气孔产品的手感好，很硬，用手按感觉强度较高。这是由于大气孔产品的孔壁厚，孔壁的力学性能好，所以手感好。但真正用抗压试验机检测，则它的抗压强度并不像感觉的那样好。我们曾对干密度均为 240kg/m^3 的两种相同密度产品进行过强度对比检测，孔径 6mm 的产品，抗压强度平均值为 0.53MPa，而孔径 3mm 的产品，抗压强度平均值则为 0.58MPa。小孔径产品的强度反而比大孔径高。所以，仅凭人的感觉来判定大孔径产品强度高，是不可靠的。

10.4.3 应走出的误区之三：外加剂（母料）的迷信

近年，不少保温制品生产企业迷信外加剂（母料）。他们把产品降低成本寄希望于外加剂，把提高产品的性能也寄希望于外加剂，把改善工艺性能，解决塌模、热裂、硬化时间等工艺问题也寄希望于外加剂。外加剂似乎已成为解决一切技术问题的灵丹妙药。他们不从原材料、工艺、配合比、设备四方面综合因素解决技术问题，而陷入了片面追求具有特别奇效的外加剂的泥潭。一些生产销售外加剂者借机发挥，为推销自己的产品刻意夸大产品功能，进一步加剧了这一错误倾向的发展。一看一听广告宣传，一家比一家外加剂厉害和神奇，但至今行业的重大技术问题都仍然没有解决，也不知道那些神效外加剂的神效在哪里。假如真有如此厉害的外加剂，我们的保温板早就高性能化，从性能上压倒聚苯板，畅销市场了。然而，事实是，目前，还没有哪种外加剂能彻底解决了产品的高性能化问题。保温板仍然因许多技术问题无法突破，而被市场拒之门外。所以，盲目迷信外加剂，不从原材料、配合比、工艺、设备四方面入手，下大功夫攻克技术难点，是无法解决产品的市场出路问题的。外加剂绝不是解决一切技术问题的万能药。

目前，我国各地生产销售外加剂的企业和个人，至少有几百家。许多人本来也是生产保温板的，如今保温板不好卖，也转向卖外加剂，致使销售外加剂者遍地皆是。其中，大多数外加剂，其主要成分均为各式各样的稳泡剂，说到底也就是稳泡剂。多功能复合外加剂相对品种较少，且功能也不多，因为，要达到理想状态，多功能外加剂的加量是较大的，成本很高，技术难度也很大，不是轻易能生产的。就目前正在销售应用的外加剂来看，真正能具有理想的稳泡、促凝、降低吸水率、提高力学性能、抗缩抗裂、减水等功能的高性能外加剂，很少。能具有两三种功能，也是相当不错的。因此，想使用一种外加剂（母料），来实现产品的低成本和高效能，是不现实的。在目前的技术水平下，也是无法实现的。当然，外加剂的作用也不能忽视，只是不要过分依赖于此。

外加剂作为泡沫混凝土技术体系的一个组成部分，它的作用必须与高性能原料、合理的配合比、先进的工艺和设备配合一致，并建立在这些因素先进性的基础上，才可能更有效。脱离其他因素，即其他因素不符合要求，单靠外加剂，是什么问题也解决不了的。产品高性能化的实现，必须依靠综合技术体系，使各个技术因素都达到最佳水平，做到极致，而不能仅仅迷信与追求外加剂。另外，外加剂的用量并非越少越先进，越少越好，而应以满足产品高性能要求为准则。多功能外加剂的加量相对较大，但它可使产品更为优异，因此，适当加大用量也是科学合理的，单纯追求低用量没有意义。

需要说明的是，经几年的不懈攻关，我国泡沫混凝土专用外加剂（母料）的技术进步很大。确实有一批技术人员在这方面付出了巨大的努力，并研究出了效果较好的外加剂，其成就值得肯定。选用这些优秀的外加剂，对提高产品性能是非常必要的。但即使如此，也不可过分夸大其作用。

10.4.4 应走出的误区之四：对物理发泡的轻视

目前，在泡沫混凝土行业，许多企业和行业人士，都存在一个较普遍的看法，那就是物理发泡不如化学发泡，重化学发泡而轻物理发泡。这种观点已影响了两种发泡在建筑保温及其他领域的应用。除了屋面、地面、回填等现浇领域普遍应用物理发泡之外，在保温制品方面，基本上很少使用物理发泡。这是前几年我国泡沫混凝土保温板普遍使用化学发泡的主要原因。这与国外发达国家正好相反，在国外发达国家，生产保温制品大多采用的是物理发泡，极少使用双氧水化学发泡生产保温制品。

造成行业这一认识误区的主要原因，一是泡沫混凝土保温板的生产最早开始于四川，而四川当时采用的是双氧水化学发泡。他们这一工艺后来传播到浙江、江苏，又从浙江、江苏传播到全国，使全国都以这种工艺生产保温板，成为当时的主导工艺。二是市场的误导，许多保温产品的需求方，在缺乏专业知识和正确指导的情况下，仅凭视觉感受来评判产品优劣。化学发泡保温板由于孔大而圆，且手感硬度好，就认为化学发泡保温板好。而物理发泡则由于孔细，甚至看不清孔，且手感硬度不如化学发泡，外观不及化学发泡好看，就不被看好，受到了冷遇和排斥，市场效应较差。有些保温产品需求者面对物理发泡制品的细孔，错误地认为这是泡没发起来，或发泡不好。市场的这种“以貌取物”的错误认识，使物理发泡自 2010 年以来备受轻视，尤其在保温产品领域。

如今，这种认识上的误区必须扭转。在这里，笔者要为物理发泡工艺正名。事实上，物理发泡在许多方面都优于化学发泡，其产品的综合性能是优于化学发泡的，尤其是保温产品。物理发泡保温板，220kg/m^3 绝干密度，导热系数可达 0.048W/（m·K），150kg/m^3 绝干密度，导热系数可低至 0.042W/（m·K），在采用其他技术手段后，还可低至 0.040W/（m·K）以下。这是化学发泡无论如何也达不到的。另外，在抗冻性、防水性、力学性能等方面，物理发泡均有优势。因此，生产保温制品，应优选物理发泡工艺。虽然这还需要以后更多的生产实践验证，但目前的大量检测已经可以初步得出结论。当然，我们也不能一概排斥化学发泡生产保温产品，当有需求市场时，只要满足性能要求，也可采取化学发泡。

第 11 章　高性能保温板生产与应用技术

11.1 概　　述

11.1.1　高性能新型泡沫混凝土保温板的概念

1. 泡沫混凝土保温板的概念

泡沫混凝土保温板是用于外墙外保温，也可兼用于防火隔离带的一种内部具有蜂窝状多孔结构的轻质板材。在有些地方，也称其为发泡水泥保温板，泡沫水泥保温板等。

2. 高性能泡沫混凝土保温板的概念

普通泡沫混凝土保温板已不能满足建筑节能越来越高的要求。所以，目前应提高其各方面性能，使其各项技术指标高于目前的生产水平，实现高性能高品质，以满足未来的市场需求。因此，高性能泡沫混凝土是一类能够满足建筑节能及其他应用技术要求，超越现有技术水平，适应长期发展方向的保温板材。其主要特征就是高性能、高品质、高档次，代表泡沫混凝土保温产品未来的发展方向。行业标准 JC/T 2200—2013 则称之为水泥基保温板。

11.1.2　高性能新型泡沫混凝土保温板的种类和用途

1. 按用途分类

（1）外墙外保温板

这是目前产销量最大的一类保温板，用于外墙外侧的保温。一般采用粘贴与锚固相结合的施工工艺，装饰保温一体板则采用干挂工艺。

（2）外墙自保温板

为 2013 年新开发产品。其用于非承重自保温外墙，为镶嵌式砌筑工艺。根据不同气候带，采用不同的厚度，可以实现建筑外墙自保温，不需再做外保温。因此，本产品十分有发展前景，有望成为泡沫混凝土保温板的主导产品之一。

（3）隔墙用保温板

为最近新开发产品。其用于分户隔墙、分室隔墙，具有隔声保温功能。随着供暖分户计量的推广，户与户之间的保温将会成为未来的热点，并为本产品带来巨大的商机。本产品也有望成为泡沫混凝土保温板主导产品之一。

（4）屋面用保温板

也是笔者最近开发的保温产品新品种。它的密度和导热系数均较低，可以实现屋面结构保温，屋面不需另加保温层。在夏热地区，它也具有良好的隔热性能。

2. 按结构分类

（1）单结构保温板

即采用单层结构，没有复合层。目前，大多数保温板属于单层结构，尤其是外墙外保温板。其优点是结构简单，易于生产。单层结构如图 11-1 所示。

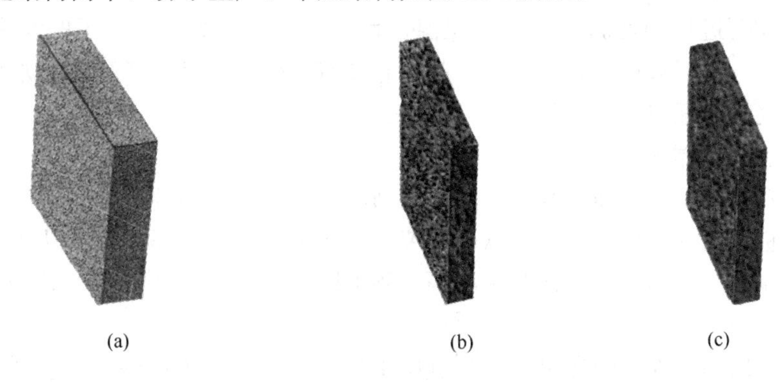

图 11-1　单结构保温板

（a）微孔单结构；（b）中孔单结构；（c）大孔单结构

（2）单面复合结构保温板

单面复合结构，即在保温板的一侧表面，复合面层，形成基板与面板的复合。这种结构一般用于装饰保温一体化板，其面层多为装饰材料。

（3）双面复合结构保温板

双面复合结构，是在保温板正反两面均复合一层面层。其面层既可以是装饰或非装饰板材，也可以是真石漆等装饰涂层。双面复合保温板大多用于轻质隔断或隔墙，不用于粘贴型外墙保温板或干挂型外墙保温板。

（4）全包覆结构保温板

全包覆结构保温板，是将板材的六面全部用保护层包覆，形成一个整体外壳。其外壳主要起保护和增加强度的作用，有时也起装饰作用。全包覆结构产品大多用于外墙外保温，也用于结构保温墙体及屋面，具有更好的力学性能。其结构示意如图 11-2 所示。

（5）边框增强结构保温板

这种结构适用于生产力学性能要求很高的受力型保温板，如屋面用保温板、楼层用保温板，也用于墙体结构保温板。其双边或四边采用轻钢或塑料边框，以提高力学性能，而边框内则填充泡沫混凝土。其结构示意如图 11-3 所示。

（6）加筋增强结构保温板

本板为笔者研发的特种保温板。它主要用于有一定承重要求的建筑部位，尤其是大规格承重板材，如屋面自保温板、楼层板、干挂式外墙外保温等。有时，它也可以与边框同时使用，双重增强，以提高其性能。

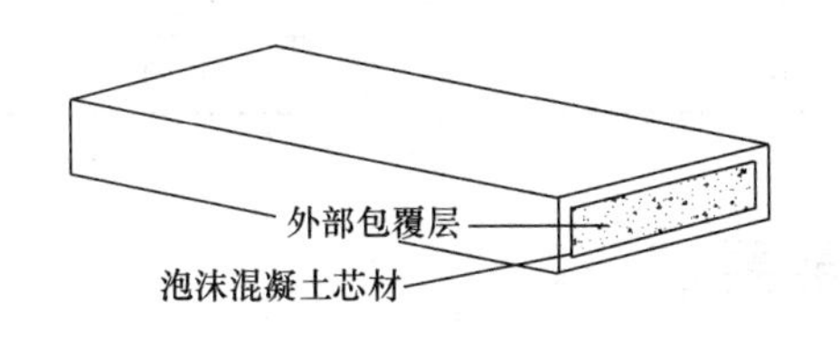

图 11-2　全包覆结构示意图

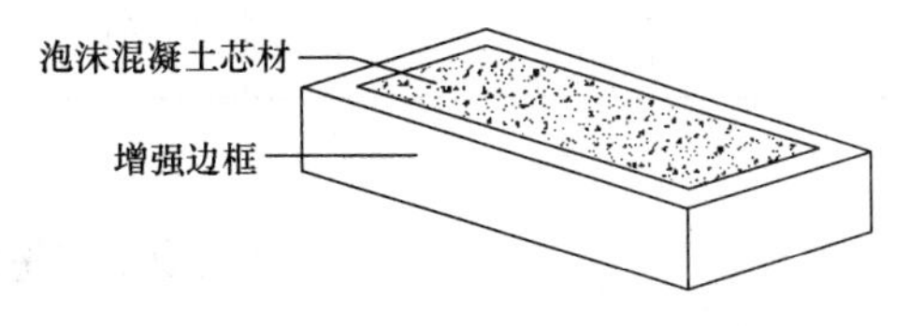

图 11-3　边框增强结构示意图

3. 按其功能分类

（1）通用型保温板

将制成的大块泡沫混凝土坯体切割成规定尺寸的板材，就是通用板。通用板主要用于保温板粘贴后还需要进行饰面施工的外墙保温。目前，我国各地生产应用的大多是这种保温板。从长远看，这种保温板也是主导型产品。它具有价格低、易生产、施工方便，饰面可以任意设计，不受保温板自身局限等一系列优点。

（2）保温装饰一体板

饰面板是在普通板的表面，复合了一个装饰层。这个装饰层可以是粘贴上去的各种饰面板，如花岗岩板、大理石板、瓷板、软瓷、装饰水泥板、铝塑板等，也可以是喷涂到板面的真石漆、浮雕涂料、金属漆、其他艺术漆等，还可以是直接在保温板面上制作的其他形式的艺术装饰层。

饰面板既可以用于外墙外保温，也可以用于外墙内保温。采用这种板材进行外墙保温，保温板固定在墙面后，不需要另行装饰施工，保温与装饰一体化，具有省工省料速度快，可缩短工期等一系列优点。虽然按板材的直接价格算，它的价格很高，但从外墙保温总造价算，它低于普通板，由于它省去了另加装饰层，优势十分明显。

（3）功能板

功能板是普通板或装饰板的功能附加型。它是在普通板或饰面板的基础上，加以升值和增加功能。目前，已开发的功能板有以下几种：

① 远红外板。这种板主要用于外墙内保温，它可以发射远红外线，对人有保健养生功能，尤其对风湿病人或老年人十分有益。

② 负离子板。这种板具有产生负离子的功能，可增加环境的负离子量。因此，它特别适用于外墙内保温，使室内空气更加清新。

③ 抗菌板。这种板具有抗菌功能，当用于墙面时，板面不产生霉菌，保持清洁。它本身具有较强的抑菌抗菌作用。

④ 自洁板。自洁板的板面贴不上小广告，用墨水也写不上小广告。雨水灰尘也不易沾污板面，使板面一直保持清洁，不需清洗，尤其是外墙的外面。

功能板的品种可以有很多，目前正在大力开发中。随着技术的高速发展，将来会新品迭出，使保温板的附加值大大提高。

11.1.3 保温板规格

保温板的规格见表 11-1，参照行业标准 JC/T 2200—2013 执行。

表 11-1 保温板的规格（mm）

长度			宽度	厚度
300	450	600	300	30～120

11.2 性能要求

11.2.1 性能要求

高性能保温板的性能要求，要高于普通保温板，比现有产品在导热系数、干密度等指标上要有所提高，以满足建筑保温对保温性能的要求，具体技术要求见表 11-2。

表 11-2　高性能保温板的性能要求

干密度 (kg/m^3)	抗压强度 (MPa)	导热系数 [W/ (m·K)]	抗拉强度 (MPa)	吸水率 (%)	软化系数	碳化系数	防火性能
100～150	0.15～0.3	0.030～0.050	0.10～0.12	≤8	≥0.8	≥0.8	A 级不燃

11.2.2　高性能保温板与现有保温板产品性能的比较

与现有保温板相比，高性能保温板的技术指标在多方面都有提升，突出了高性能。按照行业标准所规定的现有产品标准，将本高性能产品与其性能进行对比见表 11-3。通过对比，大家可以更好地了解本产品高性能的指标特征。

表 11-3　高性能保温板与现有保温板性能对比

项目	行业标准 JC/T 2200—2013		高性能产品
干密度 (kg/m^3)	＞200	＜180	100～150
抗压强度 (MPa)	＞0.4	＞0.3	0.2～0.3
导热系数 [W/ (m·K)]	＜0.07	＜0.55	0.030～0.050
抗拉强度 (MPa)	＞0.8	＞0.8	0.10～0.12
吸水率	＜10%	＜10%	＜8%
软化系数	＞0.7	＞0.7	＞0.8
碳化系数	＞0.7	＞0.7	＞0.8
防火性能	A 级不燃	A 级不燃	A 级不燃

11.3　实现产品高性能的技术措施

新型高性能保温板技术要求是很高的，尤其是超低密度（100～150kg/m^3）和超低导热系数［0.042～0.050W/（m·K)］，以及在超低密度与超低导热系数的情况下，仍能保持较高的力学性能及其他性能。单项高性能容易实现，而各种性能均实现高性能，则是不容易的。这里向大家介绍一些实现产品高性能的技术手段，请在生产时参考。

首先应向大家说明的是，实现产品的高性能化，单靠任何一项技术措施，都是难以达到效果的。原材料、工艺、设备、配合比，这四大因素对产品的影响都很大，一方面搞不好，就不可能实现产品的高性能。所以，高性能化的技术措施应该是优质原材料、先进工艺、先进设备、科学配合比四者的统一体，不可分割。妄想单单一个配方或一种母料就实现产品高性能化，是十分错误的，也是不现实的。因此，下面介绍的技术措施，也是从原材料、工艺、设备、配合比四个方面来展开的。

11.3.1　原材料控制技术措施

1. 选用超高强胶凝材料

生产高性能保温板的胶凝材料，其抗压强度不低于 62.5MPa，初凝时间不大于 45min，终凝时间不大于3h。其抗压强度指标是核心。采用常规52.5水泥或42.5级普通硅酸盐水泥，是难以满足技术要求的。

胶凝材料的品种，优选超高强复合水泥或镁水泥。镁水泥中优选5.1.7碱式盐硫酸镁水泥。超高强快硬硫铝酸盐水泥也可选用，其强度等级可选择72.5级、82.5级、92.5级，越高越好。且应与其他水泥复合使用，但这种水泥价格较高，普及使用有产品成本因素的不利影响。

如果特种超高强水泥在当地供应困难，只能选择52.5级普通硅酸盐水泥，那么，则应将52.5级普通硅酸盐水泥用超细磨进行再加工并复配，使其实际抗压强度能达到62.5级。这样，再配合增强外加剂，以及先进的工艺和设备，也可实现保温产品的高性能。

2. 选用超细高活性辅助胶凝材料

生产高性能保温板，不能选用普通Ⅱ级或Ⅲ级粉煤灰作为掺合料，它们的性能达不到技术要求。优选品种为一级粉煤灰或磨细到比表面积大于750m²/kg的高活性磨细灰，且磨细灰效果更好。备选品种为矿渣微粉和钢渣微粉。在使用粉煤灰和矿渣微粉时，还应配合使用硅灰或稻壳灰。这两种辅助胶凝材料虽用量少，但增强作用明显。

3. 选用活性水

活性水可大幅提高产品的强度。因此，高性能产品应选用活性水拌合物料，而不采用普通水。活性水可采用电活化与物质活化两种方法制取。电磁活化需反复循环，不方便。而物质活化器则不需电磁，自行产生活化能，简单好用，且可使用10年以上不减效。建议选用物质活化器制取活性水，需提醒的是，纯水不是活性水，两者不是一个概念，不可使用纯水器制取活性水。

4. 选用高效外加剂（母料）

现在市场流行的外加剂（母料），大多是单功能的，均为稳泡单一成分，以保持生产过程中浇筑不塌模为目的。这是最简单的一种母料。而复合外加剂（母料）可以由两功能、三功能、四功能、五功能、六功能等各种档次。这些外加剂兼有促凝增强、降低吸水率（防水）、抗缩抗裂、调孔、增泡等不同的功能。功能越多，性能越好，但加量越大，价格也越高。然而，以产品性能考虑，仍应选择使用复合型多功能外加剂（母料）。如果只贪图便宜，追求低用量，低价格，那是生产不出高性能保温板的。现在，市场上的复合外加剂（母料）鱼龙混杂，质量不一，且相差很大，不易区别。初用时不可大量购买，应通过比较性试验来选购，以达到产品的高性能为标准，而不能片面听信宣传。

复合外加剂（母料）在选用时，至少应具有以下几项最重要的功能：稳泡、降低吸水率、调节孔结构（孔的大小、孔的均匀度、孔的圆形度）、提高产品强度、缩短硬化周期等。如果再具备其他功能则更好。只要能达到效果，其外加剂（母料）的用料，价格可作为次要因素考虑。外加剂最好为单组分。无单组分时，多组分也可选择。

11.3.2 配合比优化

配合比优化就是使配合比更加科学、合理、先进，反应更彻底、更顺利，使各种物料之间的配合恰到好处，具有更佳的协同效应。

1. 胶凝材料配比优化

提高胶凝材料的比例，是高性能产品配合比的首要技术条件。胶凝材料除了前述要选择超高强品种、快硬品种外，最主要的就是加大其在配合比中的用量。普通保温板，胶凝材料的配合比占到 50%～60%即可，而在高性能产品中，为了获得更高的强度，更快的凝结速度，胶凝材料的比例应提高到 70%以上，在不产生热裂时，可加大到 80%以上。这可以通过选用低热胶凝材料来实现。平常，胶凝材料控制配比量的低比例，主要是防止其水化热集中，产生热裂。高性能保温板既要高强快凝，又要防止水化热不会过度集中，应用低热胶凝材料尤其重要。在设计胶凝材料的大配比量时，应控制其胶凝反应体系的最高峰值不超过 65℃。在这一温度线下，坯体一般不发生热裂。

2. 辅助胶凝材料的配比优化

辅助胶凝材料要选用超细、高活性、低热品种。前面已推荐优选 I 级粉煤灰和磨细粉煤灰（比表面积大于 850m^2/kg）。在这里，要强调的是活性值不低于 0.75，配比量不大于 30%。即使其具有高活性，配比量也不能太大。因为，它与胶凝材料相比，早期强度发挥慢，不利于浆体浇注的稳定性。掺量过大时，对保温板 28d 强度也会有不利的影响。由于其水化热很低，可降低反应体系热峰，因此，其掺量也不宜过低。综合考虑，其掺用量宜控制在 20%～30%之间。对于品种，首选粉磨超细粉煤灰、次选 I 级粉煤灰，再选矿渣微粉。

3. 水的配比优化

优选活性水（磁化水或活化水）。其配比量，在满足搅拌、浇注性能的情况下，尽可能减少。建议配比适量高效减水剂。减水剂应选择聚羧酸类，三聚氰胺甲醛类，氨基磺酸类。

水的配比量，化学发泡工艺可略高，物理发泡工艺可略少。在加有高效减水剂情况下，水的加量不宜超过 50%（物理发泡最好控制不超过 45%）。在不使用减水剂的情况下，水的加量不宜超过 65%（物理发泡最好控制不超过 55%）。

4. 外加剂（母料）配比的优化

高性能保温板一定要选择多功能型复合外加剂（母料）。其功能宜多不宜少，决不能只使用单一稳泡功能的外加剂。其总配比量，如果需要，加量可放宽到 5%（尤其是多组分多功能型）。其成分与功能，强调稳泡、增强、降低吸水率、调节闭孔率、减缩抗裂。只要能达到提高产品性能的目的，不过分控制其单一成分的配比量。其最佳的复合外加剂，应是成分最少而功能最多，即一种成分，能具有多种功能，且用量少。这样的外加剂，加入单一成分或不多的成分，就可以兼具稳泡、增强、降低吸水率、调节闭孔率、减缩抗裂等多种功能。不能全部兼有，也应至少兼具 2～3 种功能。

外加剂如果是多种成分，其配合比的关键，是使这几种成分具有更好的协同效应、叠加效应，产生 1+1>2 的功效，可以相互增效。具有这种效应的外加剂（母料）应优选。

5. 功能辅助材料配比的优化

（1）降低导热系数宜选用阻燃优质聚苯颗粒作为功能辅助材料，聚氨酯泡沫颗粒，酚醛泡沫颗粒效果更好，三者的配比量，应大于 5%。

（2）提高抗压强度、抗裂减缩，降低导热系数，宜选用玻化微珠作为辅助材料。但其吸水率较大（>40%），加量太大会影响产品的吸水率。所以，其配比量不宜超过 6%，且应配合有机轻集料使用，特别是和聚苯泡沫颗粒配合使用。聚苯颗粒宜选用松散堆积密度小于 12g/L 的品种。

（3）提高抗拉强度、抗缩防裂、降低产品破损率，应配比一定量的聚丙烯纤维，或维尼龙纤维、聚乙烯醇纤维，当采用镁水泥时，也可选用玻璃短切纤维。各种纤维的配比量，一般为 0.2%～1.0%，最佳为 0.5%～1.0%。

（4）提高产品的综合性能，还可以配比少量纳米粉体材料。它们一可以降低导热系数，二可以填充堵塞毛细孔，降低吸水率，提高抗压强度，三可以降低密度，使产品更轻质，四可以提高浆体浇注稳定性，防止塌模。但由于这种材料价格较高，可控制其配比量。

6. 使用导热系数降低剂，完善配比

除了上述各种配比优化的技术措施之外，还可以采用新型外加剂，对配比进行完善，使配比更加合理。导热系数是最难优化的性能指标，降低难度很大。要达到高性能，将其降到0.05W/（m·K）以下，甚至降到0.03W/（m·K）以下，就要使用导热系数降低剂。

11.3.3 采用先进的生产工艺

单单具有优异的材料、科学的配合比，还远远不够，至多是成功了一半，工艺因素和设备因素仍有一半的影响。工艺不先进，设备不成熟，同样生产不出高性能的保温板。而工艺因素与设备因素往往容易被人们忽视。重配方、轻工艺，一直是许多人认识上的误区。生产高性能保温板，不走出这一误区，就难以成功。必须采用的先进工艺有以下几个方面。

1. 采用先进制浆工艺

浆体是发泡的基础条件。浆体越均匀，越细腻，流动性越好，活性越高，化学发泡就会越顺畅，物理泡沫的混合就会越容易，制出的保温产品各方面的性能也越高，尤其是抗压强度，更有较大的提高。搅拌质量优异的浆体与搅拌质量不好的浆体相比，其抗压强度会相差5%～10%。在各种工艺因素中，搅拌工艺是最关键的因素。

先进搅拌工艺的要点有三个：

（1）多级搅拌，反复匀化

传统的搅拌制浆工艺均为单级搅拌，几十年来，国内外泡沫混凝土的生产均为单级搅拌制浆。后来，笔者在实践中发现，搅拌级数越多，在相同搅拌周期内，搅拌时间越长，浆体品质越好。近年，笔者将其应用于生产，并大力推广，在各企业取得了良好效果，已成为公认的先进工艺。

高性能保温板，建议采用2级或3级搅拌工艺，优选3级搅拌。

（2）高速搅拌

高速搅拌也是笔者在泡沫混凝土行业创立并推广的先进工艺。它与多级搅拌配合使用，可产生极好的制浆效果。

建议搅拌速度：一级为40～60r/min，二级1400r/min，三级化学发泡1400～3000r/min。物理混泡200～300r/min。注意，混合轻集料不可采用高速搅拌。高速搅拌只适用于水泥浆及向水泥浆中混合化学发泡剂。

（3）延长搅拌时间

传统搅拌工艺的搅拌时间较短，一般2～3min，这是搅拌不均匀的主要原因。笔者创立的多级搅拌泡沫混凝土工艺，延长搅拌时间并不影响浇注周期，为延长搅拌时间创造了条件。利用这一工艺，可以将搅拌时间延长为6～9min，使浆体均匀度成倍提高。生产高性能保温板，延长搅拌时间是重要的一个技术手段。

2. 采用先进养护工艺

养护是除搅拌之外，第二大影响因素。“三分制作七分养护”是无数人总结的实践经验。

可以说，没有先进合理的养护，就不会有优质的高性能产品。生产高性能产品，应该采取科学的养护工艺，养护工艺的要点有以下几个：

（1）确保足够的养护时间

普通产品保湿保温养护时间为7d，高性能产品为保证充分水化，必须有更加合理的养护时间，一般应延长到10d，最为理想的为15d。养护时间越短，产品性能就越好。不养护，强度至少损失30%，养护时间短，强度损失10%以上。

（2）充分保温

在养护期间，温度要有充分的保证。具体方法是：

码垛喷雾养护室的相对湿度，硅酸盐类通用水泥和硫铝酸盐水泥为大于80%，镁水泥尤其是5.1.7碱式盐硫酸镁水泥为大于60%。保湿不充分，即使养护时间足够长，强度也要损失15%以上，其他性能也会降低。

（3）保持温度

养护期间，养护室（或养护场）的环境温度不应低于20℃，最佳温度应大于25℃。在相同的湿度和相同的养护时间条件下，温度越低，产品的水化反应程度就越低，强度发挥的就越差，其他性能的形成也就越困难。

（4）利用循环风机，消除养护温度差

热空气上升，冷空气下降是一自然规律。所以，当采用养护窑养护时，窑内上部的温度往往高于下部，上下部温差至少为2～3℃，有些窑体高度较大时，温差会达到5～8℃。为了消除上下温差，应在养护窑内安装循环风机，使其上下空气形成循环流动，缩小或消除上下温差。上下温差的存在，会使产品质量出现差异，下部养护的产品水化不充分。

（5）采用负压养护

负压养护是近年出现的最先进的养护方法之一。在负压状态下，水分可以更容易进入制品内部，使反应更快更彻底地进行。在一般情况下，负压养护比一般养护，可使产品具有更高的抗压强度、抗拉强度，其他各种性能也均有不同程度的增加。也可以说，负压养护是效果最好的养护方式之一。如果采用负压养护，高性能保温板的技术指标就可以更好地把握实现。

负压养护需要完全密封的养护窑，其窑体要十分坚固，投资高于一般养护，实现的技术难度要大一些。但为实现产品的高性能，也是值得的。

11.3.4　采用先进的设备

先进的设备是高性能产品实现的硬件基础。再先进的工艺，都必须最终通过设备来完成。工艺与设备密切相关。在采用设备时，应注意先进性。没有先进的设备，就没有高性能产品。轻配方，轻设备，是万万要不得的，也是极其偏颇的。

1. 配料系统的精确性

在选择设备时，首先要注意其配料系统的精确性。不同的设计水平，决定了配料系统就会有不同的精确性。并不是自动计量都是精确的。传感器的档次，其配置的选型，相互间结构组合是否理想，都与其计量精度有很大的关系。尤其是外加剂的计量，其误差太大，就会严重影响产品的质量。对配料系统的技术要求，不能降低标准，务必严格。主要原料如水泥、辅助胶凝材料，其配比量误差应要求小于1%。微量外加剂，其配比计量误差要求小于

0.1%；而其他物料，配比计量误差应小于0.5%。误差越大，产品性能越差。

2. 搅拌系统的多级、高速

搅拌系统不能只配备一台单级搅拌机，而必须是多级的，每级必须配备至少一台搅拌机。要求搅拌系统最好为三级搅拌，达不到三级设计的，至少应为两级。传统的单级不符合高性能产品生产的技术要求。

搅拌机中，至少应有一台为高速配置。高速机的转速应为900～1400r/min。技术条件具备时，应为3000r/min。高速搅拌机应为立式。高速搅拌机的搅拌结构，应设计为高剪切双轴。双轴机的搅拌效果优于单轴机。

搅拌机内应设计安装有高效清洗系统。由于高性能产品多采用快硬胶凝材料，容易硬化在叶片轴头及机筒等处，并难以清理，且越粘越厚。为此，搅拌机筒及叶片应光洁防粘，同时，在机筒内配置自清洗系统。

3. 模具设计应合理

模具的重要性往往被企业忽视。其实模具的影响仅次于搅拌和配料。许多产品的热裂都是由模具引起的，同时，它也引起边角废料的增大、切割质量等。

（1）模具设计不应过大

模具越大，浇注成型的体积就越大。大体积浇注最容易出现的问题，就是水化热集中，产生边角效应。一般情况，体积越大，中心部位与边角处的内部温差也越大。内部温差引起的热应力差，导致产品热裂。有些裂纹较大，人们可以看见，而一些肉眼看不见的微细裂纹，比大裂纹更多。热裂已成为很多企业的重要技术难题。高性能产品为防止热裂的产生，首先就要控制模具的尺寸，使之体积不可过大。若设计为大体积，必须以不引起水化过程的热裂为原则。

模具的尺寸，应做到如下控制：

当采用低热胶凝材料和大掺量辅助胶凝材料，抑制水化热措施得当时，模具体积可控制不超过1.5m^3。

当采用高热胶凝材料，其内部温升可达70℃以上，而又没有可靠地防裂措施时，模具体积应控制不超过1m^3。

有些企业照搬加气混凝土4～6m^3的模具规格，那是要不得的。加气混凝土的水泥加量只有3%～10%，而水化热很低的粉煤灰占有70%以上的比例，其总水化热是很低的。所以，加气混凝土即使采用大体积浇注，也不会热裂。而泡沫混凝土以胶凝材料为主体。特别是高性能保温产品，胶凝材料的应用比例占到70%以上，水化热总量是很大的，大体积极易引起热裂。加气混凝土与泡沫混凝土的这一工艺差别，决定两者模具不可通用。至少，我们眼前的技术水平还达不到超大体积浇注的水平。

（2）自然早期养护，模具应有保温层

早期养护浇注后12～24h，坯体为带模养护。若是在升温养护的养护室内养护，由于模具内与养护室内的环境温度相差较小，缓解了热应力差引起的热裂。而若自然养护，若环境温度低于25℃时，模具内坯体的中心部温度与外界环境温度的差异就会加大，从而使热裂更加严重。所以，应使用保温型模具，即模板加上保温层，包括底板与边框。保温效果，应在坯体发大热时，模具外表面手摸不热。这样，当环境温度很低时，模具也会保护坯体，使其表面不致散热太快，表面温度不致温度过低，也就缩小了坯体内外的温差及热应力差，从而防止或减少热裂的发生。升温养护室一般不需要保温模具。

图 11-4 为笔者研发的大型全自动保温板生产线实景。

图 11-4　大型全自动保温板生产线实景

11.3.5　优选物理发泡工艺

保温产品不同于其他泡沫混凝土产品，它首先突出的是低导热系数，即更好的保温性能。保温不好，其他性能再好，也是达不到使用要求的。

为了使制品达到更低的导热系数，获得制品更为优异的保温性能，应优选物理发泡工艺。因为，多年来，经许多研究者的实验证明，在同等密度，同等生产条件下，物理发泡工艺相对于化学发泡工艺，会获得更低的导热系数产品。这是因为物理发泡的泡孔细密，泡孔壁所形成的传热路径更长、更曲折，对热传导的阻绝能力就更强，导热系数就更低，因而保温性能更优。这已经被笔者及各地不少同行的产品检测所证实。例如，200kg/m^3 绝干密度，物理发泡的导热系数为 0.046～0.048W/（m·K），而化学发泡却是 0.055～0.065W/（m·K），二者相差很多。另外，在力学性能、抗冻性、抗碳化性能、防水性能等方面，物理发泡工艺保温产品也优于化学发泡。因此，从保温性及综合性能考虑，实现产品高性能的一个重要技术措施，就是改化学发泡为物理发泡。

这几年，保温板产品被建筑保温市场关于门外，其重要原因之一，就是保温板大多采用化学发泡生产，其导热系数居高不下，保温性能达不到技术要求的指标。这一技术路线已走进了死胡同，要把产品导热系数降到 0.050W/（m·K）以下很难。打破这一技术瓶颈的出路，就是采用物理发泡工艺，并配合其他相关技术手段，事实已证明这是一条成功之路。当然，化学发泡也有许多优点，不应一概排斥，应酌情选择。

11.4 保温板应用技术

11.4.1 保温板外墙外保温系统的性能要求

本系统用于外墙外保温时，其系统的性能指标应符合表11-4的要求，系统型式检验每两年进行一次。

表11-4 复合发泡水泥板外墙外保温系统的性能指标

项目	性能指标	试验方法
耐候性	表面无裂纹、空鼓、起泡、剥落现象，抹面层与保温层拉伸强度≥0.1MPa	JGJ 144 附录A.2
抗风压	不小于工程项目的风荷载设计值	JGJ 144 附录A.3
吸水量（1h）	系统在水中浸泡1h后的吸水量≤1.0kg/m²	JGJ 144 附录A.6
抗冲击强度	建筑物首层墙面以及门窗口等易受碰撞部位：10J级；建筑物二层以上墙面等不易受碰撞部位：3J级	JGJ 144 附录A.5
耐冻融	30次冻融循环后，系统无空鼓、脱落，无渗水裂缝；拉伸粘结强度≥0.1MPa	JGJ 144 附录A.4
水蒸气渗透阻	符合设计要求，且≥0.85g/（m²h）	JGJ 144 附录A.11
抹面层不透水性	2h不透水	JGJ 144 附录A.10
热阻	符合设计要求	

11.4.2 外保温系统配套材料的性能要求

外保温系统配套材料的性能要求见表11-5～表11-9。

表11-5 粘结砂浆的性能指标

项目		性能指标	试验方法
拉伸粘结强度（与水泥砂浆）（MPa）	原强度	≥0.60	JG 149
	耐水	≥0.40	
拉伸粘结强度（与发泡水泥板）（MPa）	原强度	≥0.10，破坏面在发泡水泥板上	
	耐水	≥0.10，破坏面在发泡水泥板上	
可操作时间（h）		1.5～4.0	JG 149

表11-6 抹面砂浆的性能指标

项目		性能指标	试验方法
拉伸粘结强度（与发泡水泥板）（MPa）	原强度	≥0.10	JG 149
	耐水	≥0.10	
柔韧性	压折比	≤3.0	JG 149
可操作时间（h）		1.5～4.0	JG 149

表 11-7　界面砂浆性能指标

项目		性能指标	试验方法
拉伸粘结强度（MPa）	原强度	≥0.70	JC/T 547 第 7.5 条
	耐水	≥0.50	
	耐冻融	≤0.50	

表 11-8　耐碱玻纤网布性能指标

项目	性能指标		试验方法
	标准型	加强型	
网孔中心距（mm）	6	4	GB/T 9914.3
单位面积质量（g/m²）	≥160	≥300	GB/T 9914.3
拉伸断裂强力（N/50mm）	≥1200	≥2000	GB/T 7689.5
断裂伸长率（%）	≤4.0	≤4.0	GB/T 20102
拉伸断裂强力保留率（%）（经纬向）	≥75	≥75	GB/T 7689.5

表 11-9　锚固件的性能指标

项目	性能指标			试验方法
	C25 及以上混凝土	加气混凝土	砖砌体	
单个锚栓抗拉承载力标准值（kN）	≥0.80	≥0.30	≥0.50	JG 149

11.4.3　外保温系统的基本构造

本系统用于外墙外保温的基本构造应符合表 11-10 和表 11-11 的要求。基层墙体可以是各种砌体或混凝土墙。饰面层可采用涂料，也可干挂石材。

表 11-10　外墙外保温系统基本构造

饰面材料	保温系统构造							构造示意图
	基层 ①	界面层 ②	找平层 ③	粘结层 ④	保温层 ⑤	抹面层 ⑥	饰面层 ⑦	基层① 界面层② 找平层③ 粘结层④ 保温层⑤ 抹面层⑥ 饰面层⑦
涂料	混凝土墙及各种砌体墙	界面砂浆（设计需要时使用）	防水砂浆（设计需要时使用）	粘结砂浆	发泡水泥板	抹面砂浆＋网布＋锚固件	柔性耐水腻子＋涂料	

表 11-11　非透明幕墙保温系统构造

饰面材料	保温系统构造							构造示意图
	基层①	界面层②	找平层③	粘结层④	保温层⑤	抹面层⑥	饰面层⑦	
涂料	混凝土墙及各种砌体墙	界面砂浆（设计需要时使用）	防水砂浆（设计需要时使用）	粘结砂浆	发泡水泥板	抹面砂浆＋网布＋锚固件	石材、铝板等＋幕墙龙骨（主龙骨、副龙骨）	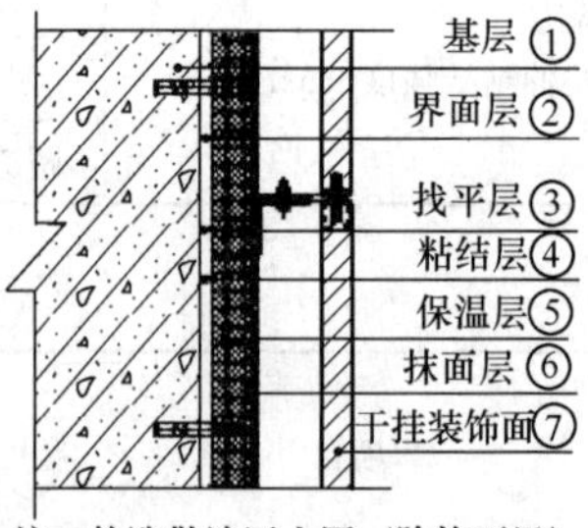 基层① 界面层② 找平层③ 粘结层④ 保温层⑤ 抹面层⑥ 干挂装饰面⑦ 注：构造做法同上图（除饰面层）

11.4.4　外保温系统的热工设计

本系统用于民用建筑外墙外保温时的保温层厚度，应根据国家和江苏省现行建筑节能设计标准对外墙的规定指标或建筑物节能的综合指标要求通过热工计算确定。

发泡水泥板用于外墙外保温时，其导热系数（λ_c）、蓄热系数（S_c）设计计算值和修正系数应按表 11-12 取值。

表 11-12　发泡水泥板的导热系数（λ_c）、蓄热系数（S_c）修正系数值

型号	干密度 (kg/m³)	λ_c [W/（m·K）]	S_c [W/（m²·K）]	修正系数
Ⅰ型	≤300	0.08	1.33	1.20
Ⅱ型	≤250	0.06	1.07	1.20

11.4.5　泡沫混凝土保温板的施工方法

1. 施工机具

施工应具有强制式砂浆搅拌机、电动搅拌机、电钻、靠尺、抹子等主要施工机具。

施工用机具应有专人管理和使用，定期维护校验。

2. 施工条件

基层墙体应符合《混凝土结构工程施工质量验收规范》GB 50204 和《砌体工程施工质量验收规范》GB 50203 的要求。

保温工程的施工应在基层粉刷水泥砂浆找平层，且施工质量验收合格后进行。

保温工程施工前，外门窗洞口应通过验收，洞口尺寸、位置应符合设计要求并验收合格，门窗框或辅框应安装完毕，并需做防水处理。伸出墙面的消防梯、水落管、各种进户管线和空调器等的预埋件、连接件应安装完毕，并预留出外保温层的厚度。

保温工程应制定专项施工方案。

既有建筑改造工程施工时，基层墙面必须坚实平整，空鼓处应铲除，如有必要，原装饰面层应清除。并用 1∶3 水泥砂浆补平。

按抹灰墙面的高度，搭好抹灰用脚手架。脚手架要稳固、可靠。

施工中环境温度不应高于 35℃，不应低于 5℃，且 24h 内不应低于 0℃，风力应不大于 5 级。雨天施工时应有防雨措施，夏季施工时作业面应避免阳光曝晒。

进场材料应贮存在干燥阴凉的场所，贮存期及条件应按材料供应商产品说明要求进行。

3. 施工工艺

复合发泡水泥板外墙外保温系统的施工工艺流程应符合图 11-5 的要求。

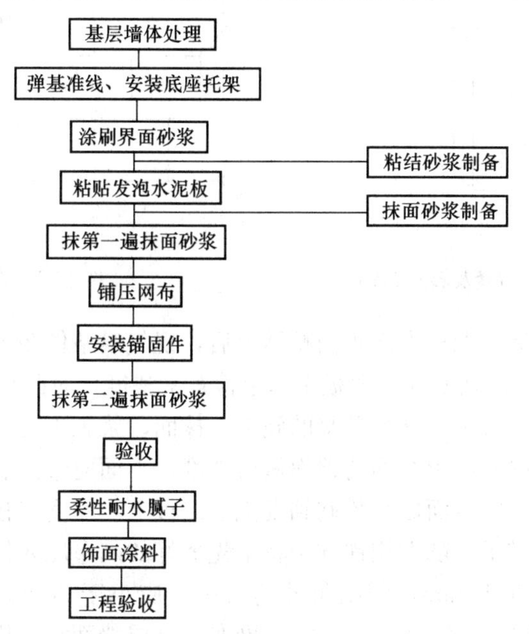

图 11-5　复合发泡水泥板外墙外保温系统的施工工艺流程

4. 施工要点

挂基准线，在外墙各大角（阳角、阴角）及其他必要处挂垂直基准线，在每个楼层的适当位置挂水平线，以控制发泡水泥板的垂直度和水平度。

材料配制粘结砂浆和抹面砂浆均为单组分材料，水灰比应按材料供应商产品说明书配制，用砂浆搅拌机搅拌均匀，搅拌时间自投料完毕后不小于 5min，一次配制用量以 4h 内用完为宜（夏季施工时间宜控制在 2h 内）。

发泡水泥板在基层墙体上的粘贴应采用满粘法，并符合下列要求：

（1）发泡水泥板铺贴之前应清除表面浮尘。

（2）发泡水泥板施工应从首层开始，并距勒脚地面 300mm 处弹出水平线，用 1∶3 水泥砂浆并按照要求添加一定的防水剂，粉刷和发泡水泥板相同厚度的防水层做托架，干固后自下而上沿水平方向横向铺贴发泡水泥板，上下排之间发泡水泥板的粘贴应错缝 1/2 板长。

发泡水泥板与基层墙体粘贴采用满贴法粘贴，粘贴时用铁抹子在每块发泡水泥板上均匀批刮一层厚不小于 3mm 的粘结砂浆，粘贴面积应大于 95%，及时粘贴并挤压到基层上，板与板之间的接缝缝隙不得大于 1mm。

发泡水泥板在墙面转角处，应先排好尺寸，裁切发泡水泥板，使其垂直交错连接，并保证墙角垂直度。发泡水泥板错缝及转角铺贴如图 11-6 所示。

在粘贴窗框四周的阳角和外墙角时，应先弹出垂直基准线，作为控制阳角上下竖直的依据，门窗洞口四角部位的发泡水泥板应采用整块发泡水泥板裁成“L”形进行铺贴，不得拼接。接缝距洞口四周距离应不小于100mm。门窗洞口铺贴如图11-7所示。

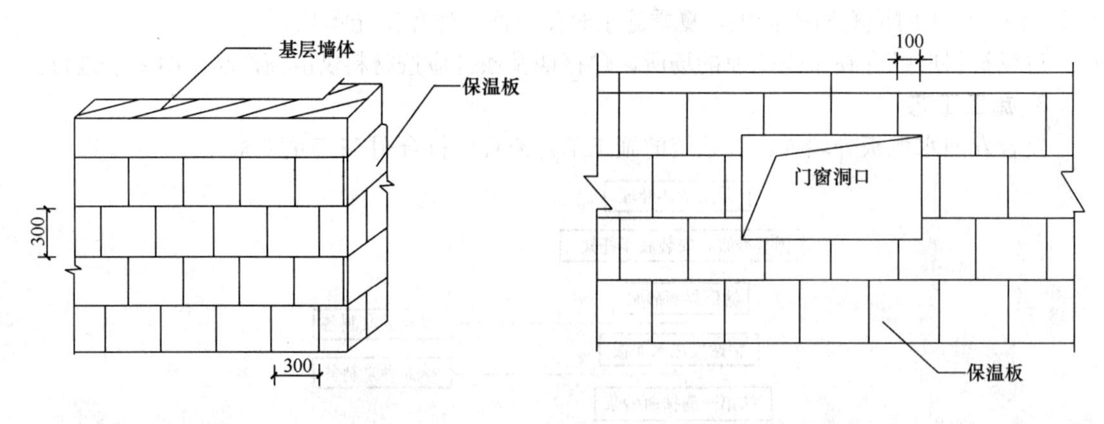

图11-6 发泡水泥板错缝及转角铺贴

图11-7 门窗洞口铺贴

抹面砂浆施工：发泡水泥板大面积铺贴结束后，视气候条件24～48h后，进行抹面砂浆的施工。施工前用2m靠尺在发泡水泥板平面上检查平整度，对凸出的部位应刮平并清理发泡水泥板表面碎屑后，方可进行抹面砂浆的施工。抹面砂浆施工时，同时在檐口、窗台、窗楣、雨篷、阳台、压顶以及凸出墙面的顶面做出坡度，下面应做出滴水槽或滴水线。

网布施工：用铁抹子将抹面砂浆粉刷到发泡水泥板上，厚度应控制在3～5mm，先用大杠刮平，再用塑料抹子搓平，随即用铁抹子将事先剪好的网布压入抹面砂浆表面，网布平面之间的搭接宽度不应小于50mm，阴阳角处的搭接不应小于200mm，铺设要平整无褶皱。在洞口处应沿45°方向增贴一道300^3～400mm网布。首层墙面宜采用三道抹灰法施工，第一道抹面砂浆施工后压入网布，待其稍干硬，进行第二道抹灰施工后压入加强型网布（加强型网布对接即可，不宜搭接），第三道抹灰将网布完全覆盖。

锚固件施工应注意：

（1）锚固件锚固应在第一遍抹面砂浆（并压入网布）初凝时进行，使用电钻在发泡水泥板的角缝处打孔，将锚固件插入孔中并将塑料圆盘的平面拧压到抹面砂浆中，有效锚固深度：混凝土墙体不小于25mm；加气混凝土等轻质墙体不小于50mm。墙面高度在20m以下每平方米设置4～5个锚栓，20m以上每平方米设置7～9个锚栓。

（2）锚栓固定后抹第二遍抹面砂浆，第二遍抹面砂浆厚度应控制在2～3mm。

分格缝施工按照设计要求进行。

防火隔离带施工：用发泡水泥板做防火隔离带时，防火隔离带铺设应与发泡水泥板施工同步进行。防火隔离带采用粘结剂满贴。面层施工做法（含锚栓）同发泡水泥板面层做法。

第 12 章　自保温砌块生产技术

12.1　产品总述

12.1.1　概念

自保温砌块是自身具有优良保温性能的砌块。其主要技术特征是，用其砌筑的墙体屋面可在不进行其他保温的情况下，使建筑达到国家规定的建筑节能标准，实现自保温。泡沫混凝土自保温砌块，则是将物理发泡剂制成泡沫，或将化学发泡剂直接加入到胶凝材料、集料、掺合料、外加剂和水等制成的料浆中，经混合搅拌、浇注成型、自然或蒸汽养护而成为轻质多孔砌块。

自保温砌块是为适应建筑保温市场需求开发的泡沫混凝土最新产品之一，也是我国拥有自主知识产权的泡沫混凝土产品。

本产品主要应用于自保温外墙、内隔墙和屋面，以突出其自保温效果及隔声效果为主要特点。

本产品是将泡沫混凝土制成规格较大的块体，以提高砌筑速度。

本产品一般采用砌筑工艺应用于墙体和屋面，湿式作业。带有企口的产品可采用拼装式干作业施工。

本产品已应用于墙体和屋面，取得了良好的结构自保温效果，其应用前景看好。辽宁省颁布了地方标准《自保温砌块》。

12.1.2　主要品种

1. 按应用分

按不同的应用，本产品可分为外墙自保温砌块、内墙自保温砌块、屋面自保温板块三种。外墙及屋面品种以突出其耐候性与保温性为主要特征，内墙品种以突出其保温性及隔声性为主要特征。

2. 按外形分

按不同的外部形状，本产品可分为非企口型与企口型两种。非企口型为主导产品，不带企口，为齐边型，采用砂浆砌筑。企口型则为两边或四边均带有企口（即设计有榫头和榫槽），安装时不采用砂浆砌筑，而采用榫头与榫槽的插接拼装。图 12-1 为聚苯颗粒自保温砌块，图 12-2 为夹芯自保温砌块。

3. 按结构分

按产品的结构，本产品可分为单一材料型与夹芯复合型。单一材料型产品一般只有泡沫混凝土块体，结构单一。复合型产品则为泡沫混凝土芯层与双面保护层（或装饰面层）两种材料组成复合结构。单一结构产品砌筑或拼装后需要粉刷或装饰，复合结构产品在砌筑后或拼装后不需要粉刷或装饰。图 12-3 为夹芯复合结构产品外观照片，图 12-4 为包壳复合型。

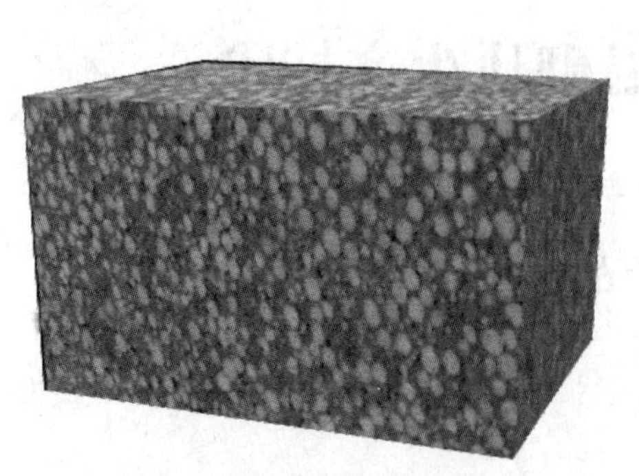

图 12-1　聚苯颗粒自保温砌块

图 12-2　夹芯自保温砌块

图 12-3　夹芯复合结构产品外观

图 12-4　包壳复合型

12.1.3　产品主要特点

1. 用于外墙和屋面，可实现自保温

外墙和屋面用产品的密度低于 500kg/m³，其导热系数低于 0.11W/（m·K），采用200～400mm 的厚度，可满足我国各种气候区建筑节能 65%～75%的技术要求。外墙采用本产品作为非承重结构保温材料，可实现自保温，不需要再做外保温。建筑保温的发展方向是自保温，外墙外保温只是暂时的技术措施。因此，本产品比外墙外保温板具有更广阔的应用前景。

2. 用于内墙，可实现良好隔声和保温

用于内隔墙的墙体板材，多采用以闭孔为主的孔结构材料，具有良好的隔声效果，100mm 墙体即可达到黏土砖 240mm 墙体的隔声性能。同时，墙体还具有自保温性，当室内不采用取暖措施时，也可具有一定的单室采暖保温性。

3. 墙体薄，可增加建筑使用面积

本产品用于外墙和内隔墙，与黏土砖及混凝土多孔砖小型空心砌块等其他墙材相比，墙体可减少厚度 1/3 以上，增加使用面积 3%～5%，提高了建筑的附加值和利用价值。

4. 块型小，易施工

本产品与墙体条板相比，具有幅面小，质量轻，易搬运，易施工，方便建筑工人操作，一个人即可单独施工等优点。一块建筑条板，幅面 1.5～1.8m²，质量 100～140kg，需 2 人以上共同操作，而这种自保温砌块，幅面小于 0.5m²，质量只有几公斤或几十公斤，一般不需人抬。

5. 避免墙体通缝的产生，减少墙体干裂

本产品为横向错缝砌筑或安装，没有竖向上下通缝，可避免产生墙体通缝过长造成墙面裂缝，克服了条板的通缝缺陷。目前，条板形成的通缝裂纹问题，一直难以解决，采用本产品应是一个较好的解决方案。

6. 有效降低建筑自重，实现建筑轻质化

小型泡沫混凝土自保温墙板的密度，一般小于 500kg/m³，大多为 250～400kg/m³，为超轻型墙体材料。加气混凝土砌快的密度多为 600～800kg/m³，本产品比其降低了二分之一左右。建筑的发展方向是轻质化。其自重越轻，抗震性越强，材料费用越低，基础工程量越小，建筑的综合性能则越好。从这个意义讲，这种产品是非常具有发展前景的。

12.1.4　产品规格及主要技术性能

（1）产品规格

长度：400mm、500mm、600mm；

宽度：200mm、250mm、300mm；

厚度：180mm、210mm、240mm、270mm、300mm、330mm、370mm、400mm。

（2）主要技术性能暂时按辽宁省地方标准 DB 21/T 2226—2014 执行。技术参数见表 12-1。

表 12-1　技术参数

项目		性能指标	
		内墙砌块	外墙砌块
干表观密度（kg/m³）		≤430	≤530
导热系数（干态）[W/（m·K）]		≤0.09	≤0.11
立方体抗压强度（MPa）	平均值	≥2.5	≥3.5
	单组最小值	≥2.0	≥3.0
体积吸水率（%）		≤10	
干燥收缩值（mm/m）		≤0.90	
碳化系数		≥0.80	

12.2　生产工艺

12.2.1　原材料

自保温砌块的胶凝材料、掺合料、发泡剂、外加剂等，大多与外墙保温板相同。它在性能要求上与保温板最大的不同在于保温板突出的是低导热系数，对强度的要求不高。因为外墙保温板是粘钉结合安装于墙面，不存在自承压问题。而本产品虽然用于非承重墙体，也有自承压问题，对抗压强度的要求相对要高一些。因此，表现在原材料，要增加一些轻集料，以提高抗压强度。另外，还要增加一些有利于提高抗压强度的外加剂，这里仅就增加部分做一些介绍。

1. 超轻陶粒

超轻陶粒的堆积密度为150～300kg/m^3，有页岩陶粒和黏土陶粒两种。超轻陶粒实质上也是一种发泡材料，内部为微气孔，因而具有良好的保温隔声性能，类似于泡沫混凝土。其气孔的形成是页岩或黏土在1000多度的高温下形成熔融的液相，同时部分物质分解产生气体并被液相包围，在液相冷却后形成多孔材料。

陶粒多为散粒状，5mm以上称陶粒，5mm以下称陶砂。陶粒和陶砂均可用于泡沫混凝土。由于它们的骨架作用，可使泡沫混凝土提高强度。

2. 聚苯颗粒

聚苯颗粒的导热系数较低，有利于降低泡沫混凝土的导热系数，提高其保温性能，并对产品产生增强作用。

聚苯颗粒既可采用废旧泡沫塑料，粉碎为2～5mm制取，也可以直接购取预发聚苯颗粒。后者由于气孔没有被破坏，珠粒浑圆，因而增强及保温效果更好，应优先选用。

3. 复合增强剂

复合增强剂可由活性掺合料、纳米材料、水泥活性激发剂等多种成分配合而成。也可选购市售复合增强剂或自行配置增强剂。其对水泥强度的提高不能小于3%，否则效果不明显。

12.2.2 生产设备

1. 生产设备

生产小型自保温板材的设备，基本与外墙外保温板相同，不需要专用设备。其个别设备与外墙保温板略有一些差别。相同部分不再介绍，下面只介绍一些不同的部分。

由于自保温板材的幅面和规格较大，切割尺寸和模数均与保温板不同。其中，主要是高度，可以略微增大。现有保温板模具的高度大多为300mm，但用于砌块生产时，有时会显得低。所以，砌块模具的高度，可以增加到400mm或600mm。

另外，保温板由于没有榫头和榫槽，模具没有设计榫头和榫槽。但一些砌块，则有榫头和榫槽。所以，砌块模具应增加这方面的设计。

2. 计量与输送设备

由于砌块要加入轻集料，尤其是聚苯颗粒和陶粒。这些轻集料密度低，自重小，在计量仓及输送机内流动性不是很好，且陶粒不能使用螺旋输送机和分体电子秤。所以，在设备造型上要与保温板有所区别。

（1）计量轻集料宜采用体积计量器，而不宜采用称重电子秤。如必须采用称重电子秤时，要有相应的适应轻集料的技术方案。

（2）输送不可采用螺旋输送机，宜采用皮带输送、链斗输送。具体应根据不同轻集料选型。

（3）轻集料体积大，原料计量及计量斗应设计为加大型。

（4）聚苯颗粒易燃，储存、计量、输送设备必须全密封，确保不与明火接触，应有安全性设计。

3. 搅拌设备

（1）添加轻集料的搅拌机应选卧式叶片型。轻集料漂浮性强，使用立式搅拌效果较差，不应选用。卧式搅拌机的搅拌器一定要有很好的上下翻料功能，能够很快将轻集料混入。

（2）立式搅拌可用于一级搅拌，不可用于二级。一级高速制浆，二级低速混合轻集料或物理泡沫。

（3）砌块物料在搅拌后相对较稠，搅拌机的放料口宜大不宜小，不可设计成小口径蝶阀等管式放料口，以防放料不畅或堵塞。

（4）砌块生产也需要热水和活性水，所以，生产线应配备搅拌用水的升温装置和水的活化装置。

（5）搅拌机的容积，在同等产量的情况下，应比保温板搅拌机的规格（指轻集料混合搅拌机）大一个规格。例如保温板搅拌机的机筒容积为 500L，砌块搅拌机筒的容积至少应为 800L 或 1000L。

4. 切割设备

（1）砌块的密度大多高于保温板，所以其硬化后的强度也较高。如果使用保温板切割机，有时会切割不了。因此，砌块切割机应该采用具有更强切割功能的机型。如果密度低于 $300kg/m^3$，可以选用锯条型往复锯或带锯。若密度大于 $300kg/m^3$，甚至 $500kg/m^3$，那么就只能选用圆盘式金刚石切割片的切割机。为加快和保证切割量，应选用多片圆盘锯，即一台锯安装 4～8 片金刚石切割片。单锯切割速度慢，不可选用。

（2）由于不少砌块在生产时都加有集料，尤其是陶粒、陶砂、砂子、膨胀蛭石、火山岩渣等，采用线切割行不通，不能选用线性切割机。因为切割钢丝切不了陶粒等轻集料，易破坏坯体。

（3）砌块的规格大多比保温板大一些，所以切割机的输送带、进坯口、切割台等均应适应大规格切割的情况，否则，许多坯体无法切割。

图 12-5 为国产自动自保温砌块生产线。

图 12-5　国产自动自保温砌块生产线

12.2.3 生产工艺要点

泡沫混凝土自保温砌块的生产工艺流程：配料、搅拌、浇注、发泡静停、硬化脱模等，基本与保温板相同。但是，在具体的工艺控制方面，两者还有一些差异。由于工艺过程大致相同，所以这里就不再重复，仅就其工艺细节控制的要点简述如下。

1. 轻集料应在二次搅拌时加入

常规搅拌是把各种物料（发泡剂除外）一起加入搅拌机，粗略搅拌后，再卸入二级搅拌机搅拌。由于轻集料在高速搅拌时容易被叶片打碎，就不能采用常规泡沫混凝土搅拌工艺。它的轻集料不能在一级搅拌时与其他固体物料一起加入，而应当在二级搅拌时加入。这样，一级搅拌可设计为立式高速式，其他物料均在一级加入，高速制成高匀质浆体，保证了浆体的高细高匀。然后，浆体卸入二级搅拌，加入轻集料，采用卧式慢速混合机，将轻集料在浆体内混合均匀。二级搅拌实际发挥的是混合功能，而一级发挥的是匀质功能。若是只有两级搅拌，则轻集料混合均匀后，可在二级搅拌机中加入发泡剂并混合均匀。若是还设计有第三级搅拌，则不必在二级加入轻集料和发泡剂，加入轻集料和发泡剂后混合均匀即可浇注。

其搅拌工艺图示如图 12-6 和图 12-7 所示。

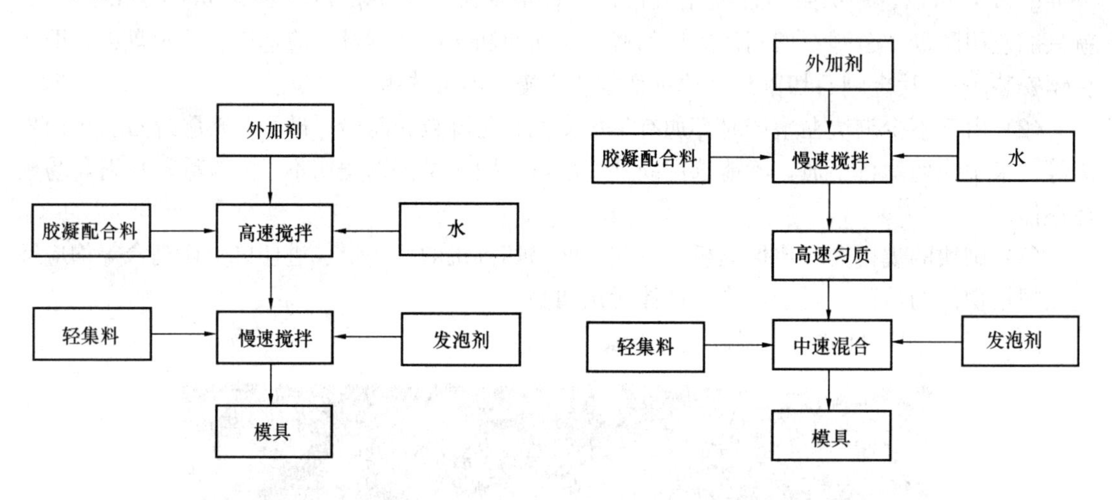

图 12-6　二级搅拌示意图　　图 12-7　三级搅拌示意图

2. 轻集料防浮，重集料防沉

在砌块生产中，有时要加轻集料，而有时还要加细砂等重集料，有时轻集料与重集料都要加。这给工艺控制带来了不小的难度。因为，轻集料质轻，易在浆体中漂浮，而重集料（如砂子）质重，易在浆体中下沉。泡沫混凝土浆体与普通混凝土工艺特点的最大区别之一，就是普通常规混凝土的水灰比很低（0.25～0.35），而泡沫混凝土则为大水灰比（0.45～0.65）。所以，普通常规混凝土的浆体较稠，不易分层。而泡沫混凝土则不然，浆体很稀，加入轻集料或重集料后极易分层。所以，要在制浆、浇注成型、静停发泡硬化三个工艺阶段，必须有科学合理的工艺控制手段。

防止轻重集料上浮和下沉的工艺措施为：

（1）停止搅拌后，浆体不可在搅拌机中停留过长时间，一般应在几十秒内卸料完成，使集料来不及上浮或下沉就被卸出。若浆体在机筒内停留 1min 以上，时间越长，分层越严重。因此，卸料速度必须快，卸料口不能小。

（2）浇注浆体时，浇注口离模具不要太高，应缩短距离，降低浆体浇注时的冲击力。冲击力越大，则集料上浮或下沉越严重。平稳浇注可以缓解浆体分层。

（3）浇注后的模具最好不移动，就地静停，以减少震动。若是模具移动浇注工艺，则模车应行驶平稳，设计有减震装置。模车在浇注后的震动会加剧轻集料的上浮和重集料的下沉，引起分层。另外，模车在移动时应慢速。其行速越慢震动越小。模车最好配有轨道，沿轨道运行，以降低震动。

（4）静停发泡硬化室应有升温措施，使基本温度保持在 30℃以上。其温度越高，则浆体稠化越快，防沉防浮效果越好。否则，浆体在静停期间会因浆体稠化慢而分层。

（5）配方设计应加入适量的增黏增稠防沉防浮成分。

3. 砌块切割工艺要点

（1）砌块由于密度高于保温板，如果等大部分强度形成，不但切割时的粉尘大，而且不好切割。因此，砌块在脱模后，不宜长期停放，应尽快切割。刚脱模时，其强度大约只有 30%左右，很容易切割，还没有粉尘。所以，最好将产品在脱模 8h 内切割，不能放一星期两星期再切割。只要切割时不掉角损棱，还是以早切为宜。当切割机为锯条式，这一点尤为重要，越晚就越切不动。

（2）加有陶粒及其他轻重集料的砌块，应视集料品种采用相应的切割工艺。聚苯颗粒砌块最好切，采用一般锯条式往复锯就可方便切割。陶粒砌块属于中等强度，采用高速带锯机就可以成功切割，但锯条必须是高级合金钢的，且陶粒堆积密度应小于 $300kg/m^3$。陶粒若是密度大，或加有砂子，则应采用金刚石圆盘锯。

（3）砌块的榫头和榫槽，不宜采用铣切。铣切工效低，废渣多，粉尘大，砌块成本增高。其榫头与榫槽应通过模具制出，而不通过铣切制出。

（4）切割工位应加有切割废料收集、传送、储存装置，此工艺不可缺少。切割工序产生的这些边角废料量约有 5%，如此处理，应予以考虑。自动线应有回收工艺设计，小型人工线应配备回收人员。

（5）切割机工位应加有吸尘罩和吸尘器。湿切时，其粉尘较小，而半干切时，会有一定粉尘。在工艺设计时应加以注意。

（6）如果采用带锯切割，为延长锯条使用寿命，应在切割工段配置锯条整形机、磨齿机、压型机等锯条整修设备。这些设备每套只有 1 万多元，但可使锯条的使用寿命延长数倍，每年节约锯条开支 10 多万元，还是很有经济意义的。在工艺设计时，应设计锯条整修工艺。

（7）密度较大的砌块，其切割时不宜进速过快，尽量慢速切割。切割速度越快，锯条断得越快，锯条损耗非常大。欲速则不达，适速最佳。

4. 砌块养护工艺要点

砌块的养护与其他泡沫混凝土的养护工艺要求及工艺手段大致相同，可以参看生产工艺一章有关养护的介绍。凡前面已经介绍过的，不再重复。这里仅就砌块特点对养护的一些不同要求和不同养护手段做一些补充。

（1）注意减小砌块内外湿度差

砌块大多比保温板厚，且块形较大。保温板是薄板形，内部湿度往往与外表湿度差异较小。而砌块是立方体形，其内部还很湿，而表皮部已较干。其湿度由里到外，依次递减，形成梯度差。当外部干缩时，内部不干缩，应力差引起裂纹。

这一特点反映到养护上，就要求注意减少表皮的这种干缩应力差。块形越大的产品，洒水保湿越重要。若是喷雾养护，相对湿度应大于 90%；洒水养护，一天至少洒两次。原则是不让产品表皮干而失水过快，也就消除了其干缩应力差引发的裂纹。

(2) 码垛时块与块之间留空隙

砌块的块形大，码垛后相对于块形小的产品，其块与块之间的缝隙就少。况且其不但块大，而且密度也较大，上下块之间因自重压力，压得很实，板缝窄小。这些，都会减少养护水及水汽进入砌块的机会与水量。为此，应在码垛时注意留缝。竖向缝可留 2～3mm，而横向水平缝，应该在下一层码放好之后，铺上一张钢网或塑料网，网丝直径 1.5～2mm。隔离网可以起到增大缝隙的作用。有了这些缝隙，水汽或洒上的养护水就可以进入大垛的内部，否则，水汽和水只能养护大垛外部的产品，而造成其垛内缺水。

(3) 活性辅助胶凝材料用量较大时采用高温养护

砌块生产时为了降低成本，相应地提高了辅助胶凝材料的加量，而减少胶凝材料的量。为了弥补胶凝材料减少带来的早期强度损失，可以采用提高养护温度的方法增强。因为，温度可以促进辅助胶凝材料的水化反应，提高其反应速度和反应产物量。养护温度越高，则其强度发挥得越好。建议采用蒸养工艺，或太阳能湿热养护。太阳能湿热养护时，其养护温度应达到 5℃以上，夜间辅以适当升温。湿热养护或蒸养，产品的强度可比普通常温养护提高 10%以上，效果明显。辅助胶凝材料的用量越大，湿热养护或蒸养的效果越好。

12.2.4 不同类型产品的生产工艺

除了生产工艺上的共性之外，一些产品由于还有自己的特征，所以在个别生产环节上，仍有一些各自的工艺特点。现分别介绍如下。

1. 普通型砌块

普通型砌块，即没有企口，没有饰面，没有复合层的单一结构产品。它的生产工艺是各种自保温砌块最简单的一种，最容易生产。原有的生产保温板的生产线，只需增加很少的设备，改变配方和切割尺寸，就可以生产这种砌块。因此，这种砌块最适合保温板企业转产，其可能是今后自保温砌块中产量较大的一种，为普及型品种。

(1) 设备的改进

原有生产保温板的企业，如搅拌机为立式时，由于立式搅拌机混合轻集料效果不好，如果砌块要加轻集料，其搅拌机应改为双轴中速卧式。

另外，原有切割机如是钢丝型，应更换切割机。这种切割机难以切割加有轻集料的砌块。如是带锯、偏心式上下往复锯，则加有陶粒的砌块难以切割。加有砂子的砌块则很费锯条，也要换锯。

(2) 配方的改进

在配方中应加入轻集料，以增加强度，降低导热系数。另外，砌块的密度应提高，配料量要加大。

(3) 生产工艺

与保温板相同，只需改变切割尺寸即可。这种产品必须六面切割。只有六面切割，产品外观才精美、棱角分明，有好的卖相。再者，切去表皮的油污，砌块容易砌筑。

有些企业采用分格模具，一格一块，不切割，想省切割机。这种工艺已有许多企业尝试，但没有成功。一是效率太低，脱模合模太慢，人工费太高；二是产品不切割，外观又粘满脱模剂油污，很不好看，卖相差将来砌筑时与砂浆结合不好。因此，不应采用这种工艺。

2. 企口型砌块

企口型砌块与普通砌块的唯一区别，就是多了企口，其余相同。只需在生产时考虑如何制出企口即可。其制出企口的工艺有两种。

（1）刨铣工艺

即先把大型坯体切成普通砌块那样，再用刨铣设备在产品边部刨铣出企口。优点是模具简单，铣出的企口十分精美。缺点是工艺复杂，要增加刨铣机。

（2）模制工艺

即在模具的相应部位设置企口，产品脱模后自带企口，不再刨铣。优点是省去了刨铣工艺和设备，生产简单。缺点是模具复杂，带有企口设置。

上述两种工艺，各有优缺点。企业可根据自己的情况，任选一种。

3. 单面或双面复合砌块

单面或双面复合砌块，是在其左右两侧的砌块表面，另行复合一层保护层或装饰层。其砌块基体的生产工艺与普通砌块或企口砌块相同。它既可是企口型，也可以是非企口型。其生产工艺的核心，是如何复合其面层。具体的复合工艺有许多种，这里介绍常用的几种。

（1）模内复合工艺

这一工艺的特点，是在模腔的左右两侧，把砌块的面板（装饰型和非装饰型）放入，并用卡具支撑牢固，不使面板倒下。然后把泡沫混凝土浆体浇入模具，依靠浆体本身的粘结力，将面板与浆体硬化后形成的基体粘合在一起，成为一体。待浆体硬化后脱模，如果是化学发泡，要切去上部的化学发泡面包头，即为成品。物理发泡没有面包头，不需切割。

这一工艺的优点是工艺简单，没有砌块基体的切割工艺及后期二次粘贴面层。缺点是模具需分成小格，一小格一块产品。脱合模均很费工，效率低，模具也复杂。

另外，这一工艺适用于密度大于400kg/m^{3}的产品。密度太低，面板粘不牢，容易脱落。用这种工艺生产低密度产品是不行的。

（2）粘贴面板工艺

这一工艺在砌块基体加工好以后，再用水泥胶浆将需要复合的面板（装饰型、非装饰型）粘贴到砌块基体上。粘贴好以后，再静置几天，使胶浆硬化，面板才能粘牢。

这一工艺要求面板符合以下工艺条件：一是不能太厚，以2～3mm为宜；二是密度不能太大，低于1400kg/m^{3}为宜；三是背面不能太光滑，应有一定的粗糙度和结合力。否则，太厚太重太光滑的面板会在使用中脱落。石材就不能用于面板，太重。

这一工艺的优点是面板结合牢固，模具简单，生产效率高。缺点是工艺复杂，需增加粘贴面板工艺和设备；另外，密度低于300kg/m^{3}的产品，与面板结合也不是很好。

（3）喷涂面层工艺

这种工艺是在已经切割成普通砌块的产品表面上另行二次加工，喷涂一层涂料，形成保护层或装饰层。其工艺过程分三步：

第一步，在基体面上刮涂一层界面找平层，把泡沫混凝土的孔眼封闭并填平，使不平整的板面变平整，然后静停硬化。其界面找平剂可采用水泥胶浆。

第二步，在已找平的板面上刮腻子。腻子干后打磨光洁。

第三步，在腻子层上喷涂乳胶漆或金属漆或真石漆。以真石漆为最好。真石漆耐候性好，装饰性强，且表面允许有粗糙度，可掩饰板面的一些不是很光洁的缺陷，可降低技术难度。

这种工艺的优点是面层与基层结合得十分牢固，一般不会分层和脱落，且低密度产品也可以加工，解决了低密度产品的面层复合难题。缺点是，工艺复杂，需多道工序，效率低，工费高。

世界上没有十全十美的工艺，各种工艺都有其优缺点；关键是工艺选择的侧重点。上述三种工艺，企业可以酌情选择一种，不必求全。

4. 包壳砌块

包壳砌块即六面包覆面层的复合砌块。砌块六个表面均要复合一个面层，也等于用外壳把基体包起来，基体成了芯材。其生产工艺有两种。

（1）基体复合外壳工艺

本工艺是按照常规工艺生产出普通砌块基体，然后把这一基体放置在模腔的正中心部位，其他五个面均离开模具10～20mm的间距。上面也要低于模具上口10～20mm。然后，将制好的抗裂水泥砂浆浇注入模，流入间隙，将基体六面包覆，硬化后浆体就形成外壳，而基体则成了芯材。模具必须采用分格式，一格一块砌块。模具较复杂，工效低，但简单易行。

（2）外壳灌注芯浆工艺

本工艺是先用制壳设备制出一个水泥外壳，壳厚10～20mm。然后，再用注浆机把泡沫混凝土芯材浆体浇注到外壳里，待芯浆硬化后，另用水泥浆封闭浇注口，就形成了包壳砌块。

本工艺的优点是不需模具，外壳就等于模具。缺点是外壳需另行加工，多了一条外壳生产线，投资较大。

12.3 配合比设计

所有保温用泡沫混凝土产品的配合比原理、配比原则、配合比设计方法，总体看是一致的，也是具有很多共性的，没有大的不同。但作为结构材料，自保温砌块必须符合建筑结构材料的规范，有其一定的独特性。保温板不属于结构材料，而属于结构外部的附加保温层，没有也不要求其具有结构材料的性能。这样来看，结构自保温砌块与保温板仍有一定的差异，针对这一差异，在配合比设计时，也要有一定的区别。

12.3.1 砌块配合比设计影响因素

1. 砌块性能要求因素

（1）干密度：比保温板高，一般大于200kg/m^3，为300～600kg/m^3，干密度大于700kg/m^{3}自保温性能就会下降，达不到要求。

（2）抗压强度：比保温板要求高，约为2.5～3.5MPa，个别要求大于5MPa。

（3）导热系数：比保温板的要求低一些，不强调低于0.05W/（m·K），大多数0.12W/（m·K）即可满足性能要求。

（4）其他性能可按保温板的性能指标考虑，最关键的不同为上述三项。

2. 砌块的材料因素

（1）轻集料：轻集料的品种、性能、造价等。

（2）重集料：重集料的品种、性能、造价、试用条件等。

（3）胶凝材料：其品种、性能、对产品成本的影响、供应等。

（4）辅助胶凝材料：由于砌块对辅助胶凝材料用量加大，其对产品性能及成本的影响大于保温板，其选择与配比量更加重要。

3. 工艺的影响因素

按现有的工艺水平与配合比的适用性，工艺的影响因素重点考虑三个关键性工艺环节：

（1）配料方法及原材料的输送方法。

（2）搅拌方式及搅拌控制水平。

（3）浇注方式及浇注控制水平。

（4）模具结构特点及使用方式，尤其要考虑是静置方式还是移动方式，移动方式对配合比要求更高。

（5）养护方式及养护工艺的特点。自然养护、湿热养护、蒸汽养护、蒸压养护，对配合比都有相应的不同影响。例如，自然养护时，胶凝材料配比要大一些，蒸汽养护就可低一些，蒸压养护可以很低甚至微量。

（6）切割方式及切割控制水平。如多级切割、单级切割、多工艺配合切割等，其配合比不同。

4. 设备的影响因素

设备对配合比设计也有重大影响。脱离现有的设备水平及企业拟选择的设备种类，盲目设计配合比，可能在生产中就会出现两者不相适应。

（1）配料机对配合比要求的配比精确度实现的可能性。

（2）输送机漏料、存料及粉尘扬灰等失料量对配合比的影响，尤其是对外加剂及微量成分的影响。

（3）搅拌机的性能对物料品种的适应性。例如，它不具备混合聚苯颗粒的条件，就无法在配合比中设计聚苯颗粒。

（4）卸料浇注方式对配合比的影响。例如，泵送出料与浇注要考虑配合比中减水剂的加入及水量的适量增大，否则，泵送就无法进行。

（5）模具对配合比的影响。模具体积与配比量直接相关，模具越大则一次配比量越大，自流平性要求越高。

（6）养护设施对配合比的影响。养护棚、养护室、蒸养窑、蒸压釜，这四种养护设施对配合比有直接影响。养护设施越先进，其辅助胶凝材料的配比量就可以增量越大，胶凝材料的配比量就可以减量越大。

（7）切割机的影响。切割机性能好，就可以配比强度较大的集料（如陶粒）。如切割机性能差，就只能配比使用聚苯颗粒等容易切割的物料。配合比再先进合理，切割机切不了，也是一种无法实施的配合比。

5. 地域及气候对配合比的影响

不同的地域及其相应的气候条件，影响产品的配合比。全国有四大气候区，且各地有不同的建筑结构及生活习惯，所以各地对砌块产品的要求和使用习惯也有一定的不同。全国不可能不分地域，使用一个完全相同的配合比。其不同影响最主要的有：

（1）严寒及寒冷地区更强调砌块的自保温性，对导热系数要求更严格。如新疆、黑龙江、内蒙古、吉林、青海等地，对砌块能达到多高的自保温水平更关注，配合比设计要更多考虑保温效果。

（2）夏热冬暖地区，强调较多的是产品的隔热情况。那里夏季气温高，冬季不太冷，最难过的是夏季。所以，在配合比设计时，要更多考虑产品的隔热性能。

（3）夏热冬冷地区，既要求保温又要求隔热，两者都要照顾。在配合比设计时，隔热与保温应统筹考虑。

（4）沿湖沿海地区，潮气很大，湿度高，对产品的隔潮防水以及产品软化系数有较高要求。在这些地区，吸水性较强的物料、不耐水的物料就要少配比、不配比。

（5）地震多发地区，即位于地震带地区，除常规的一些产品特点外，还考虑产品对抗震的影响。在配合比设计时，要适当照顾产品吸收地震波的性能。泡沫混凝土的微气孔是良好的吸震减震材料，对地震波的吸收率可达70%～90%。在配合比设计时，要减少非吸震材料，而加大吸震气孔的形成数量，增强吸震抗震性。

6. 生产企业现实条件的影响

（1）就近供应原材料的品种，供应资源状况、价格、运距以及其各种性能指标是否符合配比要求等。

（2）当地不能供应的原材料的外购渠道、价格、运距以及其各种性能指标对配合比的适应性能。

（3）当地生产用水的质量状况，如水的品种（自来水、天然水）、品质是否有污染，水的硬度等。水的碱性对发泡将有很大影响。

（4）当地的环境条件，尤其是气候及生产期的气温，气温对发泡影响较大。

（5）拟采取的工艺，拟选购的设备，拟生产的品种。

（6）基础设施状况，如有无养护室，有无搅拌热水供应装置等。

（7）有无实验室和化验条件，原材料能否化验，其质量指标有无控制条件。

（8）人员素质状况，尤其是配合比控制人员的素质。人员素质高，配合比可相应复杂一些，如人员素质较低，配比质量在保证产品质量的情况下简单易行。

12.3.2 配合比的具体调整

砌块的配合比可以在前述泡沫混凝土保温产品配合比设计通用准则的基础上进行，不必完全原创。在通用设计下针对砌块产品特点，加以调整即可。

1. 胶凝材料的调整

由于砌块产品的强度要求相对于保温板要高许多，且密度也大了不少，这两者都要求增大胶凝材料的比例及配比量。具体增加的配比量应通过小试来确定，以满足砌块抗压、抗拉等力学性能及密度要求为原则。其增幅最少不可低于5%。由于胶凝材料价格略高，如果为产品成本考虑，不增加胶凝材料的配比量；辅助胶凝材料要有很好的活化激发措施，使其产生的强度能够弥补胶凝材料比例不增的损失。

2. 辅助胶凝材料的调整

砌块产品的价格一般低于保温板。作为大宗结构材料，过高的价格，会使开发商考虑建筑造价而难于接受。所以，降低成本，不使成本超过市场可以接受的范围，可能是这一产品要考虑的因素之一。为降低成本，尽量采用低胶凝材料、高辅助胶凝材料是一个重要措施。即胶凝材料不增比例或少增比例，而辅助胶凝材料要多增比例。因为，辅助胶凝材料的价格往往只有胶凝材料的三分之一，对降低产品成本是十分有效的。

辅助胶凝材料比例也不可增加过大。因为它的水化速度要慢得多，虽然后期强度仍能达到产品技术性能要求，但初凝时间拉长，则会引起浇注后塌模。

如果采用大掺量辅助胶凝材料，应在配比设计时注意以下几点：

（1）尽量采用高活性品种。矿渣、钢渣微粉的活性，在各种活性废渣中是最好的，所以应优先选用矿渣或钢渣超细微粉。其次为超细粉煤灰，即比表面积超过 $750m^2/kg$ 的磨细粉煤灰。Ⅱ级粉煤灰可少量掺用，增加级配。

（2）硅灰、稻壳灰的活性超强，但其价格高，且稻壳灰又不易得到。所以，两者可以少量配比，有利增加强度。不过应注意配合比不应太大，以防影响产品成本。硅灰目前的市场价格已达 1800～2300 元/t，还是较高的。

（3）比表面积低于 $300m^2/kg$ 的低活性辅助掺合料，影响浇注稳定性，不可大量配比。如当地有比较丰富的这种资源，应配备超细磨机，磨细到比表面积 $850m^2/kg$，最低也应达到 $500m^2/kg$。不磨细加工，不能大掺量配比。

（4）配备有湿热太阳能养护、蒸汽养护、蒸压养护设施时，辅助胶凝材料的细度要求可放宽，达到 $400m^2/kg$ 即可，其配比量也可达到 50%以上。

（5）在提高辅助胶凝材料用量，采用高配比量时，配合比中一定要设计一定量的活性激发剂，且要选用高效型。其配比量不应低于辅助胶凝材料的 1%。推荐采用 GH-062 型活性激发剂，效果较好。注意：活性激发剂的有些品种会影响化学发泡稳定性，引起塌模。所以，其品种要预先经过小试选择，不能拿来就用，盲目配比。

3. 辅助功能材料的配比调整

辅助功能性材料，大多价格便宜，体积大，密度小，方便易得，对产品的保温性能、力学性能、抗裂性能均有好处，且有利于降低砌块的成本。因此，这类材料应在配比中尽可能加大比例。

在砌块中，辅助功能材料是在配合比中占有体积较大的一种材料。它既是砌块集料，也是功能材料，又是填充材料，所以十分重要。其配合比调整方法如下：

（1）严寒及寒冷地区，对保温性要求较高，应采用大掺量聚苯颗粒、聚氨酯废泡沫、酚醛废泡沫等超低导热系数功能材料。其他集料如陶砂、砂子、钢渣砂等应不用或少用。

（2）夏热冬暖地区，对隔热性要求较高，应加大具有更好隔热功能的轻质材料的选用，如气凝胶、玻化微珠等。由于隔热的技术要求比保温低一些，所以通过改进配合比，提高泡沫混凝土的闭孔率和气孔率，一般就可以达到要求，不配比轻质集料也可以。在配比中，可适当增加稳泡成分的配比量即可。如采用聚苯颗粒等轻集料，低掺量（＜3%）一般就能满足要求。

（3）夏热冬冷地区，冬天既非严寒，夏天又非酷热，即冬天比严寒地区保温要求低，夏天比炎热地区隔热要求低。所以，它的聚苯颗粒等轻集料掺量可取中等，比严寒地区少一些，5%～7%可满足要求。

4. 外加剂（母料）的配方调整

（1）在高潮湿的沿海沿江沿湖地区，应提高防水抗潮成分的配比量，外加剂（母料）应有较好降低吸水率的作用。

（2）在对保温性能要求很高的地区，应加大发泡剂、稳泡剂的配比量，降低产品密度。孔型调节剂也应加量，以提高闭孔率。

（3）当企业采用自动化生产线，模车为移动式时，应加大稳泡成分配比量，并提高防漂浮的增稠外加剂配比量，以防止模车移动时泡沫破灭引起塌模，同时防止轻集料在移动时漂浮。

（4）当生产线配备的切割机是线切割时，不可配比轻集料和重集料。线切割对集料切割效果不好。同时长纤维也不可配比，线锯切割不了长纤维。当切割机为锯条式时，不可配比密度较大的集料如陶粒、砂子等。当切割机为圆盘锯时，各种轻重集料均可配比。

（5）当搅拌工艺为单级时，因只有一台搅拌机，不能投料次数过多，以免产量难以保证。可以将配合比简化。当搅拌为三级工艺时，配合比可复杂一些。

（6）大体积模具，配合比设计要注意水化热不可过度集中，应降低高水化热原料的配比量，并适当减少促凝快硬成分，甚至加入缓凝剂以分散水化热，防止热裂。

（7）当产品尺寸较大或后期干缩干裂比较严重时，应增大减缩外加剂，并适当降低水的配比量。

（8）当产品对抗压强度要求较高时，可以在外加剂中加入增强成分及活性激发成分的比例，采用高增强型外加剂（母料）。

（9）当企业所在地活性废渣多，配合比中辅助胶凝材料的配比量较大时，应在外加剂（母料）中复合活性废渣的激发剂。

（10）当生产线采用蒸养、蒸压工艺时，应在外加剂中复合一定的缩短蒸养或蒸压时间的外加剂，以降低能耗。

12.4 产品应用

12.4.1 砌筑自保温单结构墙体

1. 应用范围

本结构适用于自保温外墙，自保温内隔墙（分室墙、分户墙）。一般用于框架结构非承重墙体构造，不能用于承重墙。

2. 砌块类型

用于这种结构的砌块，一般为块形较大，尤其是厚度较大的砌块。薄型砌块的砌筑体不坚固。其厚度要求大于150mm。

3. 适用规格

适用规格见表12-2。其他规格可根据用户需要确定。

表 12-2　砌筑单结构墙体的砌块适用规格（mm）

长度	高度	厚度（宽度）
600、300	300	150、180、240、300、360

表中 240mm、300mm、360mm 厚度的产品，用于自保温外墙体；150mm、180mm 厚度的产品，多用于自保温内隔墙。

4. 墙体结构

其墙体与其他小型砌块墙体相一致。在砌块砌体外，加上砂浆层、饰面层即可。其砌筑体应错缝砌筑。图 12-8 为墙体砌筑结构示意图。

5. 应用技术要点

（1）砌筑砂浆要有保温性。配合比中可加入微沫剂、玻化微珠，赋予其保温性能，玻化微珠加入量 2%～5%。

（2）抹灰砂浆也要采用保温型。可在配比中加入阻燃型聚苯颗粒，粒径小于 2mm。同时加入保水剂、增黏剂、微沫剂。用于外墙时，最好加入少量防水剂。

（3）饰面层宜采用高档涂料，而不宜直接粘贴瓷砖、石材等重质板材。泡沫混凝土砌块的密度低，抗拉强度与黏土砖等承重砌体材料相比，还是较低的。如采用重质材料饰面，其饰材自重会与砌块拉裂而剥落。涂料层很薄，自重甚微，且粘结力和封闭力很强，与砌块结合较好，还可以依靠其封闭性能封闭砌块毛细孔，延长其使用寿命。因此，选用涂料最理想。

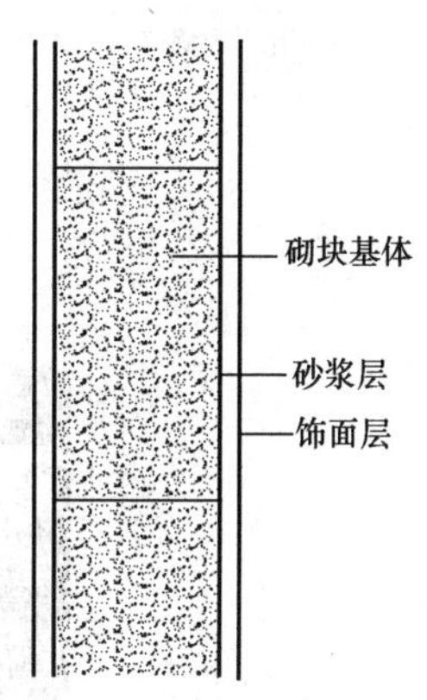

图 12-8　墙体砌筑结构示意图

外墙涂料宜采用硅丙外墙乳胶漆或氟碳漆，内墙可选用纯丙或聚丙乳胶漆。低档乳胶漆不可选用。

12.4.2　龙骨面板装配式复合墙体

1. 应用范围

本复合墙体适用于自保温外墙，也适用于自保温内隔墙（分室墙、分户墙）。同样，这种复合墙体也是用于非承重结构，不能用于承重结构。

2. 砌块类型

这种复合墙体所用的砌块，一般为较大幅面的薄型砌块。其目的是减薄内墙，增加建筑使用面积，并提高施工速度。

3. 复合墙体优势

由于加有增强轻钢龙骨和面板，大大提高外墙的抗风压能力及耐候性能。它使墙体在具有轻质保温性能的同时，又具有抗冲击、抗剪切的优异性能，并以干作业为主，拼装式施工，速度快、效率高，代表着未来新型墙体的发展潮流和发展方向。

4. 适用规格

适用于本复合墙体的规格见表 12-3。除表内的规格外，其他规格可依照客户要求确定。

表 12-3　龙骨面板复合墙体砌块规格（mm）

长度	高度	厚度（宽度）
600	300、450、600	60、90、120、150

表中厚度 60mm、90mm 两种规格多用于内隔墙，厚度 120mm、150mm 两种规格多用于自保温外墙。

5. 内墙结构

内墙结构如图 12-9 所示，其墙体砌筑实例照片如图 12-10 所示。

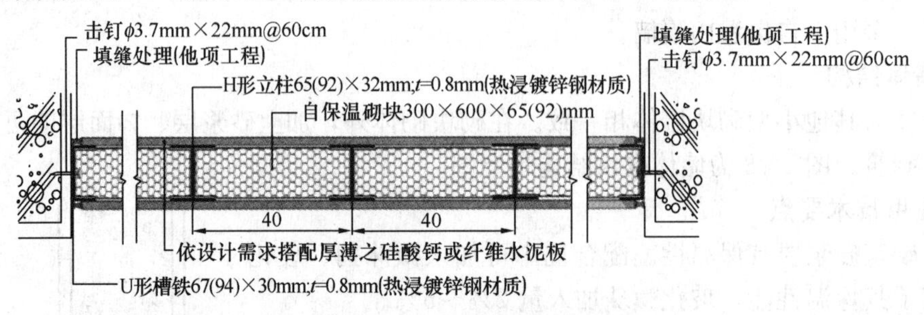

图 12-9　墙体结构

图 12-10　墙体砌筑实例

6. 外墙结构

外墙结构应满足建筑自保温的要求。为此，单层墙体就难以实现，必须采用双层墙体。在夏热冬暖或夏热冬冷地区，两层墙体之间为空气层。而在寒冷地区，两层墙体之间为聚苯板或聚氨酯泡沫。

7. 应用状况及前景

本墙体前几年已在国外及我国台湾地区有所应用。2013 年，大陆自台湾引进墙体结构及施工工艺，并开始推广应用。目前，其应用技术已经成熟，可以规模化推广。由于其优点很多，集保温、隔热、隔声、吸声、抗震、防火、抗风压、抗剪切、抗冲击、施工快、坚固耐用等一系列优点于一体，是目前最优异的新型复合墙体结构之一，具有极其广阔的应用前景，代表着新型自保温墙体的未来。

8. 施工工艺

（1）安装沿地龙骨，可用螺钉锚栓固定在地面。

（2）安装沿顶龙骨，可用螺钉锚栓固定于横梁上，

（3）安装竖龙骨，将竖龙骨插入沿地龙骨与沿顶龙骨内，并用锚栓固定牢固。龙骨间距 60mm，龙骨轻钢厚度 0.64～1mm。

（4）在竖龙骨内插入砌块，并使用水泥胶浆填充砌块与龙骨之间的缝隙。砌块之间用砂

浆粘结砌筑。砂浆不必过饱，能粘牢即可。

（5）砌块安装结束后，在墙体内外两侧安装硅酸钙板。硅酸钙板与砌块之间应抹一层粘结砂浆。硅酸钙板以螺钉固定在轻钢龙骨上。

（6）在硅酸钙板表面抹一层厚度为 1～2mm 的聚合物水泥砂浆，然后在聚合物水泥砂浆上压一层涂塑玻纤网。玻纤网轻轻压入胶浆中，让胶浆浸透网格布。

（7）在已经粘好的网格布表面再抹一层聚合物水泥胶浆，并反复抹平。

（8）在聚合物水泥胶浆硬化后，在硬化层上刮一层找平腻子。

（9）粘贴瓷砖或干挂石材装饰面板，也可进行涂料装饰及其他装饰。干挂时，石材一定要固定于龙骨上。

9. 工艺要点

（1）砌筑砂浆应加入胶粉玻化微珠、微沫剂、聚合物、保水剂等，使其具有保温性。不得使用普通砌筑砂浆。

（2）抹面砂浆应采用保温板抹面砂浆，其技术要求相同。具体参考第十章有关章节的介绍。

（3）轻钢龙骨应为镀锌 U 形钢，其腹板宽度应大于砌块厚度 2mm，以方便砌块的快速插入。

（4）硅酸钙板的厚度，外墙外侧为 12mm，内侧为 10mm，内墙两侧均为 3mm。

（5）如墙体内要预埋管线及电器，应在硅酸钙板安装前进行。硅酸钙板在电器外露处（如插座、控制按钮等）预先开口。开口位置要准确，不可偏离。

（6）如果墙上要挂吊安装重物（如空调器、大型有框壁画、吊钟、电视机、壁橱等），应在相应位置预埋 30mm 以上的木板。木板应用锚栓固定于轻钢龙骨上。龙骨的钢材厚度可适当加大。

12.4.3　喷涂面层装配式复合墙体

1. 结构

本墙体的结构、适用范围、砌块类型、适用砌块规格等均与前述龙骨面板装配式复合墙体大致相同。其唯一的不同，就在于它不使用预制的面板，而是在砌块安装结束后，在砌块表面喷涂一层砂浆，并在砂浆内压入一层钢网或抗裂玻纤网，砂浆硬化后形成类似于面板的保温层，也等于是用喷涂砂浆层取代了面板。其结构图示如图 12-11 所示。

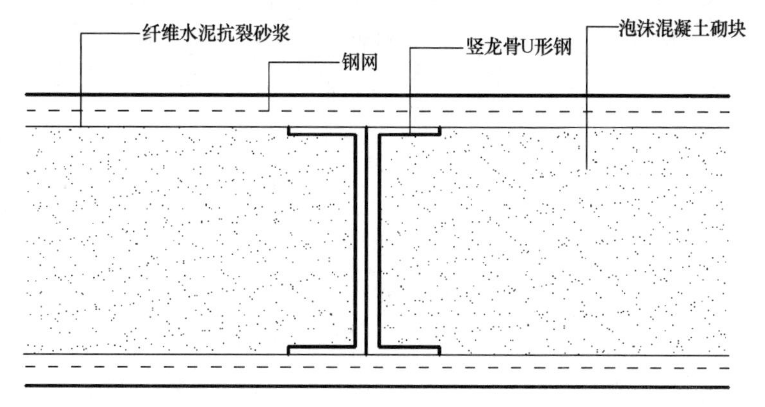

图 12-11　喷涂面层复合墙体结构示意

2. 工艺特点

优点是降低了造价，更易于被工程接受。缺点是增加了湿作业，且面层硬化期延长了施工时间。

3. 施工工艺

龙骨及砌块安装，均与12.4.2相同，不另重述。其面浆喷涂工艺为：

（1）先在龙骨上挂设增强钢网。钢网下加设垫片，使钢网离开龙骨及砌块5～10mm，以便砂浆包覆钢网。

（2）喷涂纤维水泥增强砂浆。喷涂厚度10～20mm。砂浆应是轻质型，干密度控制为＜1400kg/m³。可在浆体内加入一定量的玻化微珠或直径2～3mm的阻燃型聚苯颗粒。砂浆喷涂采用具有喷涂纤维轻集料浆体功能的机型，不可在喷涂中分层。

（3）喷涂1～2h后，表面磨光压实。

（4）待喷涂层硬化后，刮腻子，喷涂装饰漆。

（5）如果不挂钢网，而采用玻纤网，可在砂浆喷涂后压入玻纤网，用泥抹压一次，使浆体渗入玻纤网即可，最后抹平。

第13章　自保温墙板、屋面板

13.1　产品总述

13.1.1　概念

本系列产品是以钢网、玻纤网为增强材料，或另加轻钢材料或钢框为骨架，以泡沫混凝土为基体材料，所制成的具有结构自保温功能的轻型建筑墙板或屋面板。根据需要，本产品也可以复合无机板材或装饰面层，形成夹芯型产品和装饰型产品。用途不同，本产品既可以是条板，也可以是大板，还可以是异型板。

本系列产品既是传统建筑轻质板材的升级换代产品，克服了传统板材不保温、强度差、密度大的缺点。同时，它也是泡沫混凝土转型发展的新型主导产品之一，为泡沫混凝土拓展了应用领域。

本系列产品采用拼装式工艺，应用于非承重框架结构自保温外墙、自保温内隔墙（分户墙、分室墙），也可用于屋面自保温结构（平顶屋面、斜坡屋面），异型产品还可以应用于楼层阳台栏板等建筑部位。

13.1.2　产品种类

1. 按用途分类

按用途分类，本系列产品可分为自保温外墙板、自保温隔墙板、自保温屋面板、轻质阳台栏板等五种。

2. 按结构分类

按结构分类，本系列产品可分为泡沫混凝土单结构板、硅酸钙板复合夹芯板、内置轻钢龙骨复合板、钢框增强复合板等四种。

3. 按产品外形及幅面分类

按产品外形及幅面分类，本系列产品可分为条板（2500～3000mm）×600mm、大板（6000～7500mm）×1500mm、异型板（尺寸根据客户需要）三种。

4. 按产品有无装饰功能分类

按产品有无装饰功能，本系列产品可分为结构保温与装饰一体化板、非装饰板两种。

5. 按产品的承重性能分类

按产品的承重性能，本系列产品可分为承重型、非承重型两种。

下述各类产品的具体介绍，按结构分类进行，其他兼顾。

13.1.3　产品规格

本系列产品的常用规格，按前述幅面尺寸分类。现分别列于表13-1～表13-3中。非常用的规格，可根据客户的需要，由供需双方协商确定。

表 13-1　条板常用规格（mm）

长度（L）	宽度（B）	厚度（D）
2500～3500（100 模数进位）	600	60、90、120、150、180

表 13-2　大板常用规格（mm）

长度（L）	宽度（B）	厚度（D）
6000、7500	1500	120、150

表 13-3　阳台栏板常用规格（mm）

长度（L）	宽度（B）	厚度（D）
700～1300（100 模数进位）	600	60、90、120

13.1.4　产品优势与前景

（1）解决了建筑板材不能实现外墙自保温的问题。我国的建筑板材品种很多，均以隔墙板为主，外墙板很少，且双层结构也不能实现自保温。本系列板材不但实现了建筑板材在外墙的应用，而且实现了建筑外墙的自保温（双层）。这为建筑板材在外墙的应用奠定了技术基础。

（2）解决了隔墙自保温问题。随着国家对供暖采取分户计量的方法实施力度加大，隔墙自保温开始受到各级政府主管部门的重视。如果隔墙不保温，一家不供暖，就会引起其四邻室内温度的下降。因此，隔墙保温已是大势所趋。这样，自保温型的隔墙板将会有很好的发展空间。目前，现有的隔墙板都无法实现自保温。本自保温隔墙板的双层使用，可实现自保温，其成功推出，正好填补了市场空白，前景广阔。

（3）我国屋面板至今不能实现自保温。平顶屋面采用的是二次施工另加保温层，斜坡屋面是在结构板材之上另加岩矿棉或泡沫塑料板做保温层。本系列自保温屋面板双层使用时，不论在平顶屋面及斜坡屋面均可以使用，可实现自保温，不需另作保温层，不再二次施工，是屋面保温技术的一次革命。

13.2　生产工艺与设备

13.2.1　生产配合比

本系列产品的配合比类似于砌块。在配方设计时，可参见第 11 章的有关章节。这里仅就一些有针对性的要求，进行以下补充。

1. 材料选择

胶凝材料宜选择镁水泥，高强硫铝酸盐水泥，高强复合硅酸盐水泥。镁水泥中，宜选用 5.1.7 晶相碱式盐硫酸镁水泥。

辅助胶凝材料宜选用矿渣微粉和超细粉磨粉煤灰，配合少量硅灰或稻壳灰。

轻集料宜选用聚苯阻燃颗粒、玻化微珠。

2. 配合比调整

（1）外墙及屋面自保温板配合比

由于其强调自保温，所以应加大轻集料尤其是聚苯颗粒的加量。外墙自保温板受外界环境影响较大，配合比应强调其耐候性，胶凝材料的配比要适当加大，并提高防水剂的配比量。

（2）隔墙板配比量

隔墙板的自保温虽容易实现，但由于其厚度小，所以产品的密度也不能太大，其发泡剂量可比外墙板略为减少，但应控制聚苯颗粒的量不可减少。其对耐候性要求不高，防水剂等外加剂可以适当降低。

13.2.2　生产工艺

生产本系列产品的工艺流程与保温板、砌块等相差不大。其仅有的差异是模具及其浇注脱模工艺。

保温板与砌块生产，均采用大体积浇注，硬化后切割的工艺。而生产本系列板材则目前有两种工艺。

1. 大体积浇注，硬化后切割工艺

本工艺是在大体积模箱内预先放置增强钢网或龙骨，然后再按保温板的浇注工艺浇注成型。待浇注体硬化后，再脱模切割。

本工艺的优点是浇注方便，需要切割，且板面的强度较差。用本工艺生产的产品由于没有表面保护层，其密度稍高。

2. 立模浇注工艺

这种工艺是采用现有的隔墙板生产方法，用立模浇注成型。由于立模属于多模腔组合模具，一个立模分为 10～60 个模腔，一个模腔成型一块墙板，脱模即为成品，不需切割。

采用本工艺既可生产实心型泡沫混凝土单结构板，也可以生产一次成型单面、双面复合有面板的复合板，以及预埋龙骨或钢网的高强度板材。

这种工艺的优点是产品精度高，尺寸准确，外观好，且一机多用，产品多，几乎各种墙板均可以生产。但其投资较大，单机产量低。

3. 平模浇注工艺

这种工艺是采用传统的平模，一模一板的浇注生产。其单结构板和预埋龙骨板为一次浇注成型。其夹芯板为二次浇注成型。

这种工艺的优点是功能多，其他各种本系列产品均可生产，且脱模即成，不需切割。本工艺可以连续生产，易于实现自动化。其缺点是产品为单面光洁，另一大面为人工抹平或压入的网格布，不精美。它的模具投资特别大，生产线占地面积也较大。

4. 预制外壳灌芯工艺

这种工艺为新工艺。它是采用预先制好的板材高强度外壳作模具，不需另制模具，直接把泡沫混凝土芯材浆体浇注到外壳里，形成夹芯结构板材。还可以在壳内预置龙骨，生产出龙骨增强板材。

这一工艺的优点是产品强度高，没有模具的巨大投资。但其需要另加成产外壳的设备，等于是二次成型，二次养护，工艺流程加长。

上述四种工艺各有所长，也各有所短。如果想利用原有的保温板生产线，可采用第一种工艺。如果想产品多，且外观好，可采用第二种工艺。如果想全自动生产，可采用第三种工艺。如果想要产品高强品质好，可采用第四种工艺。

13.2.3 设备

配料、输送、搅拌、浇注、切割等设备，与前述保温板及自保温砌块基本相同。其不同主要是模具及模具的附属牵引装置等。

1. 大体积浇注、硬化后切割工艺的模具

可采用原有的保温板模具，但要求模具长度必须有 3m 以上的长度。若原有模具的长度不够，就应新制模具。因为墙板、屋面板、楼板等产品均有企口（榫头、榫槽），所以应在模具内制出企口来。模框可采用竹胶板、钢板等制作，企口可采用型钢、铝合金、塑料等材料。这种模具是最简易的模具，投资最小，最容易实施。

2. 立模

立模在市场上已有各种品种。有自动液压、气动开合的自动脱模型立模（每次成型 8～12 块），也有人工开合的大产量卧式立模（每次成型 20～30 块），还有人工开合的超大产量竖式立模（每次成型 40～60 块）。最近，国内已研发成功自动开合大产量卧式立模（每次成型 30 块），卧式浇注，竖式静停硬化，浇注方便，养护占地面积小，还可以自动行走，移动浇注，实现了自动化浇注与脱模，是目前最先进的立模之一。

图 13-1 为传统立模，图 13-2 为新型卧式立模，图 13-3 为新型竖式立模，图 13-4 为新型自动卧式立模。

图 13-1　传统立模

图 13-2　新型卧式立模

图 13-3　新型竖式立模

图 13-4　新型自动卧式立模

3. 平模

平模目前有三种。

一为传统的钢制平模，多用于条板生产。坚固耐用，投资较大。

二为新型简易平模，用塑料板和轻钢型材装配而成，造价低，一次性投资小，适合于中小企业使用。其耐用性不如钢制平模。图 13-5 为这种简易平模。

图 13-5　传统平模

三为大型平板式平模，多用于生产大型板材（如 6m×1.5m 规格）。这种模具为台式，无模框，生产时将产品的钢框放在台面上，即可浇注。这种模具实际上就是一个钢制平台，既可以是移动式，也可以是固定式。移动式用于自动化生产线。简易生产可用混凝土平台取代，固定式浇注成型。

建议选用前两种模具生产条板，选用第三种模具生产大板。

13.3　实心板的生产

实心板就是采用单一泡沫混凝土（可加轻集料）作为主体材料所生产的板材。为提高其抗折力，可加钢网、玻纤网、钢筋网架轻钢龙骨等增强。

13.3.1　玻纤网增强实心板

1. 结构

玻纤网复合于板材两个大面的表层，其深度不可超过 3mm，越靠近板面，增强作用越强，因此不能埋入过深。

钢网由于翘曲作用太大，不易在板面压平压展，所以无法使用。

其外形示意如图 13-6 所示，其断面结构示意如图 13-7 所示。

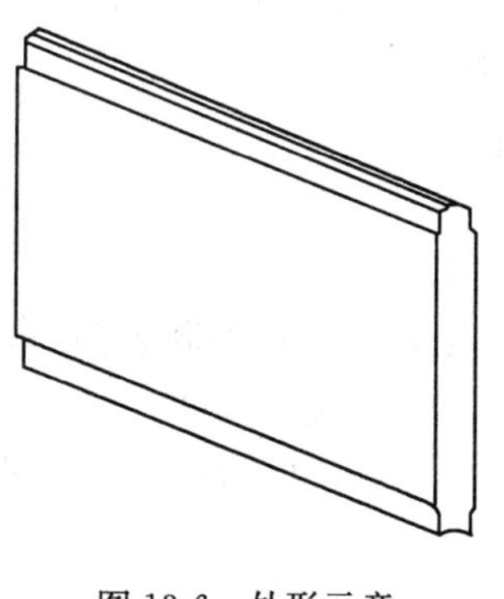

图 13-6　外形示意

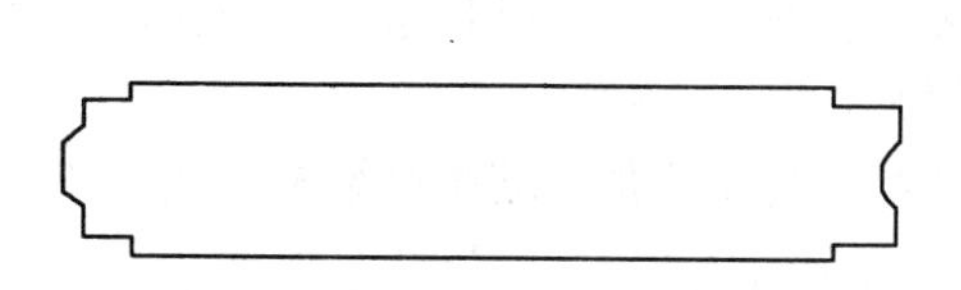

图 13-7　断面结构示意

2. 物理力学性能

墙板的物理力学性能见表 13-4。

表 13-4 物理力学性能指标

序号	项 目	指 标		
		板厚 60mm	板厚 90mm	板厚 120mm
1	抗冲击性能（次）	≥5	≥5	≥5
2	抗弯破坏荷载/板自重倍数	≥1.5	≥1.5	≥1.5
3	抗压强度（MPa）	≥3.5	≥3.5	≥3.5
4	软化系数	≥0.8	≥0.8	≥0.8
5	面密度（kg/m^2）	≤70	≤90	≤110
6	含水率（%）	≤12/10/8		
7	干燥收缩值（mm/m）	≤0.6	≤0.6	≤0.6
8	吊挂力（N）	≥1000	≥1000	≥1000
9	空气声隔声量（dB）	≥30	≥35	≥40
10	耐火极限（h）	≥1	≥1	≥1
11	传热系数[a] [W/（m^2·K）]	—	—	≤2.0

a. 应用于采暖地区的保温分户条板应检此项

3. 应用范围

本产品适用于分户隔墙和分室隔墙及其他隔断墙、阳台栏板。

4. 产品类型

本产品类型有：普通板、门框板、窗框板、过梁板。

5. 原材料

（1）生产本产品的胶凝材料应选用高强度等级快硬硫铝酸盐水泥、镁质水泥。它们的碱性低，对玻纤网腐蚀性较小。硅酸盐类通用水泥碱度大，不能选用。

（2）玻纤网格布应选用符合 JC/T 841 规定的耐玻璃纤维网格布或涂塑网格布。其增强玻纤段切丝应符合 JC/T 572 规定的耐碱玻璃纤维无捻粗纱。

（3）玻化微珠和聚苯泡沫颗粒应符合相关标准规定。

6. 配合比要点

（1）胶凝材料在配比中的比例应大于 60%，不可过低。

（2）可加入轻集料降低导热系数并增强，以聚苯颗粒为主，配合部分玻化微珠。聚苯颗粒应为阻燃型。

（3）在配合比中应加入玻璃纤维短切丝，或聚丙烯纤维，也可两者配合使用，其加入总量不可低于 0.5%。

7. 生产工艺

（1）平模工艺

先在平模内放置一张玻纤网，然后浇注泡沫混凝土浆体，刮平后稍加震动，减少大气泡。浆体应与平模上口相平。最后，再在浆体上放置一张玻纤网，用手或压网器轻压一下，使玻纤网浸入浆中 1～2mm，即可将模具送入早期养护室升温（或自然养护），使之硬化。

4～8h后脱模，成品送入后期养护室，保温保湿养护 7d。

平模工艺应采用物理发泡工艺。化学发泡无法当时刮平，所以不能采用化学发泡工艺生产。

（2）立模工艺

先在立模的每一个模腔的两侧，用布网器预先放置好玻纤网，然后将制好的浆体浇注入模，并压上企口模具，制出企口。静停 4～8h，硬化后脱模，后期养护 7d 即可。

立模工艺也应采用物理发泡工艺。若采用化学发泡工艺，应有把握使浆体的发泡高度达到可以制出企口。

8. 玻纤网增强实心板的技术特点

玻纤网增强实心板因为板面没有高强复合层，内部没有增强龙骨，因此，其总的力学性能及耐候性能略低，产品的性能不及其他板材。但工艺相对简单，成本低，价格低，在自保温隔墙市场上有一定的性价比优势。作为一种大众化产品，应积极发展。

13. 3. 2　网架与龙骨增强实心板

1. 结构

本产品是为了克服玻纤增强实心板的不足，所研发的一类新产品。这也有两个类型：一是网架增强，另一个是龙骨增强。其生产设备，工艺流程是相同的，只是增强材料的品种不同而已。网架增强的产品，整体力学性能好，而轻钢龙骨增强的产品，则其抗弯能力更强，可承受更大的荷载。

网架应该置于板体正中部位，距离板面不大于 20mm。而龙骨是整体型时，放置方法与网架相同，如果是分体式一根根地放置，则应在板体内均匀放置，相互间等距，其距离板面也应不大于 20mm。

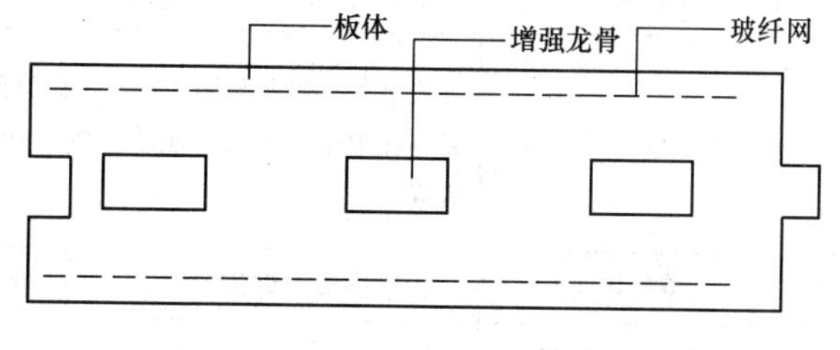

图 13-8　龙骨板的结构

其龙骨板的结构如图 13-8 所示。

2. 材料

（1）网架

网架采用镀锌钢丝或低碳钢丝三维空间焊接为整体。对钢丝的技术要求见表 13-5 和表 13-6。

表 13-5　低碳钢丝的技术要求

项次	项　　目	允许偏差
1	长	±10
2	宽	±5
3	厚	±2
4	两对角线差	≤10
5	侧向弯曲	≤L/650

续表

项次	项目	允许偏差
6	泡沫板条宽度	±0.5
7	泡沫板条（或整板）的厚度	±2
8	泡沫内芯中心面位移	≤3
9	泡沫板条对接缝隙	≤2
10	两之字条距离或纵丝间距	±2
11	钢丝之字条波幅、波长或腹丝间距	±2
12	钢丝网片局部翘曲	≤5
13	两钢丝网片中心面距离	±2

注：L 为 GJ 板的长度

表 13-6　镀锌钢丝的技术要求

项次	项目	质量要求
1	外观	表面清洁，不应有明显油污
2	钢丝锈点	焊点区以外不允许
3	焊点强度	抗拉力≥330N，无过烧现象
4	焊点质量	之字条、腹丝与网片钢丝不允许漏焊、脱焊；网片漏焊、脱焊点不超过焊点数的 8%，且不应集中在一处，连续脱焊不应多于 2 点，板端 200mm 区段内的焊点不允许脱焊、虚焊
5	钢丝挑头	板边挑头允许长度≤6mm，插丝挑头≤5mm；不得有 5 个以上漏剪、翘伸的钢丝挑头
6	横向钢丝排列	网片横向钢丝最大间距为 60mm，超过 60mm 处应加焊钢丝，纵横向钢丝应互相垂直
7	泡沫内芯板条局部自由松动	不得多于 3 处； 单条自由松动不得超过 1/2 板长
8	泡沫内芯板条对接	泡沫板条全长对接不得超过 3 根，短于 150mm 板条不得使用

（2）轻钢龙骨

轻钢龙骨可采用冷弯薄壁型钢材制作。

冷弯薄壁型钢钢材强度设计值应按表 13-7 的规定采用。

表 13-7　冷弯薄壁型钢钢材强度设计值（N/mm²）

钢材牌号	钢材厚度 t（mm）	屈服强度 f_y	抗拉、抗压和抗弯 f	抗剪 f_v	端面承压（磨平顶紧）f_e
Q235	$t \leqslant 2$	235	205	120	310
Q345	$t \leqslant 2$	345	300	175	400

续表

钢材牌号	钢材厚度 t（mm）	屈服强度 f_y	抗拉、抗压和抗弯 f	抗剪 f_v	端面承压（磨平顶紧） f_e
LQ550	$t<0.6$	530	455	260	—
	$0.6\leqslant t\leqslant 0.9$	500	430	250	
	$0.9<t\leqslant 1.2$	465	400	230	
	$1.2<t\leqslant 1.5$	420	360	210	

龙骨外形要平整、棱角清晰，切口不应有毛刺和变形。镀锌层应无起皮、起瘤、脱落等缺陷，无影响使用的腐蚀、损伤、麻点，每米长度内面积不大于 $1cm^2$ 的黑斑不多于 3 处。涂层应无气泡、划伤、漏涂、颜色不均等影响使用的缺陷。

镀锌龙骨镀锌层的厚度、外观质量及表面防锈等技术要求应满足表 13-8 的要求。

表 13-8　双面镀锌量和双面镀层厚度

项　　目	技　术　要　求
双面镀锌量（g/m^2）	≥100
双面镀锌层厚度（μm）	≥14

注：表面镀锌防锈的最终裁定以双面镀锌量为准。

（3）玻纤网与轻集料

与上述玻纤网实心板中的技术要求相同。

（4）胶凝材料

宜采用超高强快硬硅酸盐类复合水泥。这类水泥的碱度高，对钢材有保护作用。镁水泥及硫铝酸盐水泥的碱度低，不利于产品内复合使用钢网骨架，所以不宜选用。

3. 配比要点

（1）胶凝材料配比时不可使其所选品种的碱度过低，以免降低钢材的保护作用。如全部采用镀锌钢材，可以放宽一些碱度要求。

（2）钢材受热会使其热胀值提高，过高的水化热会加剧热胀，影响产品的安定性。所以应在配比时控制水化热，不使其过高。

（3）由于增强钢网及钢骨可以提高其产品的力学性能，所以适当加大辅助胶凝材料配比量，也不会影响产品的整体性能，但有利于降低成本。

4. 生产工艺

平模工艺与立模工艺的工艺过程相同。均为先行把网架或轻钢龙骨预制于模腔正中部位，再浇注泡沫水泥浆即可。网架或轻钢龙骨的固定，应采用由定位卡具或其他定位器。待胶凝材料浆体初凝后，再将定位卡具或其他定位器抽出，其定位孔会在浆体自重作用下闭合，不影响外观。

5. 产品应用范围

由于本产品采用了钢网或钢骨增强，力学性能好，可以有较强的承荷能力。所以，它的用途就会大大扩展。

(1) 应用于外墙自保温体系，可有良好抗风压能力及抗震能力。

(2) 应用于屋面自保温体系，可以承受一定载荷。

(3) 应用于对抗剪切能力要求较高的隔墙，能满足技术要求。

6. 技术性能

网架与龙骨增强实心板的技术性能见表 13-9。

表 13-9 技术性能

产品名称	墙板		屋面板	
荷载等级	1级	2级	1级	2级
允许外加均布荷载组合标准值【QK】(kN/m²)	1.0 (0.8)	1.5	1.2 (1.0)	1.9
允许外加均布荷载基本组合设计值【QK】(kN/m²)	1.2 (1.0)	1.8	1.54 (1.3)	2.4

13.4 硅酸钙板泡沫混凝土夹芯复合板

1. 产品结构及外观

(1) 复合夹芯条板的概念

根据 JG/T 169—2005 等标准，轻质条板是长宽比不小于 2.5 的，采用轻质材料或轻钢构造制作的非承重板材。

而复合夹芯条板，上述标准给出的规定是：由两种及两种以上不同功能材料复合或由面板（浇注面层）与夹芯层材料复合制成的长宽比大于 2.5 的非承重板材。

本工艺产品长宽比大于 2.5，且有芯层保温材料与硅酸钙面板复合而成，符合上述标准规定的技术特征，是典型的复合夹芯条板产品。

(2) 结构特点

复合夹芯条板产品为三明治式夹芯结构。其两侧板面为 4～12mm 的硅酸钙板，芯层为 70～180mm 厚聚苯颗粒泡沫混凝土。面层的硅酸钙板主要起保护和增强作用，赋予复合板良好的抗冲击性，芯层的低密度泡沫混凝土起保温隔热作用和降低板材密度作用。其结构图示如图 13-9 所示，外观如图 13-10 所示。

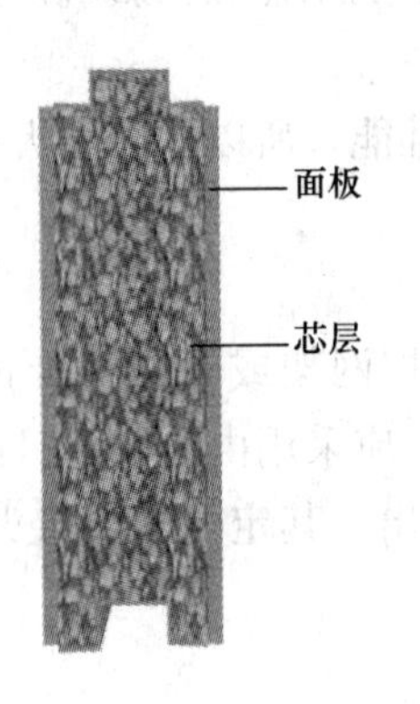

图 13-9 产品结构

图 13-10 产品外观

2. 产品性能

产品性能见表 13-10。

表 13-10　复合夹芯条板产品性能

面密度 (kg/m²)	导热系数 [W/(m·K)]	隔声量 (dB)	抗弯破坏荷载	抗冲击性能 (次)	含水率 (%)	软化系数	干燥收缩值 (mm/m)	吊挂力 (N)	耐火极限 (h)
≤80	≤0.12	≥45	≥1.5 倍板自重	≥10	≤10	≥0.80	≤0.6	≥1000	≥2

3. 材料

（1）硅酸钙板

用作面板。

硅酸钙板的性能应符合表 13-11 的要求。

表 13-11　硅酸钙板的性能要求

强度等级	D0.8	D1.1	D1.3	D1.5	纵横强度比
Ⅱ级	5	6	8	9	≥58%
Ⅲ级	6	8	10	13	
Ⅳ级	8	10	12	16	
Ⅴ级	10	14	18	22	

注：1. 蒸压养护制品试样龄期为出压蒸釜后不小于 24h。

2. 抗折强度为试件干燥状态下测试的结果，以纵、横向抗折强度的算术平均值为检验结果；纵横强度比为同块试件纵向抗折强度与横向抗折强度之比。

3. 干燥状态是指试样在（105±5)℃干燥箱中烘干一定时间时的状态，当板的厚度≤20mm 时，烘干时间不低于 24h，而当板的厚度＞20mm 时，烘干时间不低于 48h。

（2）玻镁平板

用作面板。它的优点是密度低于硅酸钙板，更轻。

玻镁平板的性能应符合表 13-12 的要求。

表 13-12　玻镁平板的性能

项　　目	一　等　品	合　格　品
抗折强度（MPa）	≥20	≥14
抗拉强度（MPa）	≥7	≥5
抗冲击强度（kJ/m²）	≥2.4	≥1.9
表观密度	≤1.2	≤1.5
抗返卤性	无水珠、无返潮	无水珠、无返潮
防火性能	满足 GA160 中 4.4 和 4.5 规定	满足 GA160 中 4.4 和 4.5 规定

（3）面板的选择

硅酸钙板强度高但密度偏大。选用硅酸钙板，用于内隔墙板时，可采用 3～5mm 的厚度，不可太厚，以降低产品的面密度。用于外墙板时，可采用 10～12mm 厚度，不可太薄，以提高产品的耐候性及抗风压能力。自保温外墙板一般应选用外墙专用硅酸钙板面板，其综合性能好。

玻镁平板不但强度高，而且密度低，属于轻质板材，有利于降低板材的面密度。但其耐水性差，综合性能不及硅酸钙板。当用于生产隔墙板时，建议选用玻镁平板。隔墙板对于耐候性要求较低，采用玻镁平板也可满足要求，有利于降低产品的成本及密度。当用于外墙板时，不可采用玻镁平板。其厚度一般选用3～5mm。当要求较高握钉力及吊挂力时，可选用10～12mm。

4. 配合比要点

硅酸钙板（或玻镁平板）最容易出现的问题，是面板与基板芯材的结合不牢，致使面板脱落。这种情况在产品的运输、安装过程中极易发生。所以，在配合比设计中，应重点考虑面板的结合牢度。

（1）发泡剂、聚苯颗粒等降密成分不可加入量过大，产品的芯材泡沫混凝土密度应大于$400kg/m^3$。

（2）为提高面板粘结力，可在配合比中加入少量增黏成分。

（3）胶凝材料一定要选用强度等级较高的品种，且适当加大配比量，以增加对面板的粘结力。

（4）水量越大，粘结力越差。在满足工作性能的情况下，水的配比量应适当控制。

5. 生产工艺

本产品采用平模无法生产，采用大体积模具浇注而后切割也不能生产。本产品的结构特点，使其只能采用立模生产。现在已经投产的企业，基本采用的，都是立模工艺。

立模生产本产品的浇注成型工艺是：先在立模的每一个模腔内，贴近模箱板，左右两边放置硅酸钙板（或玻镁平板）各一张。要用定位装置或定位器定位，不使之倒下或倾斜。然后浇注泡沫混凝土，刮平，放置企口模具压实，制出企口。4～24h硬化后脱模，养护7d即为成品，干燥至28d出厂。

6. 产品的应用范围

（1）自保温外墙。不同气候区，可选择240～360mm厚墙板，采用单板结构墙体。如采用120～210mm墙板，可采用双板复合结构墙体，或复合结构夹芯墙体（在两板之间填充聚氨酯泡沫或现浇泡沫混凝土）

（2）自保温斜坡屋面。当用于平顶屋面时，应在板内预埋轻钢龙骨增加抗弯能力。

（3）隔墙板。既可用于分户墙，也可用于分室墙。

（4）阳台栏板。可制作为小规格。

（5）楼板。当预埋承重龙骨并采用厚度大于12mm的硅酸钙板时，也可用于楼板。

13.5 包壳墙板（预制外壳灌芯板）

1. 产品结构

本产品由外壳及芯层泡沫混凝土构成包壳结构，也是属于复合墙的一种。普通夹芯板是两个大面复合有面板，而包壳夹芯板则为六面复合。产品性能更好。与硅酸钙板复合夹芯板相比，其最大的优点是不存在面层脱落问题，整体性更强，强度也更高。它实际是我国原有大空心率方孔空心墙板的升级改造产品。我国已有不少企业原来生产大空心率方孔空心墙板。由于这些空心墙板不保温，墙体发空，影响其应用。所以，虽然方孔空心墙板在我国已经推广应用了 10 多年，但真正形成大规模长期生产应用的还不太多。本技术在空心内灌入泡沫混凝土，使其由空心变实心，实现其产品的技术改造，既可增加一个复合墙板的新品种，推进泡沫混凝土的应用，也使我国大空心率方孔空心墙板业实现了转型升级，有利于其健康发展。

图 13-11 为大空心率方孔空心外壳的外观。图 13-12 为空心用泡沫混凝土填充后形成的包壳墙板。

图 13-11　方孔外壳

图 13-12　包壳墙板

2. 产品性能

表 13-13 为包壳墙板屋面板的性能。

表 13-13　包壳墙板屋面板的性能

序号	检测项目	单位	性能指标
1	面密度	kg/m^2	≤80
2	干缩值	mm/m	≤0.8
3	燃烧值	—	不燃
4	耐火极限	H	>2.5
5	抗折力	N	≥2000
6	隔声量	dB	≥35
7	抗冲击	次	3 次无贯通裂缝
8	含水率	%	≤3
9	单点吊挂	kg	≥80
10	加工性	—	优

3. 材料

(1) 外壳材料

生产外壳的主要原材料为镁水泥，其他胶凝材料达不到胶凝要求。采用快硬硫铝酸盐水泥也可以，但强度仍不如镁水泥。我国现有的生产工艺，大多是采用镁水泥。其填充材料多为秸秆粉、锯末、稻壳粉等木质纤维。

（2）芯层泡沫混凝土材料

芯层泡沫混凝土多采用与外壳材料同质材料，也应选用镁水泥。因为，同质材料材料的界面结合更好。如果外壳采用快硬硫铝酸盐水泥，其泡沫混凝土芯材也应采用快硬硫铝酸盐水泥。

芯层的轻集料宜采用聚苯泡沫颗粒、玻化微珠。由于芯材要求低密度，所以不得选用陶砂、陶粒、膨胀蛭石等轻集料。

4. 芯层泡沫混凝土配合比要点

由于本产品的外壳强度很高，芯层只起填充作用，不要求其具有太大的力学性能。因此，芯材的泡沫混凝土可以尽量地降低密度，使其密度不超过 200kg/m³。在这一原则下，其芯层的配比调整方法是：

（1）发泡剂增量，相应稳泡剂也增量。

（2）聚苯泡沫颗粒也应加大配比量，以不低于 2%为好。

（3）辅助胶凝材料应增大配比量，总量可大于 30%。

（4）胶凝材料减量，以降低成本。其总配比量应不大于 50%即可。

（5）外加剂中耐候成分可适当减量。芯层全封闭状况，耐候要求不高。

5. 生产工艺

（1）外壳生产工艺

外壳生产采用半机械工艺和全自动化工艺两种。半机械化采用机械制浆和浇注、布浆、人工铺网格布的成型工艺。而全自动生产，则采用机械制浆、铺网格布浇注成型，整个生产过程全部由机械自动完成。由于本产品壳体较薄（10～20mm），如不采用玻纤网格布增强，很难达到力学性能要求。如铺加网格布，就增加了自动化模内成型的工艺难度。因此，目前国内的生产线，均是半机械化，全自动的较少。我们应该积极推动全自动工艺。

（2）芯层生产工艺

待壳体成型并硬化后，从模具内取出，随即进行芯层泡沫混凝土的注浆成型。也可以将成型后的壳体后期养护 7d 后再灌注芯体。但是，这就需要两次养护，增加了工艺的复杂性。从产品的稳定性及界面结合性讲，两次养护效果会更好。

板体芯层的灌注，宜采用卧式侧立注浆工艺，而不宜采用立式。立式注浆高度 2.5m 以上。一次浇注高度过大，容易引起沉降和塌模。而采用卧式注浆，一次注浆仅 0.6m，比较平稳，不易出现浇注事故。

芯层浇注浆体后，应养护 7d，再自然干燥至 28d 出厂。

6. 产品应用范围

（1）自保温外墙，采用厚型板单层墙体结构或薄型板双层墙体结构。

（2）自保温内隔墙。一般采用薄板单层结构，板厚 60～120mm。

（3）自保温屋面，采用厚板单层结构，板厚大于 150mm。

13.6 钢框网架板

1. 钢框网架板的结构

钢框网架板是网架板的升级产品。它是将网架板再加以钢框增强，使其具有更强的力学性能。因此，本板可生产较大的规格（大于 $9m^2$）。其钢丝网架焊制在钢框上，形成一个整体钢构件。然后，再在钢框内浇注泡沫混凝土水泥浆，使二者在硬化后成为一体。钢构件的优异力学性能与泡沫混凝土的保温作用相互结合，优势互补，就成为具有良好自保温作用的结构保温板。

本板的外形如图 13-13 所示。本板的结构如图 13-14 所示。

图 13-13　钢框网架板的外形

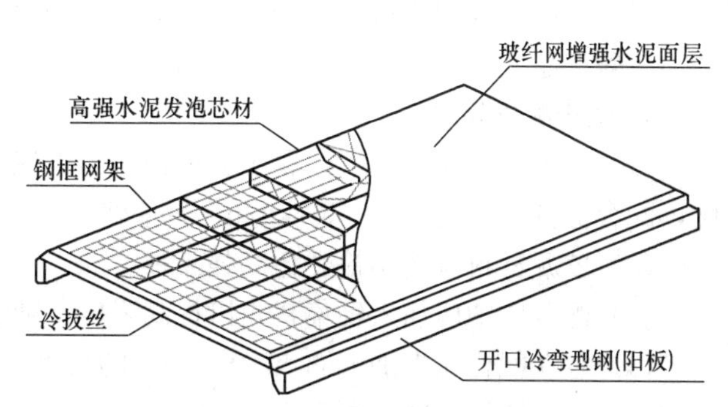

图 13-14　钢框网架板的结构

2. 产品性能

本产品的性能见表 13-14。

表 13-14　钢框网架板的性质

序号	名　称	性　质
1	耐久性	安全使用期≥50 年
2	防火性	耐火极限≥2.0h
3	承载能力	$10\sim50kN/m^2$
4	抗风力	可抗 8 级台风
5	轻质性能	面密度 $50\sim115kg/m^2$
6	施工性能	可快速安装，单班组 $1200m^2$/月
7	抗结露性能	不结露

3. 材料

（1）边框材料：采用 Q235B 钢材，经防锈处理。先采用喷砂除锈，再用 Y53-35 铁红油性防锈底漆二道，C04-2 各色醇酸漆面漆二道，漆膜厚度（μm）均为 60。钢边框与泡沫混凝土界面不刷面漆。

（2）网架钢丝：采用 HPB235 级和 HRB335 级低碳冷拔钢丝。其钢丝直径宜选用 2～3mm。

网架焊接应符合《钢筋焊接网混凝土结构技术规程》（JGJ/T 114—2014）。

（3）芯层泡沫混凝土

芯层混凝土材料的性能应符合表 13-15 中的技术要求。

表 13-15　芯层泡沫混凝土材料的性能要求

抗压强度 (MPa)	弹性模量 (N/mm^2)	密度 (kg/m^2)	导热系数 [W/(m·K)]	吸水率 (%)	软化系数	碳化系数
1.0～1.4	0.9×10^3～1.1×10^3	250～350	0.055～0.085	≤20	≥0.8	≥0.8

（4）增强玻璃纤维网格布

增强玻璃纤维网格布应符合 JC 561.2—2006 标准要求，选用中碱、耐碱型产品，不可选用高碱产品。

4. 生产配方调整

（1）由于本产品尺寸大，属于大型板，力学性能要求较高，因此，泡沫混凝土应加大密度，配合比应以密度 250～300kg/m^3 为基础。

（2）胶凝材料应选用快硬超高强品种。

（3）配合比中应加入轻集料，以提高强度，减少干缩。

（4）宜在配合比中加入 0.5%～1.0%的玻璃纤维短切丝或聚丙烯纤维。二者也可以同时加入，配合使用，效果更理想。

（5）辅助胶凝材料的加量应小于 35%，以免影响早期强度。

5. 生产工艺

（1）网架焊接。按设计规格焊接好钢丝网架。

（2）钢框焊制。钢框焊接好以后做除锈防锈处理。

（3）钢框与网架组合成整体钢骨架。

（4）以钢框为模具，向其中浇注泡沫混凝土，然后抹平。如果化学发泡，应在发泡浆体硬化后，切去面包头。

（5）在产品的两个大面各抹上一层水泥砂浆，作为保护层。在水泥砂浆内，应加一层网格布。网格布应压入浆体 1～2mm，抹平。浆体的厚度可以控制为 4～6mm。

（6）抹面后，产品送入后期养护室，保温保湿养护 7d，然后自然干燥至 28d 后脱模。

6. 应用范围

（1）大型工业厂房的自保温屋面、墙体。

（2）公共建筑的自保温屋面、墙体。

（3）住宅自保温楼板、屋面。

第14章　泡沫混凝土结构复合保温制品

14.1　概　　述

14.1.1　概念

有机无机发泡复合保温板材是采用结构复合的方法，将有机无机发泡材料复合在一起，以无机发泡材料为面层，以有机发泡材料为底层或芯层，所形成的一种新型保温材料。保温板材是我国近年研发的具有中国特色的产品。目前，这种产品在国内已形成一定的生产和应用规模，但总体仍处于发展的起步期。不过，其发展速度很快，在未来几年内有望成为大宗新型保温板材之一。

有机无机发泡复合保温板材的出现，是建筑保温对防火与保温能够实现这一统一技术要求的促进，是市场需求推动产品研发的必然结果。

2010年以前，我国建筑保温市场，基本是以有机保温材料为主。在应用中，有机保温防火性能差，易引发火灾的严重缺陷逐渐暴露。

2010年以后，为了克服有机保温防火性能差的不足，以泡沫混凝土为代表的无机发泡保温材料应运而生，2011～2012年其发展大道鼎盛期。但通过两年多的应用实践，无机发泡材料（包括泡沫混凝土、泡沫玻璃、泡沫陶瓷等），保温性能远不如有机发泡材料，且密度大等缺陷也暴露出来。要达到相同的保温效果，无机发泡保温材料要厚很多，运输及安装过程中的脆性破坏也较大。

如何充分发挥有机保温材料质轻和保温性能优异的长处，以及无机保温材料防火性能优异、节能环保性突出的长处，使二者优势互补，而劣势互克，成为建筑保温材料生产领域许多技术人员共同的研发目标。自2012年起，许多企业都先后进入有机无机复合保温发泡材料的研发。笔者在2012年推出了新产品，其他企业和科技人员也都陆续推出了新产品。

有机无机发泡复合保温板材最大的特点，就是它既有无机保温A级防火的优势，又有有机保温超低导热和超轻的优势，使二者达到了完美的结合，弥补了各自的不足，实现了保温与防火较好的统一。产品既有理想的防火性，又有良好的保温性。

保温性与防火性集于一体，是本产品技术上的重要突破。

有机无机复合，现在出现不少产品，但许多是在有机发泡保温材料的表面或两面，复合上一层普通砂浆或水泥层，而非无机发泡材料。其表面复合层密度大，产品较重。更重要的，是其表面导热系数大，传热性强，一旦遇到火灾，虽对有机保温材料会有一定的保护作用，但保护作用较弱。如火势较大或持续时间较长，所复合的有机保温层仍会受热燃烧或萎缩。而本产品与其最大的不同，在于有机发泡保温层表面复合的，是无机泡沫混凝土，也是属于轻质发泡材料。泡沫混凝土面层导热系数低，质轻，不但降低了材料的整体密度，而且由于泡沫混凝土材料导热系数低，在火灾中可以阻隔大多数热量，有效保护有机保温材料，使之在大火中不燃烧，不受热萎缩。两种发泡材料结构复合，这是其另一个重要技术特点。这一特点提高了保温板的技术性能。

14.1.2 有机无机发泡复合保温板材的结构及产品类型

1. 结构

(1) 单面复合结构

单面复合结构，是在有机保温材料的表面，复合 2～3cm 厚的泡沫混凝土，以有机保温为主，以无机保温为辅。这种结构的产品适用于外墙外保温，也可用于外墙内保温。其结构示意如图 14-1 所示。

(2) 双面复合结构

双面复合结构，是以有机泡沫保温材料为芯层，其两面复合以泡沫混凝土。

这种结构，有机芯层为保温主体，面层则保温为辅，并有保护有机泡沫材料的作用。其结构示意如图 14-2 所示。这种结构一般用于外墙外保温，也可用于墙体自保温。

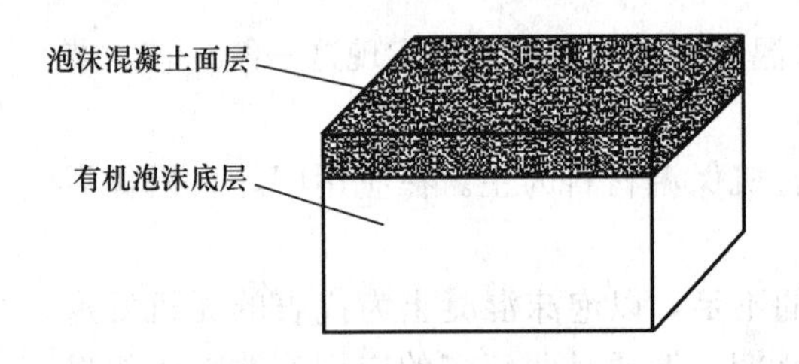

图 14-1　单面复合结构示意图

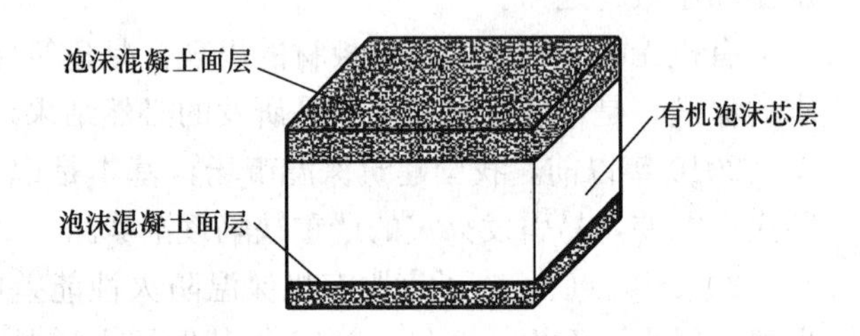

图 14-2　双面复合结构示意图

(3) 五面复合结构

五面复合结构为一盆状结构。泡沫混凝土面层为一盒式外壳，一面敞口。有机保温材料为盒内填充物。由于五面均有无机泡沫混凝土保护层，其防火性能优于单面复合结构和双面复合结构，但其生产工艺较复杂，其保护效果次于单面复合结构和双面复合结构。图 14-3 为五面复合结构示意图。

(4) 六面复合结构

六面复合结构为一全包覆结构。泡沫混凝土面层形成一个完整的壳体，有机泡沫保温材料成为填充芯核。

这种结构的最大优点，是其防火性能十分优异，比前述这几种结构都要好。有机保温泡沫材料被泡沫混凝土完全包覆，没有外露部分，不易在火灾中燃烧。

这种结构的缺点是保温性能不及单面或双面复合结构。

这种结构的复合材料，适合于外墙外保温和墙体自保温。

图 14-4 为六面复合结构的剖面图。

这种结构的保温主体仍然是有机保温泡沫材料，泡沫混凝土为辅助保温和对有机保温材料的保护。

2. 产品类型

(1) 按结构不同，本产品可分为单面复合、双面复合、五面复合、六面复合四种，已如前述，不再重复。

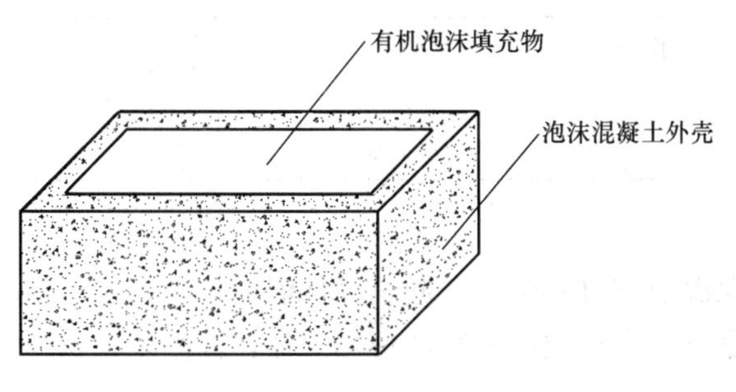

图 14-3　五面复合结构示意图

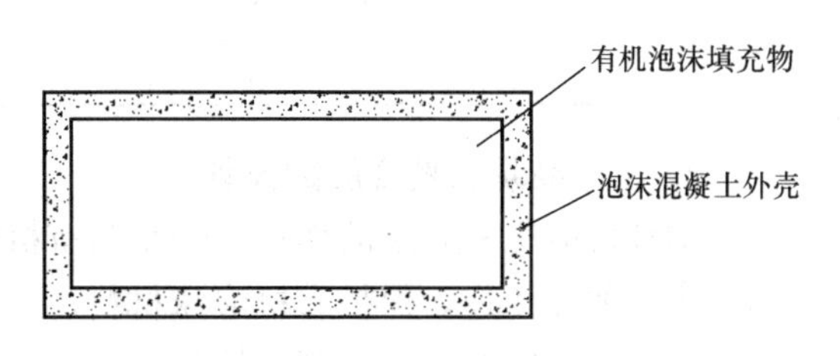

图 14-4　六面复合结构剖面图

（2）按用途不同，本产品可分为。

①外墙保温板。其中有粘贴式、外挂式、粘贴结合式。

②墙体自保温小型板。用于砌筑外墙，也可砌筑内墙。

③墙体自保温条板。用于自保温外墙，也可用于内隔墙。

④屋面自保温条板。用于屋面保温层。

（3）按幅面的大小，本产品可分为：

①大型板，幅面大于 $1m^2$；

②中型板，幅面大于 $0.5m^2$；

③小型板，幅面在 $0.5m^2$ 以下。

14.2　生产工艺

14.2.1　单面与双面复合板生产工艺

单双面复合板一般采用泡沫混凝土物理发泡流浆法生产工艺。其工艺流程如下：

1. 有机泡沫保温板材的选用

有机泡沫保温板材一般按所设计规格从原生产厂家购取成品，有条件的也可自行生产。有机泡沫保温板为方便生产，均选用大幅面产品（幅面大于 $2m^2$），一般不选用小规格。

有机泡沫保温板的品种，优选聚氨酯泡沫板和酚醛树脂泡沫板，二者最大的优点是导热系数低［0.012～0.02W/（m·K)］，可以降低复合板的厚度。其不足是价格较高。但考虑到复合板的保温效果及厚度，仍优选这种有机泡沫板。

对聚氨酯泡沫板的技术要求见表 14-1。

表 14-1　聚氨酯泡沫板的技术要求

密度 (kg/m^3)	导热系数 ［W/（m·K)］	压缩强度 (MPa)	吸水率 (%)	阻燃烧级别
35～80	≤0.022	≥200	≤2.5	≥B2

对酚醛树脂泡沫板的技术要求见表 14-2。

表 14-2 酚醛树脂泡沫板的技术要求

容量 (kg/m³)	导热系数 [W/(m·K)]	工作温度 (℃)	厚度 (mm)	阻燃烧级别
40～100	0.022～0.030	－196～＋200	20～200	B1～A2

2. 泡沫混凝土复合层的设计

泡沫混凝土复合层的作用，一是与有机保温泡沫材料配合，起辅助保温的作用；二是阻隔火灾中的热传递，保护有机泡沫材料；三是延长有机泡沫材料的使用寿命，提高复合材料的耐候性，一级抗冲击等其他性能。

根据上述作用，泡沫混凝土保温层的密度既不能太低，也不能太高。太低，则不能起到理想的保护作用；太高，则不能发挥保温作用以及火灾中阻隔热辐射的作用。因此，泡沫混凝土的绝干密度，宜设计为 300～400kg/m³。

泡沫混凝土的技术要求见表 14-3。

表 14-3 泡沫混凝土保温层的技术要求

干密度 (kg/m³)	导热系数 [W/(m·K)]	抗压强度 (MPa)	吸水率 (%)	软化系数
300～400	0.09～0.1	0.5～1.2	≤10	＞0.8

3. 工艺选择

在泡沫混凝土物理发泡与化学发泡两种发泡工艺中，应优选物理发泡工艺，化学发泡由于操作不便，不宜选用。

在各种复合工艺中，宜优选流浆法辊压工艺。它的优点是生产速度快，易于操作。泡沫混凝土与有机保温材料的界面结合较好，二者经辊压后，结合紧密。

由于采用辊压工艺，泡沫混凝土的发泡工艺就要与辊压工艺相适应。化学发泡在起泡过程中及起泡后，浆体受力能力差，若经布浆与辊压，就会使起泡破坏，无法成型。而无力发泡，其气泡韧性较好，有一定承受外力的能力，即使经布浆和辊压，也不能使气泡破灭过大，基本不会影响成型。因此，宜选用无力发泡工艺制备泡沫混凝土并使之与有机保温材料经辊压复合为一体。

4. 发泡剂的选择

物理发泡虽然有一定的优势，但是，在辊压的外力作用下，仍会有一定的泡沫在辊压下消失。辊压对气泡的破坏程度，不同品质的发泡剂，会有较大的不同。优质发泡剂所制泡沫，韧性相当好，经辊压后，气泡破灭率较低。而劣质发泡剂所制泡沫经辊压后，气泡破灭率较高。因此，复合工艺能否成功，与发泡剂的品质有很大的关系。

物理发泡剂的技术要求见表 14-4。

表 14-4 物理发泡剂的技术要求

泡沫密度	1h 沉陷距	1h 泌水率	发泡倍数
40～60g/L	＜20mm	＜80mm	＞25

如果没有检测泡沫的仪器，也可凭手感来判断打泡剂是否复合使用。用手抓起发泡剂制

出的泡沫，如果反复揉搓而泡沫消失很少，就说明泡沫稳定。然后，再将泡沫加入水泥浆中，并混合均匀，如果泡沫经浆体的摩擦不过大消失，且在水泥浆体中稳定，泡沫水泥浆体不沉陷，这种发泡剂就符合使用要求。

5. 设备的选择

根据流浆和辊压的技术要求，复合设备应选用流浆辊压生产线。该设备由机浆、模板传送带、多对压辊，流浆布浆器、泡沫混凝土浆体制备系统、有机泡沫板放置机械手（也可人工放置）等几大部分组成。目前，国内已有定型设备供应，虽其外观及结构不尽相同，但其原理及设备组成基本一致。

6. 生产工艺流程

复合板的生产工艺流程并不复杂。它大致分为泡沫混凝土浆体制备、布浆辊压复合、后期养护、切割四个工艺单元。现将这一工艺简述如下：

（1）泡沫混凝土浆体制备

水泥、掺合料（硅灰、粉煤灰、矿渣微粉等）、外加剂等人工或自动计量，由上料机（皮带机、斗式机、螺旋机、气力输送机等）送入搅拌机，制成水泥浆。再由水泥浆泵将浆体抽取并压入混泡器，静态混泡器将水泥浆及发泡机送来的泡沫快速混合为泡沫混凝土浆体，并依靠泵的压力自动送入成型机的布浆器，完成浆料的制备。

（2）布浆辊压成型

成型机上的布浆辊从出料仓接受浆体，并将浆体均匀地分布到成型机传送带送来的模板上，形成一层浆体料带。在布浆前，模板上已铺设了一层涂塑网格布。模板携带浆体通过第一道压辊，将浆体压入网格布，使二者成为一体，并将浆体压为厚薄一致，完成布浆。

布浆后，机械手（或人工）将堆放在生产线设定位置上的泡沫有机保温板材抓起，自动（或人工）送上传送带，放在泡沫混凝土浆体上。泡沫混凝土浆体料带及有机泡沫板材，在传送带的运送下，与模板一起进入第二对压辊，将有机泡沫板材与泡沫混凝土紧紧地压为一体。使之依靠泡沫混凝土浆体自身的粘结力能够很好地复合。压辊可以是一道，也可以是2～4道，视浆体厚度而定。至此，完成两种泡沫材料的复合工艺。

（3）后期养护

复合完成后，模板携带复合板体，传送带送下生产线，由机（或人工）将其送上养护架，并进入养护室进行初期养护。初期养护室温度>20℃，一般保持为 20～30℃。在这一温度下，泡沫混凝土浆体可以在 24h 内硬化，成为复合板材的面层。硬化之后，复合板即可从模板上取下（即脱模），成为半成品。

半成品的泡沫混凝土的强度，在脱模时一般只达到 28d 强度的 40%～50%，大部分强度仍为发挥。因此，半成品板材还不能出厂，仍需进入后期养护室保湿养护。

后期养护的要求见表 14-5。

表 14-5　后期养护要求

养护时间 (d)	养护室温度 (℃)	养护室湿度 (%)
7～10	20～25	90～95

如果没有养护室条件，也可以人工用塑料膜覆盖养护。养护方法是堆放在遮阳的阴凉

处，将半成品码放成垛，洒水充分后，盖好塑料膜并压严实。每两天洒水一次，养护7～10d。

（4）切割

养护结束后，半成品即可送入切割机组，进行切割。

切割工艺的任务有两个：一是切去毛边，使产品整齐美观；二是分切成需要的规格，使产品成为成品。

一般在成型时，成型的幅面较大，目的是加快成型速度和提高产品。而成品的尺寸是有一定设计和标准要求的。因此，半成品必须切割为小规格，才能成为成品。

切割一般采用金刚石圆盘锯或带锯。若泡沫混凝土面层的密度较大，强度偏高，可以采用金刚石圆盘锯切割。若泡沫混凝土面层的强度低，可以采用组合带锯切割机。

（5）二次复合

前述几个工艺过程，完成的仅为单面复合，若是生产单面复合板，切割后就已经成为成品。但若是生产双面复合板，完成前述工艺过程后，生产的仍不是成品，而是半成品。因为另一面还没有复合。所以，还需要再进行另一面的二次复合工艺。若进行二次复合时，在完成一次复合的后期养护后，可不必进行切割。产品从一次初期养护室出来后，直接进行二次复合。

二次复合的工艺过程与一次复合完全相同。泡沫混凝土浆体在上产线的模板上布浆并经辊压后，可以采用机械手（或人工）将已经完成一次复合的板材，有机泡沫层向下，放在泡沫混凝土浆料上，让还没有复合泡沫混凝土的另一面，复合上泡沫混凝土。然后，再进行辊压、初养、后期养护、切割，而后成为双面复合板。

现在，已经有一次性双面复合工艺推出，即在一次复合辊压后，紧接着就在有机保温板上二次流浆并铺一层网格布，二次辊压，即可一次完成双面复合。

14.2.2 五面及六面复合板生产工艺

五面及六面复合板，均为盒式包覆性产品，即泡沫混凝土对有机泡沫板进行外壳式包覆，使有机保温材料成为芯层和被包覆品。在这种情况下，它的生产工艺就要与单面或双面复合板有较大的区别，现将其工艺介绍如下。

1. 工艺选择与设计

（1）工艺设计

因需要五面或六面包覆，采用一次复合一面的工艺是不合适的，它会使工艺流程过长，生产效率低。为此，笔者研发了化学发泡模具浇注成型工艺。这一工艺最大的优点，是可以一次浇注成型，使五面或六面同时完成对泡沫混凝土面层的复合。选用化学发泡，是由于其浆体流动性强。

浇注成型工艺的方法是：将有机泡沫材料切割为设计的复合板芯层的尺寸，然后把这一材料放入模具，并准确定位。其五面或六面均离开模具一定的间距，其间距尺寸就是泡沫混凝土面层（包覆层）的厚度。定位结束后，把泡沫混凝土浆体浇入模具。模具的间隙内流入泡沫混凝土浆体，硬化后即可完成对有机保温芯层的五面或六面包覆。

模具浇注工艺的原理及有机泡沫芯体在模具内定位方法如图 14-5 和图 14-6 所示。

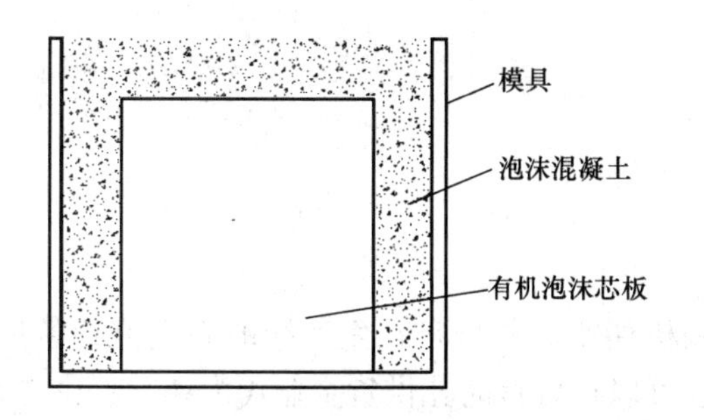

图 14-5　五面复合芯板定位图

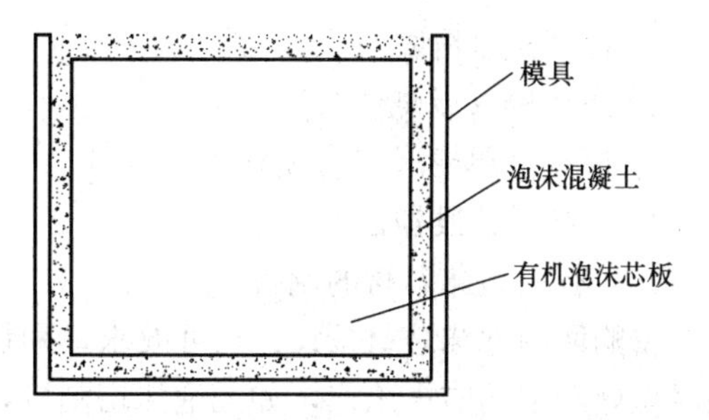

图 14-6　六面复合芯板定位图

（2）工艺流程

根据上述工艺原理，其工艺流程如图 14-7 所示。

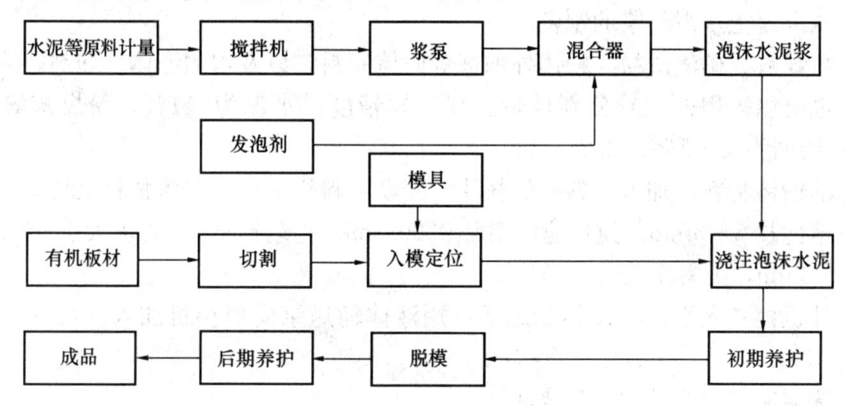

图 14-7　生产工艺流程图示

2. 生产线及生产设备

生产线由以下四部分组成：

（1）浆体制备与浇注设备

包括自动配料机、上料机、泡沫混凝土搅拌机、泡沫混凝土浆泵、混泡器等。其作用是制备出泡沫混凝土料浆，为本生产线的主体设备。

（2）模具及芯板定位装置

模具可分为组合模与单模两种。组合模具为一模多腔，一腔一次成型一块成品，一个模具浇注一次，可成型多块成品。其优点是生产速度快，缺点是模具较复杂。单模即一模一腔，一次浇注，只成型一块产品。其优点是模具简单，投资小，缺点是生产效率低，成型速度慢。组合模具适合于定点浇注工艺，单模适用于移动工艺。

（3）模具传送系统

模具传送系统包括模具传送轨道，模具牵引机，模具移动控制装置等。它适用于单模移动浇注工艺，即将模具放在传送轨道上，一个接一个送至浇注点，浇注后再一个接一个送至初期养护室。如果采用组合模具，模具固定不动，用浇注泵浇注，则不需要模具传送系统。

（4）初期及后期养护系统

包括养护室，养护室温度、湿度控制装置等。

上述为全机械化生产设备。假若不采用机械化生产线，而是人工简易生产，则只需要下述设备，但其生产效率较低，劳动强度太大。

① 搅拌机（卧式）；
② 浇注机（或浇注泵）；
③ 模具（单模或组合模均可）。

3. 生产工艺及控制

（1）有机泡沫芯材的制备

将购回的泡沫芯材按设计尺寸要求，用切割机切割，并堆存在生产线的固定位置备用，同时做好严密的防火工作，如无泡沫切割机，也可以在订货时让供货企业代为切割，供应切割好的成品。

（2）模具准备

将待用模具刷涂好脱模剂，并合好模具，备用。

（3）泡沫混凝土水泥料浆的制备

水泥、粉煤灰、矿渣微粉、粉体外加剂等固体原料，以及水和液体外加剂，通过全自动计量系统（也可以采用人工）分别计量。其计量精度：水泥为±1%，粉煤灰等掺合料为±0.5%，外加剂为±0.1%，水为±1%。

计量好的粉体物料，加入上料机的料斗。开动上料机上料。固体物料上料后，提高搅拌机转速，快速搅拌3～5min。搅拌速度200～300r/min。搅拌均匀度要求大于95%。上料时间控制为2～3min，上料误差<0.5%。

先向搅拌机内加入水，在搅拌状态下，用液体输送泵向搅拌机加入计量好的液体外加剂，并混合20s。

（4）泡沫混凝土料浆的制备与浇注

制好的水泥浆卸入浇注车或由浆泵抽取。并将其压入混合器。混合器将同时按设定比例进入的水泥浆及发泡剂，混合成为发泡水泥浆。发泡水泥浆形成后，则依靠浆泵的压力，自动浇注到模具中。浆体在进入模具后，才开始大量发泡，并最终充满模具的空间，将有机泡沫芯核包覆。

（5）静停发泡和硬化

发泡浆体浇注结束后，模具被传送机构送入初养发泡室（或人工送入初养发泡室），静停使浆体完成发泡。发泡结束后，再静停5～12h，使浆体硬化，达到可以脱模的强度，就可以将模具从初养室取出，脱模取出复合板。初养温度应控制为20～30℃。

（6）面包头的切除

化学发泡的不利因素是发泡后产生面包头，必须切除。这一工艺在模具从初养室出来后进行。切割面包头既可以带模进行，也可以在脱模后进行。由于带模进行容易伤及模具，所以，最好是脱模后进行。

化学发泡虽然产生面包头，多了一道切割面包头的工艺，但是由于它的浆体在发泡前很稀，流动性极好，浇注后浆体可以流进6～20mm的模具缝隙里，十分有利浇注成型，因此，它还是本产品的首选工艺。

（7）后期养护

切割面包头后，产品就可以被送入后期养护室继续硬化。后期养护时间7～10d，养护室相对湿度90%～95%，温度20～30℃。

如无养护室，应码垛洒水并用塑料膜覆盖保温养护。这种养护即是自然养护。自然养护应切忌太阳暴晒。

后期养护结束后，不可自然风干。应将产品继续码放，遮阳阴干，使其慢慢干燥并继续硬化。如果急干，仍然会造成干缩加大而裂纹。产品失水越慢，裂纹就会越少。28d 后，产品即可出厂。

（8）如果简易生产，搅拌机制出水泥浆，再高速混合发泡剂，一机即可完成。然后人工浇注或采用浇注车浇注，也可采用泵送浇注。浇注车浇注或泵送浇注，均不可在搅拌机内混合发泡剂，而应当在浇注车内或泵内混合发泡剂。

14.3　几项技术问题

14.3.1　有机无机泡沫材料的结合牢固性

有机泡沫保温材料与泡沫混凝土这一无机泡沫材料，是两种性质相差很大的不同材料。因此，由二者形成的复合保温板，就存在一个不同材料的结合牢固性问题。很多人担心这两种材料结合不好，会在使用中分离，而使泡沫混凝土面层脱落。单面复合或双面复合保温板，这一问题尤其引人关注。因此，如何提高泡沫混凝土面层与有机泡沫保温材料的结合牢度，就成为一个很重要的技术问题。

下面，笔者就上述问题的解决，向大家提供一些可行的技术方案。这些方案，不少已在生产实践中成功应用，效果很好，可以达到人们期望的结果。

1. 在有机保温板面开设燕尾槽或瓶形孔

在有机保温板面开设燕尾槽，这一技术措施已经被不少企业采用，非常有效。在板面开设瓶形孔，由于开孔难度大，专用设备少，应用相对较少，但也有很好的应用前景。

开设燕尾槽或瓶形孔的目的，是让泡沫混凝土浆体在成型时进入，硬化后成为铆锲，镶嵌在有机保温板内，加强了有机无机材料界面的结合力。

这一方法适用于单面或双面复合工艺，泡沫混凝土浆体在压辊的压力下，被挤压进入燕尾槽或瓶形孔，形成铆锲。

燕尾槽或瓶形孔的深度随板的厚度不同而变化，一般不宜过深，小于有机板厚的 1/4，大约为 10～20mm。当有机保温层过薄时（小于 20mm），也可不设燕尾槽或瓶形孔，而改用通孔。通孔将在下面介绍。

这一方法也适用于五面或六面复合产品。它不是依靠挤压力使浆体进入槽或孔内，而是通过浆体的自流性进入槽或孔内。由于化学发泡的浆体很稀且流动性极佳，浆体可以很顺地进入构造槽或孔内。图 14-8 为燕尾槽结构示意，图 14-9 为瓶形孔结构示意。

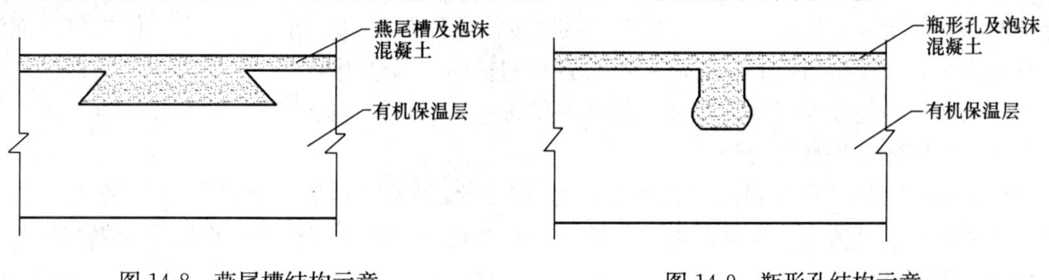

图 14-8　燕尾槽结构示意　　图 14-9　瓶形孔结构示意

目前，国内市场已有燕尾槽及瓶形孔的开槽机及开孔机供应，可满足相应的技术要求。

2. 在有机保温板体上开设通孔或通缝

这一方法是当板体较大时，为进一步加强结合力，在板体开设贯穿板体上下两面的通孔或通缝。这样，当泡沫混凝土浆体进入孔内或缝内后，就形成一个连接上下两个泡沫混凝土面层及有机保温板芯层的构造柱，使之紧密结合。这也就等于用锚钉或铆锲把有无机材料牢固地钉在一起，使二者很难在分离或剥皮。应该说，这是一种最牢固的复合结构。但是，它也有明显的缺陷。例如，由于结构孔或结构缝内填充了泡沫混凝土，使复合板的质量有了一定的增加。再者，由于泡沫混凝土的导热系数高于有机保温材料，所以，复合板的整体保温性能有所下降。毕竟构造孔或构造缝内的泡沫混凝土会形成冷桥。构造孔和构造缝越多，这种现象越明显。图 14-10 是通孔或通缝形成的构造柱。

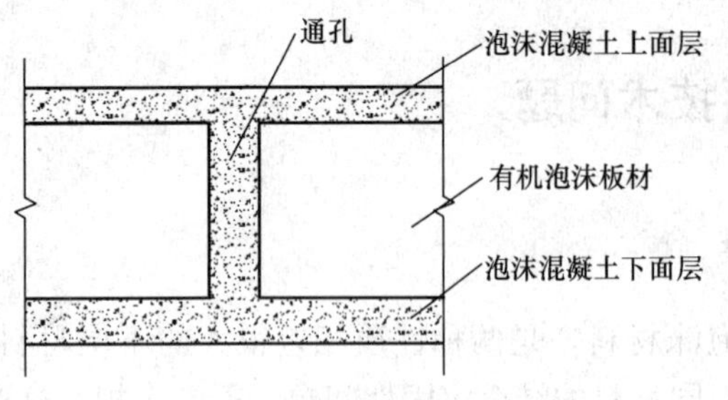

图 14-10　通孔或通缝形成的构造柱

这一方法一般用于双面复合板、五面复合板、六面复合板。而单面复合板不太适用。其中，采用化学发泡注浆成型的五面、六面复合板，由于浆体流动性强，易于灌入孔内或缝内，更适合这一技术。

开设的通孔直孔一般为 30～50mm。板的幅面越大，孔应越大。

开设的通缝宽度一般为 20～60mm，其长度应下雨板长 200mm 以上。

3. 增加泡沫混凝土浆体的粘结力

上述两项技术措施，均为物理方法，即通过结构设计来提高两种不同性质材料的结合力。其优点是界面结合性能好，其缺点是需要增加设备和工艺，降低了产品的保温性能。

为了弥补物理方法的上述不足，还可以采用化学方法，来提高两种不同性质材料的界面结合力。这种化学方法就是增加泡沫混凝土浆体的粘结力，使两种材料之间更好地结合。

化学方法的具体措施如下：

（1）适当提高泡沫混凝土的密度

泡沫混凝土的密度越低，其内部所形成的气孔就越多，即孔隙率也越高。而其孔隙率越高，在它与无机材料之间的界面处的结合力就越弱。因为，界面处的气泡降低了两种材料之间的接触面。

因此，过低的泡沫混凝土密度，是不利于两种材料之间的结合的，要提高二者之间的结合力，不能采用过低密度的泡沫混凝土。在不影响保温效果的情况下，可以适当地提高泡沫混凝土的密度。建议最低密度，单层及双层复合结构，不低于 250kg/m^3；而五面及六面复合结构，不低于 200 kg/m^3。一般情况，其密度均应控制在 300 kg/m^3 以上。但如果以泡沫混凝土为主要保温材料，有机保温层很薄且只起辅助保温作用时，泡沫混凝土则可以密度低一些。其原则，是在保温性与界面性之间取得统一。

（2）在浆体内添加聚合物

许多聚合物都具有很强的粘结性能，如 EVA 胶粉及其他胶粉，还有低档的 107、108 胶、醋酸乙烯酸乳液等。在泡沫混凝土浆体内适当地添加这些聚合物，可以大大提高其与有机材料的界面结合力。

聚合物的添加量，应根据技术要求及不同的聚合物性能来设计。一般 EVA 胶粉，丙烯酸可再分散乳胶粉，其加量在 0.5%～2%为宜。而各种乳液，则以 1%～3%为宜。各地可酌情添加，不必拘泥于上述加量。

14.3.2　复合保温板降低密度的技术问题

有机保温材料与泡沫混凝土复合以后，由于泡沫混凝土相对于有机保温材料，其密度要大很多。有机保温材料的密度大多为 20～40kg/m³，而泡沫混凝土保温材料目前工业化生产的密度，应在 150～250kg/m³，再低则强度难以满足使用要求。在这种情况下，复合板的密度肯定要比有机保温板高很多。如果密度过大，也影响其应用。因此，在保温使用性能的情况下，采用一定的技术手段，尽可能地降低泡沫混凝土的密度，就是一个十分重要的问题。

降低泡沫混凝土无机保温层的密度，笔者认为，可以采取以下几个技术措施。

1. 采用镁水泥、不采用硅酸盐水泥

镁水泥属于轻质水泥，它比普通硅酸盐水泥的密度要低得多。普通硅酸盐水泥的松散堆积密度为 1250～1300kg/m³，而镁的松散堆积密度，只有 850～950kg/m³。因此，采用镁水泥材料密度可下降许多。另外，镁水泥的强度和普通硅酸盐水泥高一倍左右，可以大量掺入轻集料。这些优点，都使它可以降低泡沫混凝土的密度。另外，镁水泥浆体黏性大，粘结力墙，也有利界面结合。

因此，在不影响复合材料使用寿命及其他性能的情况下，笔者建议采用镁水泥生产复合板。

有些人担心镁水泥有泛卤、返霜、变形等不足，会影响复合板的使用性能。笔者认为，这些担心是不必要的。只有规范化生产，改性技术到位，不偷工减料，避免镁水泥上述各种问题是完全有技术保障的，不会影响复合板的质量。镁水泥的改性技术，可以参阅笔者已经出版的另一著作《镁水泥改性剂制品生产技术》，这本书可以教给大家镁水泥可靠的改性方法。

2. 掺用玻化微珠等轻集料

玻化微珠的松散堆积密度，均为 80～180kg/m³，一般 100～120kg/m³。如果在泡沫混凝土浆体内掺入玻化微珠，可以降低浆体的密度。由于玻化微珠的导热系数低于 0.05 W/（m·K），掺用后还可以降低泡沫混凝土的导热系数。

3. 掺用轻质木纤维、矿物纤维

木纤维和许多矿物无机纤维，都具有轻质性。例如，木纤维的松散堆积密度为 200kg/m³，海泡石矿物纤维的松散堆积密度为 400kg/m³。掺用这些纤维，虽不能大幅度降低泡沫混凝土保温层的密度，但仍然会使密度略有下降。同时，由于纤维有较强的增韧作用，可以很好地改善泡沫混凝土保温板的脆性，提高其抗拉强度。因此，从综合改性作用来看，掺用少量的轻质纤维还是合适的。

降低复合板的密度，应采用综合技术手段。每一种手段降低一些密度，合起来就会降低很多。不能期望某一个单一的技术手段就可以使之大幅降低。所以，应该多种技术手段并用。

14.3.3　有机保温层的防火问题

1. 提高复合板防火性能必要性

本产品采用泡沫混凝土保温层与有机泡沫保温层复合，就存在一个有机泡沫保温层的防火问题。许多人又开始担忧有机泡沫保温板降低了产品的防火性能。这是可以理解的。近几年，从央视火灾到上海大火，确实使有机保温材料的防火问题十分突出。所以，本产品如何提高有机保温层的防火问题，就应充分考虑。

在这里，笔者首先提醒大家的是，本产品本身就是用泡沫混凝土来保护有机保温层，提高其防火性能。但人们仍然担心，如果有机保温板易燃，在以下几方面仍有火灾隐患：

（1）单层复合板的其他五面没有被泡沫混凝土包覆；两面复合板有其他四面没有被泡沫混凝土包覆；五面复合板也有一面没有被包覆；所以，有机保温层仍有裸露部分，仍有一定的火灾问题，并非百分之百防火。

（2）泡沫混凝土保护层并非保险层，在一般火灾中可以保证防火，但在特大火灾和火势很强时，其内的保温层仍存在防火问题，火灾辐射热仍然会使有机保温板燃烧，即使六面包覆也不能确保有机保温完全不燃。

（3）有机泡沫材料在运输、存库、使用过程中，火灾隐患最大。许多火灾都是在这一环节发生的。

2. 消除复合板材的火灾隐患

鉴于上述问题及人们对复合板防火性能的关注，有必要进一步提高本复合板的防火性能，尽可能消除复合板材的火灾隐患。

应采用的技术措施如下：

（1）不采用易燃有机板材，尽量提高其防火等级

近两年，阻燃和难燃性的有机板材已在各地推广应用。本复合板的生产，应选用这些优质板材，决不可使用劣质的易燃品。有机泡沫保温材料的防火等级应达到 B1 级或 B2 级。有些地方，已出现接近 A1 级的有机泡沫材料，可优先选用。

（2）尽量采用酚醛树脂泡沫保温材料

酚醛树脂保温材料，是目前防火性能较好的有机泡沫保温材料。与其他几种有机泡沫保温材料相比，它具有更好的防火性能。它的优点是：

① 不易燃。防火性能达到 B2 级，有些产品已接近 A 级。

② 低毒性。它在与火燃烧时，不会释放毒性气体，危害较小。

③ 低烟性。它在火灾中不产生很大的烟气，因而危害较小。

所以，建议生产复合板，优选酚醛树脂泡沫板，有利于提高复合板的防火性能。

（3）在有机保温板材的表面涂覆阻燃层

将有机保温泡沫板材按规定尺寸切割好以后，可以在复合前喷涂一层阻燃剂。阻燃剂应制备成涂料。其喷涂层 0.1～0.5mm，为方便操作和自动化生产，小幅面产品也可以采用蘸涂的方法。涂覆阻燃层以后，可以使有机防火保温板的防火性能有一定的提高。

14.4 复合保温板的安装与使用

泡沫混凝土与有机泡沫保温材料复合板，其表面是泡沫混凝土，且自重比泡沫混凝土保温板小，厚度也远低于泡沫混凝土保温板。这三个特点，可以赋予它比泡沫混凝土保温板更好的使用性能，也更易安装。鉴于此，有机无机复合保温板的安装与使用方法，可以按泡沫混凝土保温板的各地方标准及行业标准执行。将来，若本产品形成较大的应用规模，安装使用方法有更大的发展，届时，也可以重新制定新的工艺规程及专用的技术标准。

第15章　泡沫混凝土保温装饰一体化板

15.1　概　　述

15.1.1　概念

泡沫混凝土保温装饰一体化板，是以泡沫混凝土为保温基层，发挥其保温作用，以各种装饰板材为面层，发挥其装饰作用。二者采用结构复合，以粘结材料紧密结合为一体，成为一种全新的保温材料。

泡沫混凝土保温装饰一体化板，既具有泡沫混凝土防火、保温的两大优势，又具有装饰面层保护、装饰、增值的三大优势，使二者的优势叠加，提高了泡沫混凝土保温材料的使用性能和附加值，又扩大了使用领域及市场覆盖面，是一种优势互补的增值保温产品。

传统的保温装饰一体化板，均是采用有机泡沫保温材料做基层。目前，这类产品已在我国大量应用，其装饰及保温效果得到了市场的认可，近年应用量仍在继续扩大。这说明，保温板向装饰与保温一体化发展，是方向正确的，定位准确的。但是，有机泡沫装饰保温一体化板，在近几年的使用中，也暴露出其存在火灾隐患，防火性能差，不耐老化等先天不足，使许多工程无法选用。这暴露出有机保温基层的局限性。

本产品是有机泡沫保温装饰一体化板的改性型及升级换代产品。在结构上，本产品仍然沿袭了有机泡沫保温板的方式。其主要的技术特点，就是以泡沫混凝土取代了有机泡沫保温基层，解决了有机泡沫保温装饰一体化板的防火问题。这应该说是一个很大的技术进步。这样，本产品既利用了原来有机泡沫保温装饰一体化板的优势，又避免了它的劣势，就更加具有了市场竞争力的应用前景。

装饰、保温、防火、全无机，是本产品最突出的四个特征及亮点，也是它的技术含量之所在。

15.1.2　种类

1. 按使用安装方式分类

按使用安装的方式，本产品可分为粘贴型、粘贴与锚固结合型、干挂型三种。

（1）粘贴型

粘贴型的面层装饰材料较薄（2～5mm）或较轻，自重小，易于粘贴，与墙体结合性好。同时，泡沫混凝土基层的密度相对略大一些，抗风压能力较好。使用时采用聚合物砂浆粘贴的方法。

（2）粘贴与锚固结合型

这种类型产品的装饰面层较厚（8～12mm），且密度大，较重，单靠粘贴难以保证其在墙面安装后的牢固性。因此，须在粘贴的同时配合锚固。其面层均设计有锚固件的插入口，并配备有金属锚固件。这是其与粘贴型的最大不同。

（3）干挂型

这种类型的装饰面层更厚（15～20mm），强度也更好，质重，泡沫混凝土基层不要求过高的强度。这类板材一般在面层设置有干挂结构的开口或安装有干挂件，采用石材幕墙的干挂方法，用干挂件将其固定在墙面的干挂龙骨上。其造价较高。

2. 按面层装饰材料的密度分类

按面层装饰材料的密度分类，本产品可分为轻型、重型两类。其中，轻型产品是发展重点。

（1）轻型

轻型产品的主要特点是：面层薄，大多 2～5mm，或者面层材料的密度小，一般小于 1400kg/m³。其基层的泡沫混凝土密度也相对较低，一般小于 200kg/m³。因此，复合板的整体密度小，自重轻，易在墙面粘贴，不易剥落。它的主要优点是不需锚固，使用造价低，施工方便。这种类型的产品，一般用于低层建筑。

（2）重型

重型产品的主要特点是：面层厚，大多 8～20mm，甚至更厚，而且多为重质高密度材料如石材、高密度纤维水泥板、瓷板、人造石等。这类产品大多采用锚固件或干挂件固定于墙面，因此，固定牢固，不易发生安全性问题。由于其使用成本略高，因此适用于中高档高层建筑。

3. 按饰面材料的装饰类型分类

按饰面材料的装饰类型，本产品可分为平面装饰型和立体装饰型两个类别。现分述于下。

（1）平面装饰型

平面装饰型的装饰面材多为平板式、天然花纹（如大理石）或色彩。也可以是人工花纹或色彩（如仿石仿木纹板）。其特点是色彩丰富，造价略低。

（2）立体装饰型

立体装饰型的装饰面材多为浮雕式或几何造型式。这种类型的面材大多为人造材料，类似于文化石。其特点是装饰性更强，主体感更强，远视效果好，更适合于大型公共建筑的保温装饰，其不足是造价略高。

上述两个类型的产品，目前以平面型居多，是重点发展类型。立体型目前生产应用较少，但发展趋势良好，且附加值高，有一定的发展前景。

15.1.3 保温装饰一体化板材的优点

1. 降低建筑工程造价，经济性突出

常规泡沫混凝土保温板或其他非装饰性的保温板，在上墙安装以后，还需要进行粉刷层施工和装饰层施工，不但拉长了工期，而且粉刷层和装饰层的总造价较高。

本产品保温装饰一次完成，缩短了工期和施工的人工费用，且省去了粉刷层的材料费及施工费，一级装饰层的施工费。因此，本产品的应用总成本比非装饰型产品要低得多。一般可降低外墙保温装饰层总造价的 10％～30％。这种产品受欢迎，与这一点具有很大的关系。在应用中省工、省时、省钱，是本产品突出的优点。

2. 产品综合性能提高，具有更高的技术含量

本产品可提高产品如下性能，增加其技术含量，使其品质更优异。

（1）复合装饰面层提高了产品整体强度，使泡沫混凝土强度低较易破碎得到了弥补，降低了搬运中的破碎率。装饰面层对泡沫混凝土基层起到加固和增强两种作用。

（2）提高了产品的保温效果

装饰面层增大了产品的厚度，其面层与泡沫混凝土基层之间的胶粘剂封闭了泡沫混凝土表面的孔隙，降低了空气流通形成的热传导。这些，都有利于提高产品的保温效果，降低墙体的传热系数。

（3）赋予了产品装饰性，提高了产品附加值

复合装饰面层以后，产品由单纯保温变为装饰保温一体化，可以使保温与装饰一次施工完成。这不但有利于开发商降低工程造价，也有利于生产商提高其利润率。普通保温板（泡沫混凝土）按立方米销售，每立方仅 400～600 元，而装饰保温一体化泡沫混凝土保温板则是按平方销售，一平方米的价格随档次不同，在 100～500 元之间，利润是普通板的 2 倍以上。

（4）提高了产品的耐候性能，延长了产品的使用寿命

泡沫混凝土保温板在复合了装饰面层以后，装饰面层遮蔽了阳光，避免了紫外线对泡沫混凝土的破坏。同时，饰面层也阻挡了水汽、二氧化碳等有害气体对泡沫混凝土的侵蚀。这一切，都有利于延长泡沫混凝土的使用寿命。

15.2　原　材　料

15.2.1　泡沫混凝土及其技术要求

生产保温装饰一体化板的泡沫混凝土基材，与普通泡沫混凝土保温板没有质的区别，是大致相同的。大多数质量合格的泡沫混凝土保温板，均可以复合装饰面层。但总的看，生产保温装饰一体化板的泡沫混凝土，技术要求比普通板要高一些。下面列出一些具体要求。

1. 强度要优于同等密度的产品

由于装饰保温一体化板的板面，要复合装饰板材，如果泡沫混凝土的强度较低（包括抗压强度和抗拉强度），基板与饰面板的结合就难以满足要求。在粘结面层装饰板后，强度过低的基板，往往会在板材的界面结合处开裂，使面层剥落。

因此，装饰保温一体化板的泡沫混凝土的基板抗压强度，在同等密度的情况下，应略高于非装饰性产品 10%～20%，其抗压强度最低值不应小于 0.3MPa，其抗拉强度最低值，不应小于 0.1MPa。

2. 切割尺寸要求更精确

由于装饰保温一体化板材的装饰面板，都是预先按设计尺寸加工好的，且大多数情况下为外加工，由供货厂家供应切割好的成品。若泡沫混凝土基板的切割误差较大，其幅面就会与面板不一致，给复合造成困难。所以，要求用于生产装饰保温一体化的泡沫混凝土板材，切割误差应小于 1mm。

3. 密度在保证强度的情况下，不宜太高

由于装饰层的密度一般都较大，大多在 1200～2600kg/m^3 之间，如果泡沫混凝土基板的密度也很大，复合板的整体密度就会更大，给使用造成了困难。同时，保温性能也将下降。对于重质面层，泡沫混凝土的密度略高一些是必要的，但显然不可过高。从保温装饰一体板轻质化要求来看，其泡沫混凝土基板的最大密度不宜超过 300kg/m^3。

4. 导热系数应较低

泡沫混凝土保温板的主要缺陷之一，就是导热系数偏大。如果用于饰面的泡沫混凝土基板的导热系数较高，它的厚度就要加大，使装饰保温一体化板材过厚。从保温性能和强度统一考虑，泡沫混凝土基板的最高导热系数应小于 0.07W/（m·K），最适宜的导热系数应小于 0.06W/（m·K）。

表 15-1 是装饰保温一体化板对泡沫混凝土的技术要求。

表 15-1　泡沫混凝土技术要求

密度（kg/m^3）	抗压强度（MPa）	抗拉强度（MPa）	导热系数 [W/（m·K）]	切割误差（mm）
180～300	0.3～0.8	0.1～0.14	0.055～0.07	＜1

15.2.2　装饰面材及其技术要求

泡沫混凝土保温装饰一体化板的两大主体材料，除泡沫混凝土基材之外，就是装饰面材。对装饰面材的选用，可遵照以下几个方面进行。

1. 饰面材料的品种

下面几种饰面材料均可选用。具体选用方法如下。

（1）石材

可用于饰面的石材品种有大理石、花岗石、洞石等。其厚度约 8～20mm。石材一般用于干挂型或锚固与粘结结合型，且主要是干挂型。由于石材质重，若用粘贴难以确保不从墙面脱落。其 8～10mm 厚的规格，可用于粘贴与锚固相结合型的复合板。而 10～20mm 厚的规格，可用于干挂型的复合板。

（2）瓷板

可用于饰面的瓷板包括陶板和瓷板。一般选用 500mm×600mm 和 600mm×600mm 的大规格品种。其厚度及适用范围，基本与石材相同。因为，它也属于重质面材，太薄则无法干挂或锚固。

③蒸压硅酸钙板

硅钙装饰板目前以仿浮雕木纹居多，彩色装饰板则有仿石、仿木等百余种花色，可供选择的色彩图案很多。

目前，国内的硅酸钙板有两种。这两种板虽然名称近似，但品质却有很大的差异，是完全不同的两种材料。

第一种是市面上最多的非蒸压硅酸钙板。它是由硅酸盐水泥和石膏为主要原料生产的。以水泥和石膏的胶凝性产生强度，不需蒸压，可常温生产，仍属于水泥制品的范畴。它的强度、耐水性及其他性能均不如蒸压型硅酸钙板。尤其是耐水性较差。其装饰型产品以浮雕型仿木纹居多，其他装饰型基本还没有。

第二种是蒸压型硅酸钙板。这种板不是采用水泥生产的，而是采用石英粉、生石灰为主要原料，经蒸压釜高温高压蒸养所生产的硅酸盐制品。它的强度来自石英和石灰产生的硅钙反应，其主要水化生产物为水化硅酸钙和托贝莫来石。因为经过高温蒸压，水化产物性能稳定，所以板材的性能较好，尤其是强度、耐候性、耐水性，要比非蒸压型好得多。目前，已有各种彩色装饰型产品供应，属于中档装饰板，价格为120～200元/平方米，建议选用这种产品。

蒸压硅酸钙板的密度在1200～1600kg/m^{3}之间，与石材和瓷板相比，仍属于轻质材料（石材和瓷板的密度为2200～2700kg/m^3）。使用这种板材，有利于降低产品密度。

（4）装饰型玻镁平板

玻镁平板是以氧化镁、硫酸镁等为主要原料，经制浆、铺浆、辊压而成的轻质板材。由于氧化镁本身比水泥的松散堆积密度低20%左右，属于轻质胶凝材料，再加上其浆体内加入了大量的锯末、珍珠岩等轻质材料，所以，它的密度就较低，大约只有800～1000kg/m^3。玻镁装饰平板是其进一步可加工产品。其板面经砂光、底涂、面涂、印花、罩光等工序处理，成为具有各种色彩及图案的装饰板材。目前，这种装饰板材是各种板材中较轻的一种。市场上有商品供应，但不多。其价格与硅酸钙装饰板大致相当，也是100～200元/平方米之间。其厚度一般为8～12mm。玻镁平板内加有2～4层网格布，因此具有良好的抗折性能。

由于玻镁平板具有轻质高强的特点，在装饰保温一体板的生产中有一定的应用优势，尤其是轻型复合板。

（5）金属面板

金属装饰型面板的品种很多。能够用于生产泡沫混凝土保温装饰一体化板的主要有以下几个：

①不锈钢板。其厚度0.1～0.3mm，一般选用超薄板，以降低密度，厚板不宜选用。

②彩色铝板。其厚度0.1～0.5mm，表面经过喷涂印花等加工，一般选用彩色版。

③彩钢板。其厚度0.1～0.3mm，表面经过喷涂印花处理或电镀仿不锈钢处理。

由于金属面板与泡沫混凝土基层结合不好，采用金属平板复合，泡沫混凝土层就容易剥落。为此，金属面板在使用前应加工成盒状。可由供货厂家加工，也可自行加工。把泡沫混凝土基层镶嵌在盒内，五面包覆，泡沫混凝土就不会再剥落。

（6）艺术浮雕板

艺术浮雕板有GRC浮雕板与金属浮雕板两种。其共同的特点，是表面有立体浮雕图案，所以装饰性更强，更富于艺术性，远视效果更好。其价格一般均高于平板。

①GRC浮雕板

GRC浮雕板是采用GRC的成型手段，用带有浮雕图形的玻璃钢模板、橡胶模具、金属模具等手糊成型或机械喷涂成型。其主要原料，既可以是水泥、镁水泥，也可以是树脂。目前，以硫铝酸盐水泥及镁水泥居多。其增强材料为玻璃纤维网格布。

GRC面材，既有平板浮雕型，也有盒式浮雕型。平板型采用粘贴的方法与泡沫混凝土基层结合，而盒式浮雕型，则采用镶嵌的方法与泡沫混凝土基层结合。

②金属浮雕板

金属浮雕板是采用不锈钢板、彩钢板、彩铝板等金属薄板，用辊压机辊压出图案，或用冲压机冲出图案。其成型全部机械化，比GRC的成型要方便得多，其价格低于GRC板。

其使用寿命比 GRC 板更长，尤其是不锈钢浮雕板。

金属浮雕板也有平面浮雕式及盒型浮雕式两种。与 GRC 浮雕板相同。平面浮雕式采用粘贴工艺与泡沫混凝土复合，其盒式浮雕式采用镶嵌工艺与泡沫混凝土复合。

2. 饰面材料的选择

（1）从耐候性选择

从耐候性角度选择，应首选石材、瓷板、不锈钢板和铝板，次选蒸压硅酸钙板、GRC 制品，再次为玻镁平板、彩钢板，然后为非蒸压的硅酸钙板。

（2）从轻质性角度选择

从轻质性角度选择，应首选玻镁平板、彩色铝板，次选蒸压硅酸钙板及非蒸压硅酸钙板，再次选 GRC 制品，然后为石材、瓷板、不锈钢及彩钢板。

（3）从经济性角度选择

从经济性角度选择，首选瓷板及低档石材，彩钢板、彩铝板、非蒸压硅钙板，次选不锈钢板、蒸压硅酸钙板、玻镁装饰板，再次选高档石材、GRC 造型制品等。

（4）从适用性角度选择

从适用性角度选择，干挂型复合板的面板，应选择石材、瓷板、金属制品、GRC 造型制品等。锚固与粘贴型复合板的面材，应首选 10mm 以下石材及瓷板，以及蒸压硅酸钙板和玻镁装饰板、盒式金属面材也可考虑。而用于粘贴固定到墙面的复合板的面材，应选择蒸压硅酸钙板装饰板和玻镁平板，以及其他轻质面材（如铝塑板）等。

（5）从综合性角度选择

从易得性、耐候性、造价等综合因素考虑，干挂型应选择石材和瓷板，锚固与粘贴结合型应选择蒸压硅酸钙板，粘贴型应选择玻镁平板等轻质面材。

3. 装饰面板的技术要求

对装饰面板的技术要求，见表 15-2～表 15-7。

表 15-2　石材装饰板的技术要求

密度（kg/m^2）	吸水率（%）	压缩强度（MPa）	弯曲强度（MPa）	光洁度
20～22	≤0.6	≥100	≥8.0	≥85

表 15-3　陶瓷装饰板的技术要求

<table>
<tr><th colspan="3">项　目</th><th>优等品</th><th>一等品</th><th>合格品</th></tr>
<tr><td rowspan="5">尺寸允许偏差
（mm）</td><td rowspan="3">长度或宽度</td><td>≤152</td><td colspan="3">±0.5</td></tr>
<tr><td>>152</td><td colspan="3">±0.8</td></tr>
<tr><td>≤250</td><td colspan="3">±1.0</td></tr>
<tr><td rowspan="2">厚度</td><td>≤5</td><td colspan="3">+0.4，−0.3</td></tr>
<tr><td>>5</td><td colspan="3">厚度的±8%</td></tr>
<tr><td colspan="3">开裂、夹层、釉裂</td><td colspan="3">不允许</td></tr>
<tr><td colspan="3">背面磕碰</td><td>深度为砖厚的 1/2</td><td>不影响使用</td><td>不影响使用</td></tr>
<tr><td colspan="3">剥边、落脏、釉泡、斑点、坏粉、釉缕、橘釉、波纹、缺釉、棕眼、裂纹、图案缺陷、正面磕碰</td><td>距离砖面 1m 处目测无可见缺陷</td><td>距离砖面 2m 处目测缺陷不明显</td><td>距离砖面 3m 处目测缺陷不明显</td></tr>
</table>

续表

项　　目	优等品	一等品	合格品
色差	基本一致	不明显	不严重
白度	≥73		
吸水率	≤21.0%		
耐急冷急热性	釉面无裂纹		
耐弯强度	平均值 16.0MPa，厚度≥7.5mm 时，≥13.0MPa		
抗龟裂性	釉面无裂纹		
釉面抗化学腐蚀性	需要时由供需双方商定级别		

表 15-4　蒸压硅酸钙装饰板的技术要求

项　　目		D0.6			D0.8			D1.0		
		$0.50 \leqslant p \leqslant 0.75$			$0.75 \leqslant p \leqslant 0.90$			$0.90 \leqslant p \leqslant 1.20$		
等级		优等品	一等品	合格品	优等品	一等品	合格品	优等品	一等品	合格品
抗折强度（MPa）	厚度≤12mm	≥6.0	≥5.0	≥4.0	≥9.0	≥8.0	≥7.0	≥11.0	≥10.0	≥9.0
	厚度>12mm	4.9	≥4.0	≥3.5	≥6.0	≥5.5	≥5.0	≥7.0	≥6.5	≥6.0
螺钉拔出力（N/mm）		≥49			≥60			≥75		
垂直抗拉强度（MPa）		≥0.5（船用）								
导热系数 [W（m·K）]		≥0.20			≥0.25			≥0.29		
含水率（%）		≤7（船用）；≤10（建筑用）								
湿涨率（%）		≤0.25								
热收缩率（600℃×3h）（%）		≤1								
布氏硬度，HB		≥1.5（船用）								
不燃性		不燃 A 级（建筑用）；符合船检规定（船用）								

表 15-5　GRC 装饰板的技术要求

项　　目	性　能　指　标		备　　注
	吊顶板	墙体板	参照国家科技攻关项目的产品
抗弯强度（MPa）	≥5.0	≥6.0	
抗冲击强度（kJ/m²）	≥10.0	≥12	
密度（g/cm³）	≤1.2		
吸水率（%）	≤35		
干湿变形率	≤0.15		

表 15-6　玻镁 UV 装饰板的技术要求

项　　目	一　等　品	合　格　品
抗折强度（MPa）	≥20	≥14
抗拉强度（MPa）	≥7	≥5
抗冲击强度（kJ/m²）	≥2.4	≥1.9

续表

项　目	一　等　品	合　格　品
表观密度	≤1.2	≤1.5
抗返卤性	无水珠、无返潮	无水珠、无返潮
防火性能	满足 GA160 中 4.4 和 4.5 规定	满足 GA160 中 4.4 和 4.5 规定
耐酸性（48h）	无异常	
耐碱性（96h）	无异常	
耐盐雾（500h）	无损伤	
耐老化（2500h）	合格	
耐沾污性（%）	≤10	
附着力（级）	≤1	

注：耐沾污性、附着力仅限于平涂饰面，在正确使用和正常维护的条件下，耐老化性不应少于 25 年。

表 15-7　彩钢装饰板的技术要求

<table>
<tr><td colspan="2" rowspan="2">项目
性能指标
涂料种类
用途</td><td rowspan="2">涂层厚度（μm）</td><td colspan="3">60°光泽（%）</td><td rowspan="2">铅笔硬度</td><td colspan="2">弯曲</td><td colspan="2">反向冲击（J）</td><td rowspan="2">耐盐雾（h）</td></tr>
<tr><td>高</td><td>中</td><td>低</td><td>厚度≤0.8mm 180°，T</td><td>厚度>0.8mm</td><td>厚度≤0.8mm</td><td>厚度>0.8mm</td></tr>
<tr><td rowspan="4">建筑外用</td><td>外用聚酯</td><td rowspan="3">≥20</td><td rowspan="3">>70</td><td rowspan="8">40～70</td><td rowspan="8"><40</td><td rowspan="3">≥HB</td><td>≤8</td><td rowspan="8">90°</td><td>≥6</td><td>≥9</td><td>≥500</td></tr>
<tr><td>硅改性聚酯</td><td rowspan="2">≤10</td><td colspan="2" rowspan="2">≥4</td><td>≥750</td></tr>
<tr><td>外用丙烯酸</td><td>≥500</td></tr>
<tr><td>塑料溶胶</td><td>≥100</td><td>—</td><td>—</td><td>0</td><td colspan="2">≥9</td><td>≥1000</td></tr>
<tr><td rowspan="4">建筑内用</td><td>内用聚酯</td><td rowspan="2">≥20</td><td rowspan="2">>70</td><td rowspan="2">≥HB</td><td rowspan="2">≤8</td><td>≥6</td><td>≥9</td><td rowspan="2">≥250</td></tr>
<tr><td>内用丙烯酸</td><td colspan="2">≥4</td></tr>
<tr><td>有机溶胶</td><td>≥30</td><td>—</td><td>—</td><td>≤2</td><td colspan="2" rowspan="2">≥9</td><td>≥500</td></tr>
<tr><td>塑料溶胶</td><td>≥100</td><td>—</td><td>—</td><td>0</td><td>≥1000</td></tr>
</table>

15.2.3　粘结材料

粘结材料是指用于泡沫混凝土基板与装饰面板之间进行粘结的胶粘剂。它虽然不是复合一体化板的主要材料，但面板与基板的结合要完全依赖于它的粘结能力。因此，它的重要性不可忽视。

1. 丙烯酸酯胶粉与水泥复合胶粘剂

这种胶粘剂由丙烯酸酯可再分散乳胶粉与硫铝酸盐快硬水泥以及其他辅助材料，经混合均匀而成。使用时加水拌合为浆状。这种胶粘剂的最大优点是价格低、粘结力强、可自行配制、使用方便、耐储存、无有害挥发物、绿色环保等。

这类胶粘剂适用于泡沫混凝土基材与蒸压硅酸钙板、GRC 板等硅酸盐及水泥面材的粘结。它对这两种材料具有很强的结合力，效果良好，粘结牢固后不易脱落。

除丙烯酸酯乳胶粉之外，也可使用 EVA 等其他粘结力强的二元、三元、四元胶粉，但效果均不及丙烯酸酯乳胶粉。因为丙烯酸酯乳胶粉的粘结能力比其他乳胶粉更好。

除快硬硫铝酸盐水泥之外，普通硅酸盐水泥也可使用，但凝结速度稍慢。也可以采用两种水泥合用。

2. 不饱和聚酯复合胶粘剂

不饱和聚酯树脂复合胶粘剂，为双组分胶粘剂。甲组分为不饱和聚酯，是液状品，乙组分为固体粉状填充料。使用时将二者在混合机里搅为浆状即可。这种复合胶粘剂属于中档产品，胶结效果比丙烯酸及水泥胶粘剂要好，但价格也高于前者。本复合胶粘剂可以外购不饱和聚酯树脂，自行在现场配制。

本胶粘剂适用于各种面材与泡沫混凝土基材的粘结。其缺点是双组分，使用不方便。

3. 聚氨酯复合胶粘剂

本剂由聚氨酯水性乳液与固体粉状填充料组成，亦为双组分胶粘剂。甲组分为聚氨酯水性乳液，乙组分为固体填充料。使用时在现场混合搅拌均匀。其胶结效果优于前两种胶粘剂，属于高档优质胶结材料。

本剂适用于各种材料的面材与泡沫混凝土基层的粘结，尤其适用于金属材料、石材、瓷板与泡沫混凝土基层的胶结。胶结效果极佳，一经胶结，就很不容易开裂。

15.3　生产工艺

15.3.1　基材与面材准备

1. 泡沫混凝土基材准备

泡沫混凝土基材的生产设备及生产工艺，与前述泡沫混凝土保温板相同，没有特殊要求。在基材切割后，应检查其尺寸误差是否符合要求。规格合乎要求后，应进行板面清渣处理。在切割时，大量锯渣残留在板面及孔隙内，复合时将影响装饰面层与泡沫混凝土基层的结合，降低结合牢度，并给胶粘剂的涂刷增加难度。因此，清渣工作十分重要，清渣处理可采用以下几种方法：

（1）高压风吹

采用排气量 0.6m^3/min 以下的空压机，人工对板面进行高压吹风清渣。也可以将风枪固定在传送带上，机械化吹风清渣。风压不可过大，防止将泡沫混凝土基板吹破，尤其是当基板较薄时。本工艺应配备除尘器。

（2）人工用刷子清渣

这种方法效率很低。

2. 装饰面板的准备

（1）切割

如果购回的是已切割好的成品板，不需切割。如果购回的是大幅面的原状板，购回后应按设计的装饰保温一体化板的幅面规格，将装饰面板切割成设计尺寸，并检查误差。

（2）板背面增糙处理

陶瓷板、GRC板、硅钙板等已经在板背进行过增糙处理的面材，不需要进行增糙处理。其他板材，大部分需要进行增糙处理，以增加界面结合力。否则，有些产品（像金属板）的背面很光滑，就会与泡沫混凝土基层不能很好地结合。

增糙的方法有四个：

①金属板和石材背面粘贴一层网格布，粘结剂采用有机粘结剂。

②水泥板、硅酸盐等板材，背面可以用砂光机进行砂光处理。

③在板的背面涂一层树脂或有无机复合胶浆，然后进行拉毛处理。

④石材等材料。可用开槽机在板的背面开一些1～2mm深的小槽。

有些产品如石材、玻镁板、硅钙板等，也可以向供应厂家提出背面的增糙要求，以减少复合板生产者的再加工负担。

3. 粘结剂准备

（1）粘结剂不论单组分还是双组分，都需要在生产使用时拌合。因此，要准备一台搅拌机和拌合粘结剂。粘结剂均有快硬的特点，所以，应该一次少拌，多拌几次。

（2）有机胶粘剂均要使用一定量的稀释剂，工具的清洗也要使用稀释剂，因此，应备存必要的稀释剂。

15.3.2 生产设备和生产工艺

手工粘贴复合面板，不需要生产设备，完全靠人工涂浆、粘贴、压实复合。

机械化生产，可采用自动或半自动复合机。目前，国内已研发出这些生产设备。这套设备包括以下几个部分。

1. 泡沫混凝土基板及面板传送设备

这种设备有辊道式和皮带式两种。皮带式传送相对平稳，振动小，对泡沫混凝土不会造成损伤。因此，皮带式传送机应为首选。

2. 涂浆设备及涂浆工艺

涂浆设备是在泡沫混凝土基板或面板上，喷涂一层泡沫混凝土水泥浆，并刮平，为复合粘贴面层做好技术准备。

3. 机械手及面板移取

它的作用是将码放在生产线一边的面板，用吸盘吸取，然后旋转180°，将其放在涂好粘结剂的泡沫混凝土基板上，并准确定位，使每一块基板与面板的边沿能够精确对齐并复合。

4. 辊压及面板复合

已经复合为一体的复合板，由传送带送入辊压机。辊压机共2～3对，逐步辊压，将其压实，使浆液进入泡沫混凝土的孔内，二者良好复合。

5. 养护室及静停养护工艺

养护室为一个恒温恒湿的隧道式建筑或普通建筑。隧道式适合于养护车，普通建筑适合于养护架。

养护室用于采用聚合物胶粉与水泥复合胶粘剂的静停固化。因为水泥浆需要一定的凝结、硬化期，必须有养护室。

若采用有机胶粘剂如不饱和聚酯、聚氨酯等来复合，胶粘剂也需要一个静停固化期。因此，也需要养护室，但其静停时间较短，一般 1～2h 即可。而水泥聚合物浆体胶粘剂，则需要静停 24h 以上，甚至时间更长。

6. 切割修边及除灰机及整修工艺

固化好的复合板，由静停室经传送机传送切割修边机。切割修边机的主要任务，是将复合辊压时流出而硬化的浆液，经切割而除去，使板边整齐漂亮，不留毛边。有必要，再进行磨边机磨边。

切割整修后，板边留有切割及整修的粉灰。因此，整修以后的产品，还需要进入吹风除灰机，经吹风除灰，干干净净。

7. 包装机及包装工艺

经除灰后，产品经传送装置，将产品传送到包装机，进行包装，完成最后一道生产工序。

15.3.3　半手工生产的工艺操作

上述均为机械化生产的设备及工艺。而目前，这种生产工艺和设备还不能全面普及。还有相当大一部分小企业，采用手工或半手工生产。手工或半手工生产的工艺流程，基本与机械自动化生产相同，只是用手工代替了一部分机械设备或全部代替机械设备。具体简述如下：

（1）在操作台上摆放泡沫混凝土板，半机械化生产时，人工将泡沫混凝土板放到传送带上。

（2）配制胶粘剂。人工生产时，可手工配浆，一次不可配浆太多。半机械生产时，可采用小型制浆搅拌机配制胶粘剂，单组分的不需配制。

（3）刷浆。人工生产时，采用毛刷或喷枪，在泡沫混凝土基板上涂刷胶粘剂。涂刷厚度视面板厚度而定。一般厚度面板粘结层为 1～2mm，薄层面板粘结层厚度 0.5～1mm。粘结层应厚薄一致，尤其是大型板材，手工操作，很容易形成各部分厚薄不一致，要特别小心。半机械化生产，可采用前述涂胶机涂胶。其优点是速度快、涂胶匀、厚薄一致，能确保粘结质量。

（4）复合。浆体涂刷均匀后，人工把面板放在浆体上，与基板的边沿对齐，然后用手轻轻均匀施力，按压一下，使四边有粘结浆体挤出，保证面板与基板压实并良好结合。

（5）修边。手工用刮刀将四边挤出的浆体刮掉，再用干布把残留浆体擦除，使四边干净整洁。如果修边太麻烦，也可以不修边，在粘结层硬化后再进行一次切割，把四边切割整齐。但这种工艺的前提，是泡沫混凝土基板，应略大于面板 10～20mm，切割时，只切割基板，不切割面板。

（6）硬化

涂刷胶粘剂后，可将复合板静停一定时间，使其硬化，直到能达到使用强度。其硬化时间可根据胶粘剂品种而定。有机胶粘剂大多数小时，聚合物与水泥复合胶粘剂，一般需要 24h 以上。可以自然养护，也可以养护室升温养护。

（7）包装

硬化后的产品，可以采用人工包装，有条件的也可以采用包装机包装。

15.4 安装施工工艺

15.4.1 粘贴工艺

1. 粘贴工艺的适用范围

粘贴方法适用于轻质、薄型复合产品。这种产品由于面层较薄，无法或难以设置锚固件，只能采用粘贴工艺。同时，面板轻质，对基层泡沫混凝土板的重力撕裂作用较小，安装后面板不易与基板剥离脱落。因此，采用粘贴工艺对这种板材是合适的。

2. 粘贴工艺对复合板的技术要求

（1）泡沫混凝土基板具有较好的强度。其抗压强度应大于 0.4MPa，其抗拉强度应大于 0.13MPa。

（2）泡沫混凝土基板具有较低的密度。其绝干密度，应小于 200kg/m^3。

（3）装饰面板超薄。其厚度宜小于 5mm。

（4）装饰面板超轻，其密度宜小于 5kg/m^3。

3. 施工方法

复合粘贴工艺的施工方法，基本与普通泡沫混凝土保温板相同，只是省去了抹面砂浆。相同部分这里不再重述。这里仅就不同点进行介绍，以节省篇幅。

（1）粘结砂浆要求粘结力更强

其粘结砂浆内的聚合物要求采用粘结性能更优异的丙烯酸酯胶粉，而不采用 EVA 胶粉，其拉伸粘结强度，要求高于普通混凝土粘结砂浆的 20%，即高于 JG149 规定的指标，以确保粘结的可靠性。

（2）泡沫混凝土背面要求更严格的清灰

为提高保温板与墙面的结合力，要求泡沫混凝土保温板背面严格清灰、浮灰清除率应大于 95%。不准采用抖落清灰，毛刷清灰等简单清灰的方法，应一律采用空压机高压吹风清灰的方法。清灰后，手提板材抖动，不见有浮灰下落，视为合格。

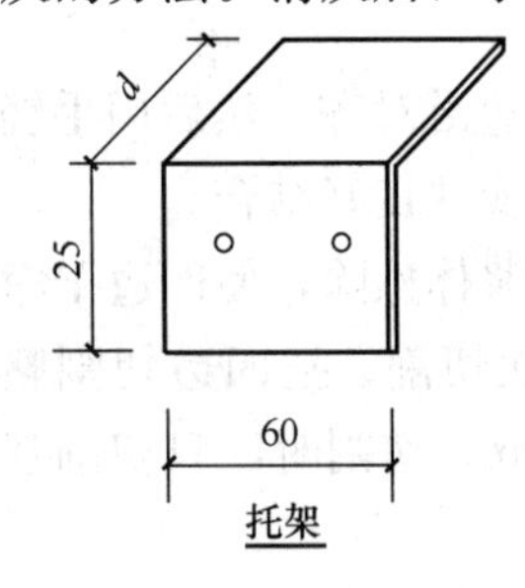

图 15-1 金属托架

（3）每层均应加金属托架

由于复合板无法用锚栓固定，为增加其安全可靠性，要求在粘贴时，每层都要加金属托架，以降低板体自重拉裂作用。金属托架外形如图 15-1 所示。金属托架的安装数量为每块板 2 个。

（4）接缝应加嵌缝腻子和嵌缝条

复合板的板面均为装饰性很强的装饰层，在粘结时，不可让砂浆将其弄脏。如果沾上砂浆，应在粘贴后将其小心擦拭干净，且不留痕迹。

其接缝应加聚氨酯轻质嵌缝条，嵌缝条之上再加 3～5mm 的防火型嵌缝腻子。

（5）墙面喷涂有机硅保护层

安装结束后，在板面应喷涂一层有机硅防水防尘及保色透明涂料，对保温板进行保护。

（6）粘结墙体结构如图 15-2 所示，粘结砂浆布置如图 15-3 所示，粘结砂浆距离成品板边缘应大于 100mm，粘结时，每平方米粘结砂浆点应大于 8 个，每个砂浆点直径应大于

150mm，粘结砂浆的压实粘贴厚度为 8～10mm。

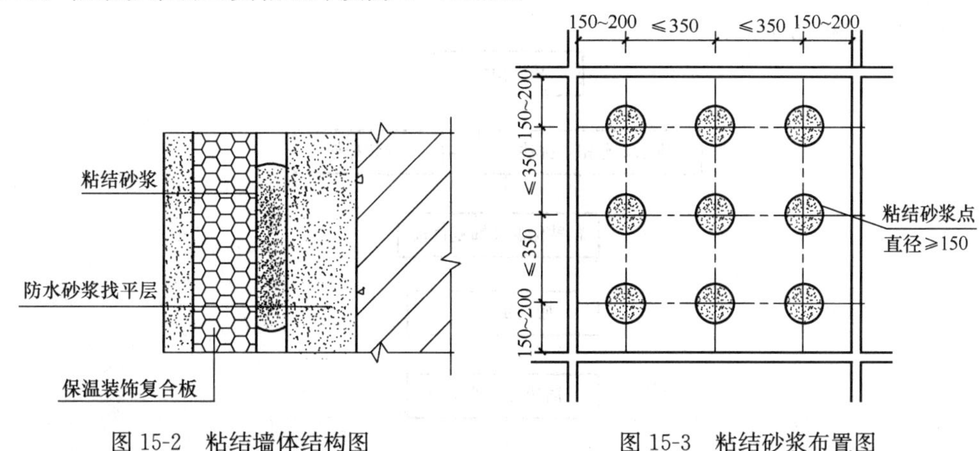

图 15-2　粘结墙体结构图　　　　图 15-3　粘结砂浆布置图

15.4.2　粘贴与锚固相结合工艺

1. 粘结锚固结构

当保湿装饰一体板幅面较大（500mm×500mm 以上），或装饰面层密度很大且较厚，仅靠粘结砂浆难以承受板体自重时，就应采用粘结与锚固相结合的工艺，借锚栓支撑一大部分板重。

粘贴方法已如上述。锚固的方法主要是采用专用锚固件。锚固件的外形如图 15-4 所示，其中锚固件 1 用于锚固件插入保温基层，插入深度较大（60mm），锚固件 2 用于插入装饰面板，插入深度较小（10mm）。锚固件插入部位均在基层或面层的侧面。当插入面板时，应使用专门的开口设备，预先开口。

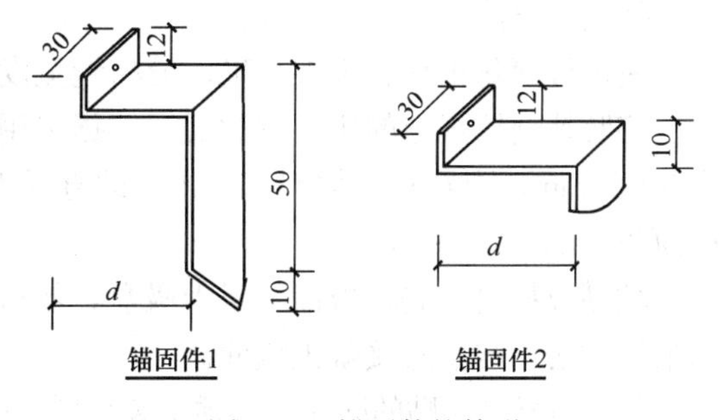

图 15-4　锚固件的外形

建筑物高度在 36m 以下时，锚固件的设置为 4～5 个/平方米；36m 以上时，设置 7～8 个/平方米。其粘结面积不少于 80%。

锚固件的材质为镀锌薄钢板，厚度为 1～1.2mm。

粘结与锚固结构示意如图 15-5 和图 15-6 所示。

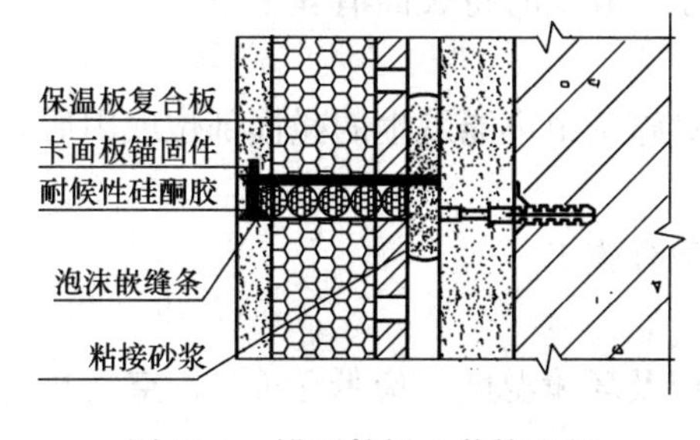

图 15-5　锚固件插入装饰面板

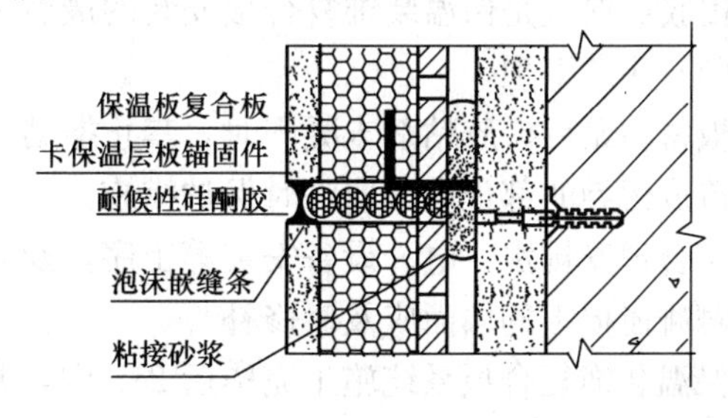

图 15-6　锚固件插入保湿基层

（2）施工工序及方法

①施工工序

施工工序如图 15-7 所示。

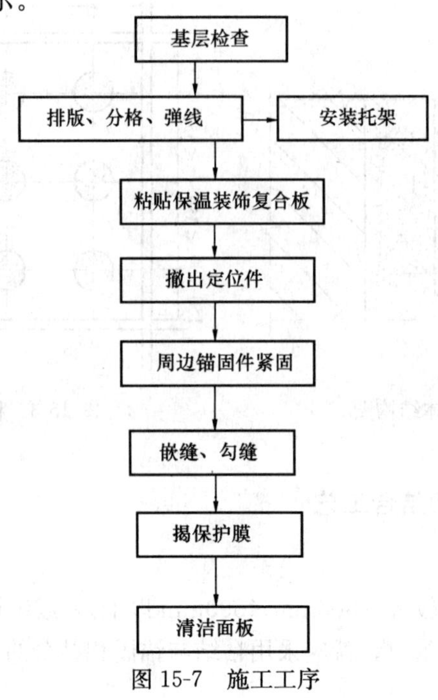

图 15-7　施工工序

②施工方法

先进行深化设计、排版、确定分格缝宽度和复合板的外观尺寸，挂控制线，做出标记。

将胶粘剂按规定的比例调配后，根据采用的粘贴方式涂在板材的背面，胶粘剂压实厚度为 8～10mm，点粘法胶粘剂每个人点的直径不得小于 150mm，粘结面积不得小于 50%，条粘面积 80%。

粘贴板材时，先在板面上吸上吸盘，然后揉动板面校平，调整板面平整度和分格缝，使之附线贴实，严禁直接敲击板面。

每张板材在粘贴的同时，必须安装金属锚固件，根据建筑物高度，按设计要求确定固定件数量，在板缝之间安装与保温芯材配套的专用锚固件，每块标准板的下边安装 2 个镀锌托架。

板缝处理：用发泡圆棒将板缝填实到板厚的 4/5 后，再用硅酮密封胶做勾缝处理。勾缝应连续、平直、密实、无空鼓、要横平竖直，材料色泽应一致。

揭膜：揭膜是保温装饰复合板安装的最后工序，应及时将表面清理干净。

(3) 注意事项

板材粘贴后，胶粘剂未凝固时，禁止振动。对施工中可能发生的碰损部位或因后续工程可能造成污染的部位应采取临时保护措施。

应合理安排水、电、设备安装等工序，及时配合施工。

对碰撞损害的墙面应及时修补。

保温装饰复合板系统施工完毕后 24h 内，基层及环境温度不应低于 0℃，空气相对湿度宜小于 RH85%施工时风力不宜大于 3 级。

保温装饰板在贮存和运输过程中严禁烟火，注意通风、干燥、防止暴晒，雨淋，特别是在运输和搬运过程中要防止碰伤板材。

第16章　小型自保温墙板

16.1　概念与规格

16.1.1　概念

自保温墙板是自身具有优良保温性能，所建墙体可以达到建筑保温与节能要求的墙体材料。

小型自保温墙板是尺寸规格小于建筑条板而大于建筑砌块的，以泡沫混凝土为主体材料，具有满足建筑物的力学性能和保温隔热性能要求，使墙体不需做二次保温即可达到节能标准，由我国自主研发，具有我国自主知识产权的最新一代高性能墙体材料。笔者根据其外形及性能将其命名为小型自保温墙板。

小型自保温墙板具有以下特征：

1. 保温性能好、导热系数低，用其砌筑的墙体不需二次保温处理，即可达到国家和地方的建筑节能要求。

2. 尺寸规格小于建筑条板而略大于建筑砌块，兼具二者的某些特点，既是墙板，也是砌块，介于二者之间，是二者的融合体。它的外形及规格尺寸既借鉴了建筑条板（以建筑条板的宽度600mm为长度），也借鉴了石膏砌块的外形（尺寸近似于石膏砌块，外形及榫槽榫头结构类似于石膏砌块）。它兼具条板厚度小、块形大、砌筑安装快、板缝少的优点，又具有砌块易搬运、可错缝砌筑、分散干缩应力、减少砌缝干裂等优点。它是建筑材料的“混血儿”，也可看做是条板的截短和石膏砌块的翻版及普通砌块的放大。

图16-1为小型墙板与石膏砌块、建筑条板外观的比较。

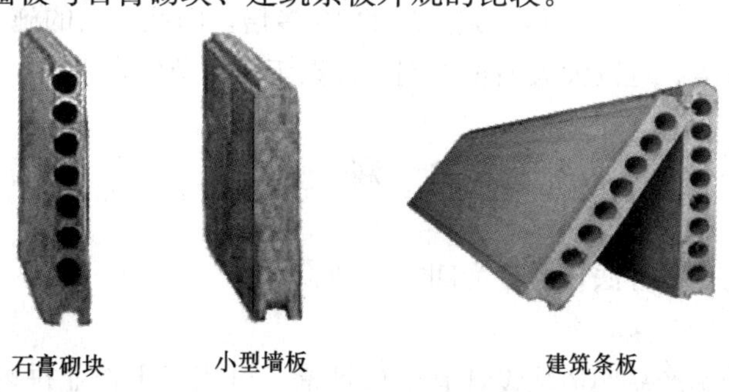

图16-1　小型墙板与石膏砌块、建筑条板外观的比较

3. 既可用于内隔墙，也可用于自保温外墙。小型墙板既可以装配式施工，也可以砌筑式施工，各种建筑均可使用。这与原来的隔墙板有一定的不同。

16.1.2　规格尺寸

本产品的规格尺寸见表16-1。

表 16-1　小型墙板的规格尺寸（mm）

长度	宽度	厚　　度
600	500、400、300	100、120、150、180、240、270、300

16.2　小型墙板的应用优势

1. 幅面尺寸小，干缩变形值小，墙体裂缝减少

目前，各种建筑条板在安装使用后，均存在不同程度的干缩变形裂缝，砌筑缝很容易形成干裂缝。这是工程界难于解决的技术问题，至今都没有理想的解决方案。图 16-2 是墙体条板在安装后形成的裂缝。

图 16-2　墙体条板安装后形成的裂缝

条板裂缝的主要原因之一，是条板的幅面大，干缩变形应力易随其尺寸的增大而累加增大。另外，其长度一般为 2.6～3.0m，一旦形成开裂，就会从墙脚到墙头形成上下贯通性大型裂缝，控制难度就比较大。

相对于条板和大型墙板，小型墙板近似于砌块，只是比砌块略大一点。所以，它的干缩变形应力就要比条板或大型墙板小得多，不足其 1/5。更重要的是，它采用错缝砌筑，分散了干缩应力，把条板的上下贯通砌筑缝可以分散为多条短缝，就不会再形成上下贯穿性的较大裂缝。这对于目前条板的缺陷是十分有技术意义的。用小型墙板砌筑的墙体，大的贯穿性裂缝很难形成。这是小型墙板最大的卖点和竞争力，也是其突出的优势之一。

2. 砌筑速度快于砌块和砖块

小型墙板的幅面尺寸大多是 600mm×500（400、300）mm，是小型空心砌块幅面（390mm×190mm）的 2.5～4.5 倍，是砖块的 10 多倍，因此，它的施工速度比小型空心砌块或砖块快了 3～10 倍，可以大大缩短工期，提高工效，节约人工成本。

16.3　种　　类

本产品按不同的分类方法，可分为四类六种。

1. 按外形分类

（1）企口榫型。本产品四边均设计有企口榫槽，可用于干作业拼装，不使用砌筑砂浆，特别适用于装配式住宅。

（2）平口无榫槽型。本产品的四边和普通砌块及砖块一样，为平口无榫槽，可用于湿作业，采用砂浆砌筑或粘结剂粘结，平口便于摊铺砂浆。

2. 按结构分类

（1）泡沫混凝土单板型。本产品为泡沫混凝土单一结构，强度较低，一般用于复合墙体的芯层，外层为复合纤维水泥板保护，使用较复杂，但生产简单。

（2）夹芯型。本产品的双面复合纤维水泥板或瓷板及石材等，芯层为泡沫混凝土保温材料，为三明治式夹芯结构。

（3）包壳型。本产品的芯层泡沫混凝土，完全被面层所包覆，具有更高的力学性能和耐候性能，特别适用于自保温外墙。

3. 按有无装饰效果分类

（1）非装饰型。本产品的板面没有装饰层，安装后需另加装饰层，为普通型产品。

（2）装饰保温一体型。本产品的板面复合有装饰层，实现了装饰保温一体化，为高档产品。

4. 按所用胶凝材料分类

（1）硅酸盐水泥型。本产品芯层的泡沫混凝土采用普通硅酸盐水泥生产，具有成本低，原料易得的特点。

（2）碱式硫酸镁水泥型。本产品芯层的泡沫混凝土采用碱式硫酸镁水泥生产，具有更优异的力学性能和更低的干缩变形值，抗裂效果更好。

16.4　性能要求

1. 面密度

单一结构泡沫混凝土小型墙板的面密度应不大于 50kg/m^2，夹芯复合结构和包壳结构小型墙板的面密度应不大于 110kg/m^2，单块产品的质量应不大于 40kg。

2. 平整度

小型墙板的表面应平整，平整度应不大于 2.0mm。

3. 断裂荷载

小型墙板应有足够的机械强度，其断裂荷载值应不小于 2.0kN。

4. 软化系数

小型墙板的软化系数应不低于 0.7。

5. 保温性能

泡沫混凝土的导热系数不大于 0.09W/（m·K），用本产品建造的内隔墙的传热系数不大于 0.6W/（m^2·K），外墙的传热系数不大于 0.4W/（m^2·K）。

16.5　发展前景

对于这一产品的发展前景，笔者十分看好。这一产品应该是最有希望成为泡沫混凝土未来发展的主导产品之一。其理由如下：

（1）作为自保温砌块的升级产品，更具应用优势。

自保温砌块与墙板，目前被认为是最具发展前景的泡沫混凝土产品之一，其中，自保温砌块更被行业内看好。目前，辽宁省出台泡沫混凝土自保温砌块地方标准，还有几个省的地方标准也在制定中。不少地方均已把自保温砌块作为重点推广应用的新型墙材。

本产品既是墙板，也是砌块，说它是大规格、大幅面的自保温砌块也是可以的。因此，它完全是自保温砌块的类似产品，可以作为自保温砌块使用。它与自保温砌块相比，有着更多的优势，性能上比自保温砌块更具有竞争力。

①幅面比砌块大，施工速度比砌块更快。

②具有榫口与榫槽，可以干施工作业，而自保温砌块不能。

③砌筑缝比砌块少，更有利于墙体自保温。

(2) 解决墙板裂缝问题，技术上是重大突破。

迄今为止，各种轻质墙板的板缝开裂已成为通病，而没有解决的有效技术手段。采用小型墙板可以在很大程度上有效避免墙板裂缝的产生，意义重大，对墙板的应用有现实推动作用。因而，这种墙板会受到欢迎。

(3) 外墙可以双层错缝砌筑，更有利实现自保温。

本产品由于是板，厚度较小，采用双层外墙，总厚度并不是很大，但却可以通过错缝砌筑，避免贯通缝的产生，减少冷热桥，更有利于实现墙体自保温。而砌块厚度大，不可以双层砌筑，利用结构增强自保温，是不易做到的。本产品若采用双层结构砌筑墙体，中间填充浇注聚氨酯泡沫或是泡沫混凝土，实现自保温更有优势。砌块若采用相同的方法，则外墙太厚。

16.6 胶凝材料的选择

生产自保温小型墙板，可供选择的胶凝材料有两种：一种是通用硅酸盐类水泥，另一种是碱式盐硫酸镁水泥。

16.6.1 通用硅酸盐类水泥

1. 技术要求

原则上讲，各种通用水泥可用于生产自保温小型墙板，但由于自保温小型墙板对力学性能要求较高，其断裂荷载值不能低于 2.0kN。所以，当选用通用硅酸盐类水泥时，应当按照以下技术要求来优选其具体的品种。

(1) 强度等级不低于 42.5 级或 62.5 级，优选 52.5 级；并且其富余强度值要尽量高些，如 52.5 级的 强度值最好大于 55MPa；不应选用 32.5 级水泥。

(2) 在通用水泥中，优选普通硅酸盐水泥。

(3) 普通硅酸盐水泥，优选 R 型（早强型），以有利于缩短脱模时间。

(4) 若采用物理发泡，可不考虑水泥的碱含量，但若采用化学发泡，则应选用碱含量相对较低的品种。

2. 硅酸盐类通用水泥应用于小型墙板的特点

(1) 当地可以供应，价格较低，有利于降低和控制产品的原材料成本，提高产品的利润。

(2) 水化热相对于碱式盐硫酸镁水泥，要低得多，水化热集中造成的热裂要小得多，更容易生产工艺控制，从工艺角度讲，是非常有利的。

(3) 凝结硬化速度慢，不利于模具周转，即使加入促凝促硬剂，也赶不上碱式盐硫酸镁水泥。

(4) 其强度不如碱式盐硫酸镁水泥，产品的力学性能不如碱式盐硫酸镁水泥，抗酸碱腐蚀性及抗冻性等性能相应也低一些。

总体评价：从经济性上为第一选择，从产品性能上应为第二选择。

16.6.2　碱式盐硫酸镁水泥

碱式盐硫酸镁水泥由于是新型水泥，人们对其了解甚少，比较陌生。在一般情况下，大多数人可能首选硅酸盐类通用水泥而不会选择碱式盐硫酸镁水泥。但是，根据笔者的实践经验来看，采用碱式硫酸镁水泥可能更具有产品性能上的竞争力，有利于产品的销售。

1. 对碱式盐硫酸镁水泥的要求

生产自保温小型墙板，除对碱式盐硫酸镁水泥提出一般性要求之外，还应满足以下几个特殊的要求。

(1) 氧化镁活性含量应偏高一些，至少达到 65%，甚至 70%。

(2) 最好有 2～3 种细度的氧化镁复配，以防止水化过于集中而引发水化热集中。小型墙板相对于砌块，尺寸较大，比砌块的变形几率更大。分散水化有利于避免变形。

(3) 为方便生产，克服氧化镁和调和剂双组分使用带来的不便，最好将其加工为单一组分，使用时加入水即可，便于生产者的工艺简化和配比控制。

2. 碱式盐硫酸镁水泥用于小型墙板的特点

(1) 强度高，约高于普通硅酸盐类通用水泥 30%～50%。

(2) 硬化快，不加促凝剂 4～8h 可以脱模，提高了模具周转率，降低了投资。

(3) 碱度低，可以用玻璃纤维网格布增强小型墙板的面层，也便于制作高抗冲击 GRC 装饰面层。

(4) 其缺陷主要是双组合使用不便，需要摩尔配比，生产的工艺控制要求较高，不像硅酸盐类通用水泥那么简便。

(5) 其材料成本略高于普通硅酸盐类水泥。许多地方没有这种资源，原材料运输成本较高。以乌鲁木齐为例，从辽宁海城运到新疆，一吨轻烧氧化镁的运输费达到 600 多元，到达乌鲁木齐每吨已达 1100 元左右。这在一定程度上制约了其应用。

总体评价：从产品性能考虑，碱式盐硫酸镁水泥是最佳的选择，从材料供应及材料成本考虑，则是第二选择。

在有条件的地方（距离氧化镁产地较近的地区）可以采用碱式盐硫酸镁水泥。

16.7　泡沫混凝土的配合比

16.7.1　配合比影响因素

(1) 节能要求。配合比设计要基于自保温墙体对小型墙板的保温性能要求，必须根据当地建筑节能的标准来设计小型墙板保温芯层的配合比。

(2) 种类差异。要根据小型墙板的不同种类来设计不同的配合比。如单板的泡沫混凝土应强度、密度略大一些，而包壳型的泡沫混凝土强度、密度略小一些，夹芯型的还要考虑芯层泡沫混凝土与面层的结合力。

(3) 干燥收缩值。单板型的泡沫混凝土应保证较低的干燥收缩值，而包壳型的泡沫混凝土也要考虑其干燥收缩值，以防止芯体泡沫混凝土收缩过大，与面层壳体分离。

(4) 性能与成本的统一。既要照顾到产品的性能和技术要求，保证品质，又要适当兼顾生产成本。

(5) 符合工艺和设备的特点。要考虑到工艺和设备对配合比的适应性，便于成型。如果翻转卸料浇注，浆体要有一定的流动性。搅拌机底部直接卸料浇注，可以适当稠些，水可以少加等。

16.7.2 配合比设计思路

由于小型墙板注重于节能，强调墙体的自保温性能，同时，又要有较低的干燥收缩值，并突出低密度及轻质性。要同时满足这三方面的技术要求，最好的设计思路，是采用聚苯颗粒泡沫混凝土作为主体保温材料。所以，配合比应围绕这一材料来设计。

之所以要确定这一配合比设计思路，是因为：

(1) 泡沫混凝土单一材料的导热系数偏大，若采用 300～400kg/m^3 的密度来作为小型墙板的主体，其导热系数要达到 0.12W/（m·K）以上，很难满足建筑自保温的要求，同时其干缩值也较大（>0.6mm/m），墙体未来的开裂风险很大。所以，泡沫混凝土虽然干密度可达到技术要求，但综合性能离自保温还有一定的差距。

(2) 聚苯颗粒堆积密度低（≤18kg/m^3），导热系数仅 0.04W/（m·K）。用它与泡沫混凝土复合配料可满足小型墙板密度及导热系数的要求。而且它作为超轻集料，又具有明显的抗干缩性能，有利于预防和消除板缝开裂。

所以，在配合比中加入聚苯颗粒是非常有好处的，本产品应设计为聚苯颗粒泡沫混凝土。这既可以发挥泡沫颗粒混凝土 A 级不燃的优势，又可以发挥聚苯颗粒保温性能好，抗干缩的优势。

16.7.3 配合比参考示例

1. 硅酸盐水泥型（质量比）

硅酸盐水泥型质量比见表 16-2。

表 16-2 硅酸盐水泥型质量比

原 材 料	用 量
硅酸盐类水泥 52.5 级	60%～70%
粉煤灰或矿渣微粉	10%～20%
促凝促硬剂	1%～3%
稳泡剂	0.1%～0.5%
发泡调节剂	0.5%～2%
发泡剂或物理泡沫	适量
聚苯泡沫颗粒	3%～5%
其他辅助外加剂	适量

2. 碱式盐硫氧镁水泥型（质量比）

碱式盐硫氧镁水泥型质量比见表 16-3。

表 16-3 碱式盐硫氧镁水泥型质量比

原 材 料	用 量
轻烧氧化镁	40%～50%

续表

原　材　料	用　　量
Ⅰ级或Ⅱ级粉煤灰	40%～50%
硫酸镁	10%～30%
改性外加剂	适量
稳泡剂	0.1%～0.5%
发泡调节剂	0.5%～2%
发泡剂或物理泡沫	适量
聚苯颗粒	3%～5%
其他外加剂	适量

16.8　生产工艺和设备

16.8.1　单板生产工艺和设备

单板就是单一结构的泡沫混凝土板材，没有其他复合层。这种板是目前最简单的自保温型墙板。单板单独使用时，一般用于隔墙。单板与硅酸钙板等组成复合墙体时，单板常作为墙体的芯层，用于自保温外墙或隔墙。

1. 单板生产工艺

单板的生产工艺与泡沫混凝土外墙保温板基本相同。这种产品大多采用大体积（0.2～2m^3）浇注成型，分切为成品的传统工艺。分切方法有湿切与干切两种。湿切在浆体初凝后进行，多采用钢丝锯，干切在浆体终凝并硬化至一定强度后进行。干切有一定的粉尘，需加袋除尘设备，但工艺设备相对成熟，易于实施。而湿切虽没有粉尘，但目前工艺尚不十分成熟，有一定的风险。若有可靠的钢丝切割工艺，湿切可以实施。

两种工艺分述如下：

（1）湿切工艺

配料→制浆→泡沫或发泡剂加入→浇注成型→静停凝结→初凝至湿切强度→脱去模框→钢丝锯湿切→在底模上静停硬化→脱去底模→继续养护至7～10d→自然干燥→28d出厂。

（2）干切工艺

配料→制浆→泡沫或发泡剂加入→浇注成型→静停硬化→脱去模具→后期保湿养护→干切→自然干燥→28d出厂。

2. 单板生产设备

单板生产设备采用物理、化学发泡两用生产线。这种生产线有简易型、半自动型、自动型三种。

简易型主要设备组成为：上料机、一级卧式搅拌机、二级高速搅拌机、三级化学发泡剂（或物理泡沫）混合机、成型模具、切割机。

半自动型的主要设备组成为：在上述简易型生产线设备组成的基础上，再增加自动配料系统、自动循环系统、除尘系统。

自动型的主要设备组成为：在上述半自动生产线的基础上，配置全自动切割系统，自动控温控湿养护系统，切割废料粉碎回收系统，自动打包系统，微机总控系统等。

上述三种生产线的生产规模均可设计为 $50m^3$/班，$100m^3$/班，$200m^3$/班，$300m^3$/班，$500m^3$/班。其中，简易型投资最小，自动型投资最大，但简易型运行成本高，而自动型运行成本低。三种生产线中，自动型用人最少。

16.8.2 夹芯板生产工艺和设备

夹芯小墙板的生产工艺和设备类似于大型条板，但由于小墙板的规格小，照搬条板的生产工艺和设备是不行的。

夹芯板的面层多采用硅酸钙板复合。夹心板的芯层不采用纯泡沫混凝土，为降低墙板的导热系数和干缩，需要加入聚苯颗粒和玻化微珠。

1. 生产工艺

其生产工艺如下：面板（硅酸钙板）切割成规定的尺寸→面板放入模具，分置模具左右两边→浇注泡沫混凝土芯层浆体→刮平→静停硬化 24～48h→脱模→后期养护→成品。

上述工艺中，泡沫混凝土浆体需要在浇注前预先搅拌备用。泡沫混凝土既可以是物理发泡，也可以是化学发泡，以物理发泡为优选。化学发泡需切割面包头，比较麻烦，且有面包头废料产生。采用物理发泡工艺时，浇注后可以随时刮平，少了一道面包头切割工艺，并可避免大量废料的产生。

2. 生产设备

夹芯小墙板生产线包括以下生产设备：

（1）硅酸钙板加工设备：包括硅酸钙板背面砂光机、硅酸钙板切割机、硅酸钙板移载传送与堆放装置等。这些设备负责把外购的硅酸钙板背面砂，光（增加与芯层砂浆的结合力），切割为规定尺寸。

（2）配料及搅拌设备：包括液体物料与固体物料的自动配料设备、储料罐及配料罐、上料机、二级或三级搅拌机。这些设备负责把物料计量后制成符合要求的料浆，为浇注做好准备。

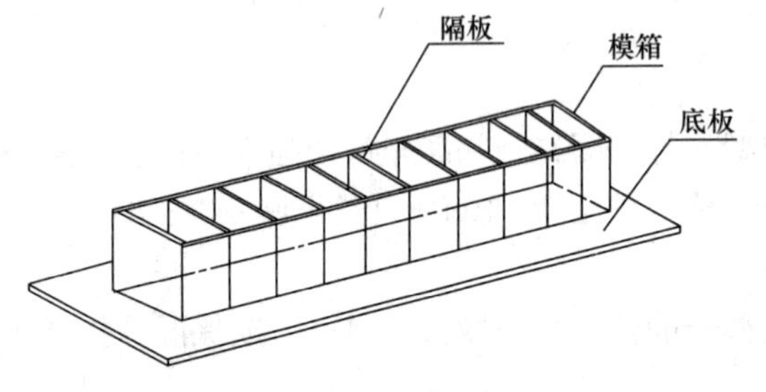

图 16-3 简易成型组合模具示意图

（3）成型模具。采用多腔组合小型立模，每模 10～40 个模腔，每个模腔成型一块。采用这种多腔组合模具的优点是脱模即为成品，不需切割，只需后期养护即可。图 16-3为简易成型组合模具示意图。

（4）模具运转及养护室。包括模具车运行轨道、模具车摆渡机、自动控温控湿养护室、模具车升降机等。这些设备负责将模具运至养护室、运出养护室。

上述设备可按简易型、半自动型、自动型三种，增减配置。必备设备为：硅酸钙板加工设备、上料及搅拌设备、成型模具三部分。其他设备可根据需要增加。

16.8.3 包壳板生产工艺和设备

1. 生产工艺

包壳小型墙板一般采用预制外壳而后灌芯工艺。本工艺的优点是生产速度快，产品质量优异，用人较少。

其工艺流程分为外壳成型工艺流程、灌芯工艺流程两大部分。现分别介绍如下：

（1）外壳成型工艺流程

外壳成型工艺流程为：配料→上料→搅拌→挤出机挤出外壳连续坯体→切断为规定长度尺寸→码坯静停养护 2d→备用堆存。

（2）灌芯工艺流程

灌芯工艺流程为：配料→上料→搅拌制水泥净浆→加入泡沫或化学发泡剂混匀→外壳传送至浇注点→浇注芯层发泡浆体→静停硬化→后期养护→自然干燥→成品。

2. 生产设备

与生产工艺相对应，包壳小墙板的生产设备也包括两大部分：外壳挤出部分，灌芯部分。两部分合起来，才能组成一条完整的生产线。

（1）外壳挤出设备

外壳挤出设备的主体是挤出机，配套设备包括：配料机、上料机、除尘系统、搅拌机、坯体切割机。

（2）灌芯设备

灌芯设备的主体是多级搅拌及定量浇注机，配套设备包括：配料机，上料机，配料上料除尘系统，料浆储备箱、外壳运转轨道及牵引机、静停养护室、面包头切割机（物理发泡不用此机）、后期养护堆场等。定量浇注机为笔者专利，它可以精确地计量浆体，并同时把计量好的浆体注入几十个外壳中。当然，小企业生产，也可以采取人工注浆，不配备浇注机。上述设备可根据投资额选用，不是一定要全部配备。必备设备为：上料机，搅拌机。其他设备可自选。

3. 包壳小墙板生产注意事项

包壳小墙板的生产，应注意几个会影响产品质量的几个问题，以提高成品率，保证产品的高品质。

（1）外壳不可经过干燥工序

如果外壳过干，会在浆体浇注后，大量吸取浆体水分，影响浆体水化，并使靠近壳体的气泡因失水而破灭，使浆体与外壳分离，二者结合不好，甚至会导致芯体过分收缩，从壳中脱出。

正确的方法是：坯体经静停养护 24～48h，硬化程度达到 60％左右时，即可停止养护，趁湿送至浇注点浇注。此时，坯体壳还有大量水分，不会过多吸取坯体的水分。

外壳若因各种原因，不能及时浇注，而已干燥很久时，应在浇注前 3～4h 预湿。预湿后不可立即浇注，应再停放几个小时，使表水渗入坯体。

（2）浇注时不可振动

普通混凝土制品，在浇注成型时多采用振动密实的工艺。而振动工艺会造成消泡，泡沫混凝土最怕振动。所以，本工艺在生产时不能采用振动的方法。为防止注浆不到位而造成空鼓，可增加浆体的流动度，使浆体略稀一些，并略对浇注后的浆体施压。

（3）外壳在浇注时应防止底部漏浆

本挤出工艺生产外壳，虽然生产可以连续成型，速度快且壳体密实度高，但却只能制出两头开口的坯体，即坯体为筒状，没有底。如果把坯体外壳放在浇注车上，注浆后底部会漏浆。为此，应将坯体放在有紧固装置的浇注车上，将坯体压紧。同时，浇注车的四周应该装有边框，防止浇注时浆体外泄。坯体底部浇注后即使不漏浆，但大量渗水，也会引起消泡和塌模，使芯体下陷，同样会造成废品。因此，坯体的底部密封十分重要，不可忽视。

第 17 章　填芯复合砌块

17.1　概　　述

17.1.1　概念

填芯复合砌块，全称为泡沫混凝土填芯自保温复合砌块，各地又有灌芯砌块、芯核发泡砌块、发泡水泥填充砌块等不同的名称。

填芯复合砌块，是空心砌块与泡沫混凝土的嫁接融合产品。这种复合砌块是利用已成型并具有一定强度的混凝土空心砌块、轻集料空心砌块、烧结空心砌块等各种空心砌块为外壳、在壳内浇注低密度（小于 200kg/m^3）泡沫混凝土浆体，浆体硬化后成为保温芯核，所形成的一种新型复合墙体材料。其外壳起支撑与保护作用并承受荷载，而芯房的泡沫混凝土则发挥保温、吸声、吸能等作用，二者性能叠加，可以使其所砌筑的墙体具有更加优异的性能，尤其是提高了保温隔热及抗震、吸声等情能、克服了空心砌块墙体的缺陷，又使泡沫混凝土强度较差的不足得到弥补，起到了1+1>2的材料复合效果。

(a)

目前，我国的复合砌块大多为空心砌块与聚苯泡沫板复合，但聚苯泡沫板不耐老化且易燃烧。本泡沫混凝土复合砌块是聚苯复合砌块的升级换代产品，克服了聚苯泡沫板耐候性差、防火性差的弊端，比聚苯泡沫砌块具有更多的优势。

填芯复合砌块用于非承重框架结构建筑的内隔墙和自保温外墙。当采用承重型空心砌块时，也可用于低层、多层建筑的承重自保温墙体。

图 17-1 为泡沫混凝土填芯砌块外观。

图 17-2 为泡沫混凝土填芯砌块与聚苯复合砌块的外形比较。

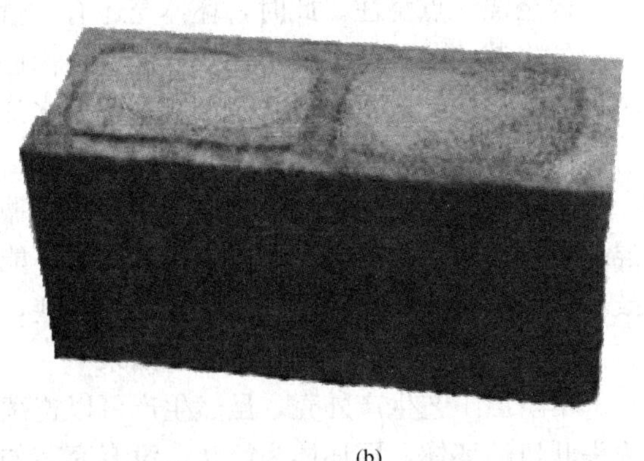

(b)

图 17-2　泡沫混凝土填芯复合砌块与聚苯复合砌块外形比较

(a) 聚苯复合砌块；(b) 泡沫混凝土填芯复合砌块

图 17-1　泡沫混凝土填芯砌块外观

17.1.2 发展应用现状与前景

1. 发展应用现状

泡沫混凝土填芯复合砌块，是笔者的原创技术，也是中国少有的具有中国独立自主产权的新型墙体材料产品之一。多少年来，中国的新型墙体材料，包括空心砌块、混凝土多孔砖、加气混凝土砌块、空心隔墙条板、石膏砌块等，几乎都是从国外引进的技术，中国自己原创的产品和相关技术，至今还鲜有所闻。这与我们的大国地位和现有经济技术水平是极不相趁的，也是我们的一种心理失落。无疑，泡沫混凝土填芯复合砌块的研发成功与应用，可以弥补这种心理失落，提振民族自尊心，有助于打破我国新型墙材研发落后的不利局面。目前，空心砌块的创始国美国，空心砌块设备生产大国日本、意大利等国，均已显示出对我们这一技术的极大兴趣，并愿意合作推广。这足以使我们骄傲。从技术引进者变为技术输出者，这一角色的转换，标志着我们巨大的技术进步和民族事业的振兴。因此，泡沫混凝土填芯复合砌块，应该是笔者这一生对我国墙改做出的最重要贡献之一。

笔者研发这一产品，始于 20 世纪 90 年代。1992 年，笔者有一次参观建筑工地，偶遇空心砌块施工。工人们抱怨空心砌块壁薄难铺砌筑砂浆，大量砂浆落入空心内，又造成极大浪费、使用铺浆器又太麻烦。笔者突然萌生出用泡沫混凝土把空心砌块的空心填充起来，那么工人摊铺砂浆就会达到既快速又省砌筑砂浆的效果，同时，还可以变空心为实心，提高砌块的保温性能，一举两得。有了这一思路之后，笔者从此就开始了长达 20 多年的研发推广。其重点是研发低密度泡沫混凝土芯材和快速浇注设备。当时，泡沫混凝土的技术水平、最低密度只能做到 400kg/m^3，经不断努力，在新世纪之初，降至 300kg/m^3，2008 年左右降到 200kg/m^3，如今已降到 80kg/m^3。在浇注设备方面，1998 年研发出半手工浇注机（移动式），2005 年研发出小型多头浇注机（固定式），2009 年研发出自动 20 头浇注机，2013 年研发出 50 头自动浇注机，至今仍在不断改进和提高。

自 2006 年以来，本产品的生产技术备受各地关注，先后被辽宁、内蒙古、湖南、北京、江西、浙江等地的企业引进并推广应用。其中，辽宁省的推广力量最大，并出台了辽宁省地方标准。在内蒙古这一产品通过了专家鉴定并获得了内蒙古自治区科技成果奖。在江西，这一产品已列入推广计划，并成立了专家课题组，进行了生产与应用的研究。自去年以来，这一技术也受到了周边国家如蒙古、哈萨克斯坦、俄罗斯的关注，已有企业希望引进技术。

2. 发展前景

现在，国内外都在把建筑保温的重点放在结构自保温上，以克服外保温火灾隐患及保温层剥落等不足。但是，至今结构自保温都还没有一个完整的、成功的、值得大面积广泛应用的技术体系。究其原因，真正成功而合用的自保温墙体材料缺乏是根本的制约因素。纵观现有的新型墙材、均不具备自保温性。加气混凝土砌块虽具有保温性，但它的空鼓、开裂等墙体弊端，至今都没有解决，更重要的是，其蒸压耗能及增排，已决定其不具备发展优势。

本产品的最大前景及优势，就在于它既迎合了建筑结构自保温的发展趋势，满足了建筑结构自保温的要求，又填补了自保温墙材的市场空白。市场最需要的产品、就是前景最好的产品。因此，本产品良好的前景是令人鼓舞的。建筑自保温会一天比一天走热，它所拉动的自保温墙材也会随之走热。本产品作为自保温墙材的仅有的少数品种之一，其日益加快发展是毋庸置疑的。

目前，影响这一产品发展的主要因素，是标准的缺失及应用体系的不完善。对此，笔者也正在与各方面共同努力，积极促成行业标准或国家标准的制定，并在大力推动相关应用体系的完善。相信这些问题都将会在未来得到解决。

17.1.3 应用优势

1. 有利于实现外墙自保温

我国的外墙保温至今仍采用外保温，自保温难以实现。本产品的突出优势就在于它在实现结构围护的同时，在采用多排孔填芯砌块的情况下，或采用单排孔填芯砌块多层砌筑的情况下，完全可以实现外墙自保温，省去外贴聚苯板保温层，并达到建筑节能65%或75%的技术要求。2010年赤峰生产的填芯三排孔砌块、所砌筑的外墙，传热系数仅0.48W/（m^2·K），经测定，达到了内蒙古所要求的节能要求。这为我国外墙结构自保温开辟了成功的道路。

2. 克服空心砌块不易砌筑、空鼓开裂的不足

目前，空心砌块是我国的大宗墙材之一，全国的生产厂家数以万计。但是，空心砌块在应用中暴露出两大不足。其一，由于其壁薄（1.5～2cm），所以在砌筑时摊铺砂浆十分困难，大量砂浆落入空心内，造成砂浆不饱满。这不但浪费了砂浆，更重要的是砌块之间由于砂浆不足而结合力下降，形成空心砌块墙体空鼓开裂严重。而在空心内填充泡沫混凝土之后，砂浆就十分容易摊铺，不但加快了施工速度，节省了砂浆、而且解决了空鼓开裂，一举三得。

3. 提高墙体储热性能和隔声性能

空心墙体内的不流动空气虽有一定的保温性，但储热性很差。而泡沫混凝土具有良好的储热性。在空心砌块填充泡沫混凝土之后，所砌筑的墙体既保温又储热，夜间墙体降温慢，有利于室内温度的稳定。

另外，在空心砌块填充泡沫混凝土之后，所砌筑墙体的隔声性能也得到提高。因此，空心墙隔声不好，空心内的空气易于传声，而实心墙的隔声性是较好的。

4. 增强墙体的抗剪切、抗风压能力

空心砌块由于砌筑时砂浆不饱满，砌块之间粘结力下降，使墙体的抗剪切能力及抗风压性能随之下降，影响了建筑质量和使用寿命。在空心砌块填充泡沫混凝土之后，空心变实心，原来的单靠孔壁结合变成面的结合，且砂浆可摊铺饱满，砌块的结合力大幅提高，使墙体的抗剪切能力及抗风压性能明显地提高，保障了建筑质量、延长了建筑寿命。

5. 提高了建筑的气密性，有利于保温

原有的空心砌块由于砌筑缝结合面积小，且砂浆丢失多，以导致砌筑缝难以密实，透气漏风，降低建筑的保温性能。在填充泡沫混凝土之后，砌块结合面增加，且砌筑砂浆饱满，砌筑缝密实，所以建筑的气密性大大提高。这不但有利于建筑保温，而且可以更多节能。

6. 降低建筑造价

由于本填芯砌块可实现外墙结构自保温，省去了外保温层，同时，又可节约砌筑砂浆，并加快砌块的砌筑速度，节省人工。因此，本产品与传统空心砌块建筑相比，可降低总体造价3%～5%，提高了经济效益。

总之，本填芯复合砌块可以克服原有空心砌块墙体需外加保温层、空鼓开裂、气密性差、抗剪切抗风压能力差、隔声性能差、储热能力低、建筑造价高等一系列弊端，可以提高建筑的综合性能并降低造价。因此，它是空心砌块理想的升级换代产品，对于促进空心砌块行业的转型发展和产品升级具有重要的意义和优势。同时，它对我国空心砌块建筑提高质量和延长使用寿命，也具有不可忽视的作用。

17.1.4　类型与规格

1. 类型

本产品按承重性能分为非承重型与承重型两种，以非承重型为主。非承重型用于多高层框架结构的非承重墙体。承重型则用于低层多层自承重墙体。由于我国现有的空心砌块大多为非承重型，因此，本填芯砌块也随之以非承重型为主。

本产品按孔型分为单排孔填芯砌块与多排孔填芯砌块。单排孔填芯砌块大多用于内隔墙、多排孔分为双排孔和三排孔，大多用于自保温外墙。单排孔也可用于自保温外墙，但必须是双层砌筑，单层达不到自保温墙体的节能要求。

2. 规格

本填芯砌块没有专有的规格。由于它的基础是空心砌块，因此，其规格完全与空心砌块相同，借用空心砌块的各种规格。目前，空心砌块的规格很多，各地又不尽相同。各地可根据当地的空心砌块现状选择规格。特殊规格可按需要自定。按照《普通混凝土小型砌块》（GB/T 8239—2014）及《轻集料混凝土小型砌块》（GB/T 15229—2011）的有关规定，空心砌块的主要规格为 390mm×190mm×190mm。其他辅助规格可根据需要由生产企业和用户商定。目前应用较多的辅助规格为 390mm×240mm×190mm，390mm×290mm×190mm 等。上述规格中，390mm×190mm×190mm 适用于单排孔砌块，390mm×240mm×190mm 和 390mm×290mm×190mm 两种则适用于双排孔砌块或三排孔砌块。

图 17-3 为双排孔填芯砌块外观。图 17-4 为三排孔填芯砌块外观。

图 17-3　双排孔填芯复合砌块外观

图 17-4　三排孔填芯复合砌块外观

17.1.5　产品性能与标准

1. 产品性能

本填芯复合砌块的技术性能见表 17-1。

17-1 填芯复合砌块的性能

项目	数值	备注
抗压强度（MPa）	平均值≥5.0	MU5.0级
干燥收缩值（mm/m）	≤0.05	
干密度（kg/m^3）	≤1200	
含水率（%）	≤3	
抗冻性（%）	≤25	强度损失
	≤5	质量损失
传热系数［W/（m^2·K)］	≤0.38	290mm厚砌块双面抹灰墙体
	≤1.10	190mm厚砌块双面抹灰墙体

2. 执行标准

目前，本产品尚无全国统一的行业标准或国家标准，暂执行企业标准，或参考辽宁省建筑设计标准图集辽2009J126《芯核发泡混凝土保温砌块墙体构造》中的产品性能要求。若将来有了行业标准或国家标准，可按新标准执行。

17.2 原材料技术要求

17.2.1 空心砌块技术要求

适用于生产填芯复合砌块的混凝土小型空心砌块或轻集料混凝土小型空心砌块，除了各种性能应符合《普通混凝土小型砌块》（GB/T 8239—2014）或《轻集料混凝土小型砌块》（GB/T 15229—2011）的有关技术要求之外，还应符合填芯必须具有的以下特殊要求。

（1）空心率必须大于50%，最好大于60%。空心率越高，则泡沫混凝土的填充量就越大，砌块填芯后的保温性能就越好，且填芯复合砌块的密度就越小，轻质性就越突出。现有的空心砌块，空心率大多为25%～40%、难以符合要求。因此，要达到这一要求，就必须对空心砌块的成型模具及工艺进行一定的修改。

（2）孔壁厚度不大于15mm，且密实度要高，不渗漏。空心砌块的孔壁越厚、空心率越小，且空心砌块的密度也越大。因此，其壁厚应小于常用空心砌块。现有空心砌块的壁厚大多为大于20mm，应减薄。但也不能过薄，过薄时会使抗压强度达不到要求。

另外，空心砌块的孔壁必须十分密实，不得疏松多麻眼，以防浇注泡沫混凝土浆体后漏浆渗水，造成塌模，形成废品。

（3）空心砌块孔壁的吸水率要低于25%。如果孔壁大量吸水，会在泡沫混凝土浇注以后，把浆体的水分吸走，使气泡因失水而破灭，使泡沫混凝土体积收缩而造成下陷或芯体泡沫混凝土与空心砌块的孔壁分离，二者结合不好，甚至会使泡沫混凝土硬化后因体积收缩过大而从外壳中脱落，造成损失。

（4）空心砌块如是多排孔，其筋肋必须错开。空心砌块各孔之间形成的筋肋，不能对应相接，要错位设计，以减少或避免筋肋形成冷桥，降低保温效果。

（5）空心砌块的孔型要尽量大些，孔的数量要尽量少些。大孔少肋是提高空心率，降低浇注难度的基本要求。空心砌块的一个孔就要对应一个浇注头，所以孔越多则浇注头就越多，浇注机越复杂，控制难度也越大。如果一个砌块有三排孔，每排三孔，那么一个砌块就有 9 个孔。每次若成型 8 个砌块，每次就要同时浇注 72 个孔，其浇注机的设计难度就相当大，也不易控制。因此，空心砌块的孔最好只有 2～6 个，以少为优。

（6）空心砌块必须棱角整平，不可缺角少棱，尤其是上下口的边沿。如果上下口的边沿有缺口，就会使浆体外泄。空心砌块放在模板（垫板）上，与板的界面结合必须严密无缝。

（7）空心砌块应具有一定的强度，刚成型还没有硬化的砌块不能用于浇注填芯，其必须达到 50％以上的强度，保证不会被泡沫混凝土浆体泡散。

17.2.2　泡沫混凝土技术要求

用于填芯复合砌块的泡沫混凝土，除应符合《水泥基泡沫保温板》（JC/T 2200—2013）中有关泡沫混凝土物理性能的技术要求外，尚应符合以下特殊要求。

1. 表观密度：100～200kg/m^3；
2. 抗压强度：0.1～0.2MPa；
3. 导热系数：0.05～0.06W/（m・K）。

上述技术要求，相对于保温板等其他泡沫混凝土产品，是较低的。这里需向大家解释清楚的是，这些技术要求虽然不高，但已经满足了填芯砌块的要求。一般人的理解，均是技术性能越高越好。这种思维方式，也往往会套用到对填芯用泡沫混凝土的技术要求上。这实际是一种认识上的误区。任何一种产品或原材料的技术要求，应该是以满足需要为原则，而不是在任何情况下都强调和追求高性能指标。

在实际生产或工作中，笔者往往遇到这样两种不同的技术要求。一种是从事填芯复合砌块研究的专家和技术人员，有时也有管理者，他们要求填芯用泡沫混凝土的密度越低越好，最好在 100kg/m^3 左右，最高也不要超过 150kg/m^3。对抗压强度，他们也要求能达到 0.1MPa 就可以，甚至 0.08MPa 也可用。而另外一种从事销售和市场工作的人，或普通社会人员，他们则要求填芯所用的泡沫混凝土高强度，至少用手按不动（约大于 0.3MPa），而对密度则关注不多。他们用手猛按填芯砌块的芯体，一按一个坑，就说："不合格，强度这么差。"上述两种不同的情况，无疑前者是正确的，而后者则是认识误区。

填芯复合砌块的力学性能和耐久性能，取决于其空心砌块外壳，而不取决于芯体。芯体主要作用是填充保温，而非力学性能。空心砌块原有的芯体材料是空气，空气不具有力学性能，但具有保温性。空心砌块现已广泛应用的有机填充芯体的材料是泡沫聚苯，而泡沫聚苯也不具备很高的力学性能，强度也很差，因为它只是填充物。为什么填充泡沫塑料时，人们不强调它的强度，而填充泡沫混凝土就特别强调强度？这是人们的习惯性思维：只要是混凝土，就要有良好的强度。这样思维是不正确的。事实是：芯层的泡沫混凝土并不需要 0.3MPa 的强度，它既不承受墙体荷载，也不受外力作用，很高的强度是没有意义的。需知，要保证 0.3MPa 以上的强度，密度就要大于 180kg/m^3，而这么大的密度会影响填芯复合砌块的导热系数和保温性能，还会增大砌块的密度和墙体自重，对产品性能反而十分不利。这一认识误区不扭转，填芯复合砌块是难以生产的。

17.2.3 泡沫混凝土原材料技术要求及选用

1. 水泥技术要求及选用

由于填芯用泡沫混凝土所要求的密度很低，若水泥品质太差，就难以保障生产。所以，对水泥要求及选用如下。

（1）强度等级：大于42.5级，最好选用52.5级或62.5级。

（2）品种：宜选用早强R型普通硅酸盐水泥。

（3）细度：比表面积≥400m^2/kg。

（4）存放期：宜选用存放期不超过1个月的新鲜水泥。

（5）富余强度：应大于3MPa。

（6）凝结时间：初凝时间不大于50min，终凝时间不大于390min。

（7）对水泥总体的要求是：强度要尽量高，凝结要尽量快，对泡沫混凝土的副作用尽量要少。

2. 粉煤灰技术要求及选用

辅助胶凝材料不可选用矿渣微粉，它易增大干缩性，对泡沫混凝土有利影响不多。硅灰虽对强度有好处，但它对化学发泡有时有不利影响，甚至引发坯体裂纹，故也不予选用。比较适用的是粉煤灰，它抗缩较好，对发泡无不利影响，有减水和增加流平性等作用。因此，应选用粉煤灰。对粉煤灰的技术要求如下。

（1）品种：优选Ⅰ级灰或Ⅱ级灰。

（2）细度：比表面积大于500m^2/kg。

（3）抗压强度比：大于85%。

3. 双氧水技术要求

如果采用化学发泡工艺，发泡剂选用双氧水。对双氧水的技术要求如下。

（1）含量：27.5%。

（2）活性氧：12%～13%。

（3）存放期：不超过1个月。

4. 泡沫剂技术要求

如果采用物理发泡工艺，所选用的泡沫剂应符合如下一些技术要求。

（1）泡沫稳定性好，所制泡沫混凝土浇注后不下沉。

（2）对水泥的适应性好，没有太多的选择性。

（3）用量少，使用成本低。

（4）气泡大小均匀，具有良好的均匀度。

（5）闭孔率大于70%，连通孔少。

（6）适用于低密度浆体，能稳定生产出150kg/m^3以下泡沫混凝土。

5. 外加剂技术要求

外加剂选用高效减水剂，其他外加剂一般不使用。对高效减水剂的技术要求如下。

（1）对泡沫混凝土的稳定性没有不良影响。

（2）减水率高，一般不低于25%。

（3）与发泡剂和水泥的适应性好，无副作用。

17.3　工艺选择

17.3.1　发泡工艺选择

1. 化学发泡工艺在填芯复合砌块生产中的特点

（1）优点

由于化学发泡的浆体很稀，其水灰比可达 0.5～0.6，所以浆体的流动性非常好。再加之其气泡大多是在浇注到砌块芯核中才形成，气泡对浆体的浇注流动性影响很小。所以，化学发泡最突出的优点就是浇注方便，对浇注器不黏附，浇注后不会在砌块内形成空洞。同时，计量也十分方便，尤其是采用浆体的体积计量时。

另外，化学发泡的强度比物理发泡高（相同密度），气孔较大较圆，外观更漂亮。所以，目前有相当一部分企业选择了化学发泡工艺。

（2）缺点

化学发泡用于砌块填芯时，出现的最大缺陷是产生较大的面包头，且当时不能刮平，必须在初步硬化后才能切去，这不但多了一道面包头切削工艺，还产生了大量的废料，既造成浪费，又形成了不易处理的生产垃圾。

另外，化学发泡的浆体流动性很好，在给浇注带来方便的同时，也产生了易于漏浆的副作用。在浇注后，会在砌块底部漏浆渗水，不易处理。因为空心砌块是无底的，不可能完全密封。

2. 物理发泡在填芯复合砌块生产中的特点

（1）优点

与化学发泡相反，物理发泡在浇注后就可以随即刮平，不会产生面包头，省去一道切割工序，无切割垃圾。

另外，物理发泡的稳定性比化学发泡好得多，工艺易控制，对生产的环境条件（气温）要求不严格，配方也相对简单，生产成本低于化学发泡。

（2）缺点

物理发泡用于填芯砌块的生产，其明显的不足，是其由于先混泡，后浇注，浆体在混泡后变稠，流动性变差，在浇注时浆体黏附在浇注器、计量器上，难以浇注，造成很多砌块浇注不到位，浆体不满孔，有时还形成砌块芯核较大的空洞（浆体流不到形成）。上述缺陷给浇注带来极大的困难。很多企业不愿采用物理发泡来生产填芯复合砌块，与这一缺陷有很大的关系。

另外，物理发泡的气孔形态不好，气孔小，不圆，大小难以均匀，外观也没有化学发泡好看。同时，在相同原材料和密度时，其强度也比化学发泡低。

3. 物理发泡与化学发泡的选择

上述两种发泡工艺，没有绝对的孰优孰劣。它们各有优点，各有不足。目前，两种工艺在实际生产中均有应用。从目前的实际应用效果及各地的反应来看，还是物理发泡对填芯砌块的生产更有利一些，采用物理发泡逐渐呈多。其主要原因，就是化学发泡的面包头不好解决。要完全解决面包头很难。无论浇注时浆体自流平性如何好，流得再平，由于边角效应，最后仍然要产生面包头。这会给生产带来很大的麻烦。

物理发泡原来存在的最大问题，是浆体流动性差、不易计量准确、浇注困难。经几年的攻关，目前，我们已经成功解决了这一技术难点，并取得成功。因此，物理发泡已不存在这一不足。这样，它就有了比化学发泡更多的优势。

因此，在两种发泡工艺的选择上，建议选择物理发泡工艺。当然，如果各地能有解决化学发泡面包头的理想方案，化学发泡也是可以选用的。

17.3.2 浇注工艺选择

目前，我国已出现的浇注工艺有三种：简易浇注工艺、半自动浇注工艺、在线自动浇注工艺。前两种工艺是脱离砌块生产线，在砌块养护后浇注芯体，后一种是安排在大型砌块生产线上，与砌块生产线同步运转。前两种工艺适用于小型空心砌块生产线的配套，而后一种则适用于大型自动化空心砌块生产线的配套使用。

1. 简易浇注工艺

简易浇注工艺是笔者研发的第二代生产工艺。第一代生产工艺是全人工手工浇注，没有用于实际生产，因为其生产速度太慢，没有效率。真正运用到生产上，是从简易机械浇注工艺开始的。

这种浇注工艺方法是：将已经养护1～2d的空心砌块，带同垫板，用叉车移到人工浇注转运车上，将砌块推到浇注机的浇注头之下，向空心内浇注泡沫混凝土浆体，然后再将砌块推回养护场或养护室，继续养护1～2d。待芯体的泡沫混凝土有了一定强度后，再从垫板上取下，码垛保湿养护7d，最后自然养护至出厂。

这种简易浇注工艺流程是：空心砌块成型⟶在堆场或养护室凝结硬化⟶叉车转运至浇注车⟶浇注泡沫混凝土芯层浆体⟶用叉车重新运至堆场或养护室二次养护⟶从垫板上取下码垛⟶自然养护至出厂。

简易工艺的优点是工艺简易、投资小、易于实施。其缺点是用人多、人工费用大、生产效率低。小型空心砌块机由于产量不大，可以选用这种工艺。

2. 半自动浇注工艺

半自动浇注工艺，是笔者研发的第三代生产工艺。它是简易浇注工艺的改进和开放。其主要变化是：浇注机由人工控制变为变频器自动控制，浇注速度加快；其浇注移坯叉车不再负责转运，其转运由自动运行的轨道车或传送辊道机所代替，叉车只负责把待浇注的空心砌块连同垫板放到传送机上即可。所以其浇注速度比简易工艺快得多，且省去了不少人工费用。

半自动浇注工艺的工艺流程如下：空心砌块成型⟶在堆场或养护室凝结硬化⟶叉车将空心砌块连同坯体放上传送机⟶传送机将空心砌块送至浇注机⟶浇注泡沫混凝土浆体⟶传送机将浇注后的砌块送回堆场或养护室⟶砌块二次养护使芯体泡沫混凝土硬化⟶砌块从垫板上取下码垛后期自然养护⟶成品出厂。

半自动浇注工艺的优点是效率高，用人减少，工资费用降低。其缺点是投资增大。本工艺适用于生产规模较大的中型空心砌块生产线。

3. 大型自动浇注工艺

大型自动浇注工艺是笔者于近年研发的比较先进的填芯砌块生产工艺。它是在半自动工艺的基础上改进提高而成。与半自动工艺相比，其主要的技术改进如下。

泡沫混凝土浆体的配料由人工配料改为电子秤自动计量配料系统，可基本实现无人操作。

泡沫混凝土搅拌制浆，由单级搅拌改为两级搅拌，浆体品质大幅提高，并可实现连续供浆。

泡沫混凝土的浇注，由人工操作控制电器改为微机自动控制。

浇注机由离线操作改为在线操作，即直接安装在大型全自动砌块生产线上（安装于养护窑之后），砌块在成型并经高温养护出窑后，可立即浇注泡沫混凝土，其浇注速度与砌块生产线完全一致。因此，本工艺可与目前国内外各种大型自动空心砌块生产线配套。

本自动浇注工艺流程如下：空心砌块成型⟶进养护窑升温养护⟶出窑浇注泡沫混凝土⟶二次传送至养护窑养护或送至养护场养护⟶芯体泡沫混凝土初步硬化后从托板上取下并码垛⟶后期自然养护⟶成品出厂。

自动浇注工艺的优点是达到与大型先进砌块生产线的在线浇注，可实现与大型先进砌块机的配套使用，简化了工艺，提高了效率。其不足是增大了投资和设备控制的技术难度。

4. 三种工艺的评述与选择

上述三种均具有一定的特点，各有所长，也各有不足。从与现代化先进大型砌块生产线配套并实现在线浇注来看，应首选自动浇注工艺。从一般生产规模的砌块厂配套看，应首选半自动浇注工艺。但若从小型砌块厂的需要来看，简易工艺应为最佳选择。从发展前景看，自动浇注工艺和半自动浇注工艺会更有优势。自己需要的就是合理的，各企业应根据自己的生产规模和投资能力选择。

17.3.3　浇注方式的选择

浇注方式的选择，是指砌块成型后不经硬化浇注、经过初步硬化后浇注、经过硬化并干燥后浇注，对这三种浇注方式的选择。

上述三种浇注方式中，各砌块企业最希望的浇注方式，是在砌块成型后，坯体从成型机推出，立即对砌块坯体浇注泡沫混凝土浆体。多年来，大多数企业都无一例外地向笔者提出这种要求。对此，笔者曾先后在北京延庆砌块厂、北京通州砌块厂、湖南衡阳空心砖厂等砌块生产厂家，进行了人工浇注、浇注机自动浇注等在线试验。但结果均以失败而告终，至今仍没有成功的先例。所以，现在可以肯定，采用这种工艺，在现有砌块成型技术和泡沫混凝土浇注技术的状态下，是行不通的。难以成功的原因如下：

（1）泡沫混凝土含有大量的水分，约占其浆体的 50%左右，这些水分被坯体吸收后，由于坯体还没有任何的抗水能力，就立即被泡沫混凝土浆体的水分泡散。泡沫混凝土浆体越稀，坯体泡散得越快，在试验中，最快的仅 30s，最慢的也仅 10min，不被泡散的几乎没有。

（2）空心砌块的初始强度较低，密实度不高，水分渗入速度很快。现有的空心砌块机，即使国际上最先进的砌块机，也均是振动密实成型，而非压力成型，所以密实度是不高的。这是砌块坯体吸水快的主要原因。我们曾应邀在美国贝赛尔公司北京分公司砌块厂的贝赛尔生产线上进行了在线浇注试验，虽然他们的成型机生产的砌块壁体的密实度是最高的（贝赛尔公司是空心砌块的创始者，其成型机是目前国际上最先进的成型机），但浇注泡沫混凝土后，坯体在 10 多分钟后仍然被泡散。所以，目前还不可能有哪种成型机能生产出不被泡沫混凝土浆体泡散的砌块坯体。

上述两种原因，已经说明选择这种坯体不经养护就在线浇注的方式是不行的。

但若空心砌块在成型后长期堆存，在彻底硬化和干燥后浇注泡沫混凝土浆体，也不是好的浇注方式。经试验，这种方式存在以下不足：

（1）砌体干燥后，会大量吸收泡沫混凝土浆体中的水分，造成气泡因失水而消泡，使浆体下沉，浇注时是满浆，而几十分钟后，浆面就下降 3～5m，甚至塌模形成废品。

（2）若将干燥的砌块浇水预湿、则水会在砌块壁体表面形成水膜，使壁体与泡沫混凝土芯体结合不好，硬化后出现界面微缝。另外，预湿不但费人费水，造成浪费，而且还会影响生产效率。

所以，这种生产方式也不足取。

在这三种生产方式中，比较理想的，是现在已大量应用的方式。这种方式是在砌块坯体成型后，升温养护 2～3h，或自然养护 1d，使砌块刚刚有了一些强度（约达到最高强度的30%～50%），趁砌块壁体内的物料水分还没有耗尽，仍然有一定湿度时，立即进行浇注。这时，砌块有了一定硬化程度，已不会被浆体中的水分泡散，同时还含有一定的水分，不会过大地吸收浆体中的水分，也不会造成浆体下沉，避免了预湿的不足。

因此，理想的浇注方式应选择这一种。这是笔者从实际应用中总结出来的经验。

17.4 生产设备

泡沫混凝土填芯复合砌块的生产设备，分为空心砌块成型设备与空心砌块泡沫混凝土填芯设备两大部分。我们重点介绍的，是泡沫混凝土填芯设备这一部分。

17.4.1 空心砌块设备

100 多年前，空心砌块由美国贝赛尔公司所发明。他们也研制了世界上最早的空心砌块生产设备。现在，如美国、德国、意大利、日本的空心砌块生产设备，已经十分先进，尤其是其大型全自动生产线，基本以微机自控为主，一条大型生产线，只需几个人就可以操作，且产品质量也十分优异。而国产生产设备与其相比，虽然已拉近了距离，但仍有很大的差距。其主要差距表现在自动化程度、设备耐用性、产品质量三个方面。然而国外先进生产线的价格是国产生产线的数倍，甚至十多倍，对中小砌块企业而言，选用国产设备无疑是合适的，而对于有实力的大型企业，还是选用国外先进设备为好。

从泡沫混凝土填芯对砌块质量的要求而言，不论是国外设备，还是国内设备，都必须符合以下技术要求：

（1）所成型的砌块密实度高，孔隙少或无孔隙，在浇注泡沫混凝土浆体后，其壁体吸水率低。所以其成型机的激振力要大一些，最好多种振动方式配合。

（2）所成型的砌块壁要薄，空心率要大。要求其配套模具要进行专门设备。在薄壁大空心率的情况下，仍要保证砌块强度的品质，就要对成型的布料方式，压振方式进行技术改进。

（3）能够成型多排孔空心砌块，如双排孔、三排孔、四排孔等。因此，自保温外墙多使用多排孔砌块。

现在，实施泡沫混凝土填芯生产复合砌块的企业，多是原有的空心砌块厂。所以，他们已经有了空心砌块生产设备。对这些设备，可以对模具及成型机构加以改进，使之符合上述特殊要求。

对于那些原来不是空心砌块厂的企业，若要实施填芯复合砌块项目，可以按照上述对砌块设备的要求，向设备厂家提出改进要求，使之更符合本项目的需要。

17.4.2　泡沫混凝土填芯设备

泡沫混凝土填芯设备包括浇注主机及配套设备。

1. 浇注主机

浇注主机由四部分构成：储浆箱、浆体计量机构、多头定量浇注机构、微机控制系统。

（1）储浆箱：将搅拌机送来的浆体储存，以实现连续生产。没有储浆箱，就只能间歇浇注。

（2）浆体计量机构：一般为体积计量，也可以称重计量。它把储浆箱的浆体按每次浇注量取出、计量为每个砌块空心的浇注量，有多少个空心待浇，就计量多少份。计量的准确性决定空心是否注满或过量，十分重要。

（3）多头定量浇注机构：该机构按一次浇注的空心数量设置浇注头，每个浇注头对准一个砌块的空心浇注。所以浇注头的浇注必须快速同步进行。

（4）微机控制机构：主要控制浆体计量、浆体输送、浆体浇注。半自动机型则采用电器控制机构。简易机型则采用人工手控装置。

浇注机是填芯复合砌块生产设备的核心。生产的成败主要取决于浇注机的性能。

图 17-5、图 17-6、图 17-7 分别为笔者研发的简易浇注机、半自动浇注机、自动浇注机。

图 17-5　简易浇注机外观

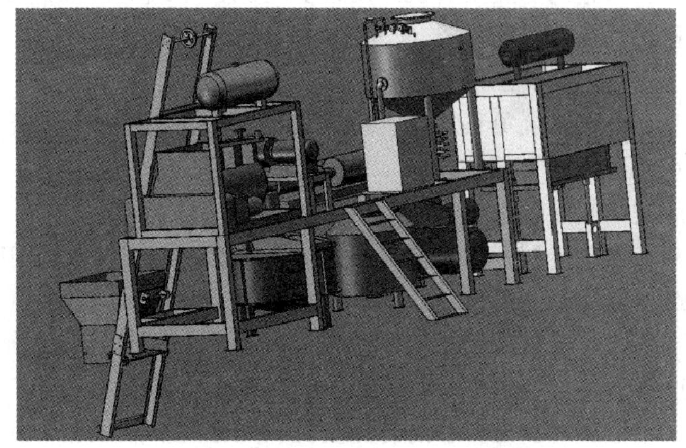

图 17-6　半自动浇注机外观

2. 配套设备

（1）搅拌制浆机

搅拌制浆机是最重要的配套设备，负责将水泥加水制成水泥净浆，并随后再加入化学发泡剂或混入物理发泡所制的泡沫，最终制备出符合浇注要求的泡沫混凝土浆体。

简易搅拌制浆机，只有一台卧式螺带搅拌机或卧式双轴搅拌机，一机两用，既制备水泥净

图 17-7　自动浇注机外观

浆，又混合发泡剂或泡沫。这种机型与简易浇注机配套使用。其制浆质量较差，产量也较低。

两级搅拌制浆机，由一台高速立式机与一台卧式低速机组成。卧式低速搅拌机负责制备水泥净浆，高速立式机负责细化浆体并混合发泡剂或泡沫。这种机型制浆质量较高，产量也较高，为先进机型，适用于半自动浇注机的配套使用。

三级搅拌制浆机，由两台低速搅拌机和一台高速搅拌机组成搅拌系统。一台低速搅拌机负责制备水泥净浆，一台负责混合发泡剂或泡沫，高速搅拌机负责细化匀化水泥净浆。本系统十分先进，制浆质量最好，生产效率也最高，适合自动浇注机配套使用。

（2）上料机

可选用螺旋上料机、皮带上料机、斗式上料机，气力输送机等。本机承担将水泥等配合料送入搅拌机的任务。

（3）配料系统

配料系统负责水泥、粉煤灰、水、发泡剂、外加剂等的自动计量，含粉固体配料部分，水及液体配料部分。

（4）配料除尘器

安装于配料机及上料机上，负责配料、上料过程中的粉尘吸滤，包括除尘罩、除尘管道、除尘器三部分。

（5）微机控制系统。即微机控制台，负责全部生产设备的编程控制。它只应用于自动生产线。

上述配套设备、简易浇注机只配套搅拌制浆和上料机，其余不再配备。半自动浇注机再加配料系统。自动浇注机则全部配备。

17.5　应注意的几个技术问题

在实际生产过程中，各企业应注意以下几个技术问题。

1. 应特别注意空心砌块的质量

空心砌块的质量是基础。如果它的质量不好，壁体疏松，缺角少棱，就会造成失水严重，浇注后浆体下陷。这是无法单纯提高泡沫混凝土浆体性能所能解决的。所以，不是所有空心砌块都可随便浇注填芯。

2. 物理发泡的浆体收缩应该避免

物理发泡浇注填芯具有较多的优势，许多人乐意采用，但其浆体受各种因素的影响（砌块质量、浆体稳定性、气温等），浇注后易形成凹心。解决这一问题应采用综合手段，并应有预案。

3. 化学发泡的面包头应有合理的处理方法

目前，一些企业采用化学发泡生产填芯复合砌块，浇注后面包头较大，并且形成空心内四个角不满浆而中间高出几厘米。这一问题始终没有很好地解决。有的企业是把面包头切去，有的是把面包头压下去，但均不理想。若仍要采用这种工艺，应首先找到面包头的处理方法。

4. 泡沫混凝土芯体的开裂预防

在实际生产中，往往会遇到浇注体的开裂。化学发泡的开裂，是浆体凝结速度快于发泡速度形成的，或浆体过稀、干燥后失水过大而干缩形成。应注意浆体与发泡速度相一致，并采用合适的水灰比，不可使浆体过稀。而物理发泡的芯体的开裂，多是干缩过大所造成，应在配料时加入抗干缩的物料如粉煤灰、轻集料等。

5. 泡沫混凝土芯体粉化的解决方案

有些生产者发现芯体在干燥后会出现粉化，即没有强度，稍一移动，芯体就有粉化物脱落，像灰土一样。这是由于不重视后期养护造成的。有些企业在生产时，只要泡沫混凝土芯体接近终凝，就从托板上移下，送到堆场码垛，不再养护，使芯体失水过快过早，水化很快停止，后期强度发挥不出来，就形成了粉化。因此，应该加强后期的保湿养护。养护方法是在码垛后覆盖塑料布，或者每天喷水保湿，要至少喷水 7d。

参 考 文 献

[1] 闫振甲，何艳君．泡沫混凝土实用生产技术［M］．北京：化学工业出版社，2006.

[2] 闫振甲，何艳君．镁水泥改性及制品生产实用技术［M］．北京：化学工业出版社，2006.

[3] 闫振甲，何艳君．现浇泡沫混凝土复合墙体技术［M］．北京：化学工业出版社，2013.

[4] 唐明，徐立新，闫振甲．泡沫混凝土材料与工程应用［M］．北京：中国建筑工业出版社，2013.

[5] 刁江京．硫铝酸盐水泥的生产与应用［M］．北京：中国建筑工业出版社，2006.

[6] 张国臣．过氧化氢生产技术［M］．北京：化学工业出版社，2012.

[7] 徐古发．建筑节能常用数据速查手册［M］．北京：中国建材工业出版社，2006.

[8] 龚洛书．混凝土实用手册［M］．北京：中国建材工业出版社，1994.

[9] 《加气混凝土》编辑部．加气混凝土生产技术实用讲义．2003.

[10] 张雄，张永娟．建筑节能技术与节能材料［M］．北京：化学工业出版社，2009.

[11] 内维尔著，刘数华译．混凝土性能（原著第四版）［M］．北京：中国建筑工业出版社，2011.

[12] 住房和城乡建设部．墙体材料应用统一技术规范 GB 50574—2010［S］．北京：中国建筑工业出版社，2010.

[13] 袁群等．混凝土碳化理论与研究［M］．郑州：黄河水利出版社，2009.

[14] 刘冬梅．混凝土外加剂基础［M］．北京：化学工业出版社，2012.

[15] 王迎春等．水泥混合材和混凝土掺合料［M］．北京：化学工业出版社，2011.

[16] 蒋亚清等．混凝土外加剂应用基础［M］．北京：化学工业出版社，2011.

[17] 施惠生等．混凝土外加剂实用技术大全［M］．北京：中国建材工业出版社，2008.

[18] 蒲心诚．碱矿渣水泥与混凝土［M］．北京：科学出版社，2010.

[19] 周辉等．建筑材料热物理性通报与数据手册［M］．北京：中国建筑工业出版社，2010.

[20] 吴中伟，廉慧珍．高性能混凝土［M］．北京：中国铁道出版社，1999.

[21] 陈益民等．高性能水泥制备和应用的科学基础［M］．北京：化学工业出版社，2008.

[22] 胡曙光等．轻集料混凝土［M］．北京：化学工业出版社，2006.

[23] 刘数华等．混凝土辅助胶凝材料［M］．北京：中国建材工业出版社，2010.

[24] 徐燕莉．表面活性剂的功能［M］．北京：化学工业出版社，2000.

[25] 陈建奎．混凝土外加剂原理与应用［M］．北京：中国计划出版社，1997.

[26] 中国建筑业协会．建筑节能技术［M］．北京：中国计划出版社，1996.

[27] 丁成章．轻钢骨架住宅［M］．北京：机械工业出版社，2007.

[28] 唐振球等．化工小商品生产法（第四集）［M］．长沙：湖南科学技术出版社，1990.

[29] 陈福广．新型墙体材料手册（第二版）［M］．北京：中国建材工业出版社，2001.

[30] 应枢德．装配式墙体材料与施工［M］．北京：机械工业出版社，2008.

[31] 胡曙光．特种水泥［M］．武汉：武汉理工大学出版社，2010.

[32] 吴成友，余红发等．改性硫氧镁水泥物相组成及性能研究［J］．新型建筑材料．No. 5，2013.

[33] 邓德华．提高镁质碱式盐水泥性能的理论与应用研究［D］．中南大学博士论文．2005.